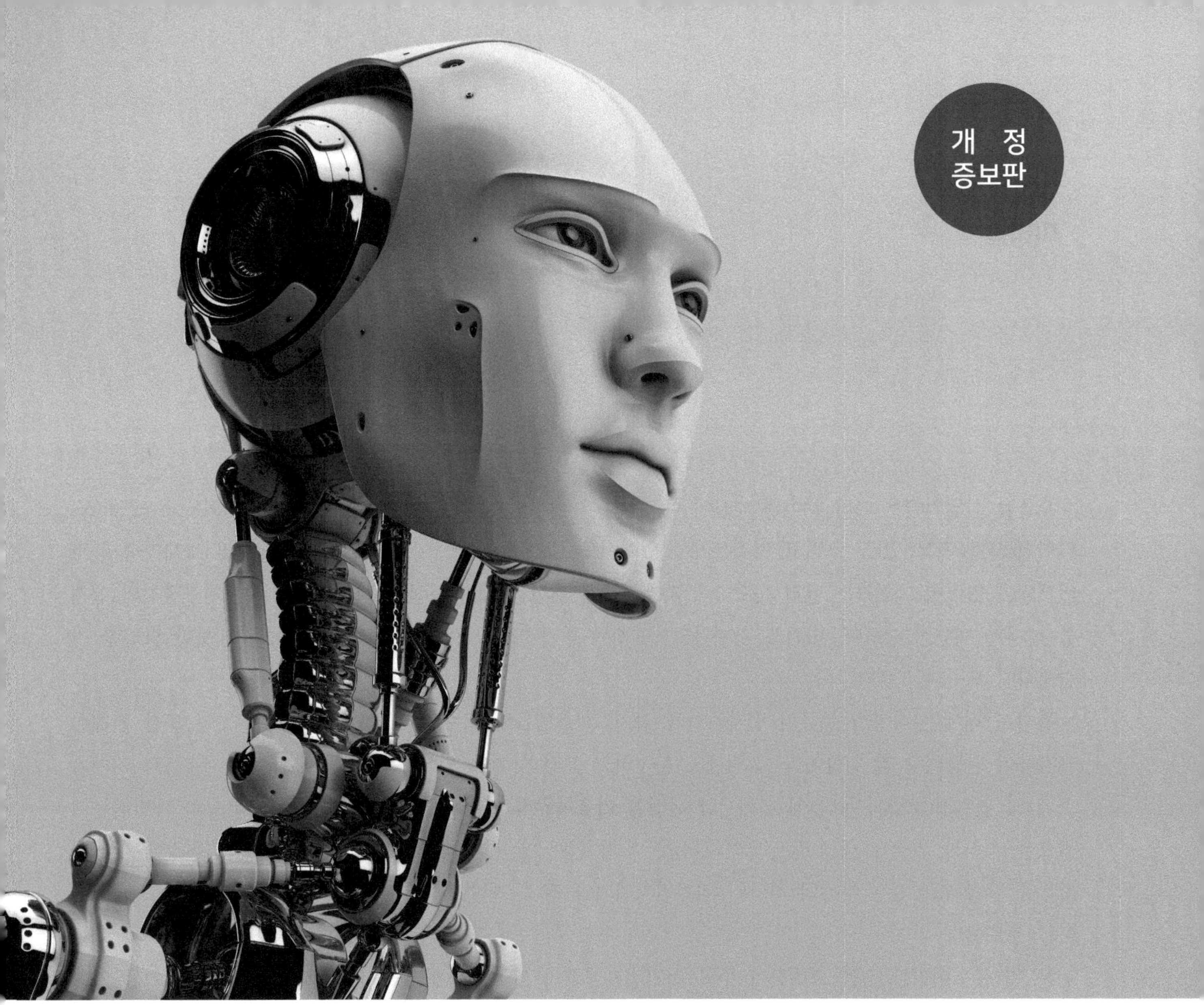

개 정
증보판

설계 사례 중심의
기구설계

이 국 환 **지음**

 기전연구사

/ 머리말 /

오늘날 산업기술은 여러 분야의 기술이 융복합되어 이루어지는 소위 새로운 기술의 결집화(convergence, 컨버전스)가 되고 있다. 그리고 기계분야에 있어서도 대부분 기계들이 전기, 전자 부품 및 소재기술 등과 연계되어 있어서 예전과는 달리 순수하게 기계기구에 대한 이해만으로는 새롭게 나타나는 기구장치의 설계를 하기가 대단히 어렵다. 따라서 기계기술자에게는 전기전자, 제어 및 S/W, 소재 등을 비롯한 다양한 기술지식이 요구되고 있다.

특히 근래에는 다양한 종류의 전자기기와 장치, 시스템들이 무수히 개발되어지고 있고, 이 또한 기계설계자들이 담당해야 할 역할이다. 그럼에도 불구하고 그간의 기계 및 기구설계는 대부분 기계부품과 기계요소 간의 연관성(조립과 동작)에 대해서만 관심을 기울여왔지 전자기기와 기구장치, 시스템 등을 개발하는데 필요한 지식과 기술에 대해서는 그리 관심을 두지 않아 왔다. 따라서 기계공학도들이 산업현장에서 널리 실무를 담당하고 있는 분야의 하나인 전기전자기기와 장치 개발에 관련된 책자는 거의 없다 해도 과언이 아닐 정도이다.

본 저서는 이러한 점을 고려하여 주로 전기전자제품의 기구설계에 필요한 제반 지식과 정보, 이를 기반으로 한 기구설계와 제품, 장치, 시스템을 구성하는 부품설계와 요소기술에 관하여 기술되어 있다. 또한 저자의 오랫동안의 연구개발을 비롯한 실무경험 및 대학 강의 경험을 토대로 저술되어 실무 종사자와 관련 분야를 학습하고 연구하는 공학도들에게 많은 참고가 될 것으로 자부한다.

본 저서는 다음과 같은 특징으로 저술하였다.

- 기계를 비롯한 광범위한 설계분야의 실무에 적용할 수 있다.
- 설계된 도면을 중심으로 기구설계에 대한 관련된 전반적인 내용을 설명하고 있다.
- 실무경험을 토대로 기계관련 분야의 기구설계에 대한 업무에 적용될 수 있도록 기술하였다.
- 기계와 관련된 전기전자분야의 기구설계에 대해서도 상세히 기술하고 있다.
- 사례연구(응용) 및 해설을 통하여 기구장치의 선행개발에 있어 기본이 되는 개념설계와 상세설계 그리고 특허기술에 대한 내용을 상세하게 서술하여 실무에 도움을 주고자 했다.

아무쪼록 본 저서가 기계, 전자제품, 장치, 자동화 및 전기전자기술 산업분야의 개발자, 설계자, 기술자, 실무자를 비롯한 이공계 학생들에게 큰 도움을 주며 실무에 적용하는 좋은 가이드가 되기를 바라는 바이다.

그리고 기술보국(技術報國)의 현장에서 최선을 다하는 독자들에게 진심으로 감사를 드린다.

또한 이 책을 출간하는 데 수고를 해 주신 기전연구사 나영찬 사장님과 직원 여러분들에게도 감사를 드린다.

2021년 8월

공학박사 이국환

/ 차 례 /

제 1 편   플라스틱 부품의 설계 및 해설

제 2 편   다이캐스팅 부품의 설계 및 해설

제 3 편   프레스 부품의 설계 및 해설

제 4 편   전자부품의 설계 및 해설

제 5 편   조립구상도 및 디자인의 설계 및 해설

제 6 편   사례연구(응용) 및 해설

제1편

플라스틱 부품의
설계 및 해설

제 **1** 장

벽걸이 고정장치

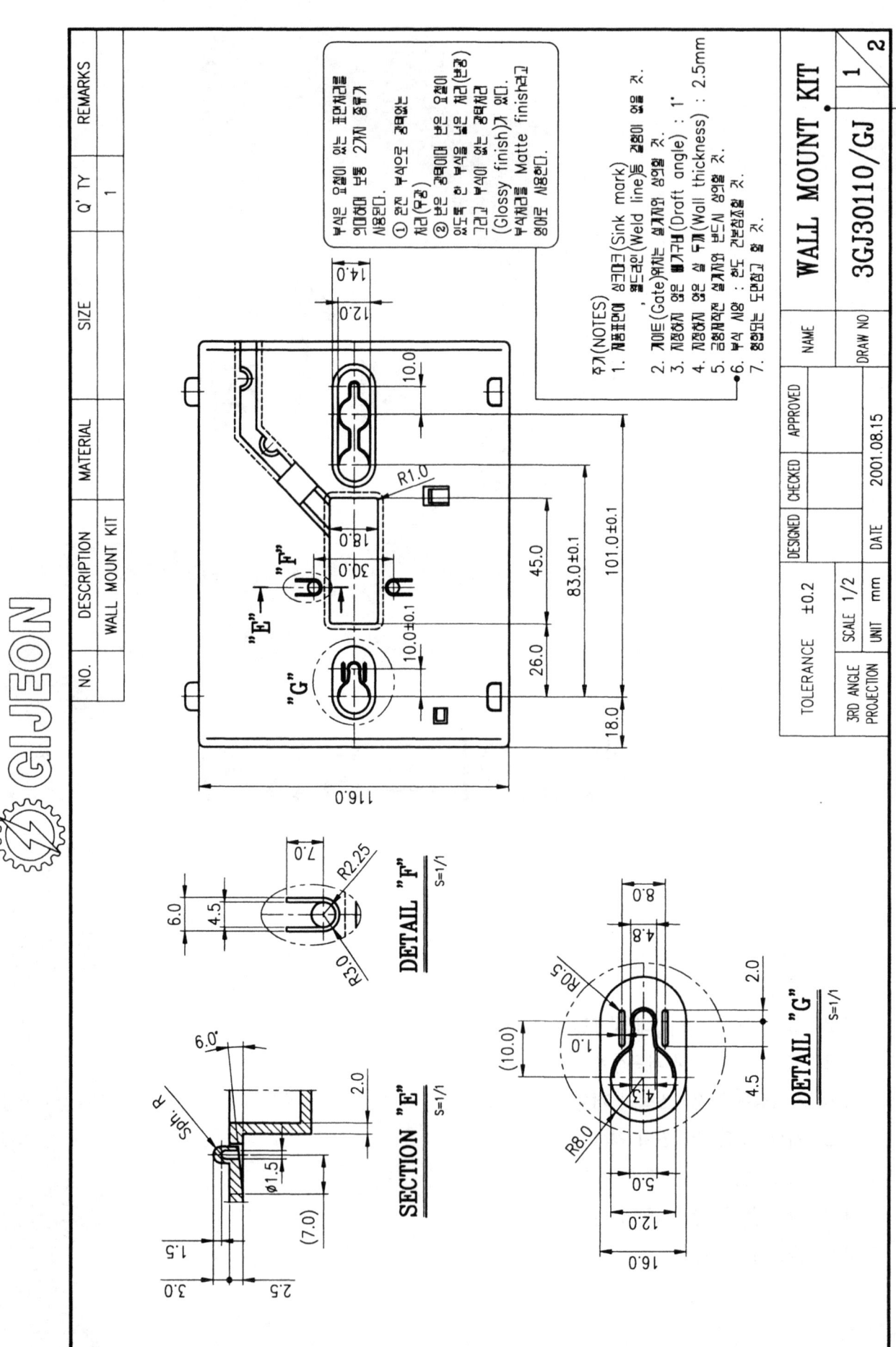

GIJEON

NO.	DESCRIPTION	MATERIAL	SIZE	Q'TY	REMARKS
	WALL MOUNT KIT			1	

추가(NOTES)
1. 제품표면에 싱크마크(Sink mark)
2. 게이트(Gate)위치는 설계자 임의일 것.
3. 지정없는 모든 빼기구배(Draft angle) : 1°
4. 지정없는 모든 살 두께(Wall thickness) : 2.5mm
5. 금형제작은 설계자 임의로 할것.
6. 부식 사양 : 현도 견본참조할 것.
7. 형상라는 도면참조 할 것.

부식은 요철이 있는 표면처리를 의미하며 보통 2가지 종류가 사용된다.
① 얕은 부식으로 광택없는 처리(무광)
② 높은 광택이며 반은 요철이 있도록 한 부식을 넣은 처리(반광) 그리고 부식이 없는 광택처리 (Glossy finish)가 있다. 부식처리를 Matte finish라고 영어로 사용한다.

TOLERANCE	±0.2	DESIGNED	CHECKED	APPROVED	NAME	WALL MOUNT KIT
	SCALE 1/2					
3RD ANGLE PROJECTION	UNIT mm	DATE 2001.08.15			DRAW NO	3GJ30110/GJ

DETAIL "F" S=1/1

R2.25
R3.0
7.0
6.0
4.5

SECTION "E" S=1/1

6.0°
2.0
(7.0)
ø1.5
Sph. R
1.5
2.5
3.0

DETAIL "G" S=1/1

8.0
4.8
2.0
R0.5
(10.0)
1.0
4.3
R8.0
5.0
12.0
16.0
4.5

R1.0
18.0
30.0
10.0±0.1
45.0
83.0±0.1
101.0±0.1
26.0
18.0
116.0
14.0
12.0
10.0

"E"
"F"
"G"

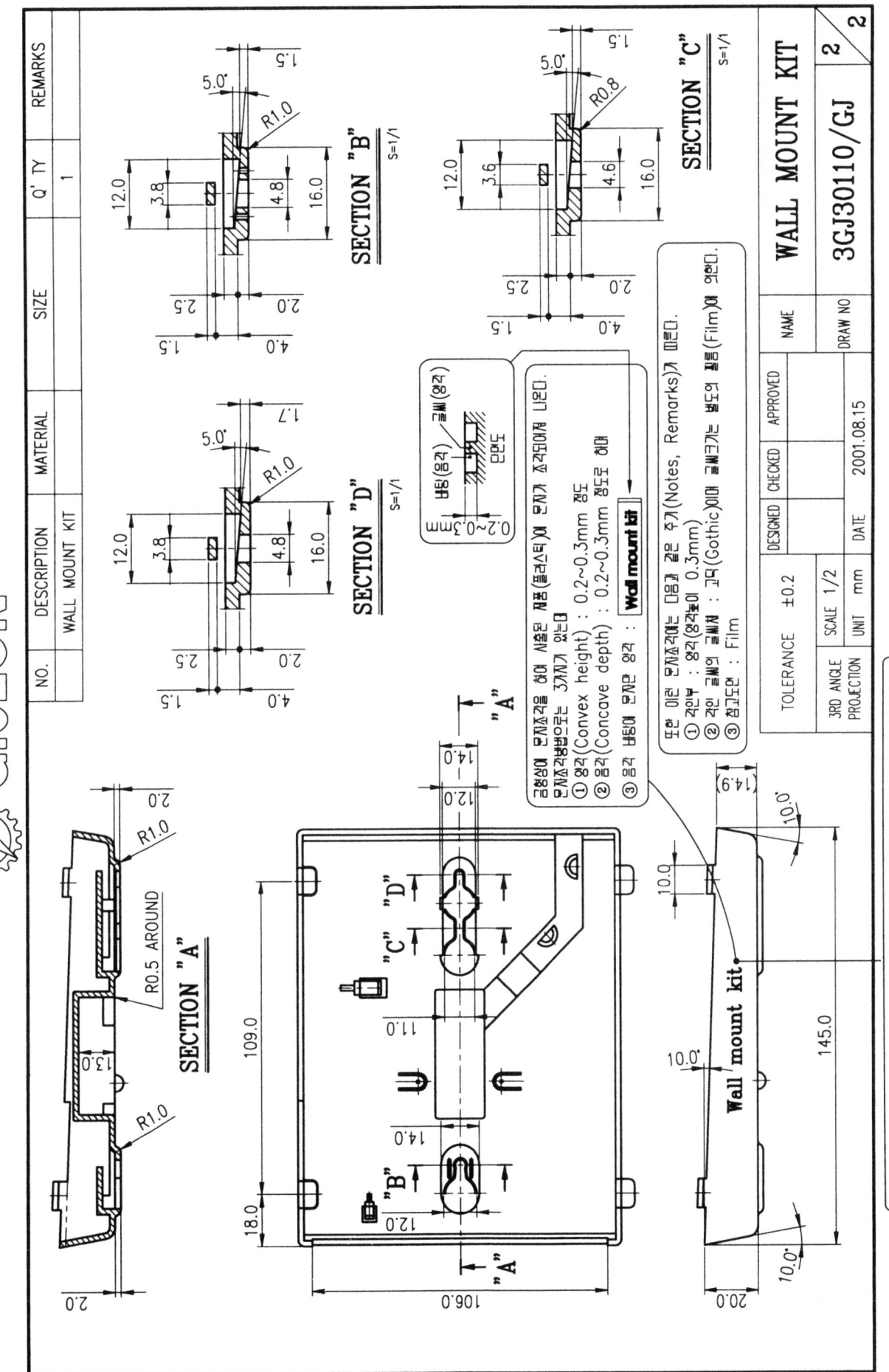

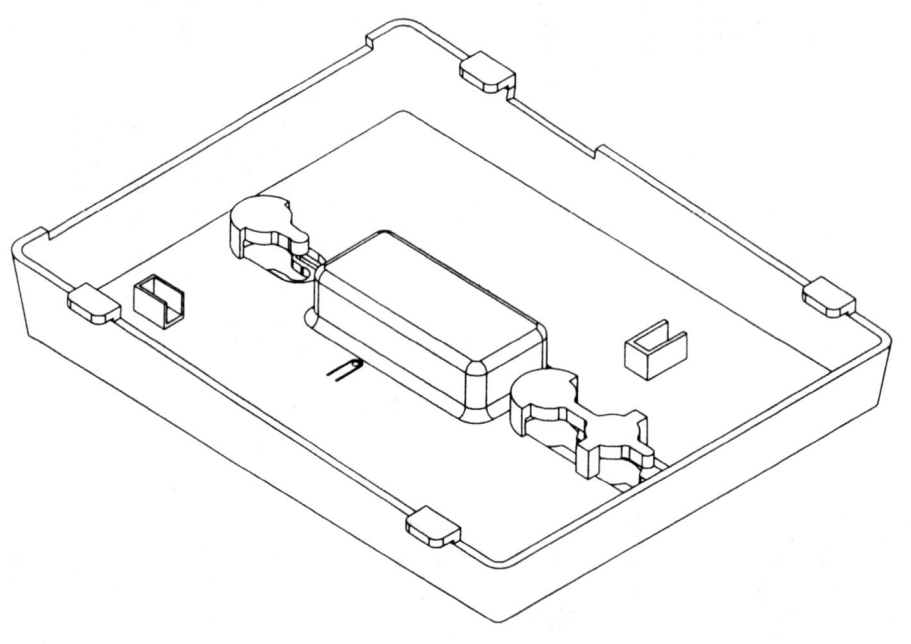

참고) 부품 3차원 입체도(등각 투상도)

그림 1.1 벽걸이 고정장치

1.1 문자조각

플라스틱에 양각 또는 음각문자를 넣을 수도 있다. 금형제작상 문자(정확하게 정의하면 각인문자 또는 조각문자라고 한다)의 끝이 각진 것보다는 둥근 것이 가공이 쉽다.

1) 양각문자(convex letter)

양각문자는 금형에 직접 조각함으로써 용이하다. 따라서 양각문자나 음각문자 모두 목적상 지장이 없다면 양각문자로 함이 금형제작상 용이하다. 투명 플라스틱 제품에 문자를 넣을 때는 이면에 하는 것이 효과적이다.

2) 음각문자(concave letter)

음각문자를 성형시키려면 금형측에서는 문자를 양각시켜야 되므로 양각문자의 성형보다는 어렵다. 제작방법으로서는 문자만 남겨놓고 주변을 깎든가 방전가공으로 행하고 있다. 문자의 주위에 선이 있어도 관계없으면 그 부분을 별도 코어편(core 片)으로 하여 제작하는 방법이 많이 사용되고 있다.

3) 문자의 착색(着色)

외관 부품에서 미려한 문자가 요구되는 경우가 있는데, 이때는 실크 스크린(silk screen) 인쇄 또는 핫 스탬핑(hot stamping) 외에 제품에 음각문자를 만들고 여기에 도료를 충전시키는 것이 있다. 도료를 충전하는 방법에서는 문자의 끝부분에 웰드라인(weld line)이 있으면 그 부분에 도료가 스며들어 외관상 좋지 않게 된다. 따라서 일반적으로 사용되는 가는 음각문자라면 깊이 0.2mm, 폭 0.2mm 이상 되지 않도록 해야 한다.

1.2 플라스틱에서의 인쇄 및 도금

1) 플라스틱에의 인쇄

플라스틱 제품에 상표, 로고(logo), 문구 등을 인쇄하기 위해 실크 스크린 인쇄법, 핫 스탬프(hot stamp)법이 많이 이용된다.

(1) 실크 스크린 인쇄법

본 방법은 견망(絹網 : 가는 명주실로 짠 천)에 중크롬산 백색 감광란제를 바르고 사진법의 원리로 사진필름을 사용해서 자외선을 조사(照射)하여 감광시킨다. 빛을 받은 부분은 불용성이 되어 현상하면 감광하지 않은 부분만 녹고 필요한 인쇄될 부분만 스크린 원래의 망으로 남게 된다. 이와 같이 만든 실크 스크린 원판을 플라스틱 제품 위에 놓고 잉크를 바른 롤러로 스크린 면을 굴리면 잉크가 인쇄될 부분만 통과하여 제품면에 인쇄된다(그림 1.2).

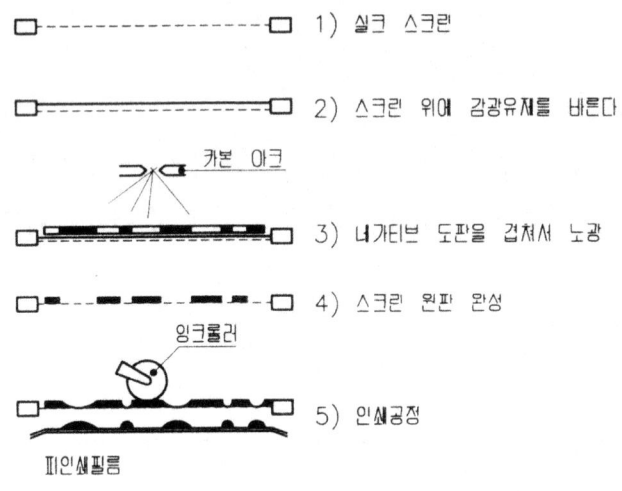

1) 실크 스크린

2) 스크린 위에 감광유제를 바른다.

카본 아크

3) 네가티브 도판을 겹쳐서 노광

4) 스크린 원판 완성

잉크롤러

5) 인쇄공정

Ⅱ 인쇄필름

그림 1.2 실크 스크린 인쇄공정

(2) 핫 스탬프(hot stamp)

핫 스탬프는 플라스틱 제품에 문자, 눈금, 상표 등이 금속광택을 가지고 인쇄할 목적이나 제품 전체 표면에 나무무늬 등을 주기 위해 사용되는 인쇄법이다. 인쇄방법으로는 금속박 또는 착색박에 열용융접착제를 바른 것(그림 1.3)을 플라스틱 제품에 겹쳐놓고 열반(가열된 형판)으로 누르면 플라스틱 제품면에 금속무늬, 착색무늬가 나타난다(그림 1.4).

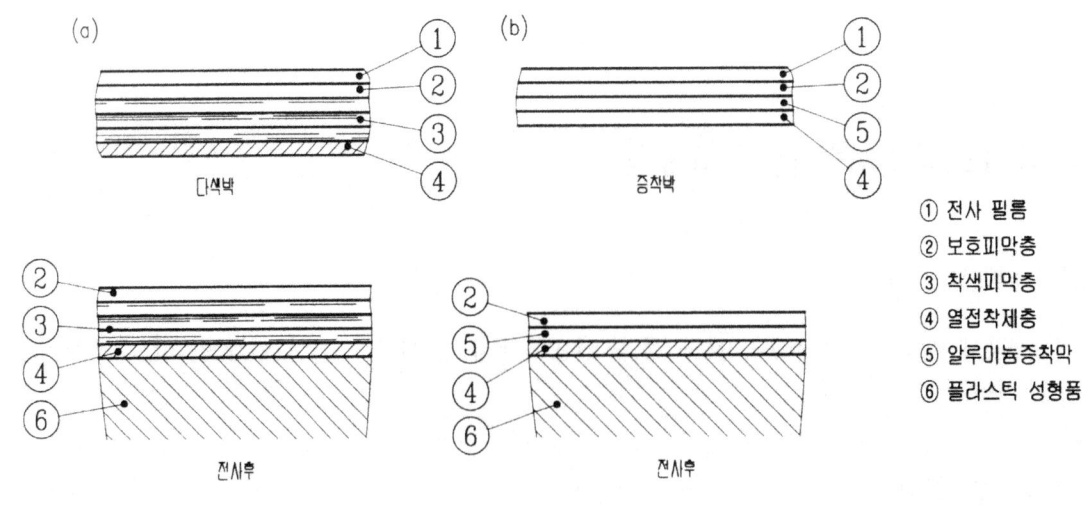

(a) 다색박

(b) 증착박

① 전사 필름
② 보호피막층
③ 착색피막층
④ 열접착제층
⑤ 알루미늄증착막
⑥ 플라스틱 성형품

전사후

전사후

그림 1.3 핫 스탬프 박의 구조

작업방법으로는 실리콘 고무를 이용하여 전사하는 방법(플라스틱 제품의 돌출부위에 적용), 황동 등에 각인한 것을 압착하여 전사하는 방법(평면부위에 적용) 및 실리콘 고무로 된 롤러를 회전압착하여 전사하는 방법(넓은 평면부에 적용)이 있다.

이와 같이 핫 스탬프는 열접착에 의한 전사방법이므로, 폴리에틸렌(PE)나 폴리프로필렌(PP)의 경우 금속(황동) 각인을 이용한 전사방법 이외는 부착강도가 약해 사용하기 어렵다.

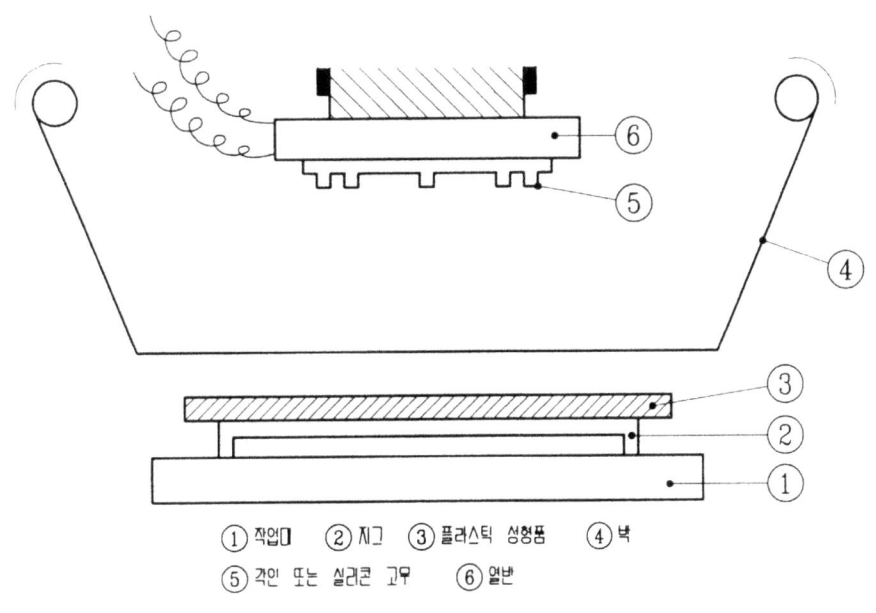

그림 1.4 핫 스탬프 인쇄방법

2) 플라스틱에의 도금

플라스틱 제품표면에 금속도금을 하여 여러 가지 플라스틱 성질 개선과 장식 목적으로 가전제품, 자동차 부품 등에 널리 사용되고 있다. 도금을 함으로써 개선되는 성질은 다음과 같다.

① 금속적인 느낌을 준다.

플라스틱 제품에 금속도금을 주면 금속제품과 같은 효과와 표면경도도 개선되므로 상품가치를 높일 수 있게 된다.

② 기계적 강도가 증가한다.

플라스틱 재료는 일반적으로 기계적 강도가 약하나 금속도금을 하면 기계적 강도가 증가된다.

③ 내열성이 개선된다.

④ 내약품성, 내수성이 개선된다.

⑤ 전도성을 부여할 수 있다.

플라스틱의 금속도금방법으로 다음과 같은 것이 사용된다.

(1) 전기도금

플라스틱은 전기불량도체이고 표면이 거친 면이 아니므로 그대로는 전기도금이 되지 않는다. 따라서, 앞선 공정으로 표면에 요철을 주는 화학 부식(etching)과 화학도금(일반적으로 동도금을 한다)을 실시한 후 전기도금을 하게 된다. 플라스틱 도금의 소재로는 ABS, 폴리카보네이트(PC), 폴리프로필렌(PP), 폴리아세탈(POM) 등이 사용되나 ABS가 도금으로서 가장 좋은 수지이다.

전기도금의 상세공정은 다음과 같다(그림 1.5).

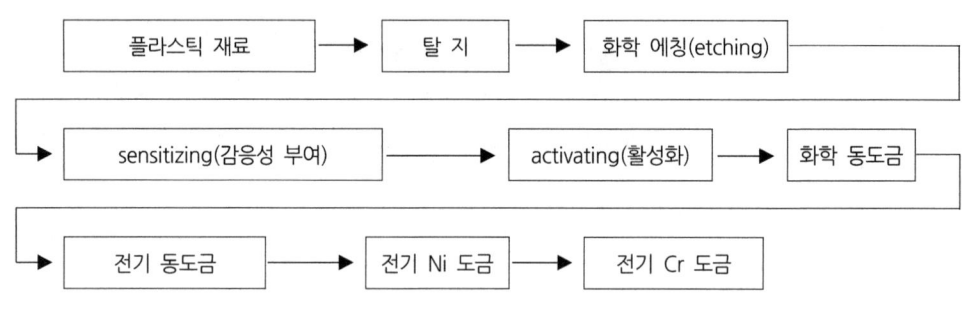

```
[플라스틱 재료] → [탈 지] → [화학 에칭(etching)]
→ [sensitizing(감응성 부여)] → [activating(활성화)] → [화학 동도금]
→ [전기 동도금] → [전기 Ni 도금] → [전기 Cr 도금]
```

그림 1.5 플라스틱의 전기도금 공정

(2) 진공 증착

아연, 알루미늄과 같은 저비점의 금속을 10^{-6}mmHg 정도의 진공 속에서 가열, 증발시켜 플라스틱 표면에 부착시키는 방법이다. 이 방법은 단순히 부착으로만 되는 것이므로 금속층이 얇아 플라스틱과의 밀착이 양호하지 못하므로 증착도금 전에 언더 코팅(under coating)을 요하고, 또한 얇은 증착막을 보호하기 위해 톱 코팅(top coating)이 필요하다. 착색된 톱 코팅을 함으로써 금속색상의 효과를 얻을 수 있으나 부착강도는 전기도금에 미치지 못한다(그림 1.6).

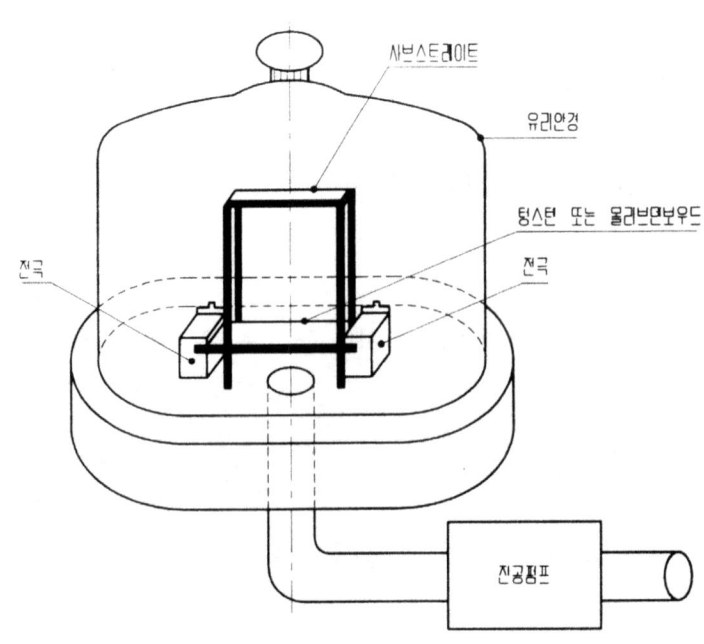

그림 1.6 진공증착의 원리

3) 침투 인쇄

승화 인쇄라고도 부르며, 가열에 의해 승화된 염료를 플라스틱 중에 침투시키는 인쇄법이다. 플라스틱 표면에서 $10\mu m$ 정도의 깊이로 착색시키는 방법으로 플라스틱 표면이 어느 정도 마멸되어도 침투된 염료가 남아 있어 인쇄는 소멸되지 않게 된다. 침투 인쇄에 사용되는 잉크는 승화성 염료로서 특히 내마멸성, 내용제성이 우수해 3,000만 회의 마멸시험에서도 견딘다. 이 인쇄법의 적합 수지로서는 내열성이 있는 PBT(polybutylene terephthalate)가 최적이며 PET(polyethylene terephthalate)가 그 다음이다. 주로 응용되는 분야는 컴퓨터 키보드이다.

일반적으로 키탑(keytop)의 경우 보통의 플라스틱 인쇄법(실크 인쇄)으로는 사용 중 마멸되어 지워지는 문제가 있어 2색 성형법이 사용되고 있다. 그러나 2색 성형법은 바탕재료의 색과 다른 한 가지 색 밖에는 더할 수 없어 경우에 따라 한 keytop에 문자와 기호가 있어 단색만으로 표현되지 못할 때는 다색 성형으로 해야 하나, 이 때의 금형제작은 고도의 기술을 요하게 되고 생산성도 좋지 않게 되어 비용면에서 매우 불리하게 된다.

침투인쇄의 출현으로 마멸에 대해 염려가 없는 다색인쇄가 가능해지고 단시간 납기가 가능해 각 분야에 널리 응용할 수 있게 되었다. 그러나 단점으로는 keytop의 재료가 PBT나 PET로 한정되고, 2색 성형법과 가격적인 면을 비교하면, 2색 성형법이 금형제작 관계로 초기투자는 많이 드나 컴퓨터 키보드와 같이 문자의 종류가 많지 않고, 제작수량이 많을 때의 제품가는 침투인쇄법이 2색 성형법보다 비싸 불리하게 된다.

1.3 금형제작에서 본 제품설계

제품설계, 디자인에 있어서 제품의 사용목적, 조건에 적합한 재료를 선정하는 것, 또는 그 재료의 특성에 부합한 설계를 하는 것은 금형제작을 고려한 설계를 하는데 있어 중요하다. 아무리 이상적인 재료를 사용하여도 금형제작에 무리가 발생한다든지 성형품에 좋지 않는 영향을 끼치는 설계가 되어서는 안 된다. 성형품을 저가로 하기 위해서는 여러 가지의 조건을 가능한 만족하도록 금형제작에 적합한 디자인 작업을 할 필요가 있다. 그것을 위해서는 제품설계의 단계에서 디자이너, 성형업자, 금형 제작자가 충분히 검토하고 종합된 제품설계를 하는 것이 바람직하다.

1.3.1 분할선과 형분할

분할선은 제품형상에 의해서 필연적으로 결정되는 경우와 형제작(型製作), 성형상의 문제에서 결정되는 경우가 있다. 전자에 의해 필연적으로 분할이 결정되어지는 경우에 대해서도 형제작의 곤란, 성형에 대한 이형(離型), 돌출 등을 고려해서 변경하지 않으면 안 되는 경우도 생긴다.

그림 1.7에 나타낸 바와 같이 분할면을 동일의 수평면으로 하지 않고 제품의 앞뒤(表裏)에 나눠서 만든다. 그림에서와 같이 A와 B의 범위를 상호간에 분할시켜 주면 제품 이면에 상당하는 부분을 두꺼운 밀핀(ejection pin)으로 이젝션(ejection)시키는 것이 가능하게 된다.

이 경우 리브(rib)의 두께가 빼기구배(勾配)만큼 외견상 달라지나 그 차이는 극히 작으므로 전술의 밀핀 자국이 남는 경우와 비교하면 허용될 수 있을 것이다. 이와 같은 단순한 제품형상이라도 분할을 결정하는 경우에는 이상의 것을 고려할 필요가 있다.

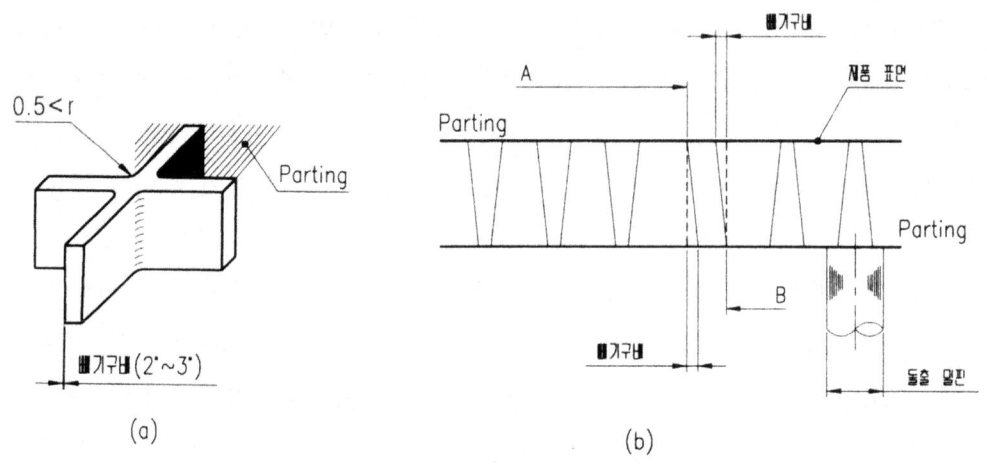

그림 1.7 격자상 제품의 상세

그림 1.8에 표시한 부분단면도는 잘 볼 수 있는 형상으로 (a)와 (b)를 비교하면 제품높이 H는 양쪽과 같은 것이지만 상부의 폭이 A<B로 되어 있다. 형제작상부터도, 제품의 성형상부터도 (a)의 경우는 부적당하다.

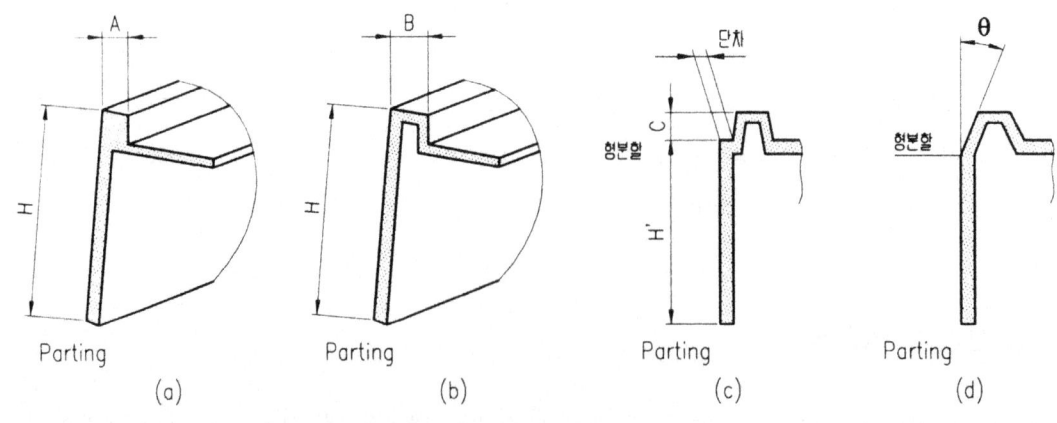

그림 1.8 모서리의 형상과 형분할

형제작에서는 폭 A의 가는 부분을 분할면에서 직접 깎아들어감으로써 가공성이 극도로 저하된다. 또 그 부분만큼 제품의 살두께가 두껍게 되기 때문에 측면에 수축(sink) 등이 발생되기 쉽다. (b)는 이것을 개량해서 우선 형제작상에서도 (a)와 비교하면 좋게 되지만 역시 직접 분할면으로부터 깎아들어가는 높이가 큰 경우에는 문제가 남는다. 그래서 형제작을 고려한 형상에서는 (c) 또는 (d)의 형상으로 하는 것이 이상적이다. 어떤 경우에도 분할면은 같지만, 형제작상 H′의 위치에서 형을 분할하면 실제로 깎아들어가는 양은 C 높이만큼 되어 절삭가공이 용이하게 된다. 그때 분할면에 대해 단차(段差)를 만들어 줌으로써 형분할선의 효율성으로서도 유효하게 되고, 또 (d)와 같이 측면의 각도를 θ로 해서 변화시킬 수도 있다. 이와 같은 형상으로 제품설계를 하면 형제작은 전자의 (a) (b)에 비교해서 상당히 용이하게 되어진다.

한 예로 자동차의 라디에이터를 살펴보자. 차량관련 플라스틱 제품 중에서도 대형이며 복잡한 제품이다. 그래서 형제작상부터도 여러 가지 문제가 많으나, 특히 분할선이 곡면의 연속이며 또한 상·하의 요철(凹凸)이 크고 매끄러운 곡면의 변화가 있는 분할면이라면 형의 제작도 문제없지만, 분할면이 단차가 되어 그 높이차를 형과 맞추는 경우에는 형의 제작과 함께 금형의 수명에도 관계된다.

그림 1.9에 라디에이터 그릴 등에 대한 제품의 취부자리의 부분을 나타냈다. 앞서의 설명대로 일반적인 파팅면에서 취부자리의 면을 변화시킬 때 최소한 5의 각도를 주어 파팅면을 凹凸로 한다. 그렇게 하면 형의 맞춤도 확실하게 되어 성형 중에 버(burr)의 발생이나 갉아먹는 현상 등이 생기지 않게 되며 형의 보수 측면에서도 양호하게 된다.

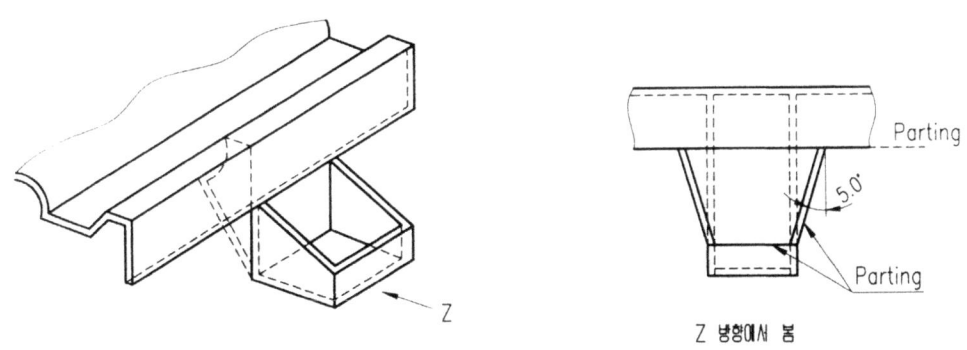

그림 1.9 凹凸의 분할선을 잡는 방법

1.3.2 리브 형상의 설계

전술한 라디에이터 그릴, 가정용전자제품인 텔레비전이나 라디오의 캐비넷, 에어컨 그릴 등 리브를 취급한 제품이 많다. 그러므로 의미상 중요할 뿐만 아니라 그 형상은 여러 종류로서 다양하다. 여기서는 일반적인 리브가 그 형상에 의해 금형제작상 어떤 문제가 있는지를 기술한다.

그림 1.10의 (a)에 표시한 리브 단면형상은 잘 볼 수 있는 것이지만, 리브 선단면이 수평면이라면 절삭가공에 의해 형은 제작된다. 물론 세로방향에서 본 형상이 직선이나 일정의 경사면의 경우에서 혹시 곡면이 있다거나 높이 변화가 있을 때에는 절삭가공은 곤란하게 된다. 이것이 (b)의 형상으로 되면 리브선단이 수평으로 되지 않아 절삭가공이 꽤 곤란해진다. 그래서 방전가공, 전주(電鑄), Be-Cu합금 등의 방법으로 제작하도록 한다. 단, 형의 제작은 위의 방법으로 가능하지만 성형상 분할면의 반대측에, 캐비티(cavity)에서

이형(離型)시키기 위한 인장용 리브를 설계하지 않으면 리브가 취출(取出)될 수 없다. 그 관계치수는 (b)에 나타냈다. 또 그림 1.11에 표시한 리브 단면형상은 형에 직접 절삭가공하는 것이 불가능하다. 이 경우에는 방전가공이나 Be-Cu 합금으로 제작하더라도, 전극 또는 마스터를 별도로 제작하게 되는데 리브선단은 전술의 절삭가공과 다르며 경사면(곡면)쪽의 제작이 쉬운 경우가 있다.

이것은 형의 깎아내는 것과는 반대로 제품과 동일 형상의 것을 만드는 것이 되기 때문에 만일 Be-Cu합금으로 형제작을 하는 경우에는 마스터 형상은 제품의 형상과 같게 되기 때문에 (a), (b)에 표시한 형상쪽이 좋다. 또 이들 리브선단의 모서리에는 반드시 0.3~0.5mm 이상의 라운드를 부여하고 날카로운 모서리는 극구 피해야 한다.

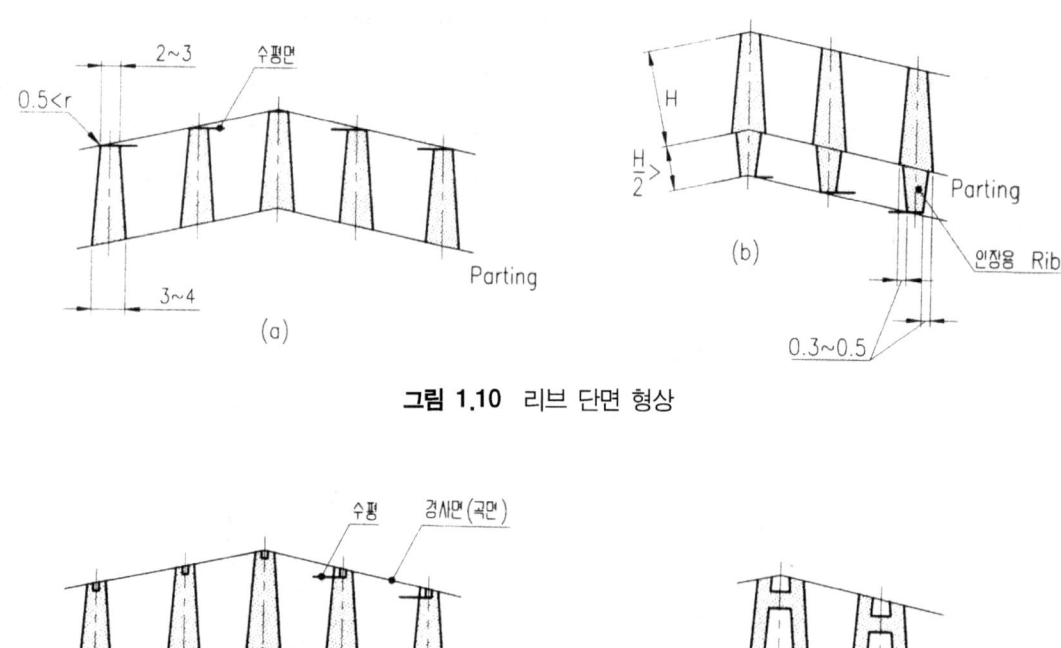

그림 1.10 리브 단면 형상

그림 1.11 리브 단면 형상

1.3.3 이젝트 방법과 외관

제품의 형상, 외관에 의하여 금형에서 밀어내는(eject) 방법이 결정되는 경우가 많지만 특히 제품표면에 이젝트의 자국이 남아서는 곤란하므로 이것을 커버하기 위해서는 앞서 설명한 그림 1.7을 참조해야 한다. 또 그림 1.12는 자동차의 계기 판넬 뒷면의 일부를 나타낸 것이다. 그림에서와 같이 깊은 보스(boss)나 리브(rib)가 많이 있는 제품에서는 상당수의 밀핀(ejector pin)을 형에 설계하지 않으면 이형시(離型時)에 백화현상(白化現象)이나 균열이 생기기 쉽다. 그러나 적당한 이젝트 장소가 제한되어 있기에 이젝트 균형(eject balance)은 상당히 잡기가 어렵다.

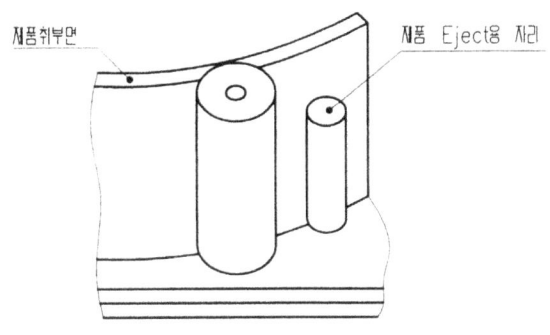

그림 1.12 밀어내기 위한 보스

　여기서는 깊은 보스의 가까이에 이젝트용 보스를 설계했다. 이것은 제품의 기능, 외관상으로는 꼭 필요한 것은 아니지만 이젝트하는 목적 때문에 설계한 것이다. 그래서 그 위치는 제품의 조립용 보스보다 낮게 하여 다른 곳에 영향이 없도록 배려해야 한다.

　그림 1.13은 깊은 보스의 형상을 표시한다. 깊은 보스의 가장 좋은 이젝트 방법은 그 면을 직접 이젝트하는 슬리브 이젝트(sleeve eject)이다. (a), (b)에 표시한 보스는 형의 코어(core)가 구석이며 제작상에도 별로 좋지 않고 또한 성형상 큰 수축이 발생하는 모양이 되고 있다. 이것을 (c), (d)와 같은 형상으로 하면 이젝트 슬리브에 의해서 제품을 이젝트시키는 것이 용이하다. 또 측면에 생길 수 있는 수축의 방지에도 좋다.

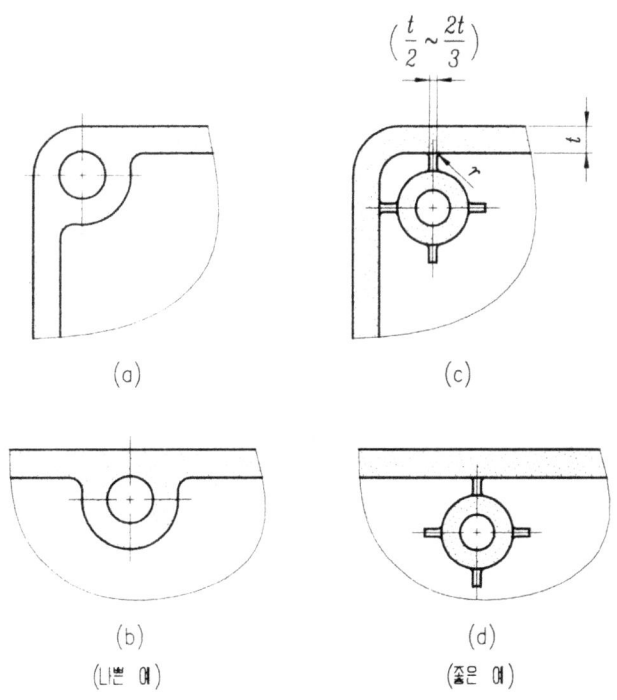

그림 1.13 보스 형상의 좋은 예, 나쁜 예

1.3.4 언더컷

그림 1.14에 언더컷의 한 예를 나타냈다. (a)의 경우는 분할면에 대해 각도 θ를 가진 세로구멍이다. 만약 이와 같이 금형에서 구멍을 처리하는 경우에는 형의 외측면에서 θ의 각도로 구멍가공을 해서 슬라이드 핀(slide pin)을 동작케 하는 설계가 되는데 치수 정도(精度)와 공작측면에서 대단히 곤란하다. (b)는 이것을 개선해서 분할면에 평행한 세로구멍으로 하고 도피자리도 분할면까지 빼기구배(taper)를 만들어 주어 형이 빠지도록 했다. 이 언더컷이라면 형제작의 정도, 공작도 용이해진다.

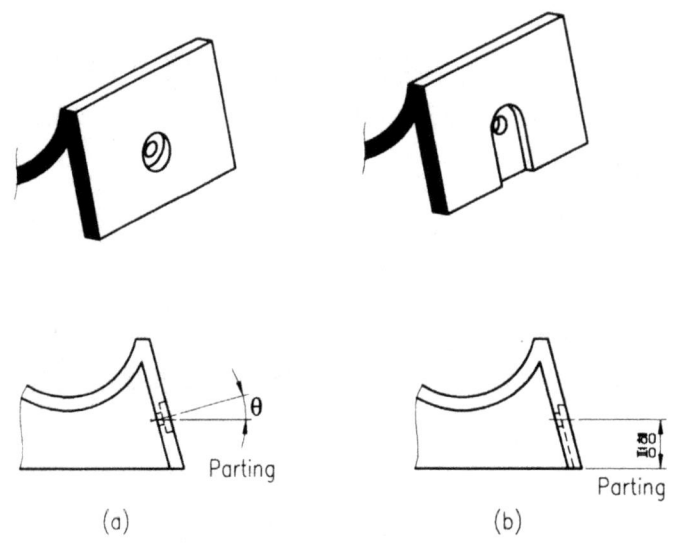

그림 1.14 언더컷의 설계 사례

1.3.5 설계요점 예

불가(不可)	가(可)	적 요
		튀어 나온 모양의 손잡이는 금형의 절삭 가공이 용이하다. 호빙 가공의 경우는 마스터를 만들게 되므로 그 반대가 된다.
		파들어갈 때, 좌우대칭의 형상은 쉽게 가공이 되지만, 그렇지 않을 경우는 가공이 곤란하다.

불가(不可)	가(可)	적 요
		들어갈 문자는 튀어나온 문자에 비하여 형가공이 곤란하다. 호빙 가공할 경우는 그 반대가 된다.
		보스의 강도를 내기 위해서는 리브를 만들고 귀퉁이에 R을 붙인다.
		성형을 할 때 인서트(insert)를 확실하게 고정시킬 수 있도록 인서트의 끝면에서 코어 핀(core pin)을 분할하여, 인서트가 움직이지 않도록 눌림여유를 댄다.
		기울어진 보스 또는 형상은 금형의 구조가 복잡 및 대형이 되기 때문에 분할선에 대하여 직각이 되도록 한다.
		코어(core)에 비교적 큰 사이드 코어를 관통하면, 고장의 요인이 되므로 두 방향에서 두 개의 코어를 맞닿게 하는 것이 좋다.

불가(不可)	가(可)	적 요
		깊은 부분은 되도록 제품의 한 방향으로 붙도록 한다.
		금형에서 고정측 코어의 형상은 수축에 의한 흡착을 피하도록 한다.
		살두께가 얇은 벽이나 언더컷을 없애기 위해서는 U형으로 구멍을 늘리면 된다.
		성형품을 조합해서 고정시키게 되는 것은 그 코너에 릴리프(relief)를 설치해 둘 것.
		단면의 살두께가 두꺼운 곳에는 보강 리브를 붙여서 살두께는 균일하게 한다.

불가(不可)	가(可)	적 요
		내부의 브래킷에 구멍을 뚫으려 할 때에는 경제성을 충분히 고려해야 한다. 관통 구멍은 금형의 구조가 복잡해지며 비용도 높아진다.
		측면의 구멍으로서도 가능한 것은 side core로 하지 않아도 좋을 설계로 하면 된다.
		살두께는 되도록 균일한 두께로 할 것.
		깊은 리브는 잘 빠지게 하기 위하여 되도록 최대의 드래프트(draft)를 붙일 것.
싱크(Sink)	(t=0.5~0.7T)	두꺼운 리브는 표면 sink의 원인이 되므로, 되도록 얇게 한다.

불가(不可)	가(可)	적 요
		모든 코너에는 최대의 R을 붙인다.
		인서트 나사는 나사가 성형품에까지 닿는 것을 피하도록 하고, 평면부를 붙이면 매끈해진다.
		물결모양의 이음부분의 골은 금형으로 예각이 되는 것을 피한다.
		단면이 T형으로 이어진 부분은 들어가게 되므로 코어쪽에 edge를 만들어 살이 빠져나가게 한다.
		금형 구조상에서 "A"부의 살이 얇아지는 것을 방지토록 할 것.

불가(不可)	가(可)	적 요
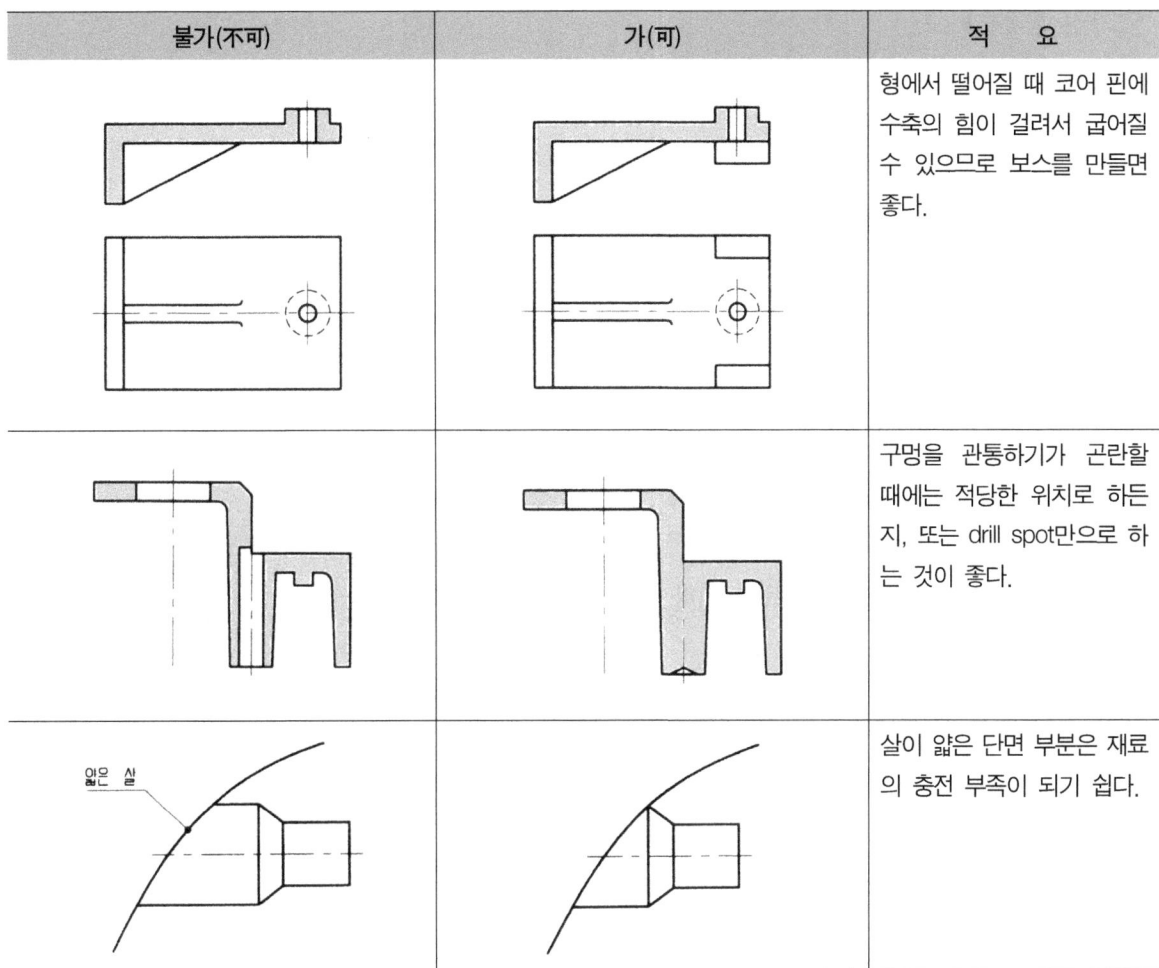		형에서 떨어질 때 코어 핀에 수축의 힘이 걸려서 굽어질 수 있으므로 보스를 만들면 좋다.
		구멍을 관통하기가 곤란할 때에는 적당한 위치로 하든지, 또는 drill spot만으로 하는 것이 좋다.
		살이 얇은 단면 부분은 재료의 충전 부족이 되기 쉽다.

1.4 사출성형용 플라스틱의 개론

플라스틱이라 함은 『고분자 물질을 주원료로 하여 인공적으로 유용한 형상으로 만든 고체이다. 단, 섬유, 고무, 도료, 접착제 등은 제외한다.』라고 정의하고 있다.

본 절에서는 플라스틱의 일반적 분류 및 장단점에 대해 기술한다.

1.4.1 열가소성 수지와 열경화성 수지

플라스틱을 구분하면 열가소성 수지(thermoplastic plastics)과 열경화성 수지(thermosetting plastics)의 2종으로 나누어진다.

1) 열가소성 수지

상온에서는 고체이지만 열을 가하면 녹아서 연화하여 유동체로 되고, 냉각되면 굳어져서 고체가 된다. 이 상태에서 다시 가열하면 앞의 과정을 반복할 수 있는 성질을 가진 플라스틱이다. 열가소성 수지는 일반적으로 범용 플라스틱과 엔지니어링 플라스틱으로 분류할 수 있다.

(1) 범용 플라스틱
가격도 싸고 성형이 용이한 것.

⑩ ABS, PS, PE, PP, SAN, PMMA 등

(2) 엔지니어링 플라스틱(engineering plastics)
기계부품에 적합한 고성능의 플라스틱으로 주로 공업용도에 사용되며, 내열성 100℃ 이상, 인장강도 500 kgf/cm^2 이상의 것을 엔지니어링 플라스틱이라 한다.

⑩ PC, PA(Nylon), POM, PBT, PPE, PPS 등

열가소성 수지는 고체일 때 고분자의 배열에 따라 그림 1.15와 같이 연쇄상의 고분자가 다수 모여 규칙적으로 다발로 묶인 상태의 배열된 결정성(結晶性)과 고분자의 배열에 규칙성이 없는 비결정성(非結晶性)의 2가지로 또한 분류하고 있다. 결정 부분이 많아지면 밀도가 높고 강한 성질을 지니게 된다.

결정성 플라스틱에는 PE, PP, PA, POM, PBT 등이 있으며, 비결정 플라스틱으로는 ABS, PS, SAN, PC, PMMA 등이 있다. 사출성형시 결정성 및 비결정성 플라스틱의 차이는 결정성 플라스틱은 금형 속에서 냉각고화(固化)하는 과정에서 융해열에 상당하는 양의 결정화열을 내므로 냉각을 충분히 해야 한다. 또한, 비교적 저온으로 사출한 경우에는 성형수축률도 크고 흐름방향에 의한 수축차도 크게 나온다.

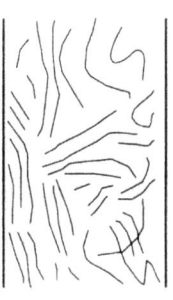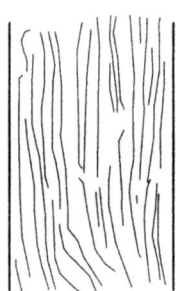

그림 1.15 결정화 모형도

결정화 속도와 수축률 관계는 사출 후 서냉(徐冷)되면 고온으로 유지되는 시간이 길기 때문에 결정화가 진행되면서 수축은 커지며, 반면 급냉하면 결정화가 진행하기 전에 고화(固化)되기 때문에 수축은 작아진다.

2) 열경화성 수지

가열하면 한때는 용융되어 유동체로 되지만 더 가열하면 점차 화학변화를 일으켜 경화하거나 연소하는 성질을 가지고 있는 플라스틱이다. 일단 고체화된 것은 가열해도 다시는 유동체로 되지 않는다.

예 페놀(phenol) 수지, 요소(urea) 수지, 멜라민(melamine) 수지 등

1.4.2 플라스틱의 일반적 장 · 단점

1) 장점

① 가공이 용이하고 생산성이 높다.

② 가볍고 튼튼하다.

③ 전기, 열에 대해 절연성이 좋다.

④ 착색이 자유롭고 아름답다.

⑤ 여러 가지 화학약품에 잘 견딘다(내산, 내알칼리성이 있다).

2) 단점

① 고온에서 사용하기 어렵다.

② 기계적 강도가 부족하다.

③ 온도변화에 의해 치수변화가 크다.

④ 내후성(耐候性)에 한계가 있다.

⑤ 흠이 생기기 쉽고 더러워지기 쉽다.

⑥ 연소성이 있다.

이 장점과 단점은 모든 플라스틱에 해당하는 것은 아니다. 예를 들어, 장점 중에서 전기절연성은 특수용도에서는 결점으로 되어, 이 점을 해결하기 위한 전도성 플라스틱도 있으며, 결점으로 열거된 온도에 의한 치수변화를 개선한 플라스틱과 연소하기 쉬운 점을 개선한 난연성 플라스틱도 있다.

1.5 사출성형용 플라스틱의 각론

사출성형용으로 사용되고 있는 플라스틱은 30종 이상이다. 이 많은 플라스틱 중에서 그 성질, 가격 등을 이해하고 제품에 적용해야 할 것이다.

본 절에서는 일반적으로 사용되고 있는 플라스틱의 성질과 용도에 대해 설명한다.

1.5.1 열가소성 수지

1) PS(polystyrene)

(1) 성질

단순히 폴리스티렌(PS)이라 하면 일반용 PS(GPPS)를 가리킨다. 성질은 투명하고 강성(剛性)이 있으며 전기적 성질이 우수한 비결정성 플라스틱이다. 사출성형 특성도 우수해 대표적인 범용 플라스틱으로서 광범위하게 사용되고 있다. 반면에 취약하고 내열온도가 낮으며 내유성(耐油性)이 없다. 내충격성 PS(HIPS)는 일반 PS의 결점인 취약성을 butadiene과 graft 중합에 의해 개선한 것이다. 그러나 반투명이며 내후성은 좋지 않다. 일반용 PS, 내충격성 PS 모두 사출성형성은 매우 용이하며 성형조건의 허용범위가 넓고 유동성이 우수하다. 일반용 PS는 앞서 지적한 것과 같이 취약성이 있으므로 이형성(離型性)이 좋은 금형이 필요하고 내부변형에 의한 잔금(crazing)이 발생하기 쉽기 때문에 사출시 과충전(過充塡)되지 않도록 주의해야 한다.

(2) 용도

PS는 일용품 분야에는 그 투명성, 강성의 성질 때문에 널리 사용되고 내충격용 PS는 완구, 문방구류 등에 사용되고 있다. 또한, PS는 무독성이므로 식기, 식품용기에도 사용된다. 공업용품 분야에서도 널리 사용되고, 테이프 카세트, 냉장고, 세탁기 등의 각종 가전품을 비롯하여 각종 제품의 하우징(housing), 캐비넷, 케이스, 내부부품, 명판 등으로 그 용도범위는 매우 넓다. 난연제를 첨가한 자기소화성의 내충격성 PS는 TV, 라디오, 캐비넷 등에 널리 사용된다.

2) PE(polyethylene)

(1) 성질

폴리에틸렌(PE)는 대표적인 결정성 플라스틱이다. PE는 그의 결정화 정도에 따라 성질이 다르나, 모두 반투명이며 강인하고 전기적 성질, 내약품성, 내한성이 우수하다. 반면, 상온에서는 완전히 용제에는 녹지 않아 접착제에 의한 접착 및 인쇄는 성형품에 표면처리를 하지 않는 한 견고하게 부착시킬 수 없다. PE의 사출성형특성은 매우 양호하고 성형도 용이하다. 그러나 수축률이 크고, 흐름방향에 의해 성형수축률의 차가 커서 정밀 치수는 얻기 힘들며, 제품 중앙에 direct 게이트 또는 핀 포인트 게이트(pin point gate)로 성형하면 성형품에 비틀림이 생기고 더욱이 게이트 부근이 갈라질 수 있다. 또한 PE는 계면활성제라든가 약품류에 의한 응력균열(stress cracking, 특정 환경 내에서 인장응력이 작용될 때) 파괴강도보다 작은 응력에 의해 성형품의 표면 혹은 내부에 생기는 균열)에 주의해야 한다.

PE는 제조공정에 의해 저밀도 PE(LDPE, 밀도 0.925 이하), 중밀도 PE(MDPE, 밀도 0.926~0.940) 및 고밀도 PE(HDPE, 밀도 0.941 이상)의 3종류로 나누어진다.

(2) 용도

저밀도 PE(LDPE)는 유연성이 있기 때문에 용기의 뚜껑 등의 유연성을 필요로 하는 용도에 널리 사용되며, 고밀도 PE(HDPE)는 강인성이 있으므로 일용잡화, 식기, 컨테이너 등 일용품에서 공업용품에 걸쳐 널리 사용된다. 특히 PE는 무해하므로 식품 관련용기로도 적합하다.

3) PP(polypropylene)

(1) 성질

폴리프로필렌(PP)은 반투명으로 강인하고 가벼우며 내열성(결정융점 160~168℃)이 있는 결정성 플라스틱이다. 그러나 PE와 같이 성형수축률이 크고 상온에서는 용제에 녹지 않는다. PP 중 호모폴리머(homo-polymer)는 저온에서 취약한 결점이 있으며, copolymer는 그 결점이 약간 개선된 것이지만 0℃ 이하의 저온에서는 역시 취약하다. PP는 동과 접촉하면 취약화되는 성질이 있어 황동재질의 인서트(insert)를 사용할 경우에는 동해방지(銅害防止)가 된 품종을 사용해야 한다.

PP의 특이한 장점으로는 굴곡피로에 견디는 강한 성질을 가지고 있는 것이다. 이것은 다른 플라스틱에 비해 우수하여 성형품 일체형으로 힌지(hinge)를 만들 수가 있다(뚜껑, 몸체 및 힌지를 일체형으로 성형시켜 뚜껑을 여닫을 수 있게 한 케이스류). PP의 사출성형성은 매우 우수하나 성형수축률이 크며, 사출성형품이 휘거나 비틀리기 쉽고 치수가 정밀한 성형품은 얻기 힘들다.

(2) 용도

PP는 100℃에 견디며 강하고 미려해서 주방용품, 세면기, 쓰레기통 등 소형에서 대형의 일용품, 컨테이너, 하우징 등 공업용품에 이르기까지 널리 사용된다.

4) ABS(acrylonitrile-butadiene-styrene)

(1) 성질

ABS는 내충격성 PS의 내유성의 부족을 acrylonitrile을 공중합(共重合)시킨 플라스틱이다. 극히 균형이 잡힌 기계적 성질을 가지고 있으며 좋은 광택을 가지고 있다. 한편, 결점으로는 옥외에서 사용하면 강도의 저하가 현저하고, 특히 오존에 침투된다. ABS는 3元(원) 공중합체이므로 그 제조방법 및 성분의 비율에 따라 기계적 성질이 크게 변화한다. 중충격성 ABS 및 고충격성 ABS도 있는데 이들은 고강성 ABS에 비해 충격강도가 크나 고강성 ABS에 비해서는 강성이 낮다. 내열성 ABS는 내열성을 개선한 것으로 하중에 의한 처짐온도(deflection temperature under load, 일정 하중 하에서 시험편이 일정량의 변형을 생기게 하는 온도, 플라스틱의 내열성을 표시하는 기준)가 100℃ 이상의 것도 있다. ABS의 성형성은 PS에 비해 유동성은 약간 떨어지고 흡습성이 있기 때문에 예비건조를 하지 않으면 안된다.

(2) 용도

ABS, 특히 고강성 ABS는 고급 범용 플라스틱이다. 따라서, PS라든가 내충격성 PS가 사용되고 있는 용도 중에서 약간의 유지, 가솔린, 윤활유에 접촉되고 있는 경우 또는 PS라든가 PP에서 치수정밀도, 수축, 외관에 문제가 있는 경우에 널리 사용된다. 즉, 일용품에서 공업용품에 이르기까지 광범위하게 사용된다. 중충격, 고충격 및 내열의 각 품종은 각각의 물성요구에 응해 사용되고 있다. 난연제를 첨가한 자기소화성 ABS

는 가전제품 등의 전기제품의 하우징 등에 광범위하게 사용된다.

ABS의 중요한 용도의 하나는 플라스틱 도금의 바탕재료가 된다. ABS는 폴리부타디엔(polybutadiene) 입자가 함유되어 있기 때문에 화학적으로 부식(etching)시키면 표면이 미조화면(微粗化面)으로 되어 이 면에 금속이 밀착하여 도금층을 이루게 된다.

5) SAN(styrene-acrylonitrile)

(1) 성질

PS의 내유성(耐油性)을 개선한 플라스틱으로, 투명하고 내유성이 있으며 강성이 큰 비결정성 플라스틱이다. SAN은 흡습성이 있기 때문에 예비건조가 필요하고 PS에 비해 사출성형에 있어 유동성은 좋지 않다.

(2) 용도

SAN은 내유성과 투명성을 요하는 용도에 사용된다. 주된 용도는 선풍기의 날개, 배터리 케이스 등이고, 그 밖에 라이터 케이스 등의 일용잡화에도 널리 사용된다.

6) PMMA(polymethyl methacrylate)

(1) 성질

PMMA는 완전투명으로 내후성이 있으며 강성이 큰 플라스틱이다. 광선투과율은 100%에 가까우며 옥외에 노출되어도 강도저하율이 낮고 황색으로 변색하는 일도 없다. 그러나 작은 응력 하에서도 크레이징(crazing)이 발생되기 쉬우며 내열성도 그다지 높지 않다. PMMA는 흡습성이 있기 때문에 사출성형 전에 예비건조가 필요하며, 유동성도 PS에 비해 떨어지며, 또한 취약한 성질이 있어 금형구조는 이젝팅시 성형품에 무리가 가해지지 않도록 해야 한다.

(2) 용도

PMMA의 최대 특징은 투명한 것이므로 투명성을 중시하는 용도에 사용된다. 주된 용도는 자동차 미등의 커버, 렌즈 등에 사용되고 또한 고급 일용품에도 사용된다.

7) PVC(polyvinyl chloride)

(1) 성질

PVC는 가소제를 가하지 않거나 극히 적은 양을 가한 경질 PVC(H-PVC)와 PVC 100에 대해 가소제(plasticizer : 제품에 유연성을 주기 위해 수지에 첨가하는 액체 또는 고체물질) 50~80을 가한 연질 PVC(S-PVC)로 나누어진다. PVC는 가소제 배합에 의해 투명한 제품으로 될 수 있으며, 난연성 및 내후성이 우수한 제품으로도 될 수 있다. 연질 PVC는 유연한 플라스틱으로 투명하다. 그러나 다른 플라스틱과 접촉하면 가소제가 이행될 수 있으며, 저온에서는 딱딱해지는 결점이 있다.

PVC는 사출성형온도와 분해 온도가 비슷하기 때문에 고온으로 성형할 수 없으며, 특히 경질 PVC는 사출성형용으로는 유동성이 좋지 않다. 또한 약간만 분해되어도 염산을 발생하여 사출성형기의 실린더, 나사 및 금형을 부식시키므로 내식성 재료를 사용하지 않으면 안 된다. 분해를 방지하기 위해 고가의 안정제가 요구되며, 내식성을 요하는 등으로 인해 PVC 사출성형품은 고가로 되는 것은 피할 수 없다.

(2) 용도

경질 PVC는 압출성형품으로 제조되는 파이프 등의 부품으로 사용된다. 또한 연질 PVC는 유연성을 요하는 용도 즉, 전선의 피복, 플러그 등에 사용된다. PVC는 PVC라야 되는 특수용도 이외에는 사용하지 않는 것이 좋다.

8) PC(polycarbonate)

(1) 성질

PC는 무색, 투명으로 극히 강인한 비결정성 플라스틱이다. 충격강도가 큰 것이 특징이며, 또한 하중에 의한 처짐온도가 130℃ 이상으로서 내열성이 우수하다. 그러나 내약품성에는 한계가 있으며 강한 산성, 알칼리성에 의해 가수분해를 일으키고 내(耐)용제성도 그다지 양호하지 않다. 특히 염소 탄화수소 또는 방향족 탄화수소에 접하면 극히 취약하게 되어 변형에 의해 파괴되기 쉬운 결점이 있다.

PC는 습기를 제거하기 위해 150℃ 이상 가열하면 가수분해하고 분자량이 저하되어 취약하게 된다. 그 때문에 PC의 사출성형시에는 적어도 120℃로 5시간 이상 건조하여, 흡수율을 0.02% 이하가 되도록 하며, 성형기의 호퍼(hopper) 내에서도 흡습을 방지하기 위해 호퍼 드라이어 등을 사용하여 호퍼 내의 온도가 100℃ 이하로 되지 않도록 해야 한다. 또한 PC의 유동성은 그다지 좋지 않기 때문에 사출성형용 금형의 스프루(sprue), 런너(runner)는 압력손실이 적은 것이 요구되며, 얇은 벽의 제품이라든가 L/t(길이와 벽 두께비)가 큰 제품의 성형은 어렵다.

(2) 용도

PC의 투명성, 내충격성, 내열성이 양호한 것을 이용, 렌즈, 전등의 커버, 릴레이 케이스 등에 이용된다. 특히 난연성의 품종은 가전제품에 널리 사용된다. 또한 내충격을 이용한 용도로서는 안전모, 각종 하우징류가 있다. 유리섬유 강화 PC는 카메라, 정밀공업부품에 널리 사용되고 공업용으로도 자동차분야, 의료기분야 등 광범위하게 사용되고 있다.

9) PA(polyamide)

폴리아미드(PA)는 아미드 결합(-NH-CO-)으로 규칙적인 연쇄상으로 연결된 선상 폴리머의 총칭이다. PA는 미국의 듀퐁사에 의해 합성섬유로서 개발되어 나일론(Nylon)이라는 상품명으로 실용화된 것이다. 각종 나일론 중에서 주요한 것으로는 나일론 6, 66, 11, 12이며, 그 밖에 나일론 46, 특수 나일론이 있다. 이 중에서도 나일론 6과 나일론 66이 PA 전수요량의 96%를 차지하고 있다.

(1) 나일론 6과 66

나일론 6, 66은 대표적인 결정성 플라스틱으로 내유성, 내열성, 마찰, 마멸, 내충격성의 특성이 우수한 유백색 불투명 플라스틱이다. 그러나 흡습성이 큰 관계로 흡수율에 의한 특성이 변화한다. 즉, 흡수율이 커지면 인장강도, 탄성률, 경도가 감소하고, 연신율(재료를 인장하였을 때 일어나는 변형. 보통 재료의 늘어난 길이와 원래의 길이의 비를 백분율로 표시), 충격강도 및 치수가 증대한다. 나일론 6, 66의 사출성형에 있어서 흡수된 채로 성형하면 단량체(單量體, monomer)로 되돌아오므로 반드시 건조가 요구되나, 이 때 공기 중에서 건조하면 황색으로 변색하므로 진공건조를 해야 한다.

사출성형시 용융된 나일론은 그 점도가 극히 낮아 버(burr) 발생이 쉽다. 따라서, 사출성형기의 노즐은 역 테이프 노즐 등을 사용하는 것이 좋은 방법이다. 나일론 6, 나일론 66은 마찰, 마멸에 대한 성질이 양호하고 강인한 것이기 때문에 기어나 캠 등에 사용되고, 내유성 또한 양호하여 가솔린과 접촉되는 용도에도 이용된다.

(2) 나일론 11과 12

나일론 11 및 12는 나일론 6 및 66의 흡수성의 큰 결점을 개선한 것이다. 즉, 아미드(amide) 결합간의 알킬(alkyl)기의 탄소수를 높임으로써 흡수성을 떨어뜨린 것이다. 나일론 11 및 12도 결정성 플라스틱이나 나일론 6 및 66에 비해 약간 유연하다. 다른 물성은 나일론 6 및 66과 유사하나 흡수에 의한 치수변화는 거의 무시될 수 있다. 나일론 11 및 12의 용도는 나일론 6 및 66에서 흡수성 때문에 사용하기 어려운 용도에 사용된다.

(3) 특수 PA

PA 결합을 가진 비결정성의 투명한 나일론이다. 내유성이 있고 투명을 요하는 용도에 사용된다.

10) POM(polyacetal)

폴리아세탈은 그 화학구조가 polyoxymethylene인 관계로 POM이라는 약호로 부르고 있다. 종류로서는 homopolymer와 ethylene oxide와의 공중합체(copolymer)의 2종이 시판되고 있다.

(1) 성질

POM은 전형적인 결정성 플라스틱으로 마찰, 마멸특성이 우수하며 반발탄성이 우수하다. 그러나 결정성 플라스틱이므로 성형수축률이 크다. 그 외에 내용제성은 극히 우수해 용제 접착 또는 접착제 접착이 매우 어렵다. POM 중에서 특히 homopolymer는 수중에서 가열하면 분해되는 결점이 있어 뜨거운 물에서는 사용할 수 없다.

POM은 유동성이 좋으며 사출성형특성이 우수한 플라스틱이나 과도하게 실린더 온도를 높여 사출성형하면 좋지 않다.

11) PBT(polybutylene terephthalate)

PBT는 1970년 Celanese社에 의해 유리섬유강화형 엔지니어링 플라스틱으로서 상품화된 5대 엔지니어링 플라스틱 중 강성, 내열성, 내약품성, 전기특성, 정밀성형성 및 내마멸성의 면에서 최고로 균형잡힌 플라스틱이다.

(1) 성질 및 특징
PBT는 다음의 성질 및 특징을 가지고 있다.

① 결정화 특성이 우수하고, 빠른 성형시간에서도 우수한 표면의 성형품을 얻을 수 있다.

② 유리 섬유강화에 의해 강성, 열변형온도, 내(耐)크리프성을 향상시킬 수 있다.

③ 전기특성이 우수하고 난연화가 가능하다.

④ 흡수성이 적으며 흡수에 의한 물성저하, 치수변화가 무시될 수 있으며 선팽창계수(온도 1℃ 변화했을 때 길이의 변화율)도 작기 때문에 정밀치수의 성형품을 얻을 수 있다.

⑤ 가솔린, 윤활유 등 각종 약품에 내성이 있다.

⑥ 장기내열, 내산화열화성(degradation, 제품이 열, 빛 또는 화공약품에 의해 그 화학적 구조가 유해한 변화를 일으키는 것. 특히 물리적으로 영구변화를 일으켜 특성이 저하되는 현상으로서 노화라고도 한다)이 양호하고, 120℃~140℃에서 연속사용(10만 시간)이 가능하다.

⑦ 내후성(weatherability)이 우수하다.

PBT의 성형시 주의점은 에스테르(ester)기의 본질적 성질이 있어서 가수분해될 수 있어, 이에 따라 분자량이 저하되어 특히, 충격강도가 낮아지므로 수분율 0.02% 이하까지 건조해야 한다.

제품설계시 주의점은 응력집중을 피하기 위해 각 코너에 R/T = 0.2 이상의 R을 줌으로써 충격강도를 향상시킬 수 있다.

(2) 용도
전 수요량에 대한 분야별 구성비는 전기, 전자가 약 55%, 자동차가 약 30%, 기타분야가 약 15%로 추정된다. 종래 나일론 66이 주류였던 자동차용 커넥터가 그 흡수에 의한 탄성 및 강성이 저하되는 문제점 때문에 PBT로 대체되면서 수요가 증가하고 있다. 또한 PBT는 나일론의 흡수시의 강인성, POM의 내마찰, 마멸성, PPS의 치수안정성, 내약품성의 견지에서 볼 때 개별의 특성은 특출하지는 못하나 각종의 특성을 고루 가지고 있어 수요가 확대되고 있다.

PBT는 제품의 가공성으로서는 승화인쇄(sublimation printing), 각종 기계적 결합법, 용접법, 접착법에 의해 접합이 가능하다. 후가공상의 유의점은 제품의 가열 후에 결정화 증대가 원인이 되어 후수축으로 치수가 변화하고, 휨(warp : 평면상의 제품에서 가공 후, ⌣ , ⌒ 또는 비틀리는 변형) 발생, 인성저하, 색조변화가 발생하는 것에 주의해야 한다.

12) 변성 PPE(modified polyphenylene ether)

변성 PPO라고도 부르며, 1967년 미국 GE에서 공업화되어 노릴(Noryl)이라는 상품명으로 불려지고 있다. 일반적인 노릴은 ABS나 PC와 같이 비결정성의 열가소성 수지로 성형수축률은 POM이나 PA 등의 결정성 수지와 비교하면 작아 치수정밀도를 필요로 하는 용도에 적당하다. 고내열성이며 성형성도 엔지니어링 플라스틱으로서는 양호하며 주로 난연성을 요하는 제품에 많이 사용된다.

13) PET(polyethylene terephthalate)

PET는 1948년 ICI사, 이후 듀퐁(Du Pont)사에 의해 공업화된 이래 그 우수성이 인정되어 현재에는 크게 대중화되어 있는 플라스틱재료이다.

(1) 성질

역학적 특성은 유리섬유의 함유량에 의존한다. 유리 섬유를 배합하는 것에 의해 충격강도, 굽힘강도, 인장강도 등의 각종 역학특성이 대폭 향상된다. 예를 들면, 열변형온도와 같은 열적 성질도 유리섬유의 배합에 따라 비약적으로 개량된다. 또한, PET는 열적성질도 거의 손색이 없어 전기·전자 용도에도 사용되는 재료이다.

(2) 용도

약 50%가 전기·전자 분야이다. 복합화에 의해 용이하게 난연화가 되는 것과 PET의 전기적, 열적 특성 때문에 난연성이 필요한 해당분야에서 사용이 활발하다. 또한 조명기구, 다리미 등의 가정용 전기기구에도 사용되고 자동차분야가 약 30%, 기계분야는 약 10% 정도로 사용되고 있다.

14) PPS(polyphenylene sulphide)

PPS는 페닐렌(phenylene)기를 유황으로 연결한 구조를 가진 플라스틱으로, 내열성, 치수안정성 및 내약품성이 우수하다. 사출성형으로서는 주로 유리섬유강화품이 사용되고 있다. 그 품종은 특히 강성과 내열성이 우수하며, 강성은 일반적으로 사용되고 있는 열가소성 수지 중에서 가장 높다.

1.5.2 충전(充塡) 열가소성 수지

열가소성 수지에 무기물 등을 혼합하여 그 특성을 변화시키고 있다. 그 목적은 다음과 같다.
① 강도 및 강성 향상
② 성형수축률의 감소
③ 도전성 부여
④ 도금부착성의 향상
⑤ 난연성 향상

⑥ 윤활성 향상

⑦ 전자파 차폐성의 부여

충전 열가소성 수지의 종류로서는 다음과 같은 것이 있다.

1) 섬유강화 열가소성 수지(FRTP, fiber reinforced thermoplastics)

열가소성 수지에 강도가 큰 섬유상 물질인 유리섬유, 탄소섬유, 티탄산 갈륨(Ga) 등을 10~30% 혼합하면 하중변형온도가 상승되고, 강성도 커지며 성형수축률에서도 기본 플라스틱에 비해 1/2로 된다. 그런 이유로 거의 모든 열가소성 수지에 유리섬유 등을 혼합한 품종이 시판되고 있다.

유리섬유로는 10~13μ 직경의 것을 플라스틱에 혼입한 것이 대부분이나, 팰릿(pallet : 직경 또는 한 변의 길이가 2~5mm 정도의 구형, 원주형 또는 각주형으로 된 성형재료)에 유리 섬유를 피복만 한 것도 있다. 유리섬유강화 열가소성 수지(GRTP)의 성형조건은 유리섬유를 충전하지 않은 것과 큰 차는 없으나 금형온도를 낮게 성형하면 유리섬유가 성형품의 표면에 나타나 비강화의 것에 비해 성형품의 외관이 좋지 않게 되며, 웰드라인(weld line) 부위는 유리섬유가 결합되지 않은 곳이 되므로 강도가 떨어진다. 또한, 유리섬유는 노치효과(notch effect : 구멍, 홈이 있는 재료에 응력을 가하면 그 집중효과에 의해 강도가 떨어지는 효과)의 원인이 되므로 일반적으로 충격강도는 떨어진다.

유리섬유 강화 플라스틱은 사출성형시 유리섬유가 플라스틱의 흐름방향으로 배치되는 경향이 있어 흐름방향과 그 직각방향과의 성형수축률은 다르게 된다. 특히, 결정성 플라스틱과 같이 수축률이 큰 것에서는 그 차가 크게 되어 성형품이 비틀리는 경향이 있다. 유리섬유 강화 플라스틱 중 비결정성 플라스틱인 SAN, PC 등의 유리섬유강화품은 그 선팽창계수가 금속에 가까워 특히 정밀공업용품에 적합하다. 탄소강화 플라스틱은 유리섬유강화 플라스틱보다 강도의 정도가 높으며, 탄소섬유가 표면에 노출됨으로 윤활성이 향상될 수 있는 특징이 있다.

2) 무기물 충전 열가소성 수지

PA, PP 등에 무기물, 예를 들면 유리, 활석, 운모, 점토 등을 혼합한 것이다. 이 무기물은 충전하면 유리섬유보다 강도의 향상은 얻을 수 없지만 강성이 높아져 성형수축률은 작아지며 하중에 의한 처짐온도가 상승하고 경우에 따라서는 용적당의 플라스틱의 가격도 떨어지며, 유리섬유 강화 플라스틱에서와 같은 유동방향에 의한 성형수축률의 차이는 없다. 그러나, 충격강도는 본래의 플라스틱에 비해 떨어지는 것은 피할 수 없다.

3) 윤활성 향상 열가소성 수지

베어링, 캠 등에 열가소성 수지를 사용할 경우, 윤활성과 마찰, 마멸특성이 필요하다. 이를 위해 플라스틱에 흑연, 2유화 몰리브덴(MoS_2), 실리콘 오일 등을 혼합하여 만들어지고 있다. 탄소섬유는 흑연의 조성을 가지고 있으므로 윤활성 향상이 가능하다.

4) 전도성 플라스틱과 전자파 차폐용 플라스틱

플라스틱은 일반적으로 전기절연성이 우수하여 전기절연용 재료로 많이 사용된다. 그런데 플라스틱의 진전과 더불어 역으로서 플라스틱에 전도성이 요구되는 경우가 생기고 있다. 전도성은 금속분말을 다량으로 혼합한 도료를 사용한 도장에 의해 그 성질을 부여한 것이 있으며, 플라스틱 재료 자체로서 전도성을 가질 수 있도록 한 것도 있다. 이를 위해서는 금속분말, 금속박 또는 도전성이 높은 탄소 플레이트(탄소 조각), 탄소섬유 등을 혼입함으로써 가능하다. 탄소 플레이크를 10% 혼입함으로써 체적고유저항을 10Ωm 정도 얻을 수 있으며, 또한 30%의 탄소섬유를 혼입하는 것도 같은 효과를 얻을 수 있다.

1.5.3 열경화성 플라스틱

열경화성 수지로는 페놀 수지(PF), 요소 수지(UF), 멜라민 수지(MF), 에폭시 수지(EF), 실리콘 수지(SI) 등이 있으며 모두 성형사출이 가능하다. 열경화성 수지의 사출성형은 특별한 사출성형기가 사용되어야 한다. 사출성형에 있어서는 실린더 내의 온도로 유동성을 생기게 함과 동시에 실린더 내에서 잠시 정체하여도 화학반응에 의해 경화가 생기지 않도록 하는 것이 필요하다. 이를 위해서는 압축성형 및 트랜스퍼 성형(열경화성 수지의 성형법의 하나로 가열실중에서 가소화된 재료를 가열된 금형 캐비티 내에 압입으로 성형하는 방법)용의 열경화성 수지와는 달리 사출성형용에서는 유동하는 온도에서 경화의 속도가 극히 늦은 것, 금형온도에서는 경화속도가 가속되는 것이 요구되므로 이에 적합한 품종을 선택하지 않으면 안 된다.

1.6 사출성형용 플라스틱의 시험법

1.6.1 유동성(流動性)

사출성형에서 가공성의 표준으로서 유동성이 사용되고 있으나 유동성은 온도, 압력 및 전단속도에 그 의존성이 크므로 전체를 파악하는 시험법은 현재로서는 없다. 점도의 물리적 단위로 P(poise)가 있으나 별로 사용되지 않고 있다. 유동성의 실제적인 측정법으로는 맴돌이 형상의 금형을 실제의 사출성형기에 걸고 유동거리를 측정하는 스파이럴 유동성 시험(spiral flow test)이 행해지고 있다. 그 금형의 예는 그림 1.16과 같다.

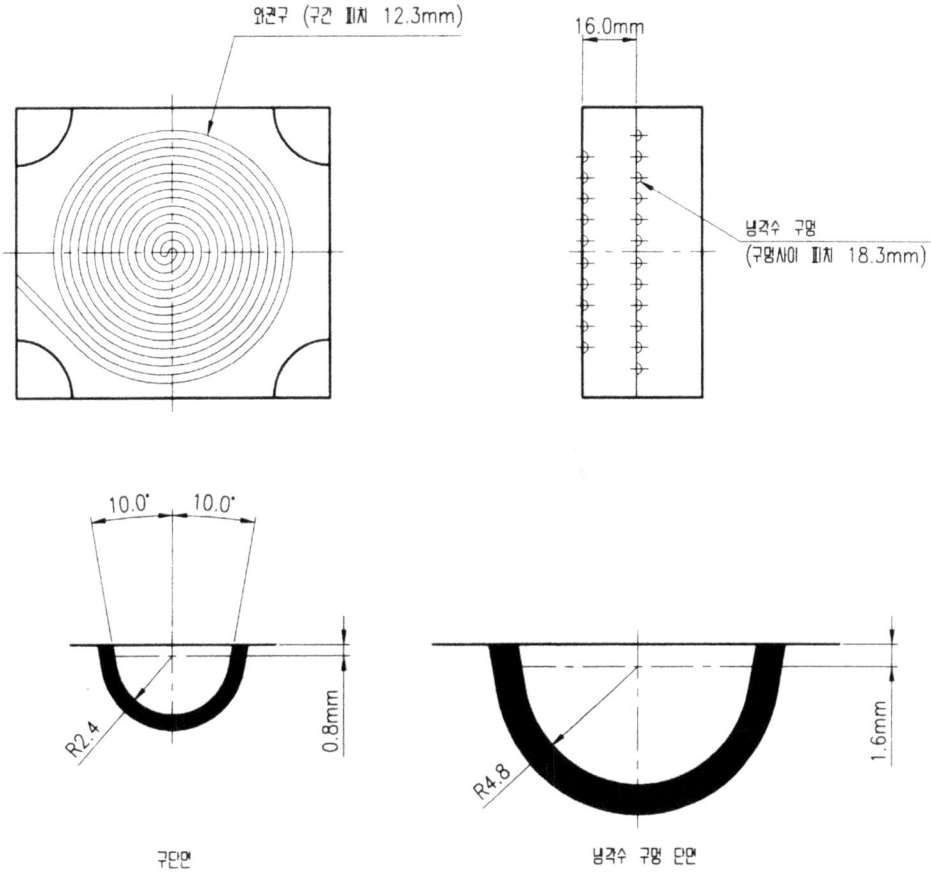

그림 1.16 스파이럴 유동성 시험용 금형 예

사출압력, 온도 등을 일정하게 해야 되는 것은 당연하나 사출속도의 변화에 주의해야 한다. 또 다른 유동성 시험방법으로는 압출의 원리를 이용한 것으로서 2중으로 장치된 가열통에 일정량의 시료를 넣고 플라스틱의 종류에 따라 각각 정해진 가열온도와 가압력으로 저부(底部)의 가는 구멍으로 수지를 압출시켜 10분간의 압출된 양(g/10min)을 구하고, 이것을 melt-flow index(MFI) 또는 melt-flow rate(MFR)라 정의하여, 그 재료의 유동성의 척도로 한다. 따라서, 이 값이 큰 것이 유동성이 좋은 것이나, 수지의 종류에 따라 시험조건도 다르기 때문에 MFI 값만 가지고 그대로 다른 수지와의 유동성을 비교할 수는 없다. 그림 1.17은 본 시험법의 원리이다.

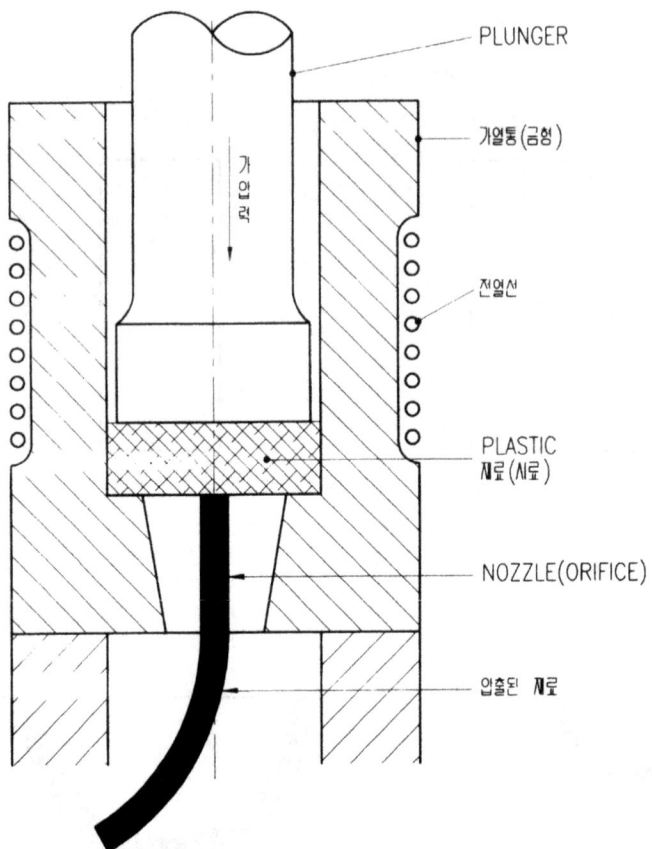

그림 1.17 압출식 유동성 시험법의 원리

1.6.2 기계적 성질

기계적 특성의 시험법으로서 다음과 같은 것이 있다.

- 인장강도(tensile strength)
- 전단강도(shear strength)
- 굽힘강도(flexural strength)
- 충격강도(impact strength)
- 경도시험(hardness test)
- 기타

1) 인장강도시험

인장강도는 플라스틱 재료의 특성 중에서 가장 중요한 것의 하나이다. 일정 치수, 형상의 시험편 양단에 외력(인장하중)을 가해 그 재료가 파단할 때까지의 응력과 변형률과의 관계를 표시하는 기계적 성질이다. 시험기로서는 유압 프레스의 원리를 응용한 암슬러식 만능시험기가 가장 일반적이나 인장강도가 작은 재료는 진자식 레버를 응용한 쇼퍼가 사용되고 있다.

2) 굽힘강도시험

그림 1.18의 (a)와 같은 가늘고 길쭉한 각형의 단면을 가진 시험편을 만들어서 (b)와 같이 지점위에 올려 놓고 중앙부에 일정속도로 하중을 가해서 최대파괴응력을 측정한다.

굽힙강도는 다음의 식으로 계산된다.

$$\sigma_b (\mathrm{kgf}/\mathrm{mm}^2) = \frac{3PL_u}{2Wh^2}$$

    P : 시험편이 절단되었을 때의 하중(kgf)

    L_u : 지점간의 거리(mm)

    W : 시험편의 폭(mm)

    h : 시험편의 높이(mm)

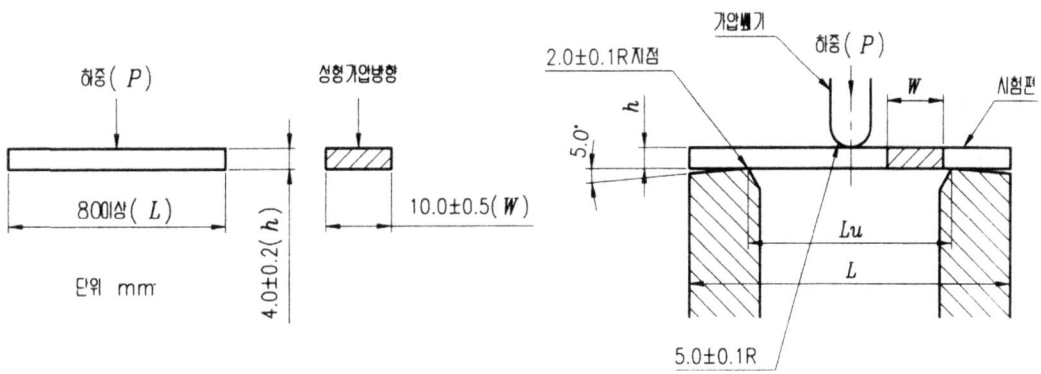

그림 1.18 굽힘강도시험

3) 충격강도시험

플라스틱 재료의 충격특성은 다음의 2가지로 나누어진다.

① 인성(toughness)이 풍부한 것

인성이란 파괴에 대한 재료의 저항의 정도를 의미하며, 일반적으로는 인장시험에서 연신율이 큰 것이 충격에 대해서도 잘 견딘다.

PC, PA, POM, ABS 수지 등이 인성이 풍부하다.

② 취성(brittleness)이 큰 것

취성은 연성과 반대로 소성변형이 어려운 정도라 할 수 있으며, 대체적으로 취성이 큰 것은 부서지거나 깨지기 쉬워 인성도 작다. 열경화성 수지로서는 요소(urea), 멜라민(melamin) 수지가 그 경향이 강하고 열가소성 수지로는 PS, PMMA 재료가 비교적 취성이 크다.

충격시험법으로는 다음과 같은 것이 있다.

(1) 아이조드(Izod) 충격시험법

그림 1.19에 표시한 것과 같이 시험편의 한 쪽 끝을 지지대에 고정하고 햄머를 규정된 높이까지 올렸다가 떨어뜨려 시편을 때리게 하면 시험편이 부러지면서 망치는 반대방향으로 올라간다.

측정할 때는 망치의 속도는 일정하게 하도록 정해졌고 반대방향으로 올라간 망치의 각도(β)로 충격치를 측정할 수 있게 정해져 있다. 충격치의 단위는 kgf · cm/cm^{2}이다.

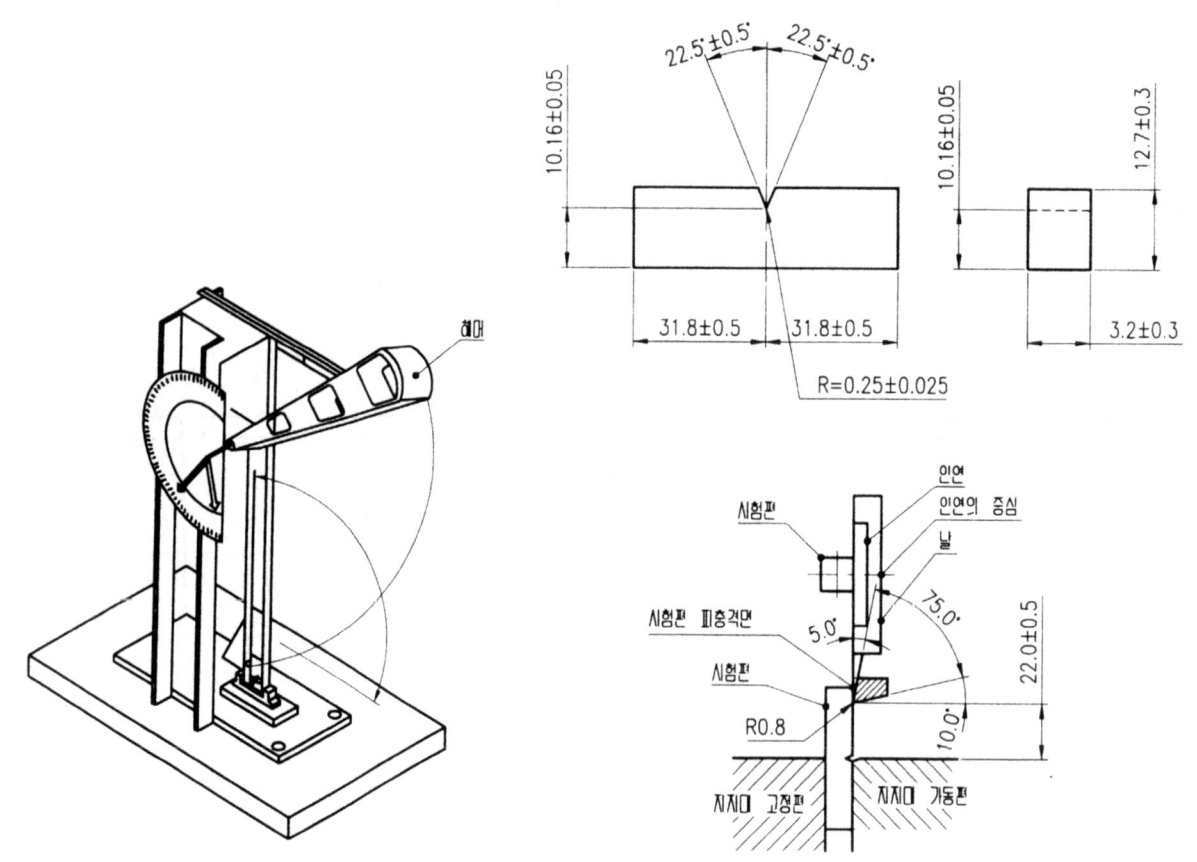

그림 1.19 Izod 충격시험기 및 시험편

(2) 샤피(Charpy) 충격시험기

원리는 아이조드 충격시험기와 같으나, 그림 1.20에 표시한 것과 같이 시험편의 양단을 지지하고 시험편 중앙을 망치로 때려 절단될 때의 흡수에너지를 측정하는 방법이다. 측정할 때 성형재료의 경우 그림 1.21과 같은 형상의 노치가 있는 막대기형상의 성형품을 시험편으로 사용하고, 적층판, 봉, 관의 경우에는 원재료에서 각각 소정의 형상치수로 자른 것을 시험편으로 사용한다. 충격치의 단위는 kgf · cm/cm^{2}이다.

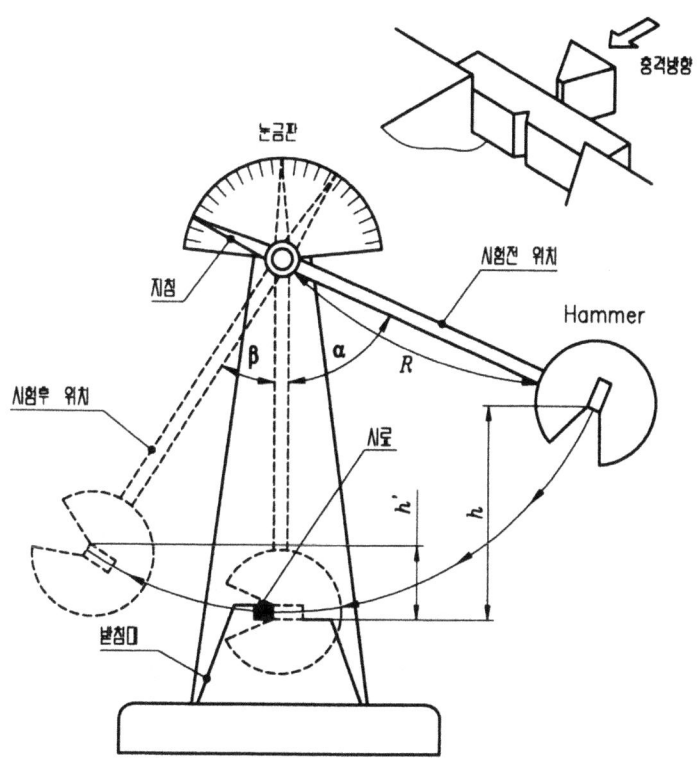

그림 1.20 샤피 충격시험법

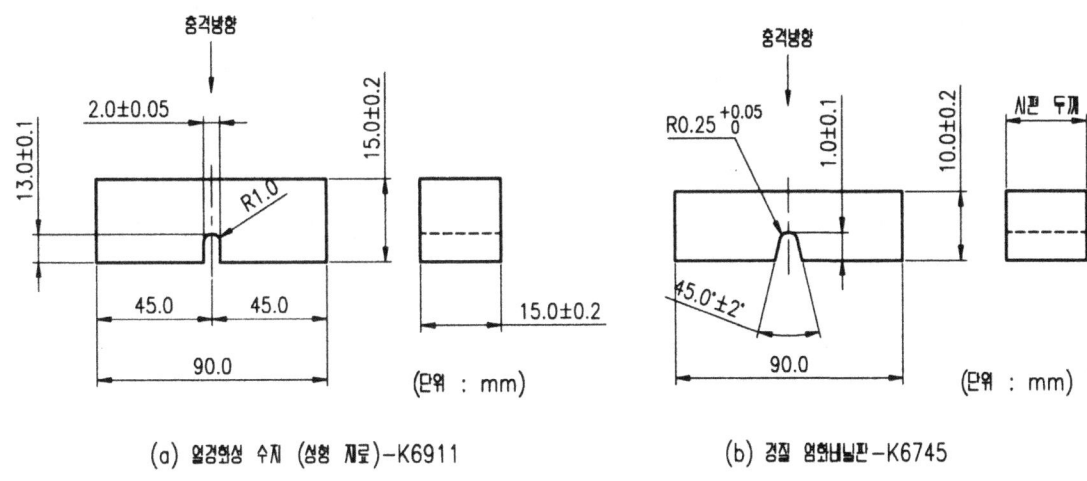

(a) 열경화성 수지 (성형 재료)-K6911   (b) 경질 염화비닐판-K6745

그림 1.21 샤피 충격시험편

4) 경도시험

경도라 함은 물질에 외부에서 국부적인 집중하중을 단시간 내에 가했을 때 생기는 물질의 변형도에 대한 저항의 대소이다. 경도측정에는 다음과 같은 것이 사용되고 있다.

(1) 브리넬 경도(Brinell hardness, HB)

주로 열경화성 수지의 경도측정에 사용되고 있으며, 10mm 직경의 강구(鋼球)를 사용해 시험편에 500kgf의 정하중으로 30초간 눌렀을 때 생기는 영구변형의 직경을 측정하고 표면적을 계산해서 소정의 계산식에 대입하여 경도를 구한다. 브리넬 경도는 다음의 식에서 산출된다.

$$HB = \frac{500}{S} = \frac{500 \times 2}{\pi D(D - \sqrt{D^2 - d^2})} (\text{kgf}/\text{mm}^2)$$

S : 영구변형의 면적
d : 영구변형의 직경
D : 강구의 직경

또한, 영구변형의 길이가 측정되었을 때는 다음의 식으로 계산한다.

$$HB = \frac{P}{\pi h D} (\text{kgf}/\text{mm}^2)$$

P : 하중(kgf)
h : 영구변형길이(mm)

(2) 로크웰 경도(Rockwell hardness, HR)

플라스틱의 종류에 따라 강구의 크기, 하중의 크기로 분류되어 있으며, 시험편에 대한 측정형상이나 치수는 정해져 있지 않다. 측정방법은 시험편에 정해진 치수의 강구를 대고 처음에는 소하중을 주어 눈금을 0점에 맞추고 규정된 하중 60kgf 또는 100kgf을 주어 15초 후의 변형길이를 눈금으로 읽어서 경도의 값으로 한다. 강구의 치수와 하중의 크기로 R scale(ϕ12.7, 하중 60kgf), L scale(ϕ6.35, 하중 60kgf), M scale (ϕ6.35, 하중 100kgf) 등이 있다.

본 시험법의 특징은 시험기의 눈금에 의해 경도가 표시되어 바로 읽을 수 있어 계산이 필요없어 측정이 간단하고 신속하다. 각종 플라스틱의 로크웰 경도값은 표 1.1과 같다.

표 1.1 각종 플라스틱의 Rockwell 경도

플라스틱의 종류	HR
PS	M65~M80
ABS	R85~R120
PMMA	M85~M105
POM	M94
Nylon(6)	R103~R118
PP	R85~R110
PC	M62~M91

(3) 듀로미터 경도(durometer hardness)

바늘형태의 압자(壓子 ; indenter)를 사용하는 시험법으로 사용되는 바늘의 형상에 따라 A형과 D형이 있다. A형은 비교적 연질(예 : 고무 등)의 재료에, D형은 경질의 재료에 적용한다(그림 1.22).

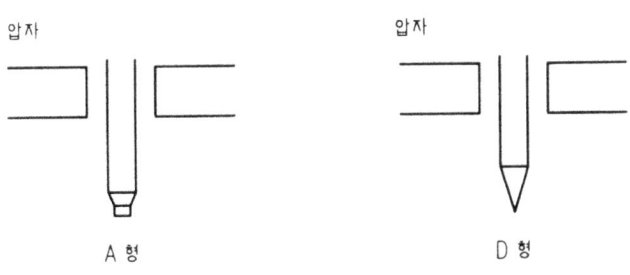

그림 1.22 durometer의 압자

시험방법은 바늘형상의 압자를 측정할 재료면을 누르면 스프링의 힘에 의해 바늘의 끝이 재료면을 누르고 들어가게 되며, 이 누르고 들어간 길이가 눈금판에 나타나게 된다. 이 방법은 측정기가 소형이고 취급이 간단한 특징이 있으나, 오차가 많은 것이 결점이다.

(4) 바콜 경도(Barcol hardness)

원리적으로는 듀로미터 경도와 유사하다. 바콜 경도는 재료의 표면경도의 측정에만 이용되지 않고, 열경화성수지 성형품이 가열되어 있을 때의 표면경도를 측정하고 시간경과에 따른 경화도(rate of cure)의 판정 척도로도 이용된다. 그림 1.23은 바콜 경도계의 구조이고, 그림 1.24는 에폭시 수지의 경화시간과 바콜 경도와의 관계를 표시한 것이다.

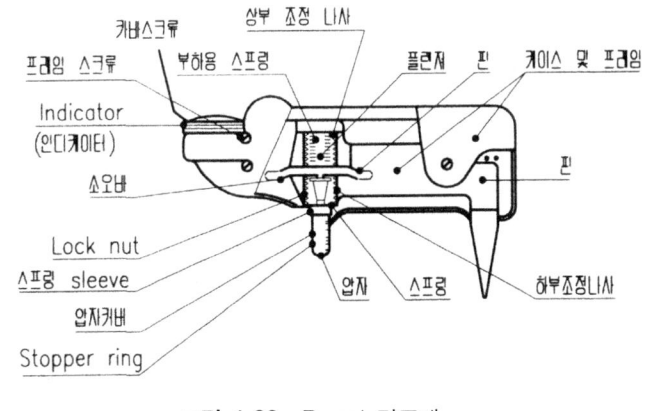

그림 1.23 Barcol 경도계

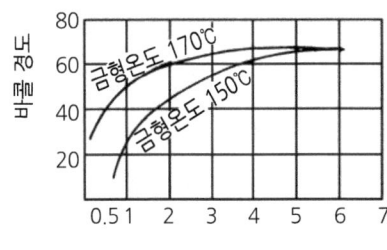

경화시간(min)
시험편 : 10×4×100(mm 봉)
측정시간 : 10sec 후

그림 1.24 에폭시 수지의 경화 시간과 바콜 경도

5) 기타의 기계적 강도 시험법

(1) 크리프(creep) 시험

플라스틱 재료는 하중을 준 그대로 방치하면 시간의 경과에 따라 점차 변형하는 성질이 있다. 이러한 시간 의존성 소성변형을 크리프 특성이라고 부르며, 이것을 측정하기 위해서는 시험편에 하중을 주고 그대로

장시간 방치해서 늘어남을 측정한다. 크리프 특성은 하중의 크기, 진동, 특히 온도의 영향을 많이 받으므로 이와 같은 조건을 일정하게 정하고 측정해야 한다.

(2) 피로 시험

플라스틱 재료는 금속재료와 마찬가지로 강도에 비하여 훨씬 작은 안전하중일지라도 반복적으로 작용하게 되면 점차 취약해져 파괴되는 성질이 있다. 이러한 현상을 피로파괴(fatigue fracture)라 하며, 그 강도값을 구하는 피로시험은 규정된 시험편을 사용해서 반복굽힘으로 파괴했을 때의 응력과 반복횟수를 구한다.

1.6.3 열적 성질

플라스틱 열특성 시험으로서는 다음과 같은 것이 있다.
① 내열성 시험
② 내한성 시험
③ 연소성 시험
④ 기타

1) 내열성 시험

내열성 시험방법에는 하중변형온도 시험과 vicat 연화온도 시험이 있다. 하중변형온도는 종래에는 열변형온도라고 부른 것이지만, 표현이 오해를 살 우려가 있어 ASTM, ISO, JIS 모두 하중변형온도라고 개정되었다.

(1) 하중변형온도(deflection temperature under load) 시험

그림 1.25와 같이 막대기형상의 시험편 중앙에 하중을 가하면서 2℃/분의 속도로 온도를 상승시키고 0.25mm(0.01inch) 변형이 생겼을 때의 온도를 하중변형온도라 한다. 하중은 플라스틱의 종류 및 시험편의 두께에 따라 4.6kgf/cm²(66psi) 혹은 18.6kgf/cm²(264psi)가 사용된다.

하중변형온도는 그 시험방법에서 알 수 있는 것과 같이 플라스틱의 강성에 따라 그 결과치가 변화한다. 비결정성 플라스틱에서는 하중변형온도는 *유리 전이점 이하에 가까운 온도를 표시하므로 어느 정도 실용적일 수 있으나, 결정성 플라스틱에서는 하중변형온도는 유리 전이점과 결정융점의 사이 온도를 나타낸다. 따라서, 논리적으로 실용적으로 의미없는 온도로 되고 측정오차도 크다.

* 유리 전이점(glass transition point) : 전이온도라 함은 물질의 성질이 비연속적으로 변화하는 온도를 의미한다. 전이온도에는 1차 전이온도와 2차 전이온도 또는 유리 전이점이 있다.

1차 전이온도는 융점과 같이 물리적 성질의 불연속적인 변화 즉, 체적 자체가 급격히 변화하는 온도이고, 2차 전이온도 또는 유리 상태의 굳은 상태에서 고무와 같이 연질상태로 변화하는 온도이다(그림 1.26 참조).

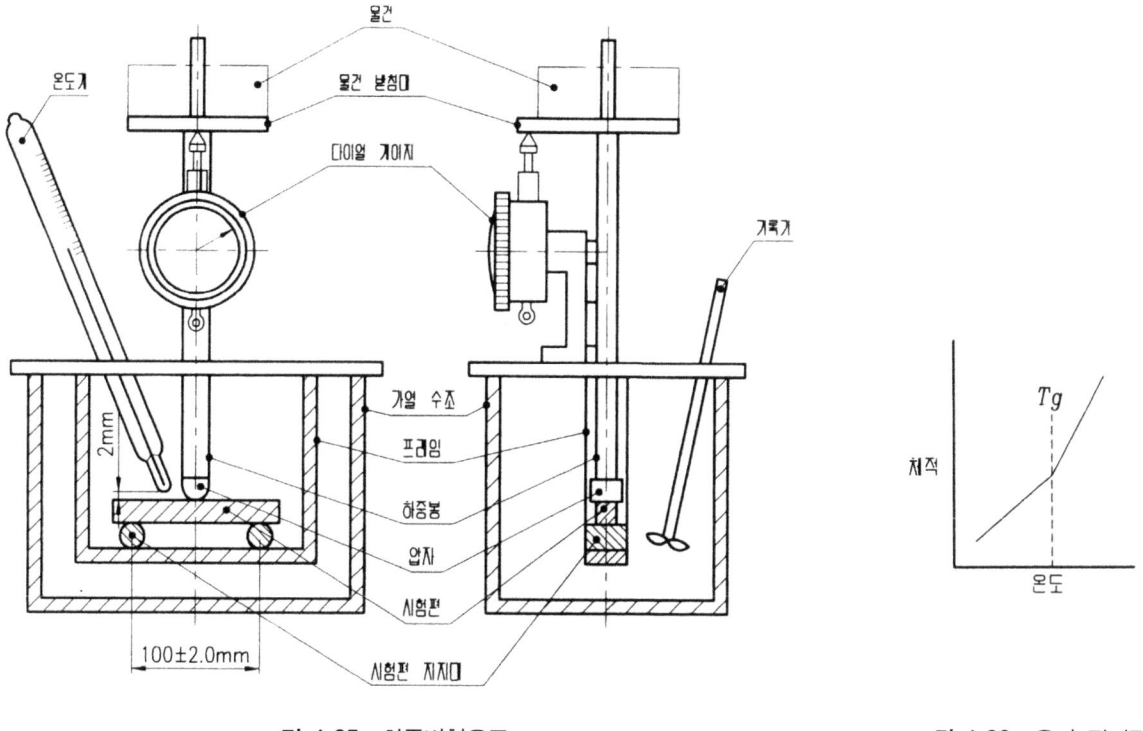

그림 1.25 하중변형온도   **그림 1.26** 유리 전이점

(2) Vicat 연화점(軟化点, vicat softening temperature)

그림 1.27과 같은 단면 $1mm^2$ 원주형의 침에 $1,000gf$의 하중을 가하고, 침이 $1mm$ 침입할 때의 온도이다. 수조의 시험개시온도는 $25\sim30℃$로 하고, 상승온도는 $0.8\sim2℃/min$으로 한다.

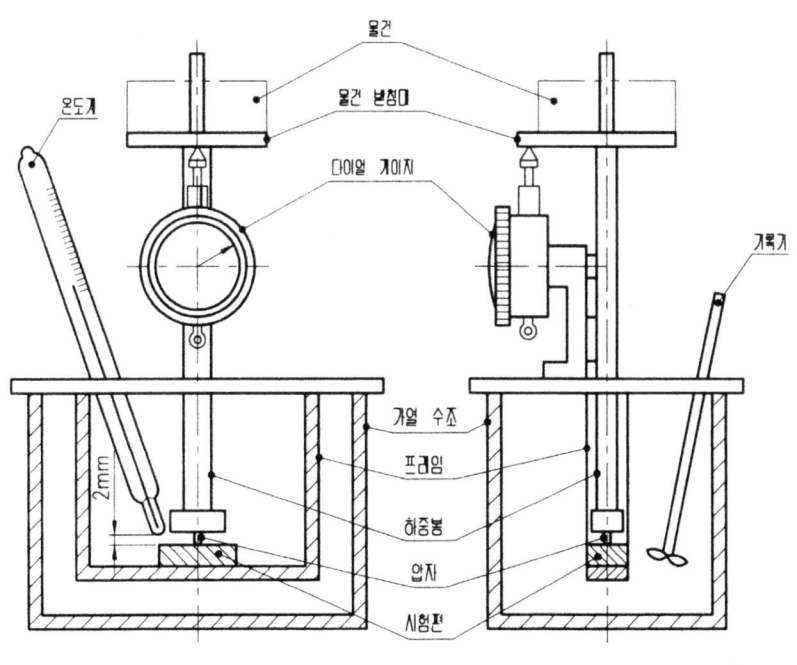

그림 1.27 Vicat 연화점 시험장치

2) 내한성 시험

내한성은 빙점 이하의 저온도에서의 저항성을 말한다. 시험방법으로서는 그림 1.28과 같이 일정치수의 판재 상태의 시험편을 드라이 아이스로 냉각한 저온도 욕조에 담그고 아이조드 충격시험과 유사한 방법으로 일정 크기의 충격력을 가해 파괴되었을 때의 욕조온도가 내한성이 된다. 이것은 취성온도(brittleness temperature) 시험이라 할 수 있으며, 취성으로 인해 파괴되는 온도를 표시하는 것이다.

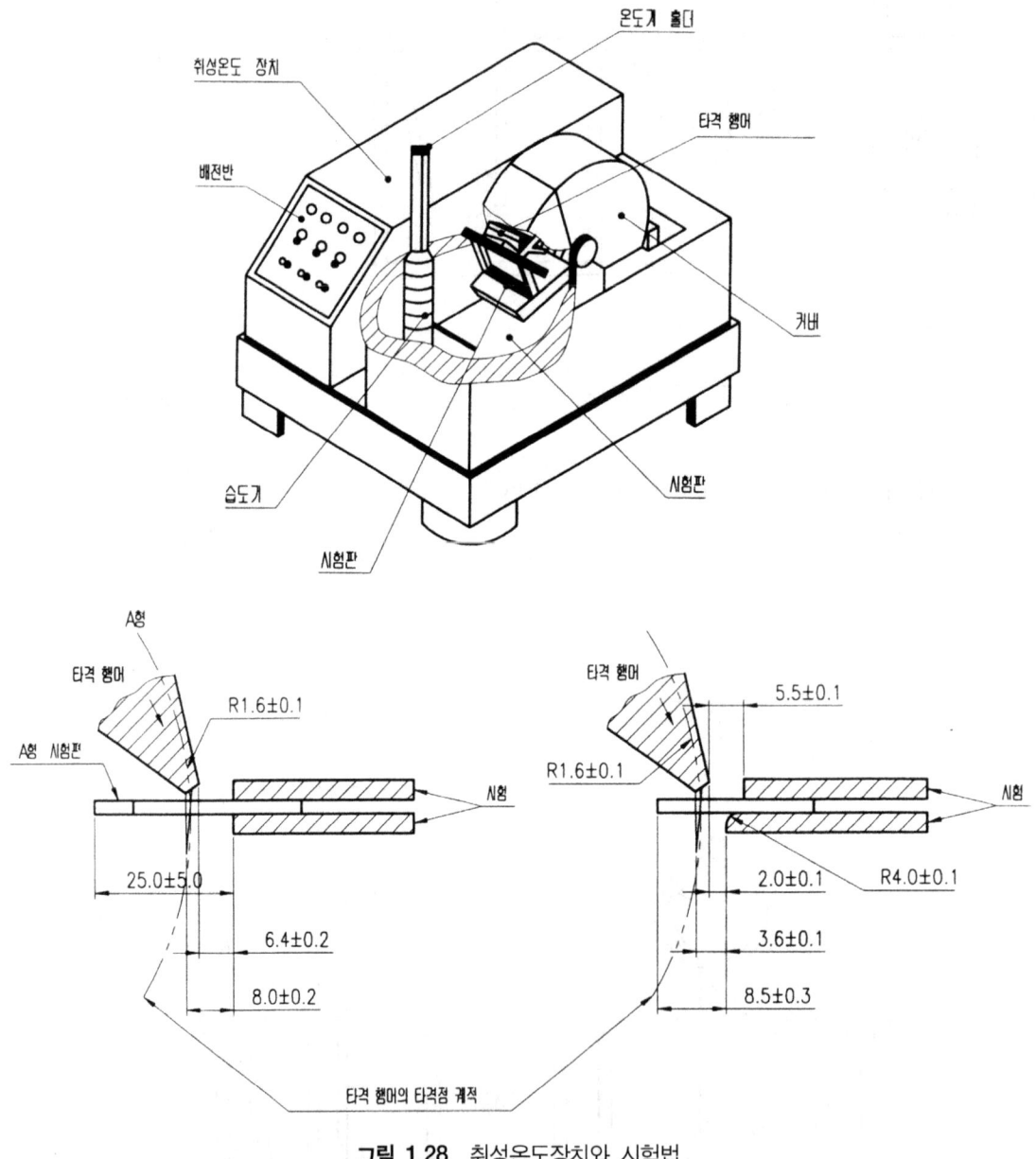

그림 1.28 취성온도장치와 시험법

3) 난연성 시험(flammability test)

플라스틱 재료는 아무리 내열성이 좋은 것이라 해도 유기합성물질이므로 화염과 직접 접촉시킬 때 전혀 연소되지 않는 것은 없다. 따라서 플라스틱 재료의 난연성이라고 말하는 것은 철강이나 콘크리트와 같이 내화성을 의미하는 것이 아니고, 불꽃이 형성되어 연소되는데 대하여 어느 정도의 저항이 있는가를 표시하는 것이다.

시험방법으로는 UL 시험법이 일반적으로 사용되고 있다. UL 시험법은 미국 Underwriters Laboratories Inc.(약칭 UL)가 제정한 시험법으로 미국 내에서 사용하는 전기기구 및 구성재료는 이 시험법에 합격해야 하는 것이 실제상 필수조건으로 되어 있고, 특히 미국 수출품에도 이 시험에 합격해야 하는 것이 절대 필수조건으로 되어 있다. UL 시험법에는 지연성(94HB), 자기소화성(94V-0, 94V-1, 94V-2) 등으로 구분되어 있다(그림 1.29, 1.30).

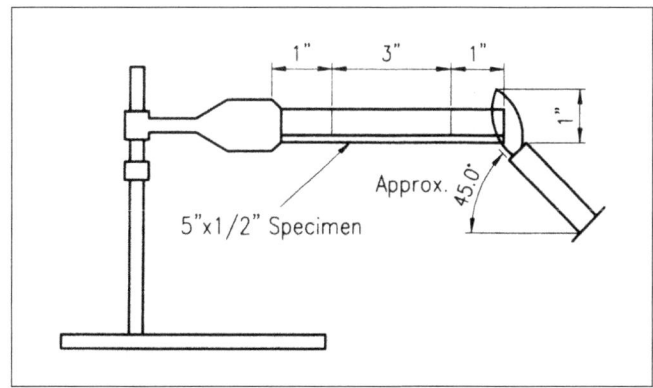

horizontal burning test for 94HB classification

94HB horizontal flame class requirements	
thickness	burning rate
≥ 1/8 in.	≤ 1-1/2 in./min.
< 1/8 in.	≤ 3in./min.

그림 1.29 UL 94HB 시험법

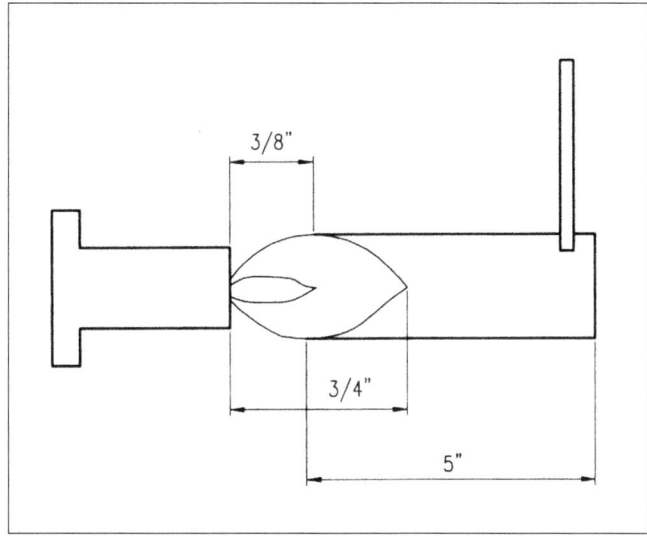

UL94 난연성 시험 V-0, V-1, V-2

vertical flame class requirements			
	94V-0	94V-1	94V-2
individual flame time, seconds total flame time,	≤10	≤30	≤30
seconds(5 specimens)	≤50	≤250	≤250
glowing time, seconds (individual specimens)	≤30	≤60	≤60
particles ignite cotton	No	No	Yes

그림 1.30 UL 94V-0, V-1, V-2 시험법

※ 결과판정

94HB	A. 두께 0.12in(3.048mm)~0.5in(12.7mm)의 시험편은 중간 3in 구간에서 분당 1.5in 이상 속도로 연소하지 않아야 한다. B. 두께 0.12in(3.048mm) 이하의 시험편은 중간 3in 구간에서 분당 3in 이상 속도로 연소하지 않아야 한다.
94V-0	A. 어느 시험편도 착화 후 10초 이상 화염을 내면서 연소하지 않아야 한다. B. 5개의 시험편에서 10회의 착화시험에서 연소시간 합계는 50초 이내일 것. C. 어느 시험편도 지지 클램프까지 연소하지 않아야 한다. D. 시험편 12in 아래에 위치한 건조된 외과용 흡수솜을 떨어진 불똥에 의해 연소시키지 않아야 한다. E. 어느 시험편도 두 번째 착화시험에서 30초 이상 착화되지 않아야 한다.
94V-1	A. 어느 시험편도 착화 후 30초 이상 화염을 내면서 연소하지 않아야 한다. B. 5개의 시험편에서 10회의 착화시험에서 연소시간 합계는 250초 이내일 것. C. 어느 시험편도 지지 클램프까지 연소하지 않아야 한다. D. 시험편 12in 아래에 위치한 건조된 외과용 흡수솜을 떨어진 불똥에 의해 연소시키지 않아야 한다. E. 어느 시험편도 두 번째 착화시험에서 60초 이상 착화되지 않아야 한다.
94V-2	A. 어느 시험편도 착화 후 30초 이상 화염을 내면서 연소하지 않아야 한다. B. 5개의 시험편에서 10회의 착화시험에서 연소시간 합계는 250초 이내일 것. C. 어느 시험편도 지지 클램프까지 연소하지 않아야 한다. D. 시험편 12in 아래에 위치한 건조된 외과용 흡수솜에 떨어진 불똥에 의한 착화는 단시간이어야 한다. E. 어느 시험편도 두 번째 착화시험에서 60초 이상 착화되지 않아야 한다.

1.6.4 전기적 시험

플라스틱 재료의 전기적 특성은 다음과 같은 것이 있다.

① 체적저항률

② 표면저항률

③ 내전압

④ 역률(또는 $\tan\delta$)

⑤ 아크 저항

1) 체적저항률 및 표면저항률

플라스틱 재료의 체적저항률과 표면저항률은 그림 1.31의 (a) 및 (b)와 같은 장치로 측정한다.

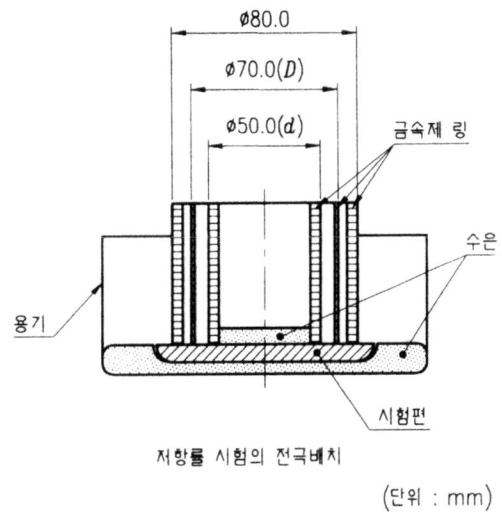

그림 1.31(a) 체적저항률 및 표면저항률 측정장치

그림 1.31(b) 체적저항률 및 표면저항률 측정방법(전극접속방법)

시험편을 수은 용기 속에 띄우고 3개의 금속제 링을 동심원으로 놓고 그 사이에 수은을 넣어 전극으로 하여 측정한다.

다음과 같은 식에서 체적저항률과 표면저항률을 계산한다.

$$\rho_v = \frac{2d^2}{4t} \times R_v \qquad\qquad \rho_s = \frac{\pi(D+d)}{D-d} \times R_s$$

ρ_v	: 체적저항률(M · Ωcm)	ρ_s	: 표면저항률(MΩ)
d	: 안쪽 금속 링의 내경(cm)	t	: 시험편의 두께(cm)
R_v	: 체적저항(MΩ)	D	: 중앙 금속 링의 내경(cm)
R_s	: 표면저항(MΩ)	π	: 원주율

2) 내전압

판상의 시험편을 절연유에 넣어 양전극 사이에 있도록 하고 교류전압을 점차 높여 가하면 어떤 전압값에서 방전이 일어나고 시험편은 파괴된다. 이 현상을 절연파괴(dielectric breakdown)라 하고, 파괴를 일으키는 전압의 임계치를 파괴전압(breakdown voltage)이라 한다.

내전압 시험용의 시험편의 두께는 2±0.15mm이고, 절연유의 최초온도는 20±10℃로 한다(그림 1.32).

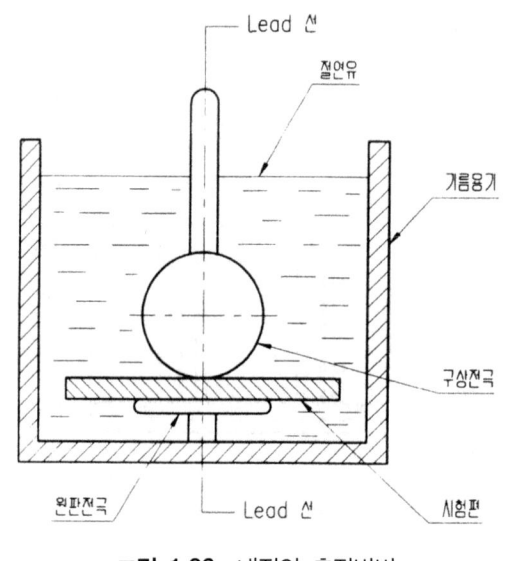

그림 1.32 내전압 측정방법

3) 유전율 및 tan θ(유전정접)

유전율(dielectric constant)이라 함은 단위전계(單位電界)에서 단위체적 중에 축적된 정전기 에너지의 크기 정도를 표시한 것으로 콘덴서 유전체에 축적된 정전용량과 공기에 축적된 정전용량의 비이다. 그리고 tanδ(dielectric dissipation factor or dielectric or dielectric loss tangent)라 함은 유전체에 정현파(正弦波) 전압을 가할 경우, 유전체 내를 흐르는 전류의 인가전압과 동일 주파수를 가진 전류성분과의 상차각(相差角)의 여각(余角) δ를 정접(正接) tanδ라고 한다.

유전율과 tanδ는 플라스틱 재료를 높은 주파수에서 사용할 때 매우 중요한 값이 된다. 이 값을 측정하기 위해서는 평판상의 시험편을 극사이에 끼우든가 알루미늄 박(箔)을 시험편에 붙여 전극으로 하든가, 은분(銀粉)의 전도성 페인트를 전극을 만들어 브리지(bridge) 회로를 만들어서 측정한다.

4) 아크(arc) 저항

절연재료의 표면이 아크에 노출되면 표면이 탄화(炭化)되거나 녹아서 변질됨으로써 전기 절연성이 나빠진다. 플라스틱 절연재료에서는 그 종류에 따라서 내아크성의 정도가 다르므로 아크 저항치를 구해 그 저항성의 강도를 비교하고 있다.

그림 1.33은 아크 저항시험장치로 전극간에 정해진 전압을 단계적으로 가해서 아크를 발생시켜 시험편이 파손할 때까지의 시간을 측정해 아크 저항의 값을 구한다.

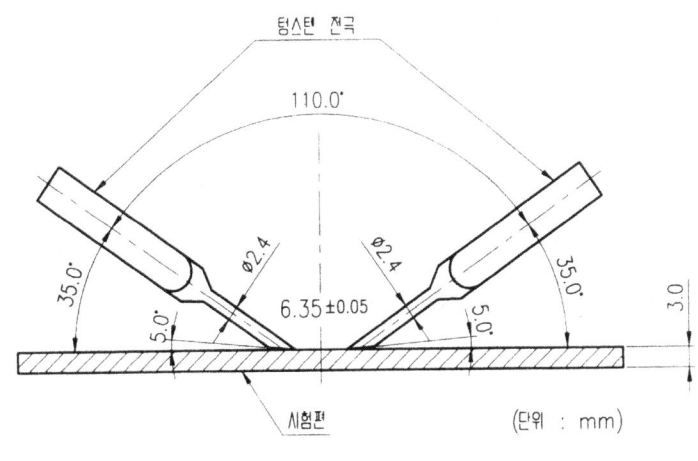

그림 1.33 아크 저항 측정법

1.6.5 기타 시험

1) 내후성(耐候性) 시험

플라스틱은 장기간 옥외 노출하거나 계속해서 열을 받으면 물성이 저하한다. 즉, 물성이 열화(劣化)해 균열이 생기기도 하고 깨어지기도 한다. 내후성 시험으로서 가장 좋은 방법으로는 직접 옥외에 시료를 내놓고 노출시키는 방법이지만, 이 방법으로는 몇 년간의 시간이 걸리므로 가속시험을 행하기 위해 weather-o-meter에 의한 시험을 하고 있다.

2) 응력균열(stress cracking) 시험

플라스틱에 변형을 주어 아세톤, 저급 알코올과 같은 극성이 높은 액 또는 식염수, 물 등에 장기간 침적하면 균열이 생기고 무르게 된다. 이 현상을 응력균열이라고 부르는데, 이 응력균열 특성의 측정에는 시료를 일정한 치수로 절단하고 그 시료에 정해진 깊이로 칼질을 넣어 180° 구부려 고정하고 일정온도의 액속에 일정시간동안 담갔다가 갈라진 시험편의 개수를 조사하는 것이다.

1.7 사출성형용 플라스틱의 선택

1.7.1 내충격성을 필요로 하는 용도

내충격성의 플라스틱으로서는 먼저 내충격성 ABS가 선택될 수 있다. 그러나 ABS는 품종에 따라 그 내충격성의 정도가 다름에 주의해야 한다. 따라서 내충격성용도에 ABS를 지정하는 경우에는 그 충격치를 규정할 필요가 있다. 단순히 ABS라 지정하면 고유동성 ABS로 되므로 주의해야 한다.

ABS 이외의 것으로는 PC 및 PA를 들 수 있다. 이들의 선택에서도 물성에 따라 정해야 하나 제일 충격강도가 높은 것은 PC이다. 또한 나일론 6과 나일론 66은 흡습성이 있으나 너무 건조되면 취약해진다.

1.7.2 내열성을 필요로 하는 용도

열가소성 수지는 당연히 그 연화온도(softening point : 플라스틱에 일정 하중을 가하고 규정의 온도로 가열할 때 변형을 시작하는 온도) 이상으로는 사용될 수 없다. 범용 플라스틱 중 내열성이 제일 높은 것은 PP이고, 연화점이 120~130℃이다. 일반적으로 내열성의 판정에는 하중에 의한 변형온도가 적용되나 이것은 $18.5 kgf/cm^2$ 혹은 $4.6 kgf/cm^2$의 하중하에서 규정의 변형을 생기게 하는 온도인 것에 주의할 필요가 있다. 즉 하중이 작은 또는 하중이 거의 없는 용도에는 하중변형온도 이상으로 사용이 가능하다. 예를 들면, 나일론 6은 $18.5 kgf/cm^2$ 하중하에서의 하중변형온도는 55~75℃이나, 하중이 작으면 120℃까지도 충분히 사용할 수 있다.

또한, 고밀도 PE도 $18.5 kgf/cm^2$ 하중에서는 43~52℃, $4.6 kgf/cm^2$ 하중에서는 60~82℃의 하중온도를 표시하나, 100℃ 이상에도 하중이 걸리지 않는 용도에는 충분히 사용할 수 있다.

한편, 하중변형온도가 충분하여도 그 온도에서 연속 사용하면 열열화(熱劣化, degration : 물리적인 영구변형)의 염려가 있는 것은 PP의 예가 있으며 크리프에서도 주의해야 한다.

내열성은 그 용도에 따라 필요한도가 다르나, 100℃ 혹은 그 정도 범위에는 내열성 ABS가, 이것보다 약간 높은 120~130℃ 정도의 재료에서는 PC, 변성 PPE(noryl)가 사용된다. 특히 고온을 요하는 경우에는 PBT, PPS, 나일론 6, 나일론 66 등이 사용된다. 내열성 열가소성 수지에 유리섬유 20~30% 혼입한 FRTP는 원래의 플라스틱보다 강성이 높기 때문에 당연히 하중변형온도가 상승한다.

열경화성 수지는 가열에 의해 연화하지 않으므로 내열용도로 사용되나, 사용하는 충전제(filler) 종류에 따라 내열성이 다르다. 예를 들면 페놀 수지는 120℃에서 260℃의 폭으로 변화한다.

1.7.3 치수정밀성과 강성을 필요로 하는 용도

열가소성 플라스틱 사출성형품의 결점의 하나는 치수정밀성이 나오기 어렵고 강성이 부족한 것이다. 열가소성 플라스틱의 사출성형에는 성형수축률이 2/1,000에서 30/1,000 범위의 여러 가지 수지가 있으며, 같은 재료라도 수지의 흐름방향에 따라 변동한다. 따라서, 성형수축률이 큰 결정성 플라스틱은 비결정성 플라스틱에 비해 훨씬 정밀성 제품을 얻기 어렵다. 이들의 결점을 보완한 것이 유리섬유강화 열가소성 수지(FRTP)이다.

FRTP로서 시판되고 있는 것으로는 PS, SAN, ABS, PC, PP, PA, POM, PBT, 변성 PPE(noryl) 등이 있으며, 거의 모두 플라스틱에 이른다.

열경화성 수지에 있어서는 특히 BMC[bulk molding compound : 가늘게 자른 유리섬유를 충전한 퍼티(putty)상의 불포화 폴리에스터 수지]는 성형수축률이 0이며 강성도 크다.

1.7.4 유연성과 탄성을 필요로 하는 용도

본 용도에는 열가소성 탄성중합체(彈性重合體, elastomer : 주원료는 고분자 물질로 상온에서 고무상 탄성을 가지고 있는 고체)가 사용된다. 또한 유연성 용도로는 연질 PVC가 사용된다. 그러나 열가소성 탄성중합체에는 폴리스틸렌계, 폴리올레핀계, 폴리우레탄계, 폴리에스터계, 나일론계 등이 있으나, 모두 고무에 비해 응력, 탄성은 약간 떨어지는 것은 피할 수 없다. 열가소성 탄성중합체도 그 성질은 폭넓게 변화하므로 용도에 따라 선택을 검토해야 한다.

1.7.5 난연성을 필요로 하는 용도

열가소성 플라스틱 중에는 그대로 불연성의 것은 불소수지(flurocarbon resin) 이외는 없다. 그러나 불을 갖다 대면 연소하지만 불을 떼면 붙은 불이 스스로 꺼지는 자기소화성(自己消化性) 플라스틱은 여러 종류가 많이 생산되고 있다.

미국 UL 94 규격의 94HB, V-0, V-1, V-2에 합격한 시판되고 있는 플라스틱으로는 PE, ABS, PS, PP, SAN, PC, 변성PPE, PA, PBT, PMMA, 페놀, 멜라민, 에폭시 등이 있다.

상기 플라스틱은 모두 유기 혹은 무기 화합물의 난연제를 첨가하거나 공중합(共重合, copolymerization)한 것이다. 따라서, 난연성 플라스틱의 물성은 원래의 플라스틱보다 차이가 있음을 주의해야 한다. 즉, 물리적 성질에 있어서도 강도, 내충격성이 낮아지는 것도 많고, 내열성도 하락되는 경우도 있다.

1.7.6 내약품성을 필요로 하는 용도

일반적으로 열가소성 수지는 강산(强酸), 강알칼리를 함유해 산, 알칼리 및 염기성에 침식되는 일은 거의 없다. 그러나, 농질산에 견디는 플라스틱은 불소수지 외는 없다. 또한 일부 플라스틱 중에는 산, 알칼리에 약한 것도 있다. 예를 들면, PA, POM은 약산에 분해되고, PC, PBT는 약알칼리에 분해된다.

내용제성은 플라스틱에 따라 현저히 다르므로 표기하기는 곤란하다. 즉, 거의 모든 용제에 녹지않는 PE, PP가 있으며, 비교적 넓은 범위에서 용제에 녹지않는 PS가 있다. 플라스틱에는 응력균열이 발생되는 성질을 가지고 있다. 예를 들면, PE에 인장 응력을 걸고 세제용액에 담그면 PE 자체의 외관적으로는 변하지 않지만 갈라지는 수가 있다. 이 성질은 PC의 경우 4염화탄소 또는 휘발유에서도 일어난다. 따라서 내용제성의 판정에 있어서는 단순히 그 플라스틱과 접촉하는 용제에 용해 혹은 팽창 유무만 아니고, 응력균열이 발생하는가 하지 않는가도 유의해야 한다.

표 1.2는 주요 플라스틱의 내약품성 자료이다.

표 1.2 주요 플라스틱의 내약품성

	물	약산	강산	약알칼리	강알칼리	알코올	에스테르	케톤	에테르	4염화탄소	벤젠	가솔린	광유
PS	+	+	0~+	+	+	0~+	−	−	−	−	−	−	0
내충격성 PP	+	+	−~0	+	0	0	−	−	−	−	−	−	0
SAN	+	+	0	+	0	+	−	−	+	−	−~0	+	+
ABS	+	+	−~0	+	0	+	−	−	−	−	−~0	0~+	+
LDPE	+	+	0	+	+	0	0	0	0	−	−~0	0~+	+
HDPE	+	+	0	+	+	0~+	0	0	0	−~0	0	0~+	+
PP	+	+	0	+	+	+	0	0	0	−	0	0~+	+
PMMA	+	+	0	+	+	0	−	−	−	−	−	0	+
PA	+	−~0	−	+	−	+	+	+	+	0	+	+	+
POM	+	+	−	+	−	+	+	+	+	0	0~+	+	+
CAB	+	+	−	+	−	0	−	−	−	−	−	−~0	0
PVC	+	0	−~0	+	+	−	−	−	−	−	−		0~−
PC	+	+	0	+		0							+

(+ : 사용 가능, 0 : 조건에 따라 사용 가능, − : 사용 불가)

1.7.7 하중을 받는 용도

플라스틱은 탄성물질이므로 고온도 사용 경우를 제외하고는 탄성한계 내에서 그 성질이 변화하지 않는다. 금속의 경우, 하중을 걸면 변형하나, 하중을 제거하면 원래 상태로 되돌아오고 하중의 크기에 따라 변형량은 정해진다. 이에 대해 플라스틱은 하중을 걸면 변형을 일으키나 그 변형량은 시간에 따라 증대하고, 하중이 크게 되면 장시간 경과후 파괴되고 만다. 또한 하중을 제거하여도 변형의 회복은 늦고 완전히 원형으로 되돌아 오지 않는다. 이러한 크리프 특성은 인장강도, 신율, 하중변형온도 등의 단시간 시험결과로는 알 수 없고 크리프 시험(P.49 참조)에 의해서만 구할 수 있다.

또한 크리프 특성은 온도의존성이 매우 크므로 동일 플라스틱에서도, 예를 들면 ABS는 등급마다 크리프 특성을 달리한다. 따라서, 하중을 받는 용도에 대한 재료의 선정은 단순히 인장강도만이 인자가 될 수 없고 크리프 강도, 탄성 계수 등을 고려해야 한다.

1.7.8 마찰, 마멸에 대한 특성을 필요로 하는 용도

플라스틱 중에는 내마멸성이 우수하고, 마찰계수가 작은 것이 있다. 이의 판정에는 마멸량, 정지마찰계수 (μ_s : 접촉정지상태에서 물체간에 미끄럼 이동을 생기게 하는 필요최소의 값으로 마찰력과 법선방향의 하중과의 비), 운동 마찰계수(μ_k : 물체가 미끄럼을 시작해 운동상태로 될 때 접선방향의 마찰력과 법선방향의 하중과의 비) 및 pV값이 사용된다. 후자는 면하중(kgf/cm^2)과 미끄럼속도(cm/sec 또는 cm/min)의 곱의 최대치로 pV값을 넘는 마찰용도에 사용하면 플라스틱의 마찰면이 녹아 붙는 수가 있다.

본 용도에 우수한 특성을 가진 플라스틱으로서는 POM, PA, PBT 등이 있다. 불소수지는 마찰계수가 매우 작은 재료로 미끄럼에 대해 상당히 우수하나 pV값 및 마멸에 대한 특성은 반드시 우수하지는 않다.

표 1.3과 1.4는 재료간 마찰계수를 표시한 것이고, 표 1.5는 마멸량 자료이다. 마찰계수표를 종합하여 보면 동일재료간의 μ_k와 μ_s는 일반적으로 $\mu_k < \mu_s$이고, μ_k의 범위는 0.083~0.55이다. 그리고 결정성 플라스틱의 μ_k는 0.1~0.25의 낮은 값의 범위이고 상대재료에는 그다지 영향을 받지 않음을 알 수 있다.

표 1.5 열가소성 플라스틱의 pV값

재 료	pV값(kgf/cm^2, cm/sec)	마멸량(mg/100회)
POM	약 600	14
Nylon 66	약 600	12
PBT*	약 800	40
PC	약 50	13

*30% 유리 섬유충전재료

기어, 캠, 베어링을 일체화한 부품은 POM, PA, PBT가 사용되며, 모두 결정성 플라스틱이므로 성형수축률이 커서 정밀치수의 부품제조가 어려운 문제가 있다. 마찰, 마멸특성이 우수하지 않은 플라스틱, 예를 들어 SAN, PC의 경우는 윤활제와 4불화폴리에틸렌(PTFE) 분말을 혼합해 사용하고 있다. 첨가제로는 흑연, 이유화 몰리브덴(MoS_2), 실리콘 오일 등이 있으며 POM에도 첨가하는 경우도 있다. 성형수축률을 낮추기 위해 유리섬유강화로 하는 수도 있으나 상대부품을 마멸시킬 위험이 있다.

다음의 표 1.6~1.7은 열가소성, 열경화성 플라스틱의 제성질을 표시한 것이다.

표 1.3 정지마찰계수 일람표

시험편상 / Plate	강재	AI	POM	Nylon	PMMA	PC	ABS	PVC	PP	PE	페놀 수지	요소 수지	멜라민 수지	PS	예측시 (no filler)	예측시 (10%)	불소 수지	평균
주철	0.194	0.258	0.286	0.400	0.237	0.299	0.305	0.404	0.258	0.417	0.204	0.224	0.237	0.321	0.246	0.240	0.271	0.282
AI	0.264	0.550	0.431	0.441	0.466	0.565	0.491	0.383	0.448	0.424	0.390	0.350	0.308	0.367	0.491	0.441	0.350	0.421
POM	0.131	0.246	0.318	0.227	0.283	0.227	0.308	0.328	0.363	0.243	0.206	0.237	0.283	0.252	0.194	0.230	0.200	0.251
나일론	0.203	0.596	0.334	0.731	0.505	0.484	0.524	0.459	0.445	0.407	0.524	0.344	0.350	0.484	0.581	0.387	0.380	0.455
PMMA	0.293	0.704	0.452	0.441	0.462	0.637	0.434	0.417	0.484	0.459	0.653	0.469	0.502	0.476	0.491	0.494	0.357	0.484
PC	0.249	0.546	0.308	0.441	0.498	0.524	0.604	0.407	0.452	0.558	0.302	0.441	0.380	0.441	0.427	0.360	0.414	0.449
ABS	0.243	0.509	0.331	0.407	0.484	0.498	0.539	0.441	0.469	0.438	0.473	0.400	0.364	0.577	0.621	0.509	0.337	0.449
PVC	0.215	0.535	0.328	0.448	0.370	0.484	0.466	0.397	0.498	0.704	0.363	0.363	0.344	0.341	0.395	0.321	0.387	0.409
PP	0.249	0.383	0.305	0.383	0.321	0.360	0.373	0.367	0.393	0.347	0.331	0.286	0.299	0.404	0.350	0.367	0.224	0.338
PE	0.188	0.243	0.261	0.215	0.315	0.243	0.261	0.209	0.277	0.354	0.360	0.233	0.249	0.271	0.289	0.367	0.200	0.267
페놀 수지	0.179	0.296	0.280	0.377	0.47	0.531	0.407	0.321	0.513	0.596	0.367	0.274	0.252	0.305	0.277	0.277	0.274	0.348
요소 수지	0.164	0.321	0.200	0.312	0.344	0.448	0.457	0.308	0.360	0.410	0.233	0.240	0.243	0.367	0.264	0.230	0.255	0.427
멜라민 수지	0.176	0.227	0.206	0.299	0.331	0.354	0.387	0.347	0.360	0.387	0.299	0.286	0.229	0.334	0.308	0.230	0.277	0.296
PS	0.221	0.438	0.261	0.328	0.390	0.459	0.581	0.370	0.494	0.849	0.484	0.455	0.448	0.462	0.431	0.367	0.383	0.437
Epoxy no filler	0.203	0.440	0.315	0.462	0.360	0.328	0.271	0.370	0.434	0.542	0.400	0.397	0.318	0.441	0.377	0.427	0.283	0.372
Epoxy (10%)	0.233	0.535	0.293	0.462	0.400	0.527	0.434	0.347	0.539	0.491	0.380	0.410	0.370	0.452	0.380	0.431	0.407	0.401
불소수지	0.146	0.312	0.274	0.283	0.331	0.173	0.249	0.182	0.252	0.237	0.255	0.373	0.305	0.312	0.246	0.237	0.134	0.253
평균	0.208	0.386	0.304	0.391	0.382	0.420	0.417	0.356	0.417	0.438	0.366	0.340	0.322	0.389	0.375	0.348	0.302	

표 1.4 운동마찰계수 일람표(단, 0.8kgf/cm^2 · 6.2cm/sec)

상부 / 하부	강재	페놀 수지	멜라민 수지	요소 수지	PC	Nylon	POM	아크릴	PVC	ABS	PP	PS	PE	불소수지	평균
강재	0.448	0.524	0.686	0.711	0.362	0.104	0.180	0.385	0.216	0.376	0.316	0.517	0.109	0.100	0.359
페놀 수지	0.468	0.373	0.083	0.495	0.418	0.154	0.112	0.308	0.200	0.195	0.271	0.403	0.074	0.100	0.261
멜라민 수지	0.567	0.397	0.071	0.076	0.028	0.050	0.067	0.260	0.101	0.158	0.065	0.273	0.025	0.082	0.158
요소 수지	0.453	0.067	0.089	0.153	0.058	0.087	0.071	0.078	0.071	0.282	0.352	0.127	0.075	0.092	0.146
PC	0.302	0.429	0.286	0.468	0.429	0.100	0.195	0.549	0.442	0.487	0.478	0.479	0.088	0.092	0.344
나일론	0.192	0.152	0.073	0.101	0.120	0.077	0.074	0.088	0.076	0.191	0.075	0.099	0.066	0.099	0.105
POM	0.129	0.190	0.090	0.136	0.142	0.092	0.177	0.091	0.124	0.190	0.180	0.161	0.092	0.095	0.134
PMMA	0.568	0.464	0.470	0.395	0.418	0.168	0.109	0.551	0.386	0.177	0.472	0.452	0.123	0.099	0.436
PVC	0.219	0.256	0.087	0.110	0.222	0.112	0.143	0.313	0.250	0.216	0.317	0.391	0.088	0.128	0.202
ABS	0.366	0.229	0.087	0.125	0.269	0.126	0.167	0.185	0.176	0.180	0.213	0.138	0.096	0.100	0.175
PP	0.300	0.314	0.139	0.308	0.326	0.124	0.188	0.479	0.249	0.316	0.350	0.292	0.133	0.112	0.259
PS	0.368	0.392	0.310	0.438	0.375	0.171	0.153	0.345	0.333	0.263	0.246	0.467	0.156	0.108	0.274
PE	0.139	0.147	0.130	0.092	0.090	0.079	0.086	0.068	0.102	0.127	0.122	0.160	0.141	0.106	0.114
불소수지	0.117		0.075	0.101	0.105	0.094	0.104	0.108	0.097	0.093	0.111	0.106	0.095	0.083	0.092
평 균	0.331	0.302	0.191	0.264	0.240	0.109	0.130	0.271	0.201	0.232	0.254	0.290	0.104	0.099	0.218 / 0.215

표 1.6 열가소성 플라스틱의 성질

플라스틱 종류 / 성질	PS (폴리스티렌) 일반용	PS 내충격성	PS 내열성	PS 30% glass	PE (폴리에틸렌) 저밀도	PE 고밀도	PE 30% glass	PP	PP 40% glass	ABS 고강성	ABS 고충격성	ABS 내열성	ABS 20% glass
예비조건 온도 ℃										80	80	80	80
시간 hr										2	2	2	2
사출성형조건 실린더 온도 ℃	200~280	220~280	220~280	220~280	150~270	200~300	200~300	200~300	200~300	200~260	200~260	250~300	200~260
금형 온도 ℃	20~60	10~80	20~80	20~80	20~60	10~60	10~60	20~90	20~90	50~80	50~80	50~80	50~80
성형수축률 %	0.4~0.7	0.4~0.7	0.2~0.6	0.1~0.3	1.5~5	1.5~5	0.2~0.6	1.0~2.5	0.3~0.5	0.9~0.9	0.4~0.9	0.4~0.9	0.2
유동비 L/t (두께 2mm일 때)	200~500	200~500	200~500		550~600	200~600		250~700					
화학도금		+						++(특수 grade)		++	++	+	+
도장인쇄	++	++	++	++	+	+	+	+	+	++	++	++	++
진공 증착, Sparkling	++	++	++	++	+	+	+	+	+	+	+	+	+
Hot Stamping	++	++	++	++	+	+	+	+	+	++	++	++	++
초음파 용착	++	++	++	++	-	-	-	-	-	++	++	++	++
용제 접착 · 접착제 접착	++	++	++	++	-	-	-	-	-	++	++	++	++
밀도 JIS K7112 g/cm²	1.03~1.05	1.03~1.06	1.05~1.09	1.20~1.22	0.9~0.925	0.941~0.965	1.28	0.90~0.91	1.22~1.28	1.03~1.06	1.01~1.04	1.05~1.08	1.22
인장강도 JIS K7113 kgf/cm²	350~550	200~350	350~530	730~870	50~170	200~370	600	210~400	560~1000	400~500	320~420	400~500	735
신율 JIS K7113 %	3~4	13~50	2~60	1~2	90~800	20~130	1.5	100~800	2~4	5~25	5~70	3~20	50
인장탄성률 JIS K7113 10^9 kgf/cm²	23~33	17~32	21~32	50~80	1~2.5	4~12		7~15	73~100	20~27	15~22	20~23	6.5
충격강도(Izod) JIS K7110 kgf·cm/cm²	1.4~2.2	3.3~20	2.2~1.9	6~12	파손안됨	2.7~110	6	2.2~110	7.6~11	16~33	33~87	11~35	6~9.3
경도 Rockwell JIS K7202	M60~75	M19~80	1.80~108	M80			R75	R50~110	R102~111	R110~115	R85~105	R110~115	M85
경도 Durometer JIS K7215					D41~50	D60~70							
융점 Glass 전이점 ℃	85~100	90~110	110~128	85~105						110~125	100~110	105~125	
융점 결정 융점 ℃					95~130	120~140	120~140	160~168	160~168				
하중변형온도 JIS K7207 (4.6 kgf/cm²) ℃	85~100	70~95	95~120	110~128	40~100	60~90	121	85~120		102~108	98~108	110~118	105~115
(18.5 kgf/cm²) ℃	70~100	70~95	95~120	110~125	35~40	40~55		50~60	148~155	95~105	95~102	105~115	100
선팽창계수 10^{-9} cm/cm/℃	7~8	6~10	6~7	3.6~4.1	10~22	11~13	4.8	7~10	2.7~3.2	8~10	9.5~11	6~9.3	2.1
투명성	투명	유백	투명	투명	반투명	반투명	반투명	반투명	반투명	유백	유백	유백	
흡수성(24 hr) JIS K7209 %	0.03~0.10	0.03~0.10	0.03~0.12	0.1~0.3	<0.01	<0.01	0.02	0.01~0.03	0.05~0.06	0.2~0.45	0.2~0.45	0.2~0.45	

플라스틱 종류 / 성질	SAN	SAN 30% glass	PMMA	PVC 연질	PVC 경질	PC	PC 10% glass	PC 30% glass	PA Nylon 6 →	PA 30% glass	PA Nylon 66 →	PA 30% glass	Nylon 11
예비조건 온도 ℃	80	80	80	80		120	120	120	80	80	80	80	80
예비조건 시간 hr	2	2	2~6	2		>4	>4	>4	8~15	8~15	8~15	8~15	80~15
사출성형 실린더 온도 ℃	200~260	200~260	190~290	160~190	170~210	270~380	270~380	270~380	240~290	240~290	260~300	260~300	190~270
사출성형 금형 온도 ℃	50~80	50~80	40~90	10~20	10~60	80~120	80~120	80~120	40~120	40~120	420~120	40~120	20~100
성형수축률 %	0.2~0.7	0.1~0.2	0.1~0.4	1~5	0.1~0.5	0.5~0.7	0.2~0.5	0.1~0.2	0.5~1.5	0.4~0.6	0.8~1.5	0.5	0.3~1.5
유동비 L/t (두께 2mm일 때)			200~500	150~500	160~250				400~600		800		200~500
화학도금						+							
도장인쇄	++	++	++	++	++	++	++	++	++	++	++	++	++
진공 증착, Sparkling	+	+	+	+	+	+	+	+	+	+	+	+	+
Hot Stamping	++	++	++	++	++	++	++	++	++	++	++	++	++
초음파 용착	++	++	++	++	++	++	++	++	++	++	++	++	++
용제 접착·접착제 접착	++	++	++	++	++	++	++	++	++	++	++	++	++
밀도 JIS K7112 g/cm²	1.07~1.08	1.22	1.17~1.20	1.16~1.35	1.30~1.58	1.19~1.20	1.27~1.28	1.4	1.12~1.14	1.35~1.42	1.13~1.15	1.38	1.05
인장강도 JIS K7113 kgf/cm²	600~800	1000~1200	470~750	100~240	400~500	550~700	630	1250	700~850	1650	700~850	1850	530~550
신율 JIS K7113 %	1~4	2	2~10	200~450	40~800	100~130	5	3~5	200~300	3~6	150~300	3	300~500
인장탄성률 JIS K7113 10⁹ kgf/cm²	27~38	75~120	25~30		23~40	18~25	33	83	25	97	28		12~12.5
충격강도(Izod) JIS K7110 kgf·cm/cm²	1.9~2.7	5.4	1.6~2.7	크게 변함	2.2~110	75~100	6.5	11	3.3~5.4	16	4.3~5.4	12	10~30
경도 Rockwell JIS K7202	M80~90	R122	M85~105			R115~125	M75	M92	R119	M101	R120	M100	R106~109
경도 Durometer JIS K7215				A50~100	D68~85								
열변형 Glass 전위점 ℃	115~125	115~125	90~105	75~105	75~105	140	142	146	216	216	265	265	194
하중변형온도 JIS K7207 (4.6kgf/cm²) ℃			85~107		60~85				185~195		250		145~150
하중변형온도 (18.5kgf/cm²) ℃	85~105	96~100	74~100	60~85	60~85	130~142			70~85	210	75	250	55
선팽창계수 10⁻⁹ cm/cm/℃	6.5~6.8	3.8~4	5.9	7~25	5~10	6~7			8~8.3	2~3	8	1.5~2	10
투명성	투명	투명	투명	투명	투명	투명			반투명		반투명		반투명
흡수성(24 hr) JIS K7209 %	0.2~0.3	0.15~0.3	0.1~0.4	0.04~0.4	0.15~0.75	0.15	0.15	0.14	1.3~1.9	1.2	1.0~1.3	1.0	025~0.3

성 질	항목	PA Nylon 12	POM	POM 25% glass	PETP	PETP 30% glass	PBT	PBT 30% glass	변성 PPE	변성 PPE 30% glass	PPS	PPS 40% glass
성형조건	예비조건 온도 ℃	80			120	120	120	120	100	100		
	예비조건 시간 hr	8~15			>4	>4	>4	>4	2	2		
	사출성형조건 실린더 온도 ℃	190~270	180~230	180~230	260~300	260~300	230~280	230~280	260~310	260~310	315~330	315~330
	금형 온도 ℃	20~100	60~120	60~120	130~150	130~150	40~80	40~80	40~110	40~110		
	성형수축률 %	0.3~1.5	2~2.5	0.4	2~2.5	0.2~0.9	1.5~2.0	0.2~0.8	0.5~0.7	0.1~0.4	0.6~0.8	0.2
	유동비 L/t (두께 2mm일 때)	200~500	500		500		250~600		260	260		
	화학도금								+			
	도장인쇄	++	+	+	+	+	+	+	++	++	-	-
	진공 증착, Sparkling	+	+	+	+	+	+	+	+	+	+	+
	Hot Stamping	++	+	+	+	+	+	+	++	++	++	++
	초음파 융착	++	++	++	++	++	++	++	++	++	++	++
	용제 접착·접착제 접착	++	-	-	-	++	++	-	++	++	-	-
역학적 성질	밀도 JIS K7112 g/cm²	1.01	1.41~1.42	1.61	1.34~1.39	1.5~1.6	1.31~1.38	1.52	1.06~1.10	1.27~1.36	1.30	1.64
	인장강도 JIS K7113 kgf/cm²	530~550	580~800	1250	560~700	1500	550	1100~1250	520~640	1100~1250	1630	1450
	신율 JIS K7113 %	300~500	25~75	3	50~300	3	50~300	2~4	50~60	3~5	1	1.3
	인장탄성률 JIS K7113 10^9 kgf/cm²	12~12.5	27~37	83	27~40	96	19	87	24	80	32	79
	충격강도(Izod) JIS K7110 kgf·cm/cm²	10~30	5.4~13	10	1.4~3.5	10	4.4~5.4	7.0~8.7	27	8~11	>2.7	
	경도 Rockwell JIS K7202	R106~109	M78~94	M90	M90	M100	M68~78	M90	R115~119	R115~116	R123	R121
	경도 Durometer JIS K7215											
열적 성질	결정 융점 ℃	179	175~181	175~181	245	245	232~267	232~267			290	290
	응점 Glass 전위점 ℃				73	73					88	88
	하중변형온도 JIS K7207 (4.6 kgf/cm²) ℃	145~150	155~170	163	38~41	280	50~85	220	110~135	110~135	135	>260
	하중변형온도 (18.5 kgf/cm²) ℃	55	110~125						110~129	110~135		
	선팽창계수 10^{-9} cm/cm/℃	10	8.5~10		6.5	2.9	6.0~9.5	2.5	3.3~6.9	1.4~2.5	4.9	3.6
기타	투명성	반투명	유백		투명유백		유백		유백			
	흡수성(24 hr) JIS K7209 %	0.25~0.3	0.22~0.4	0.29	0.1~0.2	0.05	0.08~0.09	0.06~0.08	0.7~1.1	0.06	>0.02	0.03

표 1.7 열경화성 플라스틱의 성질

성질			수분(水粉)충전	페놀 수지 고강도 glass	페놀 수지 고충격 면충전	페놀 수지 고충격 섬유소	페놀 수지 고충격 포충전	페놀 수지 내열 석면충전	페놀 수지 30% 광물충전	요소 수지	멜라민 수지	멜라민/페놀	에폭시 수지
성형성	예비조건	온도 ℃											
		시간 hr											
	시출성형 조건	실린더 온도 ℃											
		금형 온도 ℃	165~205	165~200	165~205	165~205	165~205	165~205	165~195	140~160	140~170	175~205	120~150
	성형수축율 %		0.1~0.4	0.4~0.9	0.4~0.9	0.4~0.9	0.4~0.9	0.1~0.9	0.2~0.26	0.6~1.4	0.5~1.5	0.9~1.0	0.6~1.0
	유동비 L/t (두께 2mm일 때)												
화학도금	도장인쇄		++	++	++	++	++	++	++	++	++	++	++
	진공 증착, Sparkling		+	+	+	+	+	+	+	+	+	+	+
	Hot Stamping		+	+	+	+	+	+	+	+	+	+	+
	초음파 융착		-	-	-	-	-	-	-	-	-	-	-
	용제 접착·접착제 접착		++	++	++	++	++	++	++	++	++	++	+=
기계적성질	밀도 JIS K7112 g/cm²		1.37~1.46	1.69~2.0	1.38~1.42	1.38~1.42	1.37~1.45	1.45~2.0	1.42~1.84	1.47~1.52	1.47~1.52	1.5~1.7	0.75~1.0
	인장강도 JIS K7113 kgf/cm²		330~600	460~1500	400~670	240~430	400~530	300~600	400~650	365~870	330~870	400~530	165~270
	신율 JIS K7113 %		0.4~0.8	0.2	1~2	1~2	1~4	0.1~0.5	0.1~0.5	<1	0.6~1.0	0.4~0.8	
	인장탄성율 JIS K7113 10^9 kgf/cm²		50~115	125~200	173~193	173~180	160~173	165~200	165~200	67~100	73~93	53~80	
	충격강도(Izod) JIS K7110 kgf·cm/cm²		1.1~3.3	2.7~10	1.6~10	2.3~6	6~20	1.4~2	1.4~2	1.4~2.2	1.1~2.2	1.1~2.2	0.8~1.4
	경도	Rockwell JIS K7202	M100~115	E51~101	M105~120	M95~115	M105~115	M105~115	E88	M110~120	M115~125	E95~100	
		Durometer JIS K7215											
열적성질	연점	결정 융점 ℃											
		유리 전이점 ℃											
	하중변형온도 JIS K7207	(4.6 kgf/cm²) ℃	150~190	175~315	150~180	150~175	160~200	150~260	180~250	115~120	175~200	140~155	93~120
		(18.5 kgf/cm²) ℃											
	선팽창계수 10^{-9} cm/cm/℃		3~4.5	0.8~2.1	1.5~2.2	2.0~3.1	1.8~2.4	1.0~4.0	1.9~2.6	2.2~3.6	1.0~4.0	1.0~4.0	
기타	투명성												
	흡수성(24 hr) JIS K7209 %		0.3~1.2	0.03~1.2	0.6~0.9	0.5~0.9	0.6~0.8	0.1~0.5	0.1~0.3	0.4~0.8	0.3~0.65	0.3~0.65	0.2~0.1

1.8 금형의 기본구성부품

금형의 주요 각 구성부품에 대해 설명한다.

1.8.1 금형의 구성부품의 개요

1) locate ring(KSB 4156)

locate ring은 사출성형기의 노즐과 금형의 sprue bush와의 적정한 위치를 잡기 위한 것이다.

2) sprue bush(KSB 4157)

sprue bush는 사출성형기의 노즐과 접속되는 부분이다. sprue bush측의 R은 그림 1.34에서 표시한 것과 같이 노즐측의 r보다 1mm 정도 크게 하여, 접속부위에서 용융된 플라스틱이 흘러나오지 않도록 한다. sprue bush의 빼기구배는 3°~4°가 일반적이나 길이가 길 경우는 1°~2°로 한다.

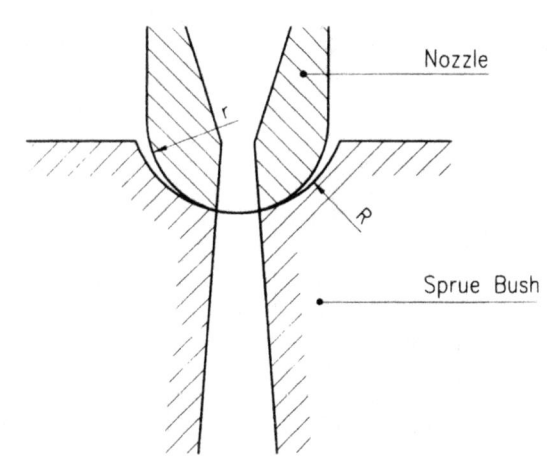

그림 1.34 스프루와 사출기 노즐과의 접속 관계

3) sprue lock pin

sprue lock pin은 런너를 sprue bush에서 쉽게 빼낼 수 있도록 하기 위한 것이다. 본 핀의 선단형상은 수지의 종류, 런너의 치수에 따라 다르다. 그림 1.35는 그 종류를 표시한 것이다.

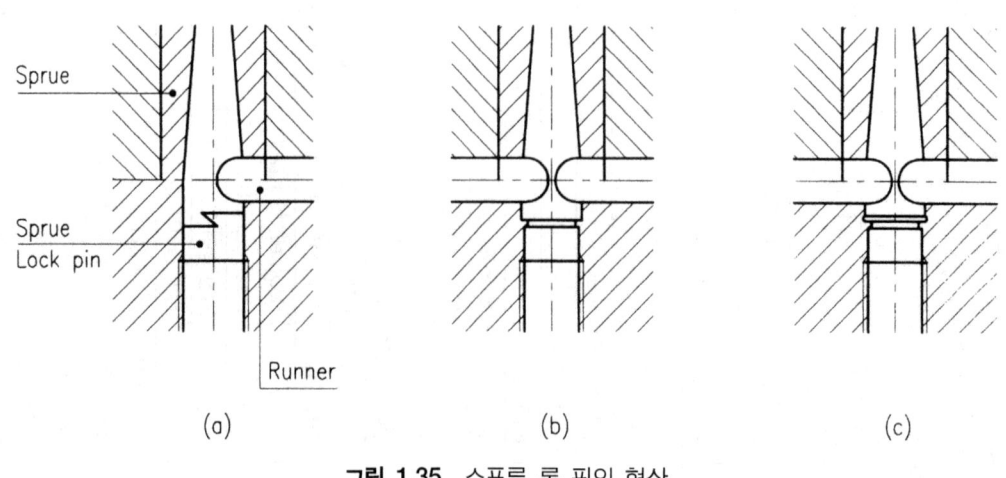

그림 1.35 스프루 록 핀의 형상

4) 런너(runner)

런너는 용융수지를 sprue bush에서 캐비티(cavity)로 인도하는 유로로서 수지의 종류에 따라 단면형상을 달리한다(그림 1.36). 그 단면형상은 재료의 유동성을 고려하면 굵고 짧게 하는 것이 좋으나, 이 경우 냉각 시간이 오래 걸려 성형 사이클이 길어질 수 있다. 이상적인 형상은 원형이나, 제작공수가 많이 들어 사다리 꼴이나 반원형으로 하며, 고정측 또는 가동측에 설치한다.

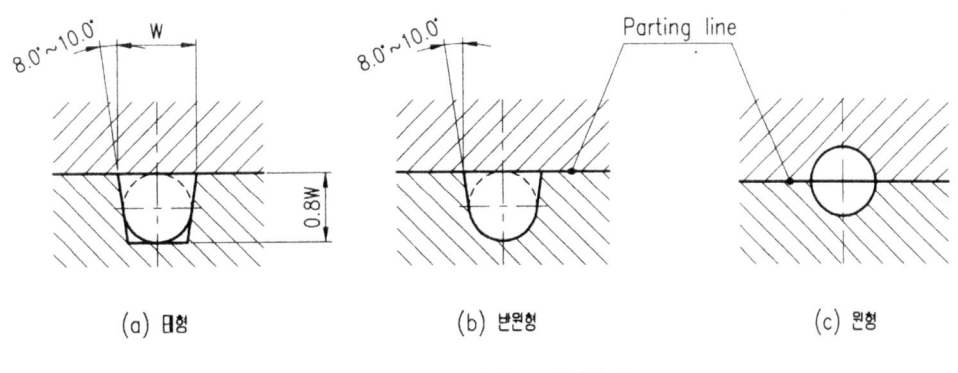

그림 1.36 런너의 단면형상

5) 게이트(gate)

게이트는 런너의 종점이자 캐비티에 주입되는 용융수지의 흐름을 제어하는 입구이며, 동시에 용융수지가 런너측으로 역류되는 것을 방지하는 역할을 한다. 게이트의 위치는 성형품의 가장 두꺼운 부분에 붙이는 것이 원칙이고, 각 캐비티의 말단부까지 충분히 충전할 수 있는 곳에 설치한다.

금형설계 중에서도 런너와 게이트의 설계는 매우 섬세한 부분으로, 그 설계의 양부에 따라 성형품의 품질이 좌우된다 해도 과언이 아니다. 이의 최적설계를 위해 CAE(computer aided engineering)에 의한 수지 유동해석이 도입되고 있는데, 이는 런너와 게이트 설계의 중요성에서 발전하고 있으며 많은 소프트웨어와 그 응용 예가 발표되고 있다.

CAE에 의한 금형설계 적용 예는 다음과 같다.

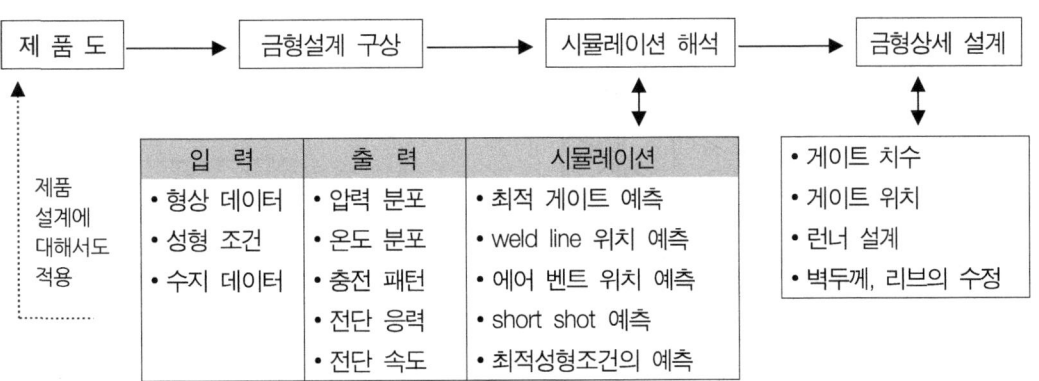

6) 제품의 돌출기구

성형품의 돌출방법은 여러 종류가 있으며, 그 주된 것은 다음과 같다.

(1) 이젝터 핀(ejector pin) 돌출

가장 일반적으로 사용되고 있는 돌출방법이다. 그 돌출위치를 어디에 둘 것인가는 금형설계시 고려하여야 한다. 그림 1.37과 같은 방식으로 핀을 돌출시키면 성형품의 돌출흔적은 반원형이 되며, 버(burr)의 발생이 쉬운 결점이 있다.

(2) ejector sleeve 돌출

중앙에 구멍이 있는 원형 성형품, 원형 보스의 ejecting에는 ejector sleeve 돌출방식이 일반적으로 사용된다(그림 1.38).

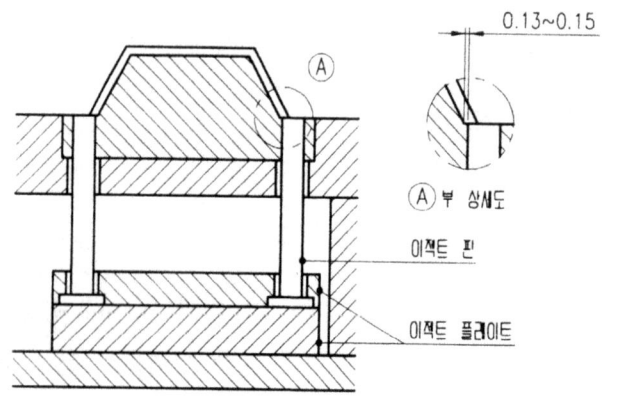

그림 1.37 가장자리를 밀어주는 이젝터

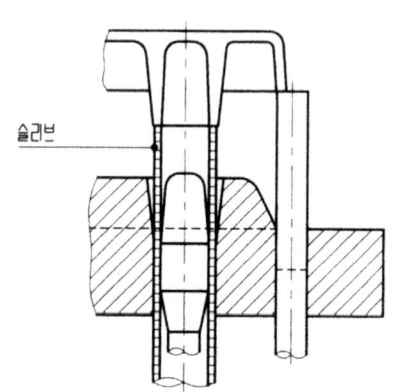

그림 1.38 슬리브 돌출

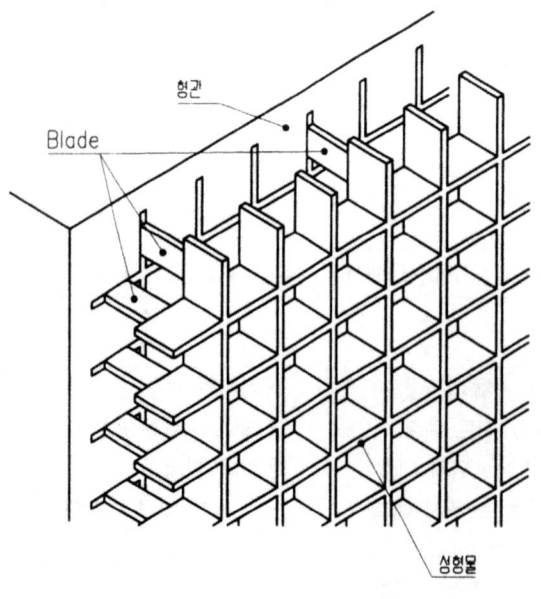

그림 1.39 각형 핀 이젝팅

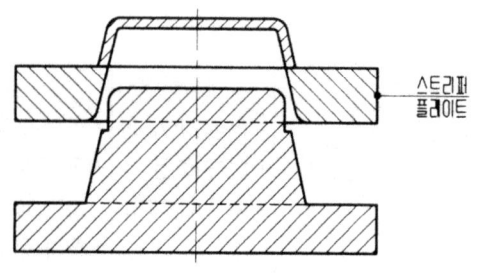

그림 1.40 스트리퍼 플레이트
(stripper plate) 돌출

(3) blade 돌출(각 pin 돌출)

폭이 가늘고 깊이가 깊은 리브라든가 격자상의 성형품을 돌출하는데 사용하고 있다(그림 1.39).

(4) 압축공기에 의한 돌출

깊이가 깊고, 벽두께가 얇은 제품을 돌출시키는 방식으로 연한 수지라도 변형이라든가 파손을 일으키지 않고 돌출된다.

(5) 스트리퍼 플레이트(stripper plate) 돌출

그림 1.40과 같이 성형품의 전 둘레를 밀어내는 방식으로 돌출력이 강하며, 이형저항이 큰 성형품이라도 확실히 이형되며, 밀어낸 흔적도 눈에 잘 띄지 않는다.

(6) 2단 돌출

스트리퍼 플레이트 돌출방식에서 스트리퍼 플레이트 자체 내에 제품형상 일부를 넣으면 돌출 후에도 성형품이 스트리퍼 플레이트에 그대로 부착된 상태가 되므로 다시 한번 밀어내지 않으면 안된다.

이때 돌출 핀 등으로 2단 돌출시켜 제품을 낙하되도록 한다. 이 돌출방법을 2단 돌출이라 한다.

이밖에 고정측형판(KSB 4151), 가동측형판(KSB 4151), 받침판(KSB 4151), ejector plate 위 및 아래, 가이드 핀(guide pin ; KSB 4152) 및 가이드 핀 부시(guide pin bush ; KSB 4155), return pin 등이 있다.

1.8.2 성형품의 불량원인과 대책

1) 쇼트 샷(short shot)

성형할 수지가 사출기의 실린더 안에서 충분히 가열되지 않거나 사출압력과 금형온도가 매우 낮을 경우, 금형 전체에 수지가 들어가지 않고 냉각 고화해서 성형품의 일부가 모자라는 현상이다. 그 주원인은

① 수지의 유동성이 부족하다.
② 금형내압이 부족하다.
③ 성형기의 능력이 부족하다.
④ 캐비티 안의 공기빠짐이 불량하다.
⑤ 재료공급량이 부적정하다.
⑥ 유동저항이 너무 크다.

등인데, 가장 결정적인 요인은 금형의 형상과 수지의 유동성이다.

(1) 대책

① 성형기계의 능력 부족

성형기계의 가소화(可塑化)능력의 부족 또는 공급능력의 부족 등이 원인이 된다. 가소화능력이 부족할 때는 가열시간의 연장, 스크류 회전수의 증가, 배압(背壓, back pressure)의 증가 등으로 가소화를 충분히 하면 해결되지만, 공급능력이 부족할 때는 능력이 큰 기계로 바꾼다.

② 여러 개 빼기의 일부가 충전 부족

성형기계의 능력이 충분하여도 게이트 밸런스(gate balance)가 나쁘며 스프루(sprue)에 가까운 것, 또는 게이트가 굵고 짧은 것만이 좋은 상품이 되고 일부가 불량품이 된다. 이것을 해결하려면 게이트 평형을 수정한다. 즉, 런너 지름을 크게 하여 맨 끝까지 압력이 저하하지 않도록 함과 동시에 스프루에서 멀리 떨어진 캐비티의 일부를 닫고, 1쇼트당의 성형개수를 감소시킨다.

③ 수지의 유동성(流動性)이 부족

수지의 유동성은 수지의 종류, 품목에 따라 다르므로 성형품의 실용강도, 디자인에 의해 적절한 것을 선정한다. 또 성형조건(수지온도, 사출압력, 사출속도, 금형온도)과 성형품의 살두께에 의해서도 좌우된다. 수지의 유동성 척도로서는 카탈로그 등에 멜트 플로우 인덱스(melt flow index=MFI)나 스파이럴 플로우 길이로서 표시되어 있다.

표 1.8에 주된 수지의 실용상의 살두께와 유동비를 표시하였다.

수지의 유동성을 향상시키는 대책으로서는 수지온도, 사출압력, 사출속도, 금형온도를 들면 된다. 수지의 유동싱이 부족하게 되면 금형의 끝 또는 웰드(weld)부끼지 가는 동안 고화되므로 충전부족이 된다. 이것을 해결하려면 수지온도를 높이고 금형 끝까지 수지가 흐르도록 사출속도를 빠르게 하거나, 성형기계의 실린더 온도와 사출압력을 높이고 사출속도를 빨리하여 금형온도를 높게 한다. 또한 수지의 유동성이 좋아야 하므로 유동성이 좋은 원료(수지)로 바꾸는 것도 해결방법의 하나이다.

표 1.8 일반 사출성형에서의 살두께 및 L/t

플라스틱	살두께[mm]	L/t
폴리에틸렌	0.6~3.0	280~200
폴리프로필렌	0.6~3.0	280~160
폴리아세탈	1.5~5.0	250~150
나일론	0.8~	320~200
폴리스티렌	1.0~4.0	300~220
메타크릴 수지	1.5~5.5	150~100
경질 PVC	1.5~5.0	150~100
폴리카보네이트	1.5~	150~100
아세틸셀룰로스	1.0~4.0	300~220
ABS수지	1.5~4.0	280~160

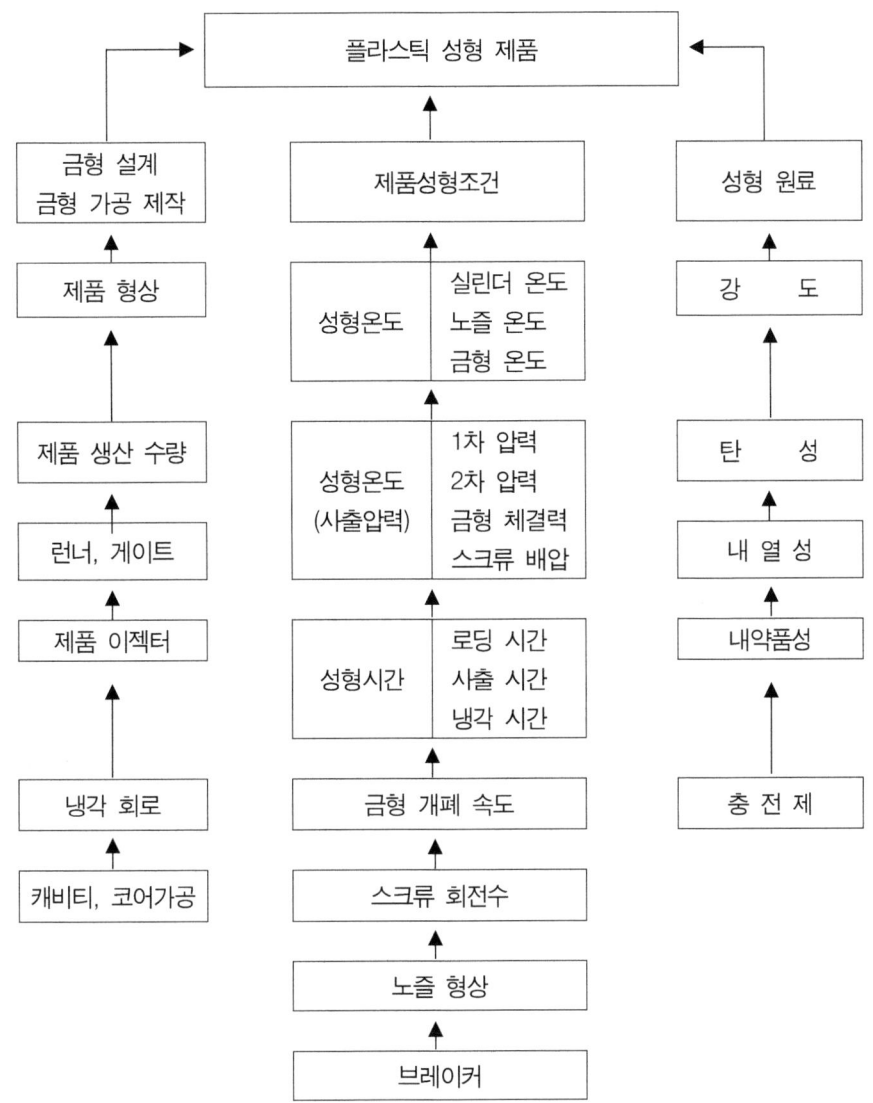

④ 유동저항이 클 때

　유동저항이 크면 충전불량이 발생한다. 용융수지가 성형기의 노즐, 금형의 스프루, 런너, 게이트를 통해서 캐비티로 흐를 경우, 수지가 냉각되어 점도가 높아져서 유동성이 방해되고, 고화해서 성형품의 말단까지 도달하지 않기도 한다. 이러한 경우 노즐, 스프루, 런너, 게이트의 단면적을 넓히고, 또한 길이를 단축시키고, 또 캐비티 살두께가 허용되는 범위에서 늘리거나, 게이트 위치의 변경이나 보조 런너를 설치하는 것 등이 효과적이다.

　금형온도가 지나치게 낮으면 유동저항은 커지므로 주의하여야 한다. 노즐 저항은 노즐 지름을 크게 하거나 노즐 온도를 높이면 감소된다. 스프루는 지름의 증가, 런너는 저항이 큰 반원 런너를 피하고 원형 또는 사다리꼴 런너로 하거나 지름을 증가시키고 또 이들을 필요 이상 길게 하면 안된다. 충전 부족부까지의 사이에 얇은 부분 때문에 충전부족이 생길 경우는 두께 전체를 증가시키든가, 일부의 두께를 증가하여 보조 런너로 하거나, 혹은 게이트를 충전부족 근처에 설치한다.

　또한 유동저항은 노즐에서 나온 수지가 다시 스프루, 런너에서 냉각되기 때문에 콜드 슬러그 웰(湯溜,

cold slug well)을 크게 설치한다. 금형온도가 낮으면 유동저항이 커지므로 금형온도를 높인다. 또는 냉각배관의 위치를 바꾸고 냉각수의 통수(通水) 방법을 변동한다.

⑤ 캐비티 내의 배기 불량

캐비티 내의 배기불량은 수지가 금형내의 공기를 밀어내면 된다. 그런데 성형품의 형상, 살두께의 불균일, 게이트의 위치 등의 관계에서, 성형품의 말단이나 깊게 새긴 보스부 선단 주위가 살이 두껍고 중간이 얇은 성형품, 각형(角形) 성형품의 평면에 대칭인 4점 게이트가 있는 중심부 등은 배기불량이 충전불량이 되기 쉽다. 수지의 온도와 압력을 올려 유동성을 증가시킬 때 태움(black sport)과 웰드라인(weld line)이 생기기 쉽다.

충전부족이 자주 생기고, 수지가 캐비티에 들어갈 때 미충전 부분에 공기가 남아 그 압력으로 충전부족이 되기도 하고 너무 급속 충전되어 공기가 분할면을 통하여 빠지지 못할 때도 있다. 이 현상은 금형의 구석진 곳, 금형의 오목부, 제품의 두꺼운 부분으로 둘러싸인 얇은 장소에 발생한다. 즉, 벽두께에 비해 천정의 두께가 얇은 제품을 사이드 게이트(side 게이트)로 성형할 긴 보스(boss)의 끝에 생긴다. 이때 공기는 단열 압축을 받아 고온으로 되어, 이 부분이 타버릴 수가 있다. 이 불량해결은 공기가 빠지게 사출속도를 느리게 하든가, 또는 금형내의 공기를 진공펌프로 배기하면 된다. 그러나 가장 좋은 해결방법은 공기가 빠질 구멍을 설치, 게이트 위치를 선정하여 공기가 먼저 빠지도록 하든가, 공기가 빠질 곳을 금형의 구조에 따라 설치하는 것이다. 즉, 금형의 일부를 코어로 하여 코어의 틈새로 공기가 빠지게 하든가, 분할면의 일부에 얇은 홈을 내든가, ejector 핀(밀핀)을 설치하여 그 틈새로 공기가 삐지게 하면 된다. 예를 들면, 다점 핀 게이트를 성형할 경우 배기 중 금형의 일부를 코어로 한다.

⑥ 형체결력 부족

형체결력(clamping force) 부족과 충전 부족은 서로 무관한 것으로 생각되지만, 이것이 원인이 될 때가 있다. 동일 사출량의 기계라도 형조임력이 부족하여 사출압력으로 가동축이 약간 움직이면 플래시(성형귀)가 발생하여 제품의 중량이 증가하고, 사출량이 부족하게 되어 기계의 능력부족과 같은 충전부족이 된다.

⑦ 수지의 공급이 불충분

성형기계의 능력은 충분하나 소요량의 수지가 노즐에서 나오지 못하면 충전부족이 된다. 이 원인은 ㉮ 호퍼(hopper)안에서 수지가 브리징(bridging)을 일으켜서 실린더에 공급 부족, ㉯ 스크류식 사출성형기는 수지가 실린더 내에서 미끄러져 앞으로 이송되지 못할 때가 있다. 전자 ㉮는 호퍼 드라이어(hopper drier) 중에서 수지가 녹아 덩어리로 될 때와 분말 혹은 부정형(不整形)인 펠레트(pellet)는 호퍼에 붙는 경우가 있다. 후자 ㉯는 수지를 잘못 선택하여 윤활제가 너무 많은 펠레트를 사용할 때이므로 올바른 배합원료로 바꾼다.

가끔 성형기계의 능력을 과대하게 예측해서 실패하는 일이 있다. 예를 들면, 성형기의 이론 사출량(폴리스티렌의 비중 1.04로 계산)으로 빠듯하게 폴리올레핀(비중 0.9~0.95)을 사용하거나, 형체력(型締力)의 부족에 의해 캐비티 용적이 증가해서 공급량 부족을 일으키는 실수를 하는 경우가 있으므로 주의하여야 한다.

⑧ 수지 공급 과잉

특히 플런저식 사출성형기계(plunger type injecting molding)는 실린더 내에 많은 수지가 들어가면 사출압력, 즉 실린던 내의 수지를 미는 압력이 펠레트(pellet)의 압축에 소비되어 실제 사출성형에 필요한 노즐에서 나오는 수지압력이 감소되어 사출압력 부족 현상이 나타나게 된다. 이 해결방법은 성형에 알맞은 수지량을 공급하도록 조정한다.

2) 금형 상처, 긁힌 상처(mold mark)

(1) 특징

금형 상처(mold mark)는 금형 표면의 상처가 제품표면에 나타나는 현상이므로 금형을 수정하면 고칠 수 있다. 긁힌 상처는 금형의 역테이퍼 혹은 테이퍼의 부족이 제품과 금형 마찰면에 상처가 생기는 현상이다. 그대로 성형을 계속하면 금형 자체를 마모시켜 상처가 계속 생기므로 금형을 수정해야 된다. 연마의 부족이나 거스러미로 생기는 수도 있으므로 금형을 수정한다.

(2) 대책

금형이나 기계에 이상이 없이 성형기술 자체로 긁힌 상처가 생기는 것은 과잉충전으로 예정된 성형수축이 되지 않을 경우이다. 이 때는 싱크 마크(sink mark)가 발생하는 것을 각오하고 성형한다.

금형에 따라서는 인젝션(injection) 방법에 있어서 중심에 하나의 바(bar)만을 사용하여 인젝션 할 때 플레이트(injection plate)가 기울어 제품도 기울어지면서 긁힌 상처가 생기는 경우가 있다. 이것은 중심에 대한 캐비티의 밸런스 불량으로 생기는 것이다. 따라서 이러한 캐비티의 설계를 해서는 안된다.

또한 뽑기 테이퍼가 부족시에 긁힌 상처가 발생한다. 즉, 뽑기 테이퍼는 부분 혹은 제품의 설계에 따라 끊임없이 변화하므로 제품을 설계할 때 뽑기 테이퍼에 주의한다. 특히 곰보 가공시 그 섬세한 요철이 역테이퍼의 원인이 되므로 뽑기 테이퍼를 충분히 주고 테이퍼 면의 곰보의 깊이도 주의한다.

3) 플래시(flash) 또는 버(burr)

(1) 특징

금형의 맞춤면, 즉 고정형과 이동형의 사이, 슬라이드 부분, 인서트의 틈새, 이젝터 핀의 간격 등에 수지가 흘러들어가 제품에 필요 이상의 막인 지느러미가 생기는 현상이다. 이 플래시는 한번 발생시 지렛대의 원리로 점차 큰 플래시가 생기고, 금형을 오목(凹)하게 하여 플래시가 다시 큰 플래시를 발생시키므로 처음부터 플래시가 나오지 않도록 하고, 플래시가 생기면 즉시 금형을 수정한다(그림 1.41).

그 주원인은

① 금형의 맞춤면, 분할면 등의 불량에 의함.

② 형체력의 부족에 의함.

③ 수지의 용융점도가 너무 낮음.

④ 금형 사이에 이물이 끼어 있음.

등인데, 플래시의 대책은 우선 금형의 수리가 선결이다. 즉 맞춤면, 분할면의 끼워맞춤을 충분히 하고, 이젝터 핀, 부시의 틈새는 끼워맞춤 정밀도를 높인다.

(2) 대책

① 금형 체결력(clamping force)의 부족

성형품의 투영면적에 비하여 금형 체결력이 작으면 사출압력으로 고정 금형(固定金型)과 가동 금형(可動金型)의 사이가 벌어져 플래시가 나오고, 더욱 투영면적이 커져서 큰 플래시가 나온다. 특히, 중앙부에 구멍을 이용한 사이드 게이트로 성형할 때 런너(런너) 부분에 사출압력이 커져 플래시가 쉽게 발생한다. 이것을 해결하려면 사출압력을 낮추거나 형체결력을 높이는 방법과 유동성이 좋은 수지로 바꾼다. 성형품의 투영면적에 걸리는 압력이 성형기 형체결력보다 크면 금형의 열림이 발생한다.

$$QP = A \cdot CP$$

QP : 형체결력(ton)
A : 성형품의 투영면적(cm^2)
CP : 캐비티 내의 압력(kgf/cm^2)

캐비티 내의 압력은 성형재료, 성형품의 형상(살두께나 크기), 성형조건(수지온도, 사출압력, 사출속도), 금형구조(게이트의 크기, 런너의 굵기), 성형기의 종류(플런저형, 스크류형)나 성형에 따라서 차이가 있으나, 일반적으로 200~400kgf/cm^2의 값이 취해진다. 투영면적은 런너도 포함시킨 값으로 한다. 따라서 형체력의 부족에는 기계의 변경이 필요하다.

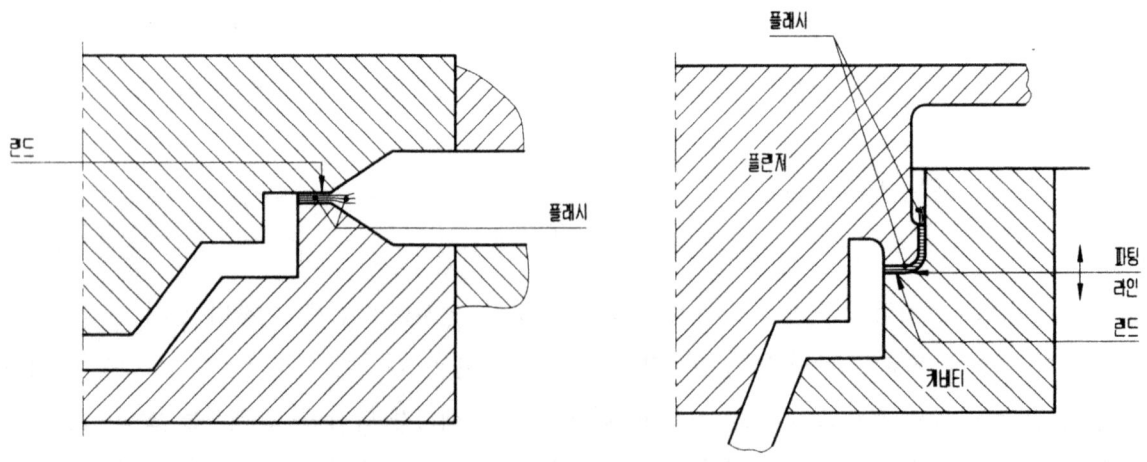

그림 1.41 플래시(flash)의 발생

② 금형의 밀착이 나쁨

우선 가동형과 고정형은 금형 자체의 밀착은 좋아도 토글식 금형체결 기구(toggle type mold clamp-ing system)는 금형의 평형도 불량이나 형체결 장치의 조정불량으로 형체결시 좌우 불균형이 발생하여 좌우 중 한 쪽만이 죄어져 밀착불량이 되는 수가 있다. 이 때, 4개 또는 2개의 타이 바(tie bar)를 균등하게 조정한다. 또, 금형면 다듬질 불량으로 밀착불량이 되는 것과 중앙에 구멍이 있을 때 형체결력이 크게 걸리도록 한다.

또 슬라이드 코어(slide core)는 이 작동기구의 헐거움으로 플래시가 발생하므로 슬라이드 코어의 밀어젖힘을 충분하게 하고, 특히 좌우분할금형은 이 방향의 투영면적에 사출압력이 걸려 이 압력에 견딜 수 있는 충분한 설계를 한다. 플래시는 금형에 약간의 틈에서도 생기고, 일단 플래시 발생은 플래시가 플래시를 크게 할 뿐만 아니라 제품의 낙하불량, 이젝터 핀의 고장 등을 가져오기 때문에 즉시 수리한다.

③ 금형의 휨(bending) 변형

금형의 두께가 부족시 금형이 수지의 사출압력으로 휘어지고, 중앙부에 구멍이 있으면 그 둘레에 플래시가 생기거나 구멍으로 사이드 게이트에서 성형시 런너, 구멍 주위에 플래시가 생기는 것은 금형 제작불량에 의한 것이다. 이것을 바로 잡기는 어려우나 이 부분에 금형받침을 하면 감소된다.

④ 수지의 유동성이 좋을 경우

수지의 흐름이 너무 좋은 것은 직접 플래시 발생의 원인이라고 할 수 없으나, 용융점도가 낮아지면 아주 작은 틈으로도 흘러 들어가기 쉬우므로 수지온도, 금형온도를 내리면 된다. 그러나 사출속도를 느리게 하는 등 유동성을 나쁘게 해서 커버하는 이 대책은 일시적인 것으로서 재료의 특성을 저하시키는 경우도 있으므로 주의해야 한다.

⑤ 수지 공급의 과다

캐비티 용적에 대해 공급량이 과대할 때에 플래시가 나온다. 특히 금형 트라이(try)때 수지의 공급이 과대하면 플래시가 계속 발생한다. 공급량은 약간 적게 시작해서 적정량으로 조정하면 된다. 플래시의 직접 원인은 아니나 수축 자국(sink mark)을 방지하기 위해 수지를 너무 많이 공급하지 말고, 사출기간, 보압(=유지압)(holding pressure=dwelling pressure) 시간을 증가시켜 성형한다.

⑥ 사출압력 과다

사출압력을 과대하게 높이거나, 금형의 맞춤면에 이물을 끼우고 형체를 하면 금형이 비틀어져서 틈이 생기고 홈이 생겨 플래시가 나오게 되므로 주의해야 한다.

⑦ 금형 분할면의 이물(異物)

금형면의 이물은 플래시를 발생시키므로 금형면을 깨끗이 하고, 금형면의 밀착을 좋게 한다.

4) 수축 자국(sink mark)

(1) 특징

수축 자국은 성형품의 표면에 있는 오목한 부분(凹)을 말하며 성형품의 불량 중에서도 가장 많다. 이것은 수지의 성형 수축에 의한 것으로 제거가 곤란한 경우가 많다. 또 사출성형은 냉각된 금형에 용융수지를 주입할 때 금형에 접촉한 면부터 냉각되고 수지는 열전도가 나빠지고 매우 복잡한 현상이 생긴다.

금형에 접하는 표면이 빨리 냉각되어 내부보다 먼저 고화 및 수축하며, 내부는 냉각이 늦으므로 수축도 늦게 진행된다. 따라서 재료는 빨리 수축하는 쪽으로 움직이고, 늦게 수축하는 부분은 수지량이 부족해서 면이 오목해지거나 기포가 형성되게 된다. 수축 자국은 성형품의 냉각이 비교적 늦은 부분으로, 표면이 내부의 기포발생을 없애는 방향으로 끌려서 오목면이 되는 것으로서, 성형품의 두꺼운 부분에 발생하기 쉽다.

따라서 제품설계나 금형설계 때 수축 자국의 방지를 위하여 연구하고, 일단 수축 자국이 발생시 제거방법이 중요하다. 한편 핀홀(pin hole)은 수축 자국이 제품 내부에 생기는 현상으로 이 점도 함께 고려한다. 특히 수축률이 큰 수지(폴리프로필렌, 폴리에틸렌, 폴리아세탈 등)일수록 심하다.

주요 원인을 들면,
① 성형품의 살두께가 불균일하다.
② 금형의 냉각이 불균일하거나 불충분하다.
③ 금형내 압력이 부족해서 충분히 압축되지 않는다.
④ 사출속도가 너무 빠르다.
⑤ 재료의 수축이 큰 것 등이다.

수축 자국의 발생이 두꺼운 부분에 많은 점, 재료의 수축, 냉각속도에 차이가 있는 점을 고려해서 대처하면 된다.

(2) 유의점

① 살두께는 재료에 따라서도 다르나, 수축이 큰 수치는 3mm 이하로 가급적 균일하게 설계한다. 필요에 따라 리브, 보스 등 부분적으로 두껍게 되는 성형품의 경우라도 될 수 있는 대로 작게(가늘게, 낮게) 한다.

② 금형의 냉각홈은 충분히 뚫고 균일하게 함과 동시에 수축 자국이 발생하기 쉬운 장소는 냉각을 강력하게 할 필요가 있다.

③ 금형 내 압력이 성형품 전체에 전달되도록 게이트와 런너의 단면적을 크게 또는 짧게 하고 사출유지 시간을 길게 한다. 재료 공급량을 약간 늘리는 것도 효과가 있으나, 플래시에 주의해야 한다.

④ 성형수축률이 큰 수지에서 온도와 비용적이 크게 변하므로(그림 1.42), 수축 자국이 두드러진다. 성형 온도는 낮게 억제하고 두꺼운 부위에 게이트를 설치하고 수축 자국이 발생하는 부분에 보조 런너를 설치하고 살빼기로 수축 자국을 개량하는(그림 1.43) 등의 대책이 효과적이나, 재료에 무기물을 첨가해서 수축을 줄이는 것도 개선의 일책이다.

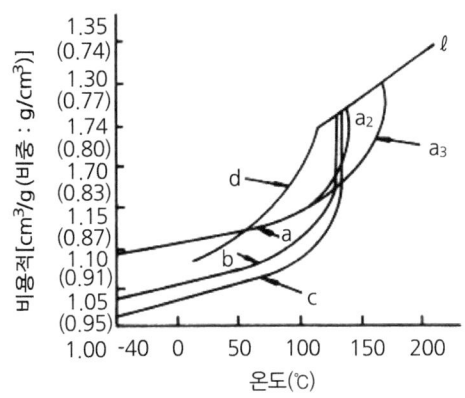

그림 1.42 폴리올레핀의 온도 - 비용적(比容積) 관계

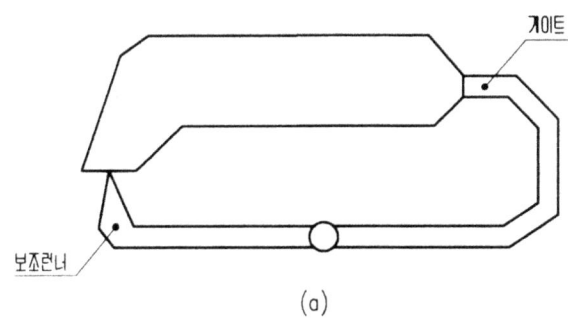

(a)

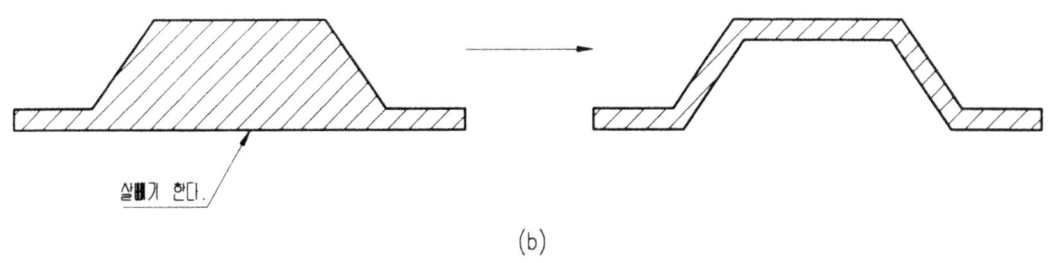

(b)

그림 1.43 수축 자국(sink mark) 개량대책 예

(3) 대책

① 압축의 부족

성형품의 두께나 용적(容積)에 비해 스프루, 런너 및 게이트가 가늘면 금형 내의 수지가 압력이 걸리지 않아서 수축량이 커지고 수축 자국이 크게 발생한다. 특히 게이트가 가늘면 보압(保壓 : 유지압)시간이 충분해도 게이트에서 고화되어 금형 내의 수지에 압력이 걸리지 않는다. 이 현상은 융점이 뚜렷한 결정성 플라스틱에 생기기 쉬운 현상이다. 또 플래시가 잘 생기는 금형은 금형밀착도가 나쁘게 되는데 이것은 압축부족으로 수축 자국의 원인이 된다.

스크류식 사출기는 스크류 홈으로 수지의 역류(逆流)방지를 위해서 체크 밸브(check valve)를 장치하지만 이것은 완전하지 않고, 플런저식 사출기보다 수축 자국이 많이 생긴다. 이런 점이 플런저식 사출기가 스크류식 사출기보다 우수하다.

압축부족에 의한 수축 자국을 방지하기 위해서는 금형 전체에 사출압력(보압)이 걸리도록 스프루, 런너, 게이트 지름을 크게 해야 하며, 사출압력을 크게 하고 보압이 충분한 것이 중요하다. 재료가 부족해도 수축 자국의 원인이 되며, 수지의 흐름이 너무 좋아도 가압시 플래시를 발생시켜 수축 자국이 생기는 수가 있으나, 이 때는 실린더 온도를 내리거나 유동성이 나쁜 수지로 바꾸면 된다.

게이트에서 먼 곳은 수축 자국의 발생률이 높은데 이것은 유동저항에 의한 압력손실 때문이다. 따라서 수축 자국이 발생하기 쉬운 곳에 게이트를 설치하든가, 혹은 그 위치까지의 두께를 크게 한다. 또, 핀 게이트(pin gate)의 수를 늘리거나 게이트의 위치를 변경한다.

② 계량 조정의 불량

스크류식 사출성형기로 성형하면 사출이 끝났을 때, 스크류의 선단과 노즐 사이에 적당량의 용융수지를 남기는데 이것을 쿠션(cushion)이라 한다. 이 쿠션량을 0으로 하고 사출이 끝남과 동시에 스크류가 끝까지 전진하도록 계량조정을 하면 보압 중에는 스크류가 전진할 수 없어 보압을 하지 않는 것이 되어 보압 중의 수지의 수축분량 만큼의 수축 자국이 생기게 된다. 이 수축 자국은 게이트부의 수축 자국 및 제품 표면에 얼룩 모양의 수축 자국으로 되어 나타나므로, 쉽게 다른 원인에 의한 수축 자국과 구별할 수 있다. 이 문제는 쿠션량을 규정대로 두고, 사출이 끝난 다음에도 스크류가 수 mm에서 10 수mm 더 전진하도록 함으로써 해결할 수 있다.

쿠션량이 0, 즉 사출이 끝났을 때 단절하는 계량 설정을 하면 사출성형기 자체의 수명을 단축시킨다.

③ 수축 자국이 이면(裏面)에 나타남

제품에 따라서는 제품의 이면의 수축 자국은 지장이 없는 경우가 있으나, 앞의 설명과 같이 수축 자국은 금형온도가 낮은 면에는 나타나기 어렵다. 수축 자국은 금형온도가 높은 면에 주로 나타나므로 수축 자국이 나타난 부분은 냉각을 충분히 하든가 혹은 반대로 수축 자국이 나타나도 지장이 없는 면(즉, 수축 자국이 나타나면 안되는 면의 반대면)을 가온하여 성형한다.

④ 냉각의 불균일

제품의 두께가 매우 불균일하면 두꺼운 부분이 얇은 부분보다 늦어 수축 자국이 나타나기 쉽게 된다. 두께가 균일하지 않을 때 수축 자국은 이론상 제거가 곤란하여 제품설계 때 두께를 균일하게 하여 두께의 변동을 적게 한다. 예를 들어, 보스(boss)는 바깥지름이 필요시 중앙에 수축 자국 제거용 핀을 설치하고 보스에 강도가 필요할 때 보스 자체를 굵게 하지 말고 보강 리브(rib)로 대체한다.

⑤ 수축량이 큼

성형에 사용하는 수지의 열팽창 계수가 크면 수축 자국이 발생하기 쉽다. 이 때는 저온에서 성형하거나 사출압력을 크게 한다. 그러나 수지온도를 내리고 사출압력을 높여도 결정성 플라스틱인 폴리프로필렌, 고밀도 폴리에틸렌, 폴리아세탈 등은 결정(結晶)된 고체와 녹아 있는 수지의 비중의 차이가 있어 수축 자국을 방지하기 어렵다. 이때 가능하면 비결정성의 폴리머(polymer)로 바꾸면 수축 자국이 감소된다. 또, 수지에 무기물 충전제, 예를 들면 유리섬유, 석면 등을 혼입하면 수축 자국이 작아진다.

5) 휨(warp), 굽힘(bending) 및 뒤틀림(twisting)

[특징]

성형품의 변형은 그 형상에 따른 성형수축에 의한 잔류변형, 성형조건에 의한 잔류응력(오버팩, 수지온도, 금형온도, 사출압력 등), 이형시에 발생하는 잔류응력 등으로 변형과 균열이 발생한다.

재료의 강성이 높은 것은 잔류응력이 있어도 큰 변형은 발생하지 않으나, 폴리에틸렌이나 폴리프로필렌은 가용성(可溶性)이 있고 성형수축률이 커서 변형이 크다. 성형품의 변형을 대별하면 휨, 구부러짐(굽힘), 비틀림(뒤틀림)의 3종이 있는데 비틀림 현상은 폴리에틸렌과 폴리프로필렌에서 깊이가 얕은 판 모양의 성형품에 많다.

(1) 휨(warp)

상자 모양의 성형품 성형시 측벽이 안쪽으로 휨, 리브가 있는 성형품이 리브 쪽으로 오목 휨과, 그 반대의 볼록 휨, 그리고 게이트측으로 젖혀지는 오목 휨 등이 있다(그림 1.44).

[대책]

① 상자 모양 성형품의 측벽의 안쪽 휨

안쪽 휨은 코어의 온도가 캐비티 온도보다 높을 때에 생긴다. 즉, 금형온도가 높으면 용융수지가 서냉되고, 낮으면 급냉된다. 서냉되면 결정화가 진행되어 수축률은 커지고 급냉은 그 반대로 된다. 따라서, 판 모양의 성형품에서는 금형온도가 높은 쪽이 낮은 쪽보다 수축률이 커서 오목 모양이 된다. 한편, 상자형 성형품의 경우 코어 온도가 높으면 코어 측벽의 안쪽 전체에 인장력이 작용하게 되는데, 4 코너가 보강된 구조로 되어 있으므로 구조적으로 가장 약한 측벽 중앙부가 안쪽으로 인장되어 활모양의 안쪽 휨이 된다.

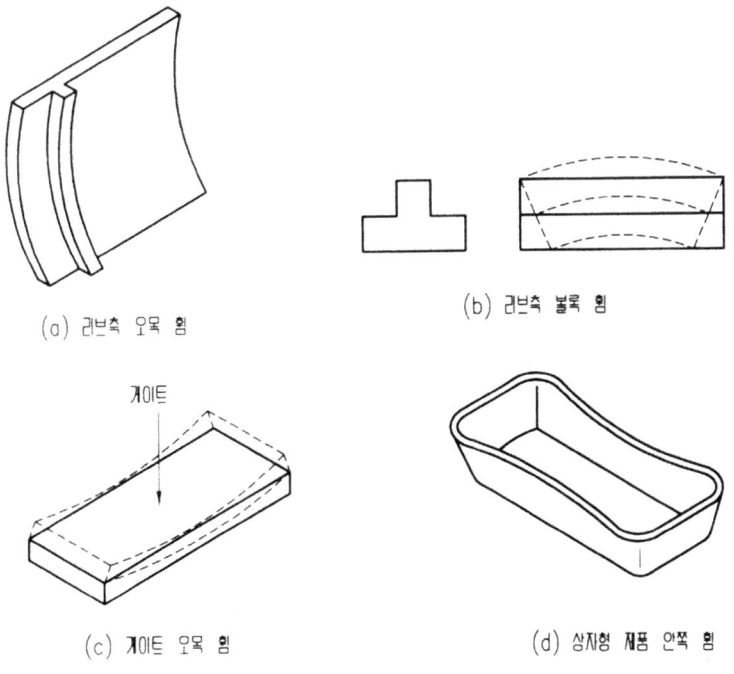

(a) 리브축 오목 휨

(b) 리브축 볼록 휨

(c) 게이트 오목 휨

(d) 상자형 제품 안쪽 휨

그림 1.44 여러 가지 휨 현상

그림 1.45에 폴리프로필렌의 금형온도와 성형수축률의 관계를 나타낸다. 더욱 수지온도를 낮게 해서 성형하면 흐름방향의 수축률보다 직각방향의 수축률이 커져 주변부의 치수가 남아 활모양의 안쪽 휨은 크게 된다. 따라서 상자형 성형품의 안쪽 휨일 때는 코어의 냉각이 충분히 되도록 냉각수 홈을 배치해 둔다. 사출성형에서의 냉각이란 용융된 고온의 수지를 유동이 완료된 후 빨리 금형 밖으로 배출하는 것으로서, 냉수와의 열교환이다. 그러므로 극단으로 찬물을 흘리면 안된다. 온수라도 유량의 조절로 충분한 효과를 낼 수 있어야 결과가 좋다. 또 구조적으로 보강해 두는 의미에서 주위에 리브를 붙이거나 단을 설치하는 것도 좋고, 금형설계시에 외측으로 볼록하게 하는 것도 좋다. 이 경우 측벽길이 중심의 볼록이 측벽길이의 1/180~1/100 정도이다. 그러나 이들은 보조수단으로서 이용되는 것이다.

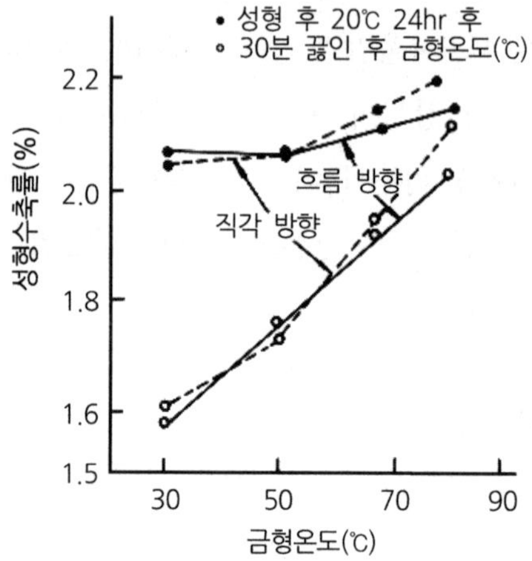

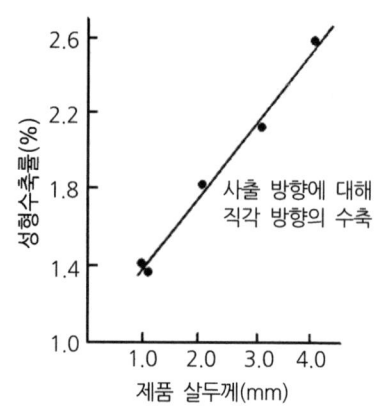

그림 1.45 폴리프로필렌(M14.0)의 금형온도와 성형수축률

② 리브(rib) 쪽과 그 반대쪽으로의 휨

리브는 반드시 휨의 원인이 되는 것은 아니지만 리브의 두께, 높이에 따라 휨이 생긴다. 본체의 살두께보다 얇고 높은 리브의 경우 리브 부분은 본체보다 급냉되어 리브 치수가 본체보다 길어지므로 리브쪽이 볼록해져서 젖혀지고, 두껍고 낮은 리브의 경우는 리브 쪽이 서냉되어 리브 쪽이 오목해져서 젖혀진다. 이것은 살두께와 성형수축률의 관계(그림 1.46)에서도 쉽게 알 수가 있다. 따라서 금형의 냉각에 주의함과 동시에 리브의 살두께, 높이 등의 수정도 필요하다.

그림 1.46 살두께와 성형수축률의 관계

③ 게이트(gate) 쪽으로의 휨

다이렉트 게이트의 성형품에서 흔히 볼 수 있다. 두꺼운 성형품을 약간 충전이 부족하고 가깝게 성형할 때 게이트 대면(對面)은 평활하나 게이트측에 현저한 요철이 있는 성형품이 얻어진다. 이것은 사출압력이 게이트 대면에 강하게 작용하고 있는 것을 나타내고 있다. 완전히 충전한 경우에도 이 경향은 변하지 않는다. 즉 게이트 대면측은 수지가 빽빽하고, 게이트측은 거칠게 충전되는 것을 나타내고 있다. 뒤에서 너무 밀면 이 경향은 강화되어 게이트측에 휨으로서 나타난다. 이것은 뒤밀기에 의한 내부변형이 원인이므로 2차 압력을 내리든가 뒤밀기 시간의 단축 또는 병용으로 대처한다.

(2) 구부러짐(bending)

가늘고 긴 통 모양의 성형품에서 흔히 발생한다. 예를 들면, 볼펜의 축이나 잉크가 든 심(core) 등에 발생한다. 수지가 캐비티를 흐를 때, 가늘고 긴 코어가 압력에 의하여 움직이므로 살두께가 불균일한 성형품이 되어 성형품 전체가 살두께가 두꺼운 쪽으로 구부러진다.

(3) 뒤틀림(twisting)

이 현상은 고밀도 폴리에틸렌을 센터 게이트로 성형할 때에 가장 많이 발생되는 변형이다. 폴리프로필렌에서도 평판 또는 평판에 가까운 형상의 성형품은 이 현상이 성형 직후에 나타나거나 나중에 발생한다. 이것은 흐름방향의 수축률이 흐름에 직각방향의 수축률보다 클 때에 일어나는 현상이다.

센터 게이트의 원판을 예로 들면, 흐름방향이 지름방향이고 흐름의 직각방향이 원 방향에 해당한다. 수축률에 방향차가 생겼을 때 지름에 대해 원주가 길어져 원판은 평면을 유지할 수 없게 되어 뒤틀림이 일어나고(그림 1.47) 지름과 원주의 치수균형을 취한다. 폴리프로필렌은 폴리에틸렌에 비해 강성이 높기 때문에 형상에 따라서는 성형 직후에 나타나지 않고 다음날 나타나는 등 생산이 끝나고 나서 불량이 되는 수가 있다. 이와 같은 트러블의 방지는 양산 전에 성형품을 열탕 중에 10~15분 가열시 뒤틀림을 검출하여 방지할 수 있다.

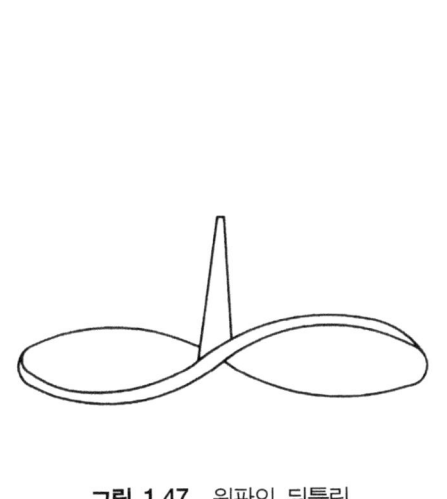

그림 1.47 원판의 뒤틀림

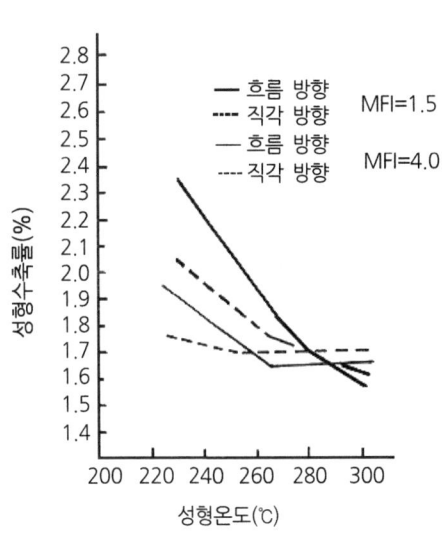

그림 1.48 성형수축률과 온도의 관계

폴리프로필렌의 성형수축률에 방향차는 그림 1.48에서와 같이 저온 성형시 발생한다. 따라서, 방지법은 그림 1.48의 흐름방향 및 직각방향의 수축률이 교차하는 점의 수지온도 이상의 온도로 성형하면 된다.

(4) 외부응력에 의한 성형 후 변형

성형품은 금형에서 이형할 때 코어(core) 또는 캐비티(cavity)에 밀착되어 큰 힘을 가하면 성형품은 변형을 일으킨다. 빼낼 때의 변형은 차가운 금형을 써서 고정할 수 있다. 또 충분히 냉각되기 전에 이형하면 이젝터 핀에 의해 변형하는 경우가 있으므로 금형온도를 내리거나 냉각시간을 연장해서 충분히 냉각 후 이형한다.

빼낸 성형품이 아직 냉각되기 전에 쌓아 올리거나 포장하면 변형하는 일이 있다. 이와 같이 냉각한 변형품은 가온해서 지연 탄성의 회복을 촉진하여 교정하면 된다. 사출성형시 수지의 성형수축률은 수지가 흐르는 방향에 따라 달라진다. 즉, 흐름방향은 그 직각방향보다 수축률이 월등하게 크다. 이 수축률 차이는 결정성 플라스틱은 수축률이 큼과 동시에 비결정성 플라스틱보다 크며, 수축률의 차는 10/1,000 이상일 경우도 있고, 성형수축률이 제품의 두께에 영향을 미친다.

또 사출성형법은 점탄성(粘彈性)이 있는 고중합체를 금형 속에 압입하는 성형법으로 성형물의 내부에는 내부응력이 남는 것은 피할 수 없다. 이 원인 때문에 성형품을 금형에서 빼냈을 때 내부의 변형이 가장 적은 모양으로 하려는 것이다. 따라서, 제품이 원하는 모양이 되지 않을 때 이러한 휨, 굽힘 및 뒤틀림 현상이 발생한다. 이 외에도 고화가 충분하지 않을 때와 이젝터 핀의 압력에 의한 변형이 있다.

변형의 방지법은 다음의 여러 방법이 있지만 보조수단으로 금형 내의 냉각 외에 냉각 지그(jig)를 사용하는 변형고정법도 있다. 즉, 금형에서 빼낸 후 굳지 않은 성형품을 냉각 지그 중에 다시 냉각시켜 변형을 그대로 고정하는 방법이다. 냉각 지그에 의한 냉각은 그 방법에 따라 다르나 10분 이상 냉각하는 경우도 있다.

[대책]
① 냉각 불균일 또는 불충분

　냉각이 충분하지 못할 때 금형에서 이젝션(ejection) 시키거나 이젝터 핀으로 밀어내는 압력으로 성형품이 변형되거나 또 냉각이 불충분한 상태로 금형에서 나와 생기는 변형도 있다. 이 대책은 금형 내에서 완전히 고화시까지 충분히 냉각시켜 고화한 다음에 빼내면 되므로 금형온도를 내리고 냉각시간을 길게 하거나 금형에 따라서는 게이트 부분이 냉각부족으로 보통의 성형조건으로 변형방지가 어려울 때 금형의 냉각수 순환방법을 변경, 또는 냉각수 배관을 변경이나 추가시키고 냉각수가 통할 수 없을 때는 공기냉각방법을 한다.

② 이젝터 핀에 의한 변형

　금형에서 제품의 이형성(離型性)이 나빠 제품의 일부가 금형에서 떨어지기 어려울 때 무리하게 밀면 변형이 생기는 경우가 있다. 이때 변형이 생기지 않는 수지인 메타크릴 수지 성형품은 변형은 생기지 않으나 균열이 생기게 된다. 또 ABS나 폴리스티렌 제품은 변형이 이젝터 핀 자국의 백화(白化) 현상으로 나타난다.

　이의 대책은 금형을 재연마하여 빠지기 쉽게 함과 동시에 이형제(離型劑)를 사용하여 금형에서 빠짐을 용이하게 한다. 다른 개량법은 코어의 호닝(honing)에 의한 이젝션 저항의 감소, 뽑기 테이퍼의 증대, 빠지기 어려운 부분에 이젝터 핀의 증가 방법도 있다.

③ 성형 변형

　사출시의 성형 변형을 성형수축방향에 의한 차와 제품두께의 변동에서 생긴다. 이 때는 금형온도와 수지온도를 올리고 사출압력을 내려서 금형에 유입시켜 수축률의 차를 낮추면 좋다. 그러나, 조건의 변경만으로 교정이 곤란한 경우는 게이트 위치 및 수를 변경하게 되는데, 예를 들면, 긴 제품은 한 끝에서 주입한다. 또 냉각수 배관을 바로잡거나 긴 패널(panel) 등은 굽힘과 휨(warp)의 반대 면에 리브를 설치하는 등 제품설계의 일부 변경도 한다. 이 때 변형의 교정에는 냉각 지그(jig)가 효과가 있는 경우가 많다. 경우에 따라서는 치수교정이 불가능한 경우도 있고, 금형의 수정을 할 때도 있다.

④ 결정성(結晶性) 플라스틱 변형

결정성 플라스틱 변형은 앞에서 설명한 ①, ②, ③의 원인에 의한 것이나, 성형수축률 값이 비결정성 플라스틱보다도 훨씬 크다. 융점이 예리한 것에 변형이 생기기 쉽고 또한 수정이 곤란한 경우가 많다.

결정성 플라스틱의 교정방법은 결정도(結晶度)가 수지의 냉각속도에 따라 달라 급냉하면 결정도가 낮아져서 성형수축률도 작게 되고 서냉하면 결정도를 높게 하여 성형수축률도 크게 하는 방법이 있다. 이 방법은 금형의 고정측과 이동측에 온도차를 두어서 휘어지는 반대쪽에 변형이 오도록 한다. 이 때 온도차는 20℃ 이상의 차이를 두도록 하고 온도차이도 균일하게 한다. 또 제품 및 금형의 설계에 있어 플라스틱은 특별한 변형방지를 하지 않으면 변형으로 사용할 수 없게 되는 수도 있다.

6) 깨짐, 균열(crack), 잔금(crazing) 및 백화(白化)

(1) 특징

이들의 현상은 성형품 표면에 가는 선 모양의 금이 가거나 균열되는 것을 말한다. 이것은 모두 성형품의 잔류응력에 기인한다. 잔금은 용융수지가 캐비티에 충전될 때, 그 표면은 냉각되어 고화 또는 고점도층이 되나 중심부는 아직 온도가 높아 저점도층이 되는데 그 사이에 전단력이 생겨 고화될 때 잔류 응력이 남게 되고 사용 중에 재료의 응력값이 탄성한계 이상이 되었을 때 성형품에 가는 금이 나타난다. 이 잔금이 더욱 진행되어 보다 커진 상태가 균열이다.

성형품을 옥외에 방치하거나 도장 또는 접착용 용제에 담그거나 변형이 집중되는 무리한 조립공정을 하면 잔금이나 균열이 발생하는 것도 그 대부분이 내부응력에 기인한다. 내부응력은 투명한 성형품의 경우는 편광(偏光) 광선을 쪼이면 무지개 모양의 줄무늬를 볼 수 있는데, 이 줄무늬의 조밀도로 잔류응력의 대소를 판정하면서 대책을 세우면 효과적이다. 이와 같이 잔류응력이 잔금의 주원인이므로 이에 대한 대책은 응력의 발생을 매우 작게 하도록 재료, 금형성형조건, 성형품의 형상 등에 걸쳐 검토하고 대처하면 된다.

(2) 유의점

① 금형 및 제품설계가 나쁘고 급격한 살두께의 변화, 코너 부분이 날카로운 각, 나사나 재료의 흐름이 갑자기 바뀌는 장소가 있으면 난류(亂流)를 일으켜 응력이 발생하므로 잔금이 발생한다. 따라서 살두께는 서서히 변화시키고 코너부분은 곡률을 충분히 취하여야 한다.

② 금형의 연마가 나쁘거나 흡기구배가 부족하거나 언더컷이 있을 때는 이형하기 어렵다. ABS 수지나 내충격성 폴리스티렌 수지 등은 이젝터 핀에 의해 밀리는 부분이 백화나 균열을 일으키는 경우가 있으므로 금형의 보수를 요한다. 또 금형에 밀착한 성형품을 이형할 때에는 내부가 강압(降壓)되어 중심부가 끌리는 외력이 작용하여 변형이 생기는 일이 있으므로 코어부에 통기구멍을 설치하거나 이젝터 핀의 틈새를 크게 해서 공기가 들어가기 쉽게 하면 된다.

③ 유지시간을 길게 해서 수축 자국이나 기포를 없애려면 게이트 부근에 밀도가 높은 부분이 생겨 과도한 잔류응력이 남게 된다. 이것은 노즐에 체크 밸브를 설치하거나 게이트 단면적을 작게 하여 여분으로 수지의 주입이나 압력유지 시간을 줄이면 된다.

④ 금속 인서트를 할 경우 수지가 수축해서 인서트를 조이므로 인서트에서는 가능한 한 둥글게 한다. 그렇지 않으면 인서트 부근은 균열이 발생하고 큰 변형이 남는다. 금속 인서트를 가열해서 성형하면 변형은 적어진다. 또 성형품을 풀림(annealing)하면 응력이 완화되어 용제에 의한 잔금이나 인서트부의 균열 발생을 적게 하는 효과도 있다.

(3) 대책

① 이형불량(離型不良)으로 발생하는 변형

성형할 때 금형의 뽑기 테이퍼가 부족하거나 역테이퍼 또는 연마가 불량하면 제품이 빠지기 힘들어 파손되거나 백화된다. 이 현상은 스프루(sprue)의 연마가 부족하여 고정형에 붙을 때와 이동측에 언더컷을 붙여서 무리하게 빼낼 때 많이 생긴다. 제품이 불량할 때는 먼저 금형의 연마에 주의를 해야 한다. 또한 테이퍼를 주어야 하고 성형품이 잘 깨지는 부분에 이젝터 핀을 설치하여 제품이 구부러지지 않으면서 빠지도록 해야 한다.

특히 메타크릴 수지 성형품은 수지 자체가 깨지기 쉬우므로 표면광택을 얻고자 할 때에는 금형에 크롬 도금을 한다. 도금은 전기적 영향으로 모서리에 잘 붙는다. 도금에서 평면은 잘 안 되나 각이 진 곳에 역테이퍼가 생길 경우도 있다.

② 과잉충전에 의한 변형

성형할 때 수축 자국을 막기 위해 금형에 수지를 너무 많이 공급하면 성형품의 내부변형이 커지고 수축량이 적어 깨지기도 쉽다. 이것을 오래 방치하면 내부변형으로 잔금이 나타나기 쉽다. 과잉충전의 제거는 수지온도와 금형온도는 높이고 사출압력을 내려 금형에 수지가 쉽게 들어가게 한다. 그러나 성형품의 형상 등으로 인한 과잉충전 성형시 잔금의 발생을 막기 위해서는 성형 후 성형품을 가열 풀림(annealing)하여 내부변형을 제거하는 것이 좋다.

③ 냉각 불충분에 의한 변형

성형품을 고화가 덜된 상태에서 밀어내면 이젝터 핀의 주위가 깨어지거나 백화가 생긴다. 이에 대한 대책은 냉각을 충분히 하거나 혹은 금형의 냉각방법을 개선하는 방법이 있다.

④ 인서트 주위가 깨지는 변형

인서트를 넣고 성형할 때, 인서트는 성형 중에 수축하지 않고 수지만 수축하므로 인서트 주위에 응력이 집중하게 된다. 이 힘으로 인서트가 완전히 유지되기도 하지만 그 힘이 너무 커서 인서트 주위에 깨짐과 균열이 발생한다. 인서트 주위의 깨짐을 막기 위해서는 인서트를 미리 가열하여 가능한 한 수축의 차를 작게 하거나 ②의 경우처럼 풀림을 한다.

7) 웰드 라인(weld line ; weld mark)

(1) 특징

Weld line은 용융수지가 금형 내를 분기해서 흐르다가 합류한 부분에 생기는 가는 선을 말하며, 서로 완전히 융합되지 않아서 발생하게 된다. 이 선은 1개의 게이트로 흐르게 해도 도중에 구멍이 있거나 인서트가 있고 플래시(덧살)이 있을 때에 발생한다. weld line은 2개 이상의 게이트로 성형할 경우도 포함시켜 게이트 위치를 바꾸어 눈에 띄지 않는 장소로 이동시키는 것 이외에 다른 방법이 없다.

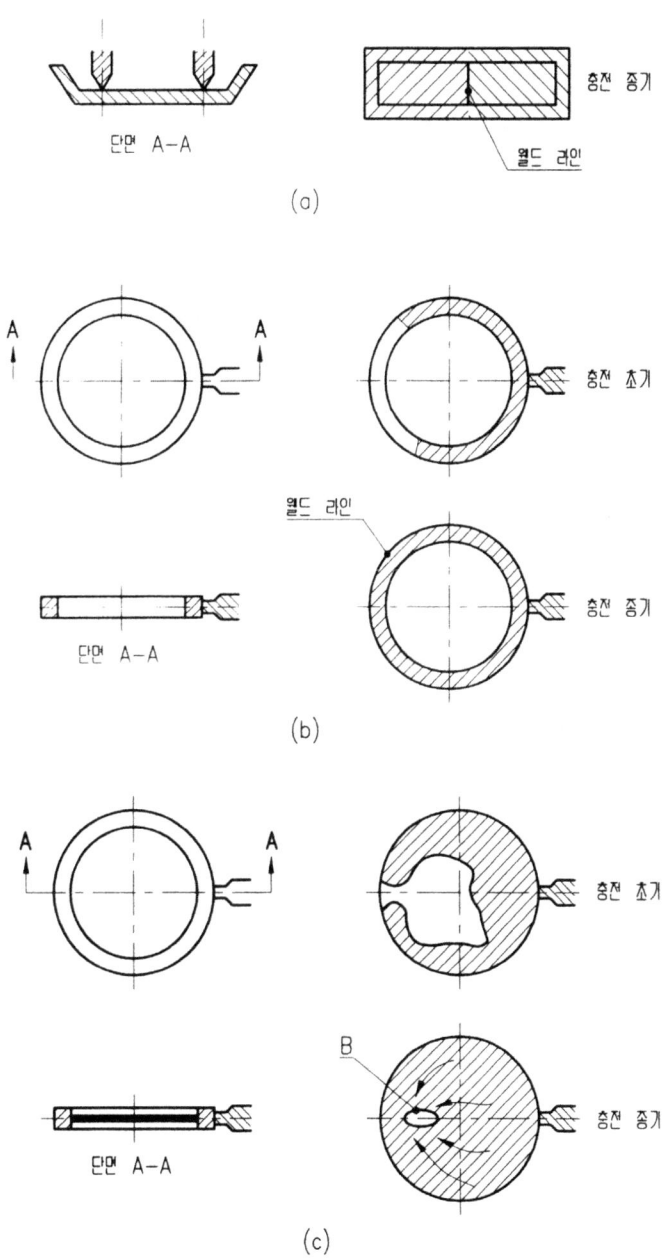

그림 1.49 웰드 라인(weld line) 발생 예

weld line은 분기해서 흐른 용융수지의 선단부가 다시 합류할 때까지 냉각되어 온도가 저하되어 있으므로 완전히 융합하기 어려워 합류부에 줄이 발생하는 것이다(그림 1.49). 그리고 수지 중의 수분이나 휘발분과 이형제에서 수지가 끓어 넘쳐 흘러 합류하는 경우도 다른 요인 중의 하나이다.

weld 부분은 융합이 완전하지 않을 때에 강도가 저하하므로 설계면에서 반드시 고려해 두어야 한다.

(2) 대책

① weld line의 위치 불량

weld line이 제품의 강도상 혹은 외관이 좋지 않은 곳에 발생하는 경우가 있는데 weld line을 게이트와 제품형상으로도 제거하기 곤란한 경우는 적당한 위치로 옮기거나, 게이트의 크기를 변동시켜 불균형으로 해주기도 하고, 또는 제품의 두께를 변형시키는 방법도 있다. 예를 들면, 캐비넷은 윗면 또는 측면의 weld mark는 좋지 않으나 밑바닥의 weld mark는 그다지 문제되지 않는다. 이러한 weld mark는 ②항을 참조하라.

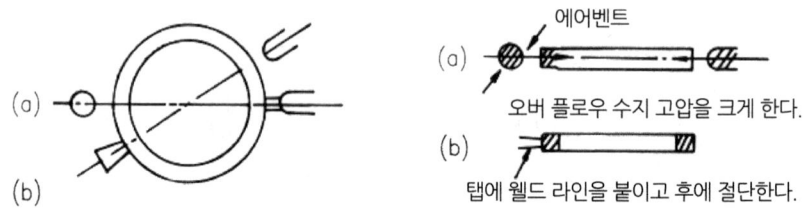

그림 1.50 웰드 라인 개량책의 예

② 수지의 흐름이 부족할 때

수지의 흐름이 부족하면 weld line 부분은 수지온도가 낮아지므로 압력이 감소되고, weld line이 커져 성형품의 강도가 저하한다. 이때 weld line의 위치는 그대로 두고 그 농도를 엷게 하거나 강도를 높이고 외관상 또는 강도상 지장이 없게 수정한다. 이 대책은 접합부까지 고온과 고압의 플라스틱이 흐르도록 그대로 유동저항을 내리고 수지온도를 높여 유동성을 증가시킨다. 또한 사출속도를 높여서 냉각되기 전에 접합부에 유동수지가 도달하게 한다. 금형온도를 높이고 플라스틱의 냉각을 적게 하여 게이트를 넓히는 방법도 있다. 또한 웰드부 사이에 제품의 두께를 증가시켜 유동저항을 감소시킨다. 수지를 유동성이 좋은 것으로 바꾸면 weld line이 없어진다. 또한 경우에 따라 다점(多点) 게이트는 weld 마크가 발생했지만 1점(一点) 게이트 성형으로 weld mark를 제거할 수도 있다.

③ 공기 또는 휘발분의 유입

weld line은 피할 수 없는 것이기는 하지만 공기 또는 휘발분을 밀어보내면서 진행하기 때문에 가스가 빠지는 장치가 불량하면 weld line이 크게 발생한다. 이 현상이 강하면 충전부족이 생겨 성형품이 타버린다. 이때는 가스가 빠지도록 인서트 틈새를 이용하여 판을 설치한다. 가스 때문에 weld line이 강하면 인서트의 틈새를 수정하여 사출속도를 느리게 하면 weld line이 없어질 수도 있다.

④ 이형제에 의한 불량

금형면의 이형제는 용융한 수지를 따라 weld line 부분에 보내져 용융수지의 접합을 방해하므로 weld 부분이 크게 된다. 실리콘계 이형제는 이 현상이 많이 나타나는데, weld 부분이 크게 되면 제품이 힘없이 깨진다.

⑤ 착색제(着色劑)

알루미늄박(aluminum foil)과 펄(pearl) 착색제가 들어간 펠레트(pellet)로 제품을 성형하면 weld line 은 그 착색제의 성질상 뚜렷하게 나타난다. 이때 weld 부분이 없도록 설계하여 제거한다.

8) 플로우 마크(flow mark)

(1) 특징

flow mark는 금형 내에서 수지가 흐른 자국이 게이트를 중심으로 얼룩무늬가 동심원으로 나타나는 현상이다. 금형면에서 균등하게 수지가 고화하지 못하기 때문이다. 이 원인은 금형 내에 최초로 유입한 수지의 냉각이 너무 빠르기 때문에 다음에 흘러들어오는 수지와의 사이에 경계가 생겨 발생한다고 생각된다. 이것은 수지의 정도가 지나치게 높고 수지온도와 금형온도가 불균일하거나 성형품의 살두께 변화가 많고 단(段)차가 급한 것에 기인하고 있다.

(2) 유의점

① 수지온도와 금형온도를 올려 수지의 점도를 내림과 동시에 유동성을 좋게 하여 사출속도를 바르게 한다.

② 부분적으로 수지가 냉각되는 것을 막고 수지의 유동이 원활하도록 살두께 변화를 완만하게 한다.

③ 스프루, 런너, 게이트가 과소하고 또한 스프루, 1차 런너와 2차 런너가 분기하는 곳에 cold slug가 없으면 식은 수지가 충전되어 flow mark가 되므로 단면적을 넓히고 또한 cold slug(slug well)를 붙인다.

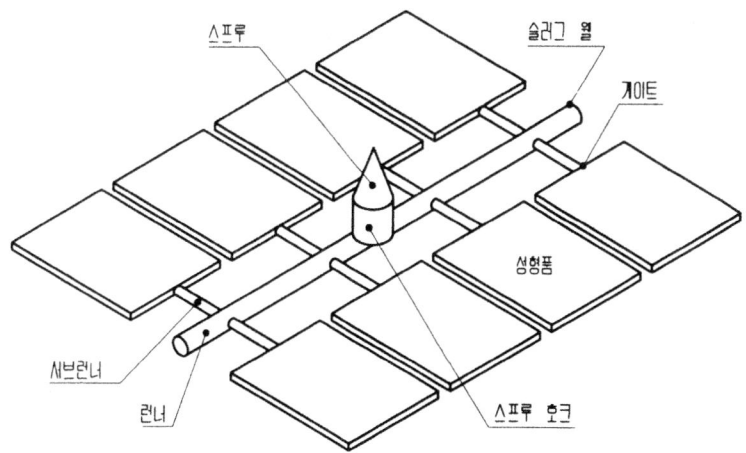

그림 1.51 슬러그 웰(slug well)을 내는 방법

(3) 대책

① 수지의 점도가 너무 클 경우

수지의 점도가 너무 클 때에는 수지가 금형면에 접촉 즉시 교환한다. 그렇게 하지 않으면 뒤에서 밀려오는 수지에 밀려 얼룩무늬가 생긴다. 이것은 성형조건으로 수지온도와 금형온도를 높여 해결한다.

② 수지온도가 불균일할 때

성형기의 노즐 주위에 남은 수지는 성형품을 빼낼 때 성형품과 제거되어야 하는데 수지가 남아 있을 때와 스프루나 런너에서 냉각된 수지가 금형 속에 들어가면 그림 1.52와 같은 현상이 생겨 플로우 마크가 된다.

이것을 제거하려면 금형의 캐비티에 처음부터 뜨거운 수지가 들어가도록 노즐 온도를 높이고 노즐을 잘 연마한다. 특히 금형의 콜드 슬러그 웰(湯溜, cold slug well)을 크게 하면 그 효과가 클 때가 있다.

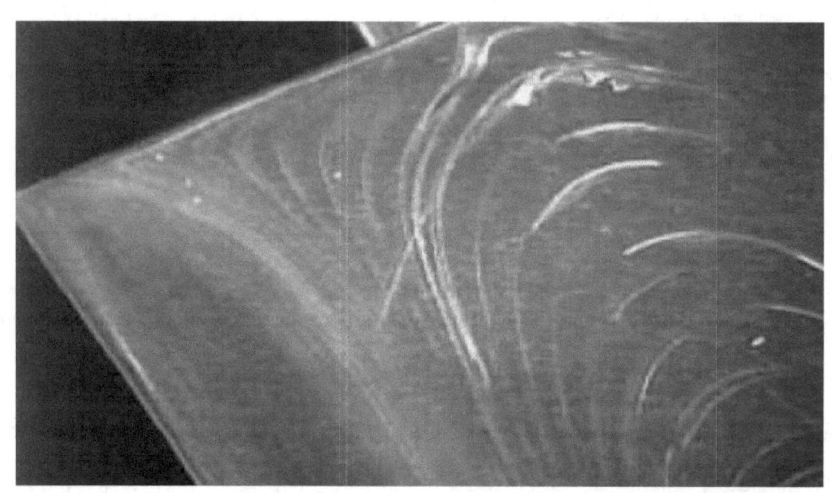

그림 1.52 플로우 마크(flow mark)

③ 금형온도의 부적당

금형온도가 낮으면 수지가 즉시 고화하여 플로우 마크가 생긴다. 그 원인을 제거하려면 금형온도를 높이면 되는데 여기에서 필연적으로 사이클이 길어진다. 특히 두께가 얇은 부분은 금형면의 온도가 급히 내려가서 고화가 빨라지므로 플로우 마크가 잘 생긴다.

9) 실버 스트릭(silver streak ; 은줄)

(1) 특징

이 현상은 성형품의 표면 또는 표면 가까이에 수지의 흐름방향으로 발생하는 매우 가는 선의 다발로 투명재료에서는 은백색의 선으로 흔히 보이는 현상이다. 폴리카보네이트, 폴리염화비닐, ABS 수지 등에 흔히 발생한다. 이 원인은 수지중의 수분, 휘발분, 수지의 분해, 이종 재료의 혼입 등인데 재료의 건조를 완전히 하면 된다.

(2) 유의점

① 수지 중의 수분과 휘발분은 실버 스트릭으로 될 뿐만 아니라 전술한 플로우 마크, 광택불량이나 기포 발생의 불량현상도 함께 발생하므로 재료를 완전히 건조시키면 된다. 건조는 재료의 연화점 이하에서 하는데 일반적으로 80~85℃에서 3~4시간이 적당하다.

② 실린더 내의 재료가 퍼지는 것은 물론 이종 재료의 혼입에 주의한다. 수지온도를 내리고 금형온도를 올려 윤활제의 사용량을 조절한다.

③ 가스빼기도 충분히 한다.

(3) 대책

① 수분 및 휘발분

건조가 불량한 수지로 성형하면 실린더 내에서 수분과 휘발분이 기화(氣化)하여 노즐에서 수지와 함께 나온다. 이 가스와 혼합된 수지가 금형면에 접촉되어 고화될 때 금형과 수지가 완전 밀착이 안되어 수지의 흐름방향에 은줄, 즉 실버 스트릭이 제품에 나타난다. 이 현상은 쿠션량이 부족할 때 특히 많다. 이를 방지하기 위해 건조를 충분히 하고 수분과 부착을 제거해야 한다. 장마 때와 같이 공기중의 습도가 높을 때는 호퍼가 젖어 실버 스트릭을 발생시키는 수가 있다. 또 두께가 두꺼운 제품은 가스가 빠지기 어려워 실버 스트릭이 자주 생긴다. 스크류 형식도 실버 스트릭의 발생에 관계가 있지만 같은 조건하에서도 스크류 형식에서는 다르게 발생한다.

② 수지의 분해

수지 또는 수지에 첨가되는 안정제와 대전방지제(帶電防止劑) 등이 분해하여 가스가 나와서 ①과 같이 수분의 건조 불충분으로 생기는 이유와 동일하게 실버 스트릭을 발생한다. 이때는 수지가 분해하지 않게 수지온도를 내리고 성형과 동시에 실린더 내에 체류하는 시간을 짧게 한다.

③ 공기 흡입

호퍼에서 펠레트와 들어간 공기는 스프루와 실린더 사이의 틈새 혹은 플런저와 실린더 사이 뒷쪽으로 빠지는 것이 보통이다. 그러나 플런저식 사출성형기는 공기나 노즐쪽으로 나오는 것은 거의 없으나, 스크류식 사출성형기는 가끔 공기가 노즐방향으로 빠지면서 가스가 들어간 수지가 나오게 되는데 금형면의 밀착이 나빠 실버 스트릭이 발생한다.

이것의 해결방법은 호퍼 밑의 온도를 낮춘다. 또한 가열 실린더 뒷부분의 온도를 내리고 스크류 회전수를 증가시키고, 배압(背壓)을 높인다.

④ 수지온도의 저하

금형에 들어가는 수지의 온도가 낮으면 플로우 마크로 나타나는데 금형에 따라 실버 스트릭으로 되는 수가 있다.

⑤ 금형면의 수분 및 휘발분

금형면이 수분으로 오염될 때 수지가 기화하여 실버 스트릭을 발생시키고 제품에 흐름이 뒤따르므로 실버 스트릭의 결합은 흐름의 불량만 해결하면 동시에 해결된다.

⑥ 수지의 분말

수지가 펠레트 현상이 아니고 분말현상으로 성형시 파우더 성형 혹은 다량으로 분말형상의 수지가 혼입된 펠레트의 성형은 분말용의 압축비가 크고 공기가 호퍼로 흡입되기 쉬우므로 ③의 방지조건대로 한다.

⑦ 이종(異種) 수지 혼입

서로 용융점이 다른 두 종류의 수지를 혼합 성형하면 층상박리를 일으키는데 경우에 따라 실버 스트릭으로 나타난다. 이것의 해결은 스프루와 실린더를 청소하거나 오염된 펠레트의 사용을 금지해야 한다.

10) 태움(black spots)

(1) 특징

태움은 금형 내의 공기가 압축과 고온으로 인한 열로 수지가 타는 현상이다. 용융수지가 금형내를 흐를 때 공기가 빠지는 길이 없는 장소(보스, 리브 등의 깊은 파기)나 weld line이 발생하는 부분에서 에어 벤트를 설치하는 것이 가장 좋은 수단이다. 이 때는 사출속도를 느리게 하여 공기의 분할선을 통한 배기, 시간을 주는 방법과 금형구조를 개량하여 인서트의 틈새, 이젝터 핀의 틈새, 파팅 라인에 설치한 얕은 홈을 만든다. 이 경우 수지의 유동성이 저하해서 충전부족이나 플로우 마크가 발생하는 경우가 있으므로 주의하여야 한다.

11) 검은 줄(black streak)

(1) 특징

검은 줄은 성형품의 내부에 수지나 수지중의 첨가제 또는 윤활제가 열분해하고 공기가 말려 들어가서 성형품이 검은 줄 모양으로 타서 나타나는 현상이다. 이 원인은 수지나 첨가제의 분해와 태움 및 이물의 혼입때문이다.

(2) 유의점

① 성형 사이클이 길 때와 성형기의 용량에 비해 성형품이 과소할 때 재료가 과열되어 분해 또는 태움을 일으켜서 생기는 경우가 많으므로 주의하여야 한다.

② 실린더 내부나 스프루에 홈이 있으면 마찰열도 가해져 산화되어 검은 이물이 되고 수지에 섞이면 검은 줄이 되므로 주의하여야 한다. 이 대책에는 충실한 관리가 필요하며 미리 충분히 재료로 퍼지(purge)해 두면 된다.

③ 금형의 공기 배기를 충분히 해두고, 사출속도를 늦추고, 수지온도 사출압력을 내린다.

④ 윤활제 등의 가연성 휘발분을 함유한 것은 극력 피하거나 사용량을 줄인다.

(3) 대책

① 수지의 열분해

수지 자체 또는 수지에 첨가된 자외선 흡수제와 대전방지제(帶電防止劑)가 실린더 내에서 과열 또는 오랫동안 체류하면 열분해로 검은 색이 된다. 이것이 노즐에서 나오면 제품에 검은 줄이 생긴다. 이것의 해결은 수지온도를 내려 성형시 실린더 내에 수지가 오래 체류하지 않도록 한다. 플런저식 사출성형기보다 스크류식 사출성형기를 사용하는 것이 좋으나 성형시 가끔 성형기를 깨끗이 청소한다. 특히, 대전방지제는 수지 자체보다 내열성이 나쁘기 때문에 혼입 수지를 사용시 수지온도에 주의한다.

② 공기의 단열 압축

실린더 내의 공기가 단열압축과 고온으로 검은 줄이 생긴다. 이것은 사출성형용 수지 이외의 미끄럼이 불량한 펠레트를 사용했을 때에만 생기는 현상이다.

③ 가열 실린더의 소손(燒損)

가열 실린더나 체크 밸브가 타서 못쓰게 되거나 그 틈새에서 타버린 수지가 나와 검은 줄이 생기는 경우가 있다. 이때 신속히 그 부분을 수리하거나 교환한다.

12) 광택불량(표면흐림)과 가스얼룩

(1) 특징

광택불량과 가스얼룩은 성형품의 표면이 수지 원래의 광택과 다르고 층상에 유백색의 막에 덮혀 안개가 낀 듯한 상태가 되는 현상을 말한다. 이 주원인으로는 금형의 연마 부족, 윤활제, 이형제의 과다 사용을 들 수 있다.

(2) 유의점

① 고압으로 유입한 수지가 금형면에 접해서 성형품이 될 때 성형품은 충실히 금형면을 재생하므로 금형의 연마가 나쁘면 가는 요철(凹凸) 때문에 광택이 나빠진다. 투명성이 좋은 제품에서는 빛의 투과율이 나빠 투명성이 저하하기도 한다. 금형면을 연마하고 경질크롬 도금을 하는 것도 좋은 결과를 얻을 수 있다.

② 금형온도를 높일수록 광택은 좋아진다.

③ 윤활제나 이형제를 과도하게 사용하면 수지가 기화(氣化)되거나 또는 수지가 금형면에 응축해서 흐르게 되거나 금형과 수지의 밀착이 불충분해져 광택 불량이 되므로 적정량으로 조정해서 사용해야 한다.

(3) 대책

① 금형 연마의 불량

성형품의 표면은 금형면을 그대로 재생하기 때문에 금형의 연마가 나쁘면 잔 요철은 광택이 나빠져서 투명제품은 광선의 투과율이 저하되고 투명성을 상실한다. 이것의 해결은 금형을 재연마하는 것이고, 완전 투명제품은 금형면의 크롬 도금을 하면 된다.

② 수지의 유동성 부족

수지가 금형 속에 사출되어 빨리 고화되면 금형면의 재생이 나빠져 잔 요철이 생기므로 광택불량이 된다. 이것의 해결은 수지온도를 높이고 사출속도를 증가시켜 금형온도를 높인다.

③ 수지중의 휘발분

수지중의 휘발분은 증발하여 금형의 차가운 면에 접촉시 응축하여 수지와 금형의 밀착이 저해되므로 금형면에 성형이 되지 못한다. 이것의 해결은 수지를 열분해로 가스의 발생을 멈추게 하여 수지를 건조시키면서 수분과 휘발분을 발산시킨다. 수지 또는 첨가제가 분해하지 않도록 수지온도를 내리고 실린더 안에서의 체류시간을 짧게 성형한다.

④ 금형면에 존재하는 이형제 영향

금형면의 이형제는 금형과 수지의 밀착이 저해되어 제품 표면에 흐림이 생긴다. 이 이형제의 과잉은 플로우 마크의 발생을 가져온다. 따라서 제품이 힘없이 깨지므로 이형제 사용을 규제한다.

⑤ 금형온도의 부적당

어떤 종류의 수지는 금형온도에 따라 광택이 변화한다. 즉, 어떤 온도에서는 광택이 나타나지 않지만 온도를 높이면 광택이 나는 수가 있다. 광택불량은 금형 온도를 광택이 나오는 온도까지 높여 해결한다.

13) 색의 얼룩

(1) 특징

이 현상은 제품 표면의 색이 균일하지 못하여 얼룩지는 현상인데 원인발생에 따라 얼룩지는 장소가 달라진다. 즉 게이트 부근에 발생하면 착색제의 분산불량(分散不良)이고, 표면 전체에 나타나면 열안정성(熱安定性)이다. 표면 또는 웰드부에 색이 얼룩시면 착색제에 의한 것이다.

(2) 대책

① 착색제의 분산불량

드라이 칼라(dry color)를 사용하여 텀블링(tumbling)으로 착색한 펠레트의 표면에 안료의 입자가 부착되어 있을 뿐이므로 특히 플런저식 사출성형기를 사용한 성형은 노즐에서 나온 상태로 안료가 수지 중에 균일하게 분산되지 못하여 게이트 부분에 얼룩무늬가 발생한다. 이것의 제거는 드라이 컬러링(dry coloring)으로는 어렵고 겉모양이 중요한 제품은 착색 펠레트를 사용한다.

② 열안정성 부족

이 현상은 수지에 사용한 착색제의 열안정성이 부족하여 열에 의한 변색, 퇴색 또는 수지 자체의 열안정성이 모자라 변색될 때 실린더 내의 온도가 불안정하기 때문이다. 이의 방지책은 실린더 내에서 수지의 체류시간을 짧게 하여 성형한다.

③ 착색제에 의한 얼룩

알루미늄박, 펄(pearl) 착색제 등 박편(薄片)모양의 착색제는 수지의 흐름과 평행으로 되려는 성질이 있어 평면에 수지가 흐르는 면은 원하는 색조와 광택이 나타나지만 게이트 부근과 게이트 반대방향, weld 부분 및 수지흐름의 끝부분은 착색제가 분산하여 색조가 다른 부분과 달라진다. 보통 착색제로서는 눈에 띄지 않는 웰드 라인에도 색의 얼룩이 생긴다. 이 현상은 착색제 자체의 성질로 방지하기가 어렵다. 또한 제품의 설계 및 게이트의 디자인에 따라서 weld mark, 게이트 등 눈에 띄지 않는 곳은 이것을 제거하기 곤란하다.

알루미늄박과 펄 착색제 이외의 착색제라도 웰드부의 색얼룩이 발생하기 쉬우므로 다점(多点) 게이트는 그 중앙의 색얼룩 제거가 곤란할 때가 많다.

④ 냉각속도에 의한 얼룩

결정성 폴리머는 냉각속도에 따라 결정도가 변화한다. 결정도가 낮을수록 투명성이 양호하고 두께에 따라 투명성이 변화하는 것을 피할 수 없다. 그 때문에 부분적인 결정도의 차(差)로 색의 얼룩이 나타난다. 이것의 제거는 매우 곤란하지만 안료에 의해 착색하거나 그 투명도의 차를 커버하는 이외에 좋은 해결방법은 없다.

14) 기포(void), 핀 홀(pin hole)

(1) 특징

기포 및 핀 홀은 성형품의 두꺼운 부분 내부에 생기는 공극(空隙)을 말한다. 이것은 제품이 고화할 때 외측이 먼저 냉각 고화하여 전체 용적보다 수지의 양이 줄어 용적 부분으로 내부에 진공의 구멍이 생기는 것을 기포라 한다. 이때 기포라는 말은 부적당하다. 왜냐하면 적어도 성형 직후 핀 홀 속에 공기는 들어있지 않다. 이 기포는 성형품에 있어서는 안될 결함이지만 착색 불투명 제품은 문제될 것이 없다. 그러나 투명제품이나 다이렉트 게이트(direct gate) 제품의 스프루 부분에 발생하는 기포는 제거해야 한다.

기포와 핀 홀은 또 하나의 발생원인으로 제품의 두꺼운 부분만이 아니라 전면에 생기는 작은 기포이다. 이것은 수지 중의 휘발분에 따라 생긴다. 그 생성하는 과정에 따라, ① 성형품의 비교적 두꺼운 부위에 발생하는 진공포(眞空泡)와 ② 수분이나 휘발분에 의해 발생되는 기포의 2종으로 대별된다.

①의 기포는 성형품이 식어 수축될 때 두꺼운 부위의 외측이 먼저 고화하기 때문에 늦게 고화하는 두꺼운 부위의 중심은 수지용적이 부족한 채 고화가 완료되므로 공간이 생긴다. 이 공간을 단순히 기포와 구분해서 일반적으로 핀 홀이라고 한다. 이 핀 홀(空洞)은 생성과정으로 보아 수축에 기인하고 있으므로 체적수축이 큰 폴리올레핀과 폴리아세탈에 많이 발생한다. 핀 홀과 기포는 투명한 성형품에서는 절대로 피해야 하는 것이지만 착색과 불투명품에서는 지장이 없는 경우가 많다.

(2) 유의점

① 핀 홀의 개선에는 스프루, 런너, 게이트의 단면적을 크고, 짧게 설계한다. 플래시가 발생하지 않는 범위에서 사출압력을 높이고 충분히 유지시간을 준다. 유동성이 나쁜 재료는 금형온도를 높이거나 플로우 몰딩법을 활용한다. 그러나 이 개선책은 수축 자국의 발생과 상반 관계이므로 양립하기 어렵다.

② 기포는 재료를 건조시켜서 수분과 휘발분을 제거하여 사용함과 동시에 윤활제나 이형제 사용의 과다를 피하는 것이 좋다.

③ 금형에 공기빼기를 완전히 한다.

(3) 대책

① 압축 부족

압축 부족으로 수축 자국과 같은 원인이 발생한다. 따라서 스프루, 런너, 게이트의 지름을 크게 하고, 수지온도는 내리고, 금형온도를 높인다. 또 유동성이 불량한 수지를 사용할 때는 사출 및 보압시간을 길게 한다. 그러나 사출속도는 느리게 한다. 이와 같은 조치가 두꺼운 제품이나 결정성 플라스틱은 핀홀을 방지할 수 없는 경우가 많다. 투명제품도 약간의 수축 자국은 지장이 없기 때문에 기포를 내부에서 발생시키지 않고 외부로 발생시켜 수축 자국으로 만들기 위해 두꺼운 제품을 금형 중에서 고화하기 전에 빼내 뜨거운 물속에서 서냉하는 방법도 있다.

② 냉각 불균일

이 원인에 의한 기포도 4)의 (3)의 ④와 같이 냉각 불균일에 의한 수축 자국의 발생과 같이 그 대책도 같은 방법으로 하지만 이론적으로 제거는 곤란하다. 그러나 제품설계 때 피할 수 있도록 하거나 뜨거운 물속에서 서냉하는 것도 한 방법이다.

③ 휘발분에 의한 불량

휘발분에 의한 불량이란 수지 중에 수분이나 휘발분 또는 실린더 내에서 수지나 그 첨가물의 분해로 기체가 발생할 때 노즐을 통해 수지와 함께 금형에 들어가 기포를 발생시키는 것이다. 휘발분이나 수분은 수지의 건조를 충분히 하고, 실린더 내의 가스가 잘 빠지게 배압을 높이고 호퍼 밑의 냉각을 잘 한다. 열분해의 경우는 수지온도를 내리고 수지가 실린더 내에서 너무 오래 체류하지 않게 한다.

15) 투명도의 불량

(1) 특징

투명도의 불량은 두 가지이다. 첫째로는 성형품 표면의 잔 요철과 둘째로는 성형품의 광선투과율의 저하이다.

(2) 대책

① 표면의 잔 요철

투명도의 불량은 표면을 평활하게 함과 아울러 금형의 연마, 수지온도, 금형 온도의 상승 및 이형제로 방지한다.

② 수지의 변화에 의한 변형

수지나 첨가제가 실린더 내에서 분해하면 수지의 투명성이 변화한다. 이것을 해결하려면 수지온도를 내리고 실린더 내에서 수지체류시간을 짧게 하여 열분해가 생기지 않도록 한다.

③ 수지의 결정도의 변화에 의한 불량

결정성 폴리머인 고밀도 폴리에틸렌, 폴리프로필렌, 나일론 등은 냉각속도에 따라 결정도가 변화한다. 투명도를 높이기는 매우 어렵다.

16) 이물 혼입

(1) 특징

제품 중에 수지 이외의 이물이 혼입되어 있을 때 나타나는 현상이다.

(2) 대책

① 원료 수지의 오염

펠레트, 드라이 칼라의 오염, 혹은 스크랩을 다시 사용할 때 오염이 생긴다. 또는 예비건조 중에 건조실에서의 오염이나 호퍼 속에서의 오염 및 투명제품은 공기중의 먼지나 이물이 혼입될 수 있다.

② 성형기 속에서의 오염

이 현상은 성형기계의 실린더, 스프루, 역류방지 링에 부착된 이물이 성형품에 혼입되는 것을 말한다. 특히, 투명제품은 역류방지 링에 수지가 부착하기 쉽고 조금씩 떨어져서 제품 속에 혼입된다. 투명 메타크릴 수지제품은 역류방지 링이 없는 스프루를 사용하는 것이 좋다. 또, 실린더 벽 등의 산화로 녹슨 쇳가루가 떨어지면서 제품에 혼입되기도 한다.

17) 인서트의 불량

(1) 특징

금속 인서트를 매입할 때에는 여러 가지 불량이 발생한다. 이 때에는 금속 인서트 주위의 균열, 금속 인서트의 휨, 인서트의 치수허용차를 충분히 검토한다.

(2) 대책

특히 관통 인서트의 길이가 너무 길면 금형을 손상시키고, 너무 짧으면 수지가 파묻히거나 유입되어 사용불량이 되므로 인서트 치수의 허용차는 작게 한다.

18) 이형 불량

(1) 특징

이형불량은 금형에서 성형품이 떨어지기 어려운 현상이며, 스프루나 런너에도 생기는 경우가 있다. 성형품에 변형을 남기고 잔금, 균열이나 백화현상을 동반하는 경우가 있다. 이 원인은 빼기구배의 부족, 언더컷과 금형의 지나친 냉각 등에 의한 이형저항의 증대이다. 또 금형의 연마불량과 과대한 사출압력이나 충전과잉도 한 원인이다.

① 캐비티, 스프루, 런너, 게이트 등 수지의 유로를 잘 연마하고 빼기구배를 크게 함으로써 이형저항을 작게 한다.

② 사출압력, 수지온도, 금형온도를 내리고 과충전을 피한다. 성형품이 냉각에 의해 코어를 물고 있을 때는 금형온도를 조금 올리면 효과가 있다.

③ 스프루의 이형이 나쁠 때 노즐 터치 불량과 노즐 온도의 과냉각에 주의한다. 제품설계 또는 가공제작

의 잘못으로 빼기구배의 부족 혹은 역테이퍼 노즐 등이 없어도 성형품이 빠지기 어려울 때 무리하게 제품을 밀어내면 제품이 구부러지거나 백화와 균열 등이 생긴다. 특히 성형품이 고정측에 붙어 제품을 빼낼 수 없을 때도 있다.

(2) 대책

① 과충전

사출압력을 너무 올리면 성형시 성형수축이 잘 안되어 금형에서 제품 뽑기가 힘들게 된다. 이 때 사출압력을 내리고, 사출시간을 짧게 하고, 수지 및 금형 온도를 내리면 이형하기 쉽다. 또한 수지와 금형의 마찰을 적게하는 이형제를 사용하거나 금형 내부를 잘 닦고 이젝터 핀을 증가시키기도 한다. 이형을 돕기 위하여 금형과 제품의 틈새에 압축공기를 넣어 이형시키는 수도 있다.

② 고정형에 붙음

이 원인은 두 가지로 노즐과 금형의 선단 사이에 걸려 고정측에 붙는 경우와 고정측의 저항이 가동측보다 크기 때문에 고정형에 붙는 경우이다. 노즐과 금형 사이의 저항은 노즐의 R쪽이 금형의 R쪽보다 크거나 금형이 정확히 노즐 중심과 맞지 않을 때 혹은 노즐 중심과 맞지 않거나 노즐과 금형 사이에 수지가 끼이는 경우 등이다. 어느 경우나 고화가 걸려서 생긴다. 제품 저항이 크면 연마와 언더컷 등은 수정하고 가동측에 Z핀 등을 장치하여 잡아당긴다. 그러나 금형설계상 이런 일이 발생하지 않게 배려한다. 또 금형온도를 고정시키고 고정측과 가동측에 온도차를 둔다.

19) 제팅(jetting)

(1) 특징

jetting이란 게이트에서 캐비티에 분사된 수지가 끈 모양의 형태로 고화해서 성형품의 표면에 꾸불꾸불한 모양을 나타내는 현상이다. jetting은 사이드 게이트에서 콜드 슬러그 웰이 없는 금형으로 게이트에서 캐비티로 유입하는 수지의 유속이 너무 빠르거나 유로가 너무 길면 생기기 쉽다. 그림 1.53에 표시되는 경과로 수지가 충전되는데 최초에 사출된 비교적 저온의 수지가 끈 모양인 채 고화하고 차례차례 사출되는 고온의 수지로 밀려 내려가게 되는데 융합 불충분한 상태로 표면에 나타난다.

일반적으로 수지가 게이트에서 캐비티로 유입하는 과정은 게이트에서 점점 충전되어 가므로 수지의 흐름은 층상으로 된다라고 생각하면 jetting 현상은 재료와 금형설계(특히 게이트 설계) 등의 상승에 의한 이상한 형태로서 벨트 플랙처라고도 생각된다.

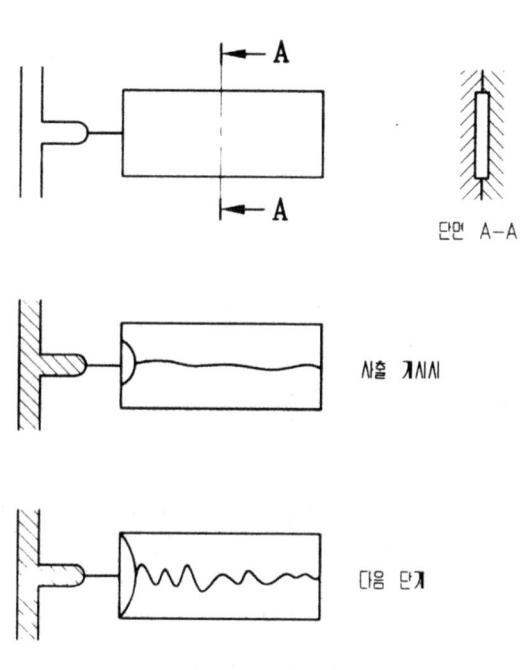

그림 1.53 두꺼운 부위의 제팅(jetting)

(2) 대책

① jetting 현상의 방지는 게이트의 위치를 재료의 두께방향으로 캐비티 벽의 근거리에 닿도록 설치한다 (그림 1.54). 또 사이드 게이트에서는 cold slug well을 붙인다.

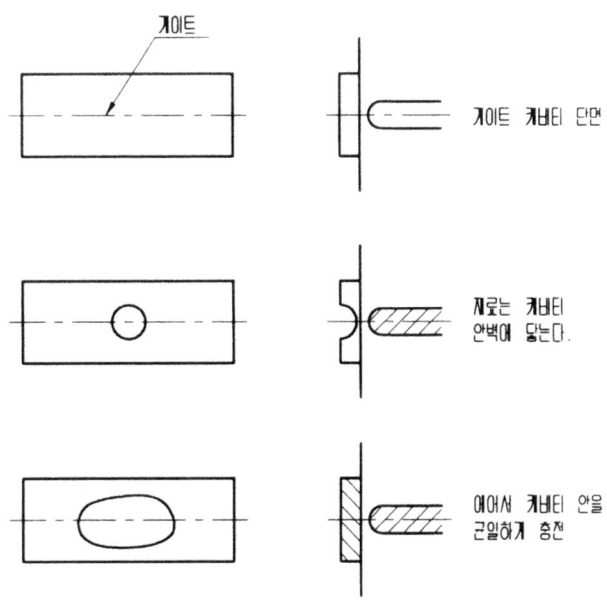

그림 1.54 제팅(jetting) 해소대책 예

② 또한 게이트부의 재료 유속을 느리게 하기 위해 게이트 단면적을 넓히거나 성형기의 노즐온도의 저하를 막는다. 이 현상은 사이드 게이트의 제품 중에서 cold slug well이 작은 금형에 많이 생긴다. 발생하는 원인은 성형이 시작될 때 노즐에서 나온 차가운 수지에 밀려 발생한 자국이라 생각된다. 금형과 노즐의 온도를 높여 성형하면 수정된다.

20) 취약(脆弱)

(1) 특징

성형품의 강도가 본래의 수지강도보다 훨씬 약한 경우이다. 이 원인은 수지의 열화, 성형조건, 금형설계 등의 원인에 의해 생긴다.

(2) 대책

① 수지의 열열화

플라스틱은 분자량이 어떤 값 이하가 되면 충격강도가 급격히 작아져 약해진다. 이때 보통 수지 내에는 열분해를 막는 가공안정제가 들어 있는데 어느 한도에 있어서 너무 오랫동안 실린더 내에서 체류하든가 지나치게 높은 온도로 성형하면 열분해를 일으킨다. 또 원료를 재생할 때 여러 차례 가공하면 열이력(熱履歷)이 증가하여 분자량이 저하되고 약한 것으로 변동된다.

또한 유동성이 나쁜 원료에는 유동성을 좋게 하기 위하여 저분자량의 폴리머를 혼합하였기 때문에 이런 경향이 발생하기 쉽다. 열열화로 인한 취약을 피하기 위해서 분자량 저하를 발생하지 않도록 저온에서 성형할 수 있는 금형으로 하고 스크랩의 혼입을 피한다. 즉 스프루, 런너, 게이트를 선택하여야 한다. 스프루, 런너, 게이트를 크게 한다.

또 제품의 중량이 사출성형기의 용량보다 너무 작을 때는 과도의 체류시간이 생기므로 적정한 성형기를 선택하여야 한다. 부득이할 경우는 이따금 퍼지를 하여야 한다.

② 수지의 가수분해

흡습성(吸濕性)이 있는 플라스틱 중에는 흡습한 수지를 건조하지 않고 고온에서 성형할 때 가수분해를 일으켜 매우 취약한 제품이 되는 경우가 있다. 이 현상은 폴리카보네이트가 가장 심하여 폴리카보네이트의 건조는 충분히 해야 한다.

③ 수지의 배향(配向)에 의한 불량

사출성형시 수지의 분자는 흐름방향으로 배향하기 때문에 흐름방향은 강도가 강하지만 그 직각방향은 약하다. 그러므로 특히 두께가 얇은 제품은 사출속도를 빠르게 하고 사출압력을 강하게 성형하면 그 흐름방향으로 배향이 과대하여 배향이 평행하지 않게 된다. 이를 방지하기 위해 수지온도 및 금형온도를 높이고 사출 속도를 늦추어 성형한다.

특히, 결정성 폴리머는 그 배향의 현상과 성형수축값이 흐름방향과 직각방향일 때에는 많은 차이가 있어 평행으로 깨지는 현상이 더욱 심하다. 예를 들어, 중앙 1점 게이트의 경우 성형품을 방치하면 게이트를 중심으로 방사선 모양으로 깨지는 경우가 있다. 이것은 수지배향에 의한 결정이 뚜렷이 나타나는 경우이다.

④ weld mark

제품 중 weld부는 수지가 완전히 융해하지 못한 부분으로 본래 수지의 강도보다 작아진다. 따라서 weld mark의 제거방법을 강구하여야 한다.

⑤ 수지의 혼합이 불충분한 경우

수지의 혼합이 불충분하여 부분적으로 그 농도가 다르면 융합성을 갖는 플라스틱이라 하더라도 가압시 변형이 농도 차이가 있는 곳에 집중하여 약해져 깨지는 경우가 있다. 이 현상은 플런저식 사출성형기에서 생기기 쉽다. 이것을 제거하려면 혼합을 충분히 하고, 압출기에 한번 통하여 다시 펠레트화하면 된다. 특히 블렌드형에서는 성형할 때 그 성분이 분리되어 혼합 불충분과 같은 현상이 일어나기도 한다.

⑥ 흡습(吸濕)이 불충분한 경우

플라스틱 중에는 건조한 상태에서는 취약하지만 흡습하면 강도가 커지는 것이 있다. 예를 들면, 나일론과 같은 폴리아미드가 이에 해당한다. 성형 직후의 성형품은 완전히 건조상태이므로 약하지만 공기 중에 방치해 두면 흡습하여 강도가 강해진다. 이 제품을 성형 직후에 사용해야 할 경우 수중에서 흡수시키면 강도가 강해진다.

21) 박리(剝離)

(1) 특징

박리는 성형품이 층상으로 겹친 상태가 되어 벗기면 마치 구름과 같이 층층으로 겹쳐져서 벗겨지는 상태를 말한다. 이 원인은 주로 이종수지의 혼합과 성형조건에 따라 일어나는데 라미네이션(lamination) 또는 층상박리라고도 한다. 이 원인은 서로 다른 재료(상용성이 나쁜)의 혼입이다. 폴리올레핀에틸렌 수지, 폴리스티렌 수지 등을 혼입하거나 같은 성형기로 상용성이 나쁜 수지를 교차 사용할 때에 발생한다. 특히 교차 사용할 때는 실린더와 스프루의 헤드 부분에 타붙어서 남거나 성형 중에 간헐적으로 벗겨져서 혼입하기 쉬우므로 충분히 청소해야 한다. 수지를 사용한 후 폴리프로필렌을 성형하기 위해 실린더를 폴리프로필렌 50으로 깨끗이 하였으나 완전히 교환되지 않아서 스프루를 빼고 청소형 5온스를 사용한 예도 있다.

또 특수한 조건, 예를 들면 용융수지의 온도가 매우 낮을 경우에 같은 종류의 재료라도 유동의 표면층과 내부에 엇갈림이 생겨서 표층박리가 생기는 경우가 있으므로 성형온도의 관리를 충분히 해야 한다.

(2) 대책

① 이종수지의 혼합

폴리스티렌(PS)과 폴리에틸렌(PE)과 같이 융합될 수 없는 수지를 혼합할 때 박리현상이 일어난다. 이 혼합의 발생은 실린더 내의 혼합시, 즉 청소가 불완전해 원료 자체가 오염된 경우도 있다. 이 원인은 앞의 설명과 같이 아주 분명하여 이종수지를 충분하게 퍼지하든가 실린더 안을 청소하는 것이 가장 좋다. 때로는 퍼징 컴파운드(purging compound)에 의해 발생하는 수도 있으므로 주의해야 한다.

② 성형조건의 불량

성형조건에서 수지온도가 매우 낮고 금형온도도 매우 낮을 때 성형하면 접촉한 수지가 즉시 고화하여 박리현상을 일으킨다. 이것의 해결은 수지온도 및 금형온도를 높이고, 고화를 더디게 하여 성형하면 좋은 결과를 얻을 수 있다.

1.8.3 성형불량과 금형개선 대책(예)

불량 현상	개선 전	개선 방안

불량 현상	개선 전	개선 방안
기포 싱크마크		
싱크마크 크고 복잡한 모양의 리브는 불필요하다. 얇은 부위의 과열 때문에 표면불량 및 성형주기가 길어질 수 있다.		
게이트가 성형품의 얇은 쪽에 위치하면 캐비티를 완전히 충전시키기 어렵다. 결과 : 수축현상, 　　　　기포, 휨, 　　　　치수불량	게이트	문제해결의 두 가지 방법은 : A) 게이트를 두꺼운 부위로 이동(캐비티 충전을 위해서 사이클타임이 길어질 수 있다) B) 성형품의 살빼기 가급적 B)가 추천된다.
과도한 두께 또는 불균일한 두께는 휨, 싱크마크, 기공, 치수 불량을 유발하고 성형 사이클을 길게 한다.		
성형품에서 기어의 크라운을 후가공하는 것은 문제가 발생할 수 있다(특히 기어 이(齒, tooth)가 큰 경우). 크라운의 두께가 크기 때문에 고가의 정밀성형이 필요하고, 크라운에 기포가 발생하면 기어의 이가 매우 약해진다.		

불량 현상	개선 전	개선 방안
 게이트 위치는 적정하나 가운데 웨브가 너무 얇다. 결과 : 기포와 휨=물성 저하, 마모 증대	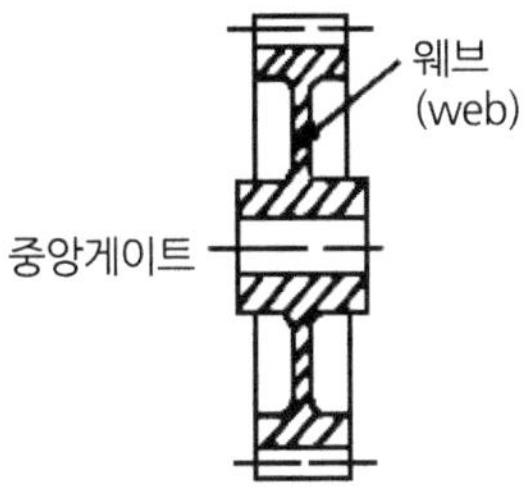	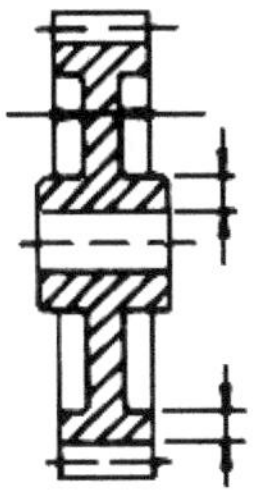 웨브 두께를 키움으로써 문제를 해결할 수 있다. 때로는 중간에 리브를 보강하여 바깥쪽의 충전을 강화할 수 있다.
 벽의 두께가 두껍거나 솔더가 얇은 베어링은 필히 피해야 한다. 게이트가 적절하더라도 성형주기가 길어지며 또한 게이트와 성형주기가 적절하더라도 싱크마크와 변형을 초래한다.		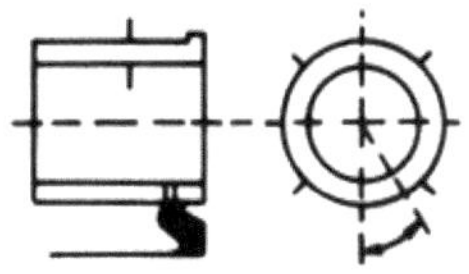 적절히 설계된 부싱의 예이다. 왼쪽 그림과 같이 솔더는 여러 개의 작은 돌출부로 대체되었다.
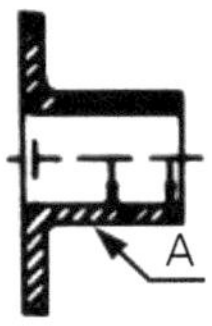 플라스틱 고유의 유연성 때문에 이러한 일체성형된 지지 구조물은 A면적에 집중적으로 하중이 걸린다. 상대적으로 높은 하중을 받는 부싱의 경우 마모 및 용융이 A면에서 부터 개시되어 전체가 파괴된다.	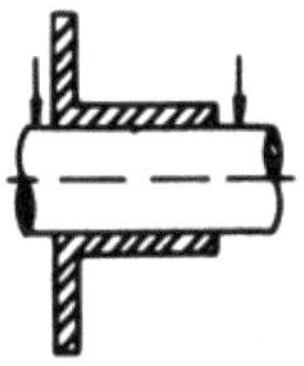	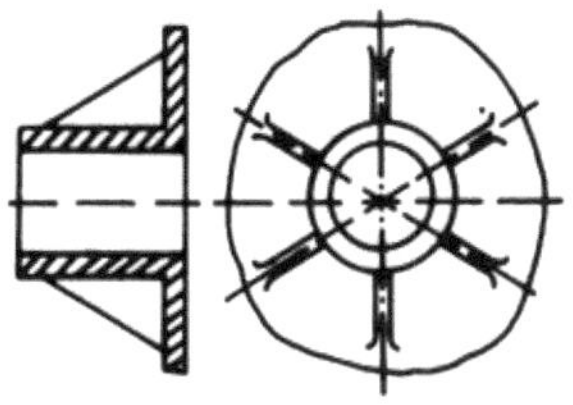 내경부위에 싱크 마크가 생기지 않을 만큼의 리브를 보강하면 도움을 받을 수 있다.
 플라스틱제 헬리코이드, 웜, 베벨 기어는 높은 토크가 걸리면 옆 방향의 힘 때문에 휘게 되며, 기능성의 저하를 초래한다.	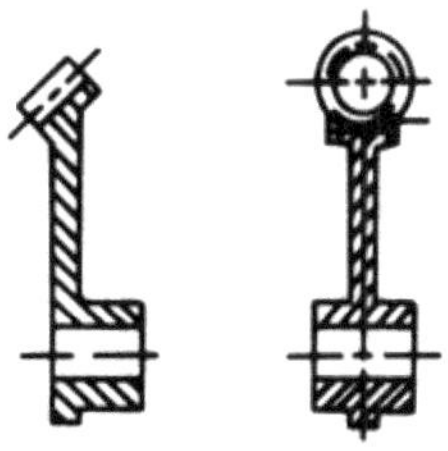	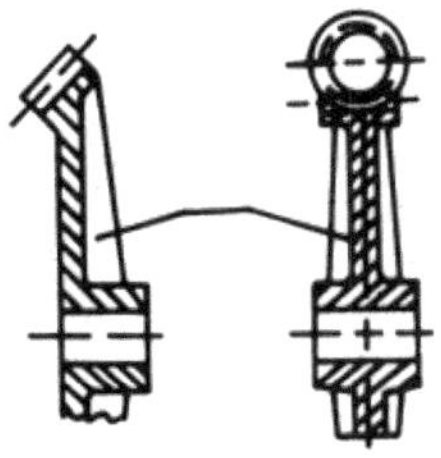 적절하게 리브를 보강함으로써 벤딩을 방지할 수 있다.

불량 현상	개선 전	개선 방안
웰드라인이 가장 약한 부위에 위치하고 있다. 또한 원추형 나사 머리에 의해 측방 응력이 발생되었다. 이 부품은 나사를 조일 때 웰드 라인을 따라 파괴될 수 있다.		"L"은 D보다 같거나 크게 되어야 하며, 나사 머리부를 평면화함으로써 측방 응력을 없앤다. 게이트 위치를 변경하는 것도 도움이 된다.
O링을 축방향으로 압축하기 위해서는 매우 큰 하중이 걸리며, 플라스틱 플랜지의 변형 및 크리프를 초래한다. 이러한 효과는 길이가 증가할수록 커진다.		O링이 방사형으로 압축되고 있다. 크리프를 줄이기 위한 다른 방법은 : 1) 플랜지에 리브를 보강하는 방법 2) 볼트 아래에 금속 링을 설치하는 방법
스크류 6개를 사용하는 조립공정을 간소화하고 싶다. (내압은 높지 않다.)		
이러한 인서트는 항상 피해야 한다. 수축 및 후 수축에 의해 크랙이 발생할 수 있고, 외부 진원도를 떨어 뜨린다.		정교한 원형의 널링 가공된 인서트가 추천된다. 인서트에는 날카로운 모서리가 없어야 한다.

불량 현상	개선 전	개선 방안
응력이 걸릴 때 플래시가 생긴 부위부터 크랙이 발생될 수 있다.	금속 인서트	플래시를 줄이기 위하여 메탈 인서트의 두께 및 평면도에 대한 공차를 줄여야 한다.
플라스틱에 큰 응력이 발생된다. 특히 PTFE 테이프나 원추형 나사홈이 이용된 경우 응력이 더욱 커진다.	플라스틱 금속	일반적으로 엔지니어링 플라스틱은 인장응력보다 압축응력에 저항이 크다. 나사 홈은 플라스틱의 외부에 가급적 설계되어야 한다. "O"링을 넣음으로써 밀착시킬 수 있다.
스냅 피팅시에 응력이 두 슬롯(slot) 부위에 집중된다. 이 부품은 결합시 또는 사용시에 파괴될 수 있다.		
조립시에 응력집중이 발생한다. 플라스틱 돌출부는 조립시 또는 사용시에 파괴될 수 있다.		
복잡한 형상의 경우, 금형에서 취출시 변형되거나 갈라지게 된다. 언더컷의 코어가 있는 경우 금형이 복잡하고 비싸지게 된다.	언더컷	금형 내 언더컷을 없앴다. L : L1의 비가 커질 경우 리브를 추가할 수 있다.

불량 현상	개선 전	개선 방안
내압에 의해서 용기 부분이 뚜껑보다 먼저 변형되어 결합력을 잃게 되고 밀봉성이 파괴된다.		
언더컷이 없는 금형을 제작하고 싶다.		구멍 "A"는 사용시 기능은 없으나 금형을 단순하게 만들기 위해 설계 되었으며, 이로 인해 2단금형으로 가능케 되었다. 이러한 개선책으로 리브 "B"를 보강할 수 있게 되었다.
아무리 낮은 토크가 걸리더라도 세트 스크류는 사용해서는 안 된다. 플라스틱 나사홈이 조립시 또는 사용시 크리프로 인하여 부서지게 된다.		여기 두 가지 대안이 제시되어 있다. 전달되는 토크에 따라 선택할 수 있다.
나사가 있는 인서트는 문제를 해결하지 못한다. 주위에서 플라스틱의 크리프가 발생한다.		여기 두 가지 대안이 제시되어 있다. 전달되는 토크에 따라 선택될 수 있다.

제2장

반사장치

2.1 사출성형품의 설계 및 2차 가공

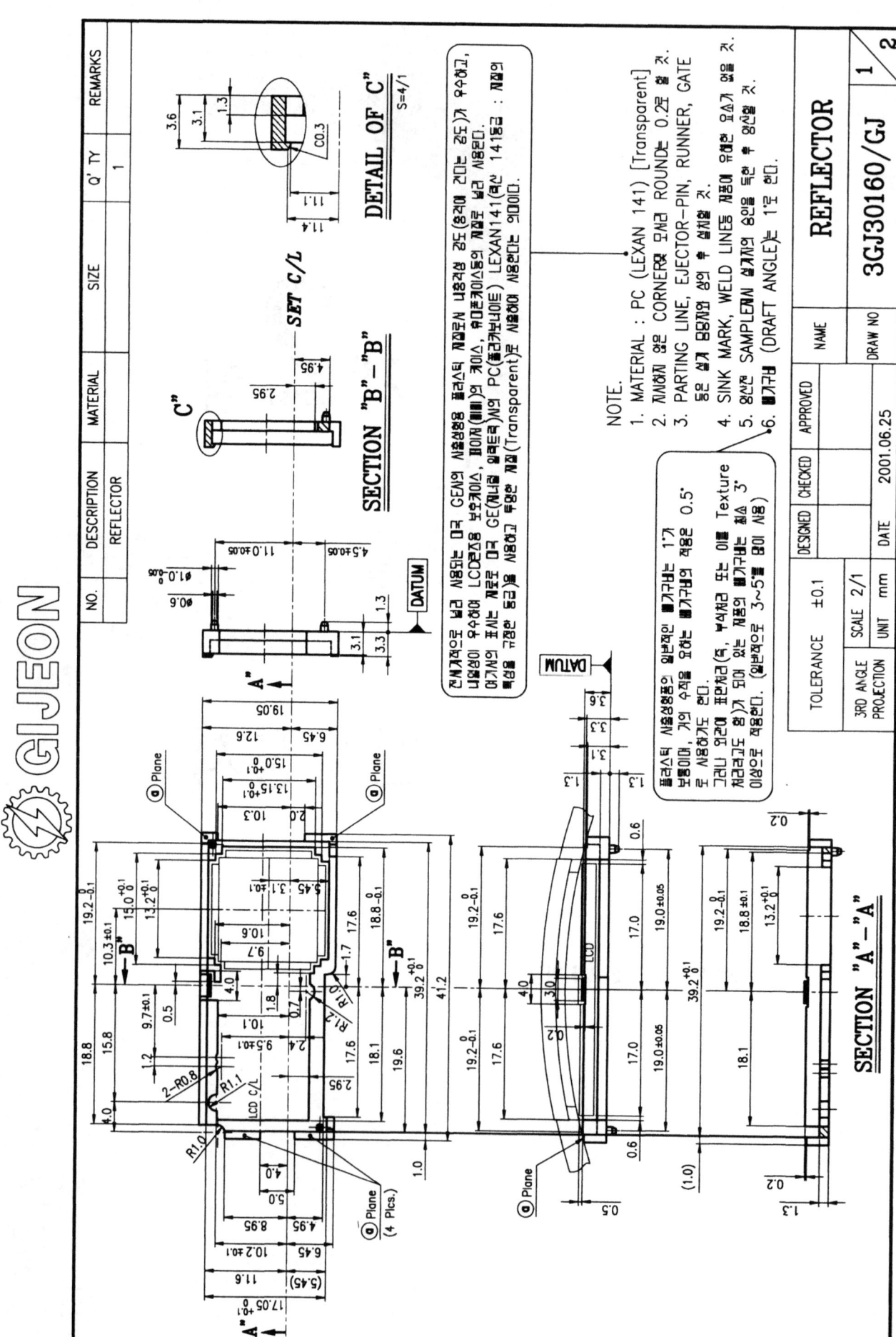

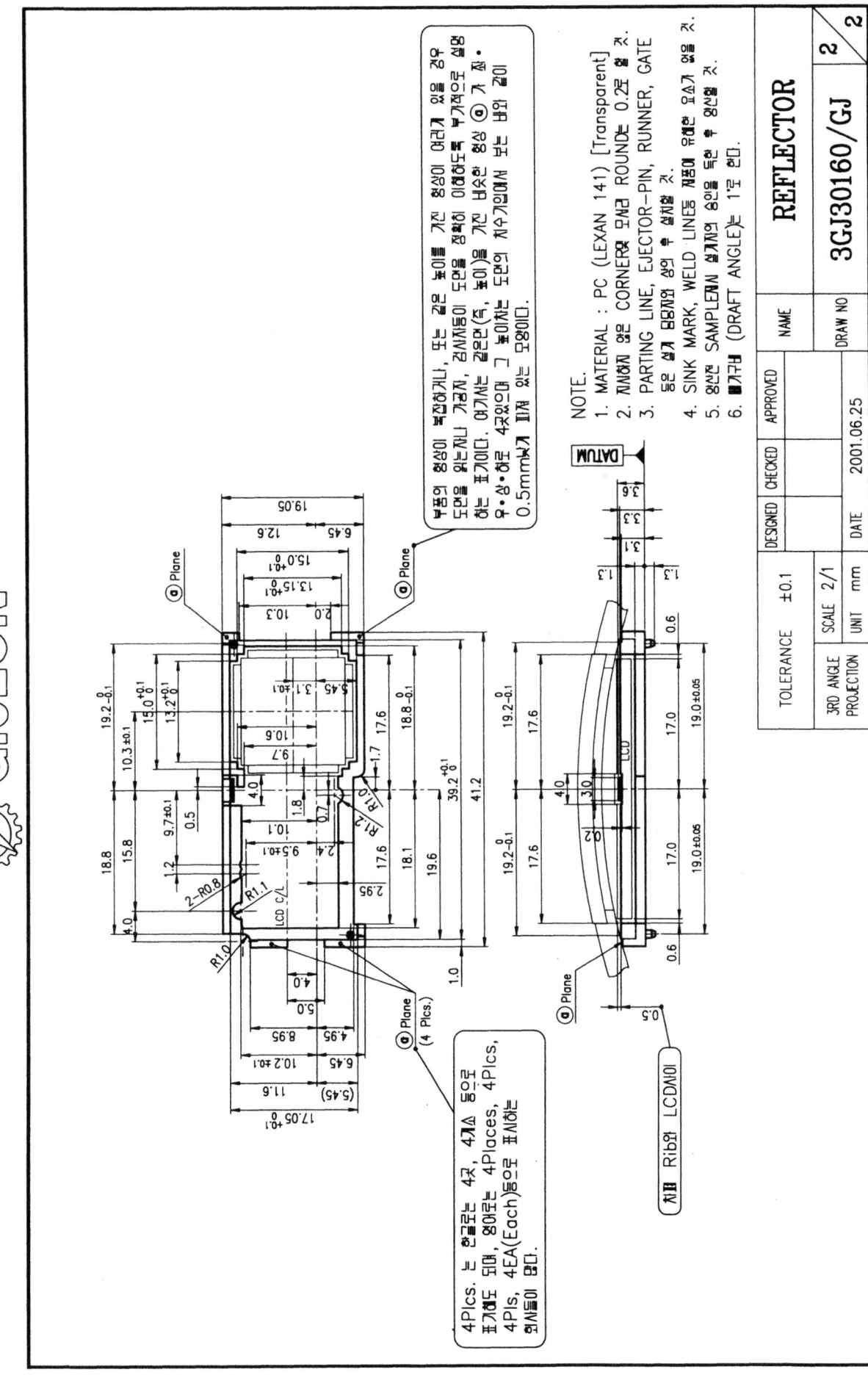

NOTE.
1. MATERIAL : PC (LEXAN 141) [Transparent]
2. 제시되어 있는 CORNER의 모서리 ROUND는 0.2로 할 것.
3. PARTING LINE, EJECTOR-PIN, RUNNER, GATE 등은 설계 협의하여 정하여 설치할 것.
4. SINK MARK, WELD LINE는 제품의 유해한 요소가 없을 것.
5. 양산시 SAMPLE에서 설계의 승인을 득한 후 양산할 것.
6. 빼기(DRAFT ANGLE)는 1도 한다.

REFLECTOR

3GJ30160/GJ

2/2

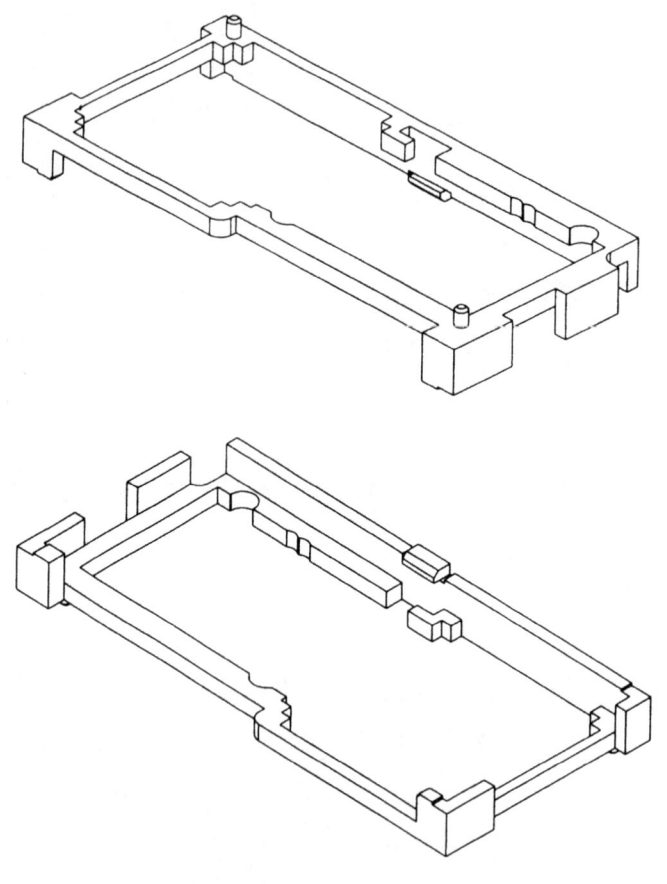

참고) 부품 3차원 입체도(등각 투상도)

그림 2.1 무선 호출기용 반사장치(reflector)

2.1 사출성형품의 설계 및 2차 가공

사출성형품의 설계의 양부(良否)로서 사출성형품의 성패가 정해진다 해도 과언이 아니다. 양질의 제품설계로서 금형제작 비용의 절감, 성형의 용이화, 그리고 제품의 가격이 싸게 제작될 수 있으며, 반면 설계가 좋지 못하면 금형제작이 어려워져 제작 비용이 높아지며, 성형이 곤란하게 되어 성형 주기가 길어져 제품가가 높아지며, 금형이 자주 고장을 일으켜 생산이 중단되고 예정된 생산량을 달성할 수 없게 된다.

2.1.1 분할선(PL, P/L)

사출성형품은 성형 후 금형에서 빠지지 않으면 안 된다. 따라서 금형이 분리되어야 하며, 성형제품측에서 볼 때 이 분리선을 분할선(parting line)이라 한다. P/L의 결정은 성형품의 설계에서 제일 먼저 고려해야 할 사항이다. 금형이 분할되었을 때 성형품은 원칙적으로 금형의 가동측형판에 달라붙도록 고려하여 P/L의 위치를 결정하지 않으면 안 된다.

P/L 설정시 주의할 사항은 다음과 같다.

1) 가능한 간단히 할 것

P/L이 복잡하면 금형의 고정측형판과 가동측형판이 서로 잘 만나기가 어려워져 성형품에 버(burr)가 발생하기 쉽게 된다.

그림 2.2와 그림 2.3은 성형제품의 P/L 위치의 예를 나타낸 것이다.

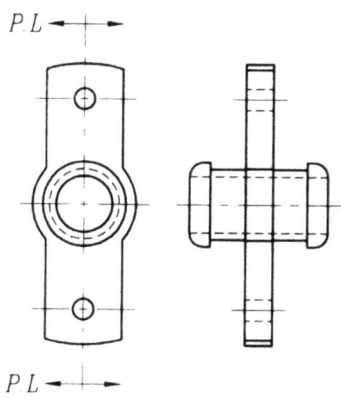

그림 2.2 세로분할형 분할선(P/L)

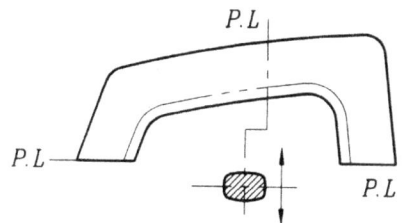

그림 2.3 복잡한 분할선(P/L)

2) 금형이 완전히 만나지 않는 점에 주의할 것

금형의 제작에 있어서 고정측형판과 가동측형판이 완전히 일치한다는 것은 기대하기 어렵다. 따라서, 그림 2.4와 같은 제품의 경우 잘 보이지 않는 측의 치수를 위쪽 치수보다 조금 작게 설계하면(0.1mm 이내) 금형의 불일치도 구제될 수 있고 사출 후 burr의 제거도 용이하게 된다.

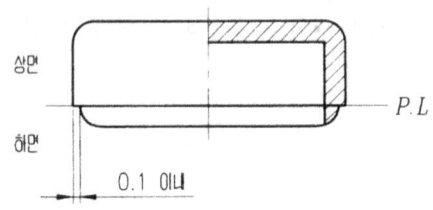

그림 2.4 양측에 R이 있는 제품의 분할선(P/L)

2.1.2 게이트

사출성형품에는 플라스틱을 주입하는 게이트가 필요하다. 게이트 위치는 끝손질이 용이하고 외관상 눈에 잘 띄지 않는 곳에 설정해야 한다. 그런 관계로 게이트는 제품상에서 살두께가 두꺼운 부분에 설정해야 하고, weld line의 방향에 주의해야 하고, 게이트 부근이 성형 후 뒤틀림 발생에 주의해야 하며, 제팅 등의 여러 사항을 제품설계시 유의해야 한다.

예를 들면, 상자형 제품의 경우 중앙 부근에 구멍이 있다면 그 구멍을 이용하여 사이트 게이트 혹은 오버 랩 게이트를 사용함으로써 금형은 2단형으로 제작될 수 있으며 게이트는 커터 또는 칼로 제거하여 마무리지을 수 있게 된다. 만약 제품에 그와 같은 것이 없을 경우에는 핀 게이트 등을 사용하여야 하는데, 이때 금형은 3단형으로 제작되어야 하므로 제작비가 상승되고 경우에 따라서는 게이트 제거자국이 남을 수가 있어 이를 제거하기 위해 버핑(buffing) 작업이 필요하게 된다.

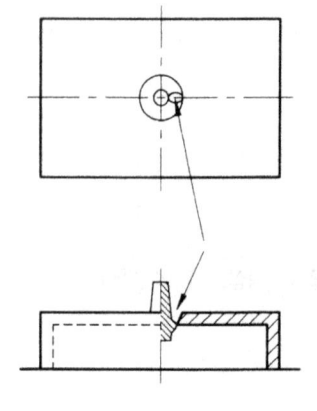

그림 2.5 구멍을 이용한 게이트

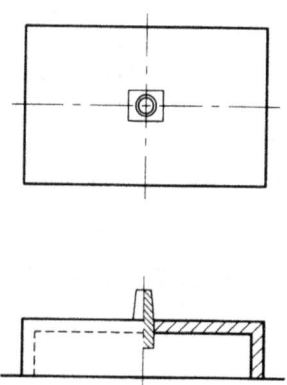

그림 2.6 라벨 자리 오목(凹) 부를 이용한 게이트

다른 한 가지 방법으로는 중앙 부근에 라벨(label)을 붙이는 자리로 설정하여 그곳을 凹부분으로 만들어서 디렉트 게이트로 성형하면 금형제작비가 싸지며, 게이트 자리는 보르반 등으로 제거할 수 있다. 이와 같은 라벨(label) 자리를 이용한 방법은 가전기기 등에 널리 사용된다(그림 2.5와 그림 2.6 참조).

2.1.3 표면의 조도(粗度)

성형품 표면의 조도는 외관제품이라든가 렌즈와 같은 것들은 그 외관이 매우 중요시되는 것이 있는가 하면 성형품의 이면 또는 내장부품과 같이 외관이 중요시되지 않는 것 등 여러 등급이 있다. 이 규격에 대해서는 금속의 조도를 규정하는 기호로 사용되는 경우가 많으나, 이것을 플라스틱 표면의 조도 혹은 금형의 조도 그대로 준용하는 것은 어려운 일이다.

플라스틱 표면의 조도에 대해 일본에서는 JIS K7104의 MR-1~6 등급으로 하여 거울면에서 거친면까지 규정하고 있다. 그러나 MR-1 정도의 표면을 얻기 위해서는 금형의 강재도 S55C와 같은 재료를 사용해야 하고 핀홀이 전혀 없어야 하므로 진공 용해한 것을 사용해야 한다. 따라서 금형이 고가로 되므로 특별한 경우가 아니면 요구될 수 없다. 그리고 제품 표면의 광택을 요할 때는 금형에 Cr 도금을 하기도하나 일반적으로 도금의 양이 구석 부위에 많이 몰리기 쉽기 때문에 역 테이퍼를 발생시킬 수가 있으며, 금형을 수리할 필요가 있을 때는 도금을 제거해야 하므로 일반 금형보다 많은 시간과 비용이 들며, 정밀도가 요구되는 제품에서는 도금하는 것은 좋다고 볼 수 없다.

표 2.1 플라스틱 표면 조도의 기호(JIS K7104)

성형품 및 금형의 기호		MR-1	MR-2	MR-3	MR-4	MR-5	MR-6
가공 조건		Diamond Powder 8000번 (1~5μ)	Diamond Powder 1200번 (8~20μ)	Emery Paper 사지(砂紙) 입도 360번	지석(砥石)봉 입도 150번	지석립(粒) 120번 dry blast 공기압 5 kgf/cm^2	지석립 46번 dry blast 공기압 5 kgf/cm^2
표면거칠기의 범위(μRz)	최소치	—	0.06	0.24	1.2	4.8	15
	최대치	0.03	0.12	0.48	1.7	6.6	19

2.1.4 빼기 구배

금형에서 성형품을 빼기 위해서는 빼기구배가 필요하다. 빼기구배가 부족하면 성형품의 돌출시 표면에 긁힘이 생길 수 있고 휨이 발생할 수도 있다. 빼기구배의 정도는 성형품의 형상, 재료의 종류, 금형의 구조, 성형품 표면의 요구조건에 따라 다르므로 정확히 1개의 값으로 규정하기는 곤란하고 대개는 경험치로서 결정하고 있다. 그러나 제품의 형상이나 기능에 지장이 없다면 가능한 크게 하는 것이 유리하다. side core(slide core)에서도 마찬가지로 빼기구배가 필요하다.

빼기구배의 표시는 °(도) 또는 %로 나타내며 경사량은 다음과 같은 계산으로 알 수 있다. 예를 들어, 그림 2.7과 같은 제품에서 길이(H) 50mm일 때 도면상에 draft angle 1°로 표시되었다면, 경사량(draft)은 X=50×tan1°=0.813mm이다.

만약 도면상에 draft angle 1.5%라 표시되었다면, 경사량은

$$X = 50 \times \frac{1.5}{100} = 0.75\text{mm}$$

이다.

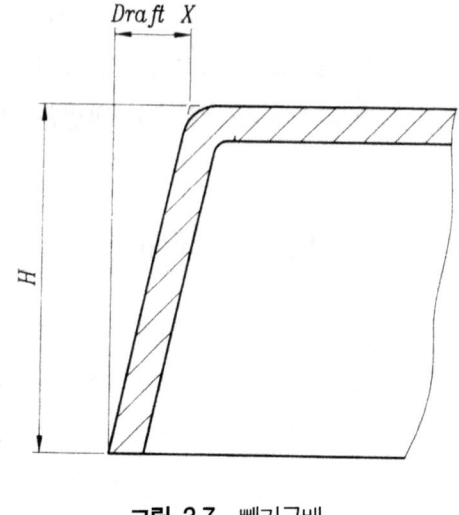

그림 2.7 빼기구배

1) 일반적인 빼기구배

일반적인 빼기구배는 각 측면에 1°가 보통이며, 실용 최소한도로서 1/120(0.5°) 정도의 값으로 하는 경우도 있다. 성형품은 금형의 이형시 가동측형판에 달라붙도록 하는 것이 필요하다. 따라서, 캐비티 측의 빼기구배는 코어 측의 빼기구배보다 크게 하는 것이 일반적이다. 한 예로서, 작은 구멍용 핀을 금형의 가동측형판에 세울 때는 핀에는 빼기구배가 없는 것이 보통이다.

제품의 깊이가 낮고 벽의 두께가 두껍고 크기가 큰 경우에는 성형품의 성형수축률로서만 금형에서 빠져나올 수 있으므로 구배는 매우 작아도 지장이 없다. 특히, 성형수축률이 큰 플라스틱의 예를 들면, POM, PE 등에서는 구배를 0으로 하고 있다.

2) texture 표면의 빼기구배

성형품의 표면에 texture하는 경우가 많은데 이것은 금형의 표면을 사진부식으로 미세한 요철을 만드는 것이다. 이 때의 빼기구배는 texture가 없을 때보다 많이 주어야 texture가 손상되지 않고 빠질 수 있다. 보통 0.025mm의 요철에 대해 1°의 추가 구배가 필요하다(그림 2.8 참조).

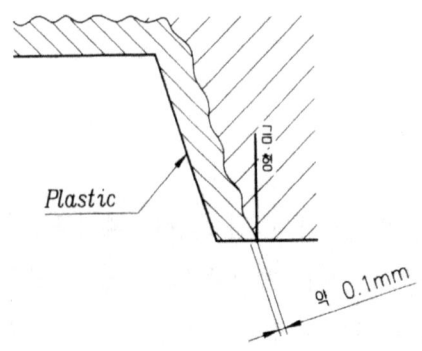

그림 2.8 texture 빼기구배(4° 이상 요하는 것을 표시)

3) 격자의 빼기구배

$$\frac{0.5\,(A-B)}{H}=\frac{1}{12}\sim\frac{1}{14}$$

다음의 경우에는 빼기구배를 변화시키는 것이 좋다.

① 격자의 피치(P)가 4mm 이상이면, 빼기구배는 1/10 정도로 한다.

② 격자부의 치수(C)가 크면 빼기구배는 가능한 크게 하는 것이 좋다.

③ 격자의 높이(H)가 8mm를 넘거나 ②에서 빼기구배가 충분히 크지 않을 때는 그림 (b)와 같이 격자부를 확실히 코어측에 남도록 하기 위해 격자깊이의 1/2 이하 깊이의 격자형상으로 하는 것이 필요하다 (그림 2.9 참조).

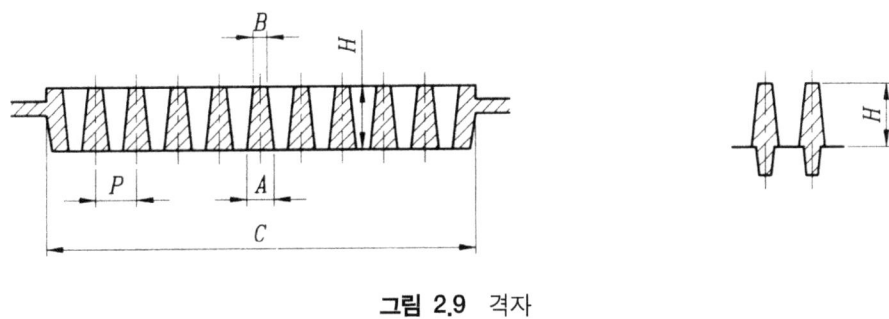

그림 2.9 격자

4) 상자형의 빼기구배

그림 2.7에서 H가 50mm까지는 X/H=1/30~1/35, H가 100mm 이상은 X/H=1/60 이하로 한다.

5) 종(縱) 리브의 빼기구배

보강용으로서 많이 사용되고 있는 종(縱) 리브에서 그 빼기구배는 일반적으로 측벽, 바닥두께에 의해 A, B의 치수(그림 2.10)가 정해지나 일반적으로 적용되는 빼기구배는,

$$\frac{0.5\,(A-B)}{H}=\frac{1}{500}\sim\frac{1}{200}$$

이다.

그림 2.10의 (a)는 내측벽, (b)는 외측벽의 리브를 표시한다. 여기서 A=T×(0.5~0.7)를 적용하고, 다소의 수축(sink) 발생이 지장없다면 A=T×(0.8~1.9)으로 적용할 수 있다.

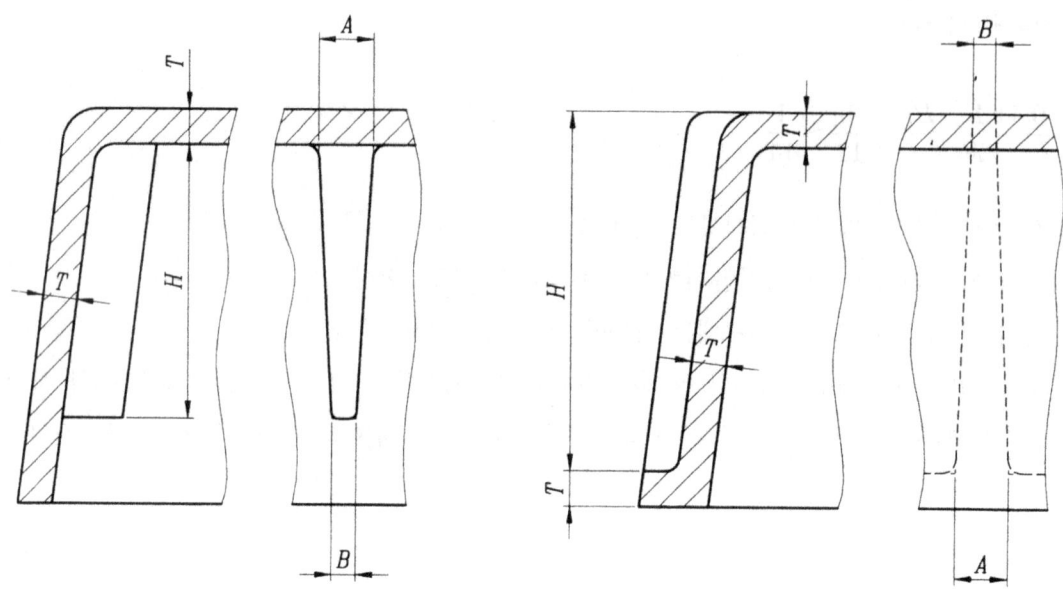

그림 2.10 종(縱) 리브

2.1.5 벽두께

플라스틱 성형품의 벽두께는 무엇보다도 먼저 균일한 것이 이상적이다. 벽두께가 변동이 심하면 금형 내에서 플라스틱의 굳는 시간이 부분적으로 변하게 되어 수축 자국 및 수축 치수가 변하므로 성형품 내부에 잔류응력이 발생하여 외부충격에 대해 취약하게 된다.

그러나 제품의 형상 혹은 용도에서 요구되는 벽두께의 변화가 필요한 경우가 있고 또한 강도상 벽두께를 크게 하지 않으면 안 되는 부분도 나올 수 있지만, 가능한 구조적으로 보강하는 방법 등으로 하여 균일 벽두께로 하는 것이 바람직하다(그림 2.11).

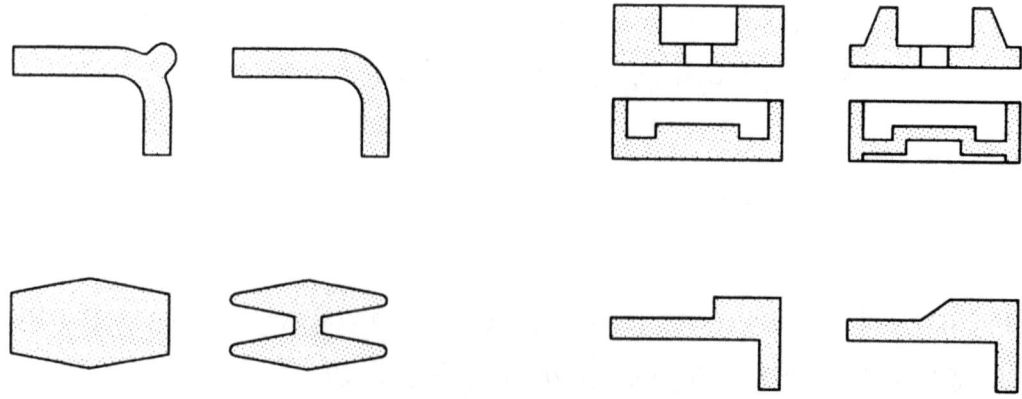

그림 2.11 벽두께의 조정

플라스틱 성형품의 재료에 따른 일반적인 벽두께는 표 2.2와 같다.

표 2.2 일반적인 벽두께

재 료	벽두께
ABS	1.5~4.5
PP	0.6~3.5
Nylon	1.5~4.5
POM	1.5~5.0
SAN	1.0~4.0
PMMA	1.5~5.0
PVC	1.5~5.0
PC	1.5~5.0
PE	0.9~4.0

아무래도 벽두께가 두꺼운 곳은 냉각시간이 오래 걸리게 되어 성형 주기가 지연되므로 성형 비용이 높아진다. 그러므로 5mm 이상의 벽두께는 특별한 경우가 아니면 가능한 피한다. 또한, 최저 벽두께는 0.5mm로 하고, 그 이하는 충전부족(미성형)이 발생할 소지가 많으므로 적극 피해야 한다. 벽두께를 결정할 때는 다음과 같은 점을 고려해야 한다.

① 구조상의 강도

② 이형(離型)시의 강도

③ 외부충격에 대한 힘의 균등분산

④ 인서트부의 균열 방지(성형품과 금속의 열팽창의 차로 인한 수축시의 균열)

⑤ 구멍, 인서트부에 생기는 weld line 발생

⑥ 얇은 벽두께에서 생길 수 있는 burning(제품표면의 변색, 휨, 또는 파괴를 발생시키는 열분해 현상)

⑦ 두꺼운 벽두께에서 생길 수 있는 수축 자국

사출성형에 있어서 충전 가능 길이(L)과 벽두께(t)와의 비 L/t에는 한계가 있다. 그 L/t의 값은 동일 플라스틱에서도 품종에 따라 다르고 성형조건에 의해 서로 변동하나 그 값을 넘으면 성형이 되지 않는다.

2.1.6 코너의 라운드 R

내부응력은 면과 면이 만나는 코너 부위에 집중한다. 따라서, 집중 내부응력을 분산시키고 동시에 수지의 흐름을 좋게 하기 위해 코너에는 반드시 R을 주어야 한다.

그림 2.12에 표시한 것과 같이 R/T가 0.3 이하에서 응력이 급격히 증가한다. 그러나 0.8 이상에서는 집중응력의 제거에는 그다지 효과가 없다. 따라서 권장되는 내측의 R은 다음과 같다.

$$\frac{R}{T} = 0.6$$

그림 2.13 (a)는 코너 내측에만 R을 준 것을 표시하고 (b)는 내측의 R′와 외측의 R과 동심원으로 한 것을 표시한 것으로 (b)가 훨씬 바람직하다. 끝이 예리해야 하는 곳에서도 최소 R0.3 정도 주는 것이 좋다.

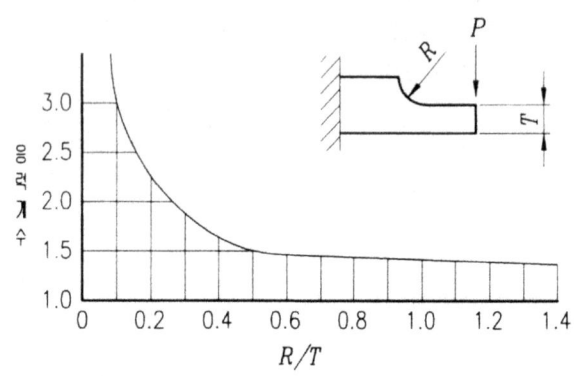

그림 2.12 라운드/두께(R/T)와 집중응력관계

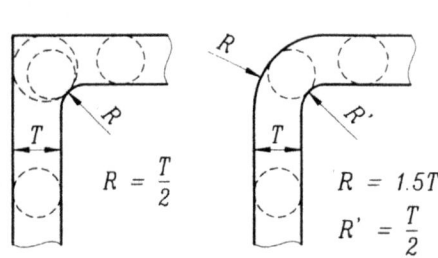

그림 2.13 코너의 라운드 R

2.1.7 리브

리브는 성형품의 보강 및 형상변형 방지 목적으로 많이 사용되고 있다. 리브를 설계할 때 다음과 같은 점을 고려해야 한다.

① 리브의 빼기구배는 제품돌출시 긁힘을 방지하기 위해 적어도 1° 이상으로 한다.

② 리브의 근원(根元)두께는 벽두께 t의 50~70% 정도로 한정하는 것이 수축을 방지할 수 있으며, 표면에 약간의 sink가 발생해도 지장이 없을 때는 80~100%로 해도 무방하다.

③ 응력의 집중을 분산시키기 위해 리브의 근원에는 R을 준다.

그 R은 벽두께의 1/8~1/4 정도로 한다. R을 지나치게 크게 하면 응력분산 및 강도는 향상되나 수축이 발생된다.

④ 리브의 높이는 벽두께의 1.5배 이하로 한다. 추가적인 보강을 위해 리브 높이를 높이는 것보다는 그 수량을 늘리는 것이 효과적이며, 그 피치는 벽두께의 4배 이내로 하지 않도록 한다.

⑤ 리브 선단의 두께는 금형제작상의 제약 때문에 1.0~1.8mm 정도로 한다.

그림 2.14의 (a)는 리브 근원의 내접원의 직경($2R_2$)이 벽두께의 50%를 넘어 수축이 발생되는 상태이고, (b)는 근원의 내접원의 직경이 벽두께의 20%를 넘지 않아 수축이 발생하지 않는 상태이다.

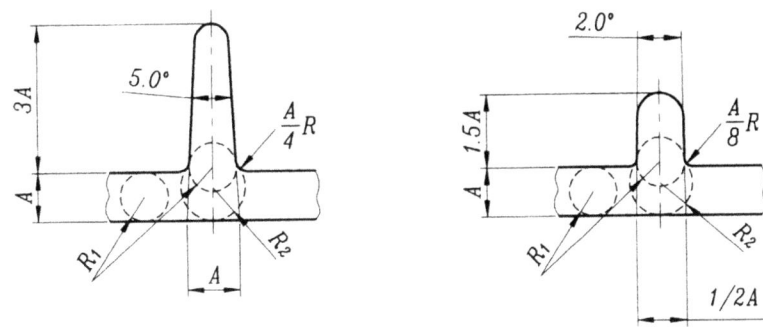

그림 2.14 리브와 싱크

2.1.8 보스

보스는 대부분이 태핑 나사를 사용하여 다른 플라스틱 성형부품을 고정하기 위해 세워진 원형돌기이다. 물론 태핑 나사가 아닌 hot(또는 cold) 스테이킹 방식으로 부품을 고정하기 위한 작은 원형돌기도 있고, 부품조립시 가이드용으로 세워진 작은 돌기도 있으나 모두 보스라 칭한다.

본 절에서는 태핑 나사용 보스에 대하여 설명키로 한다.

1) 보스의 설계상 유의점

① 보스의 빼기구배는 외경측 $1°$, 내경측 $1.5°$ 정도로 한다.

② 보스의 높이는 빼기구배로 인한 보스 근원 직경이 커짐으로 인한 외관상의 sink를 방지하고 금형의 고장을 방지하기 위해 20mm 이하로 하는 것이 좋다.

③ 높이가 높은 보스는 그의 보강 및 수지의 흐름을 좋게 하기 위해 측면에 리브를 추가한다[그림 2.15의 (b)].

④ 보스 근원의 R은 0.5mm 이상, 벽두께의 1/4 이하로 한다.

⑤ 측벽과 가까운 보스는 리브로 연결한다(그림 2.16).

⑥ 보스와 보스와의 간격은 보스 직경의 2배 이상으로 하는 것이 바람직하다.

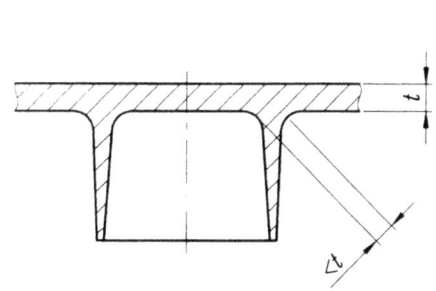
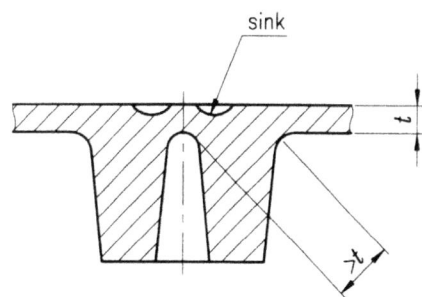

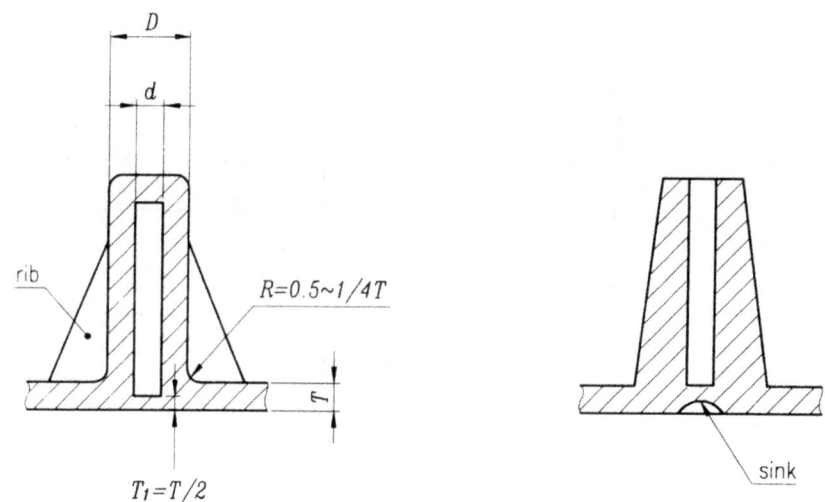

그림 2.15 보스의 설계방법

그림 2.16 측벽과 인접된 보스의 처리 예

2) 태핑 나사 호칭 직경과 보스 치수

태핑 나사 호칭 직경과 보스의 외경(D)과 내경(d) 관련치수는 표 2.3에 따른다.

표 2.3 스크류 호칭경에 따른 보스의 치수

(단위 : mm)

나사 호칭 직경	외 경 (D)	내 경 (d)
M2	4	1.7
M2.5	5	2.1
M3	6	2.5
M3.5	7	3
M4	7	3.3

2.1.9 구멍

대부분의 사출성형품에는 구멍이 있게 마련이다. 구멍이 있으면 그 주변에 weld line이 발생하기 쉬워 강도가 저하되고 외관상에 결함이 되므로 다음 사항을 주의한다.

1) 구멍의 피치(Pitch)

구멍과 구멍의 간격(pitch)이 너무 작으면 weld line이 발생하기 쉽고, 또한 금형이 약해질 우려가 있으므로 가능한 그림 2.17에 표시한 것과 같이 피치는 구멍직경의 2배 이상으로 하도록 한다.

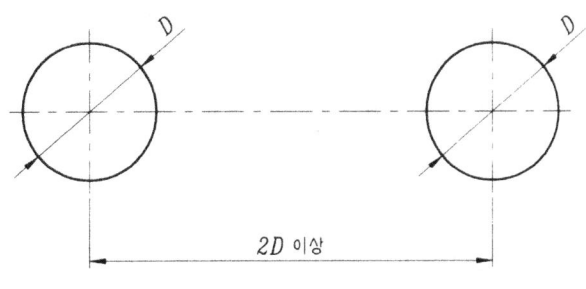

그림 2.17 구멍의 피치

2) 구멍 주변

구멍의 주변은 weld line에 의한 강도가 저하되므로 그림 2.18의 (a), (b)에 표시한 것과 같이 그 주변에 살을 두껍게 하는 것이 좋다.

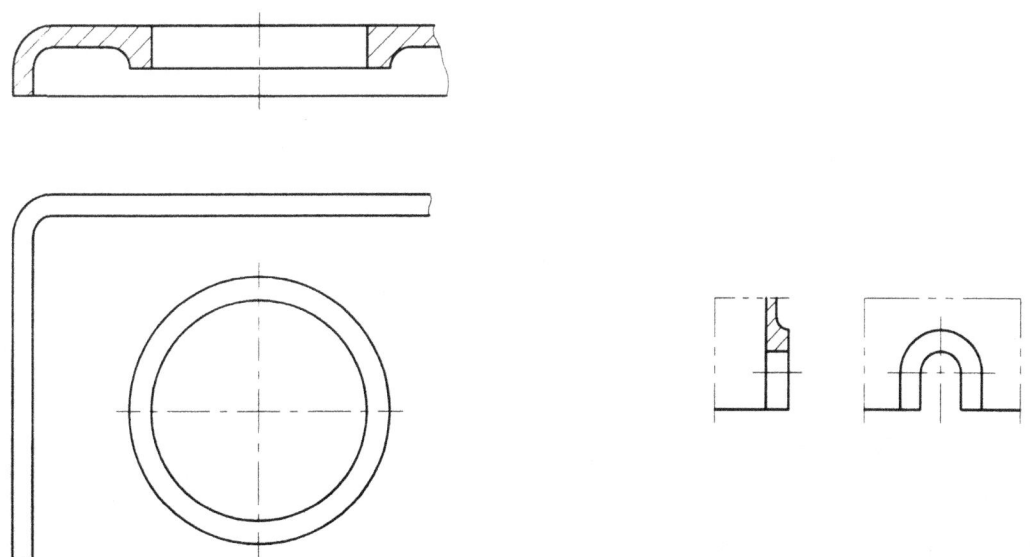

그림 2.18 구멍 주변의 보강

3) 구멍과 제품 끝단과의 거리

2.1.8 1)항과 동일한 경우로서 weld line 문제, 금형의 강도문제 등의 관계로 제품의 끝면과 구멍과의 거리는 구멍직경의 3배 이상으로 하는 것이 바람직하다(그림 2.19).

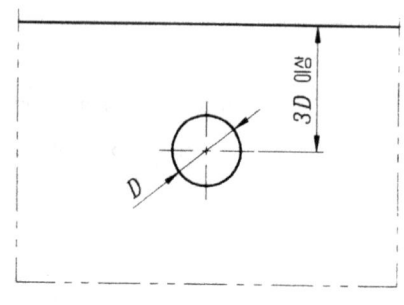

그림 2.19 구멍과 제품의 끝

4) 막힌 구멍

막힌 구멍의 설계는 특히 주의를 요한다. 이것은 수지의 흐름방향의 압력으로 인해 금형의 핀이 구부러지기 쉽다. 가는 구멍, 예를 들어 $\phi 1.5$ 정도의 경우, 깊이의 2배 이상으로 하는 것은 바람직하지 못하다. 어떠한 경우이든 막힌 구멍의 깊이는 직경의 4배 이상이 되지 않도록 한다(그림 2.20).

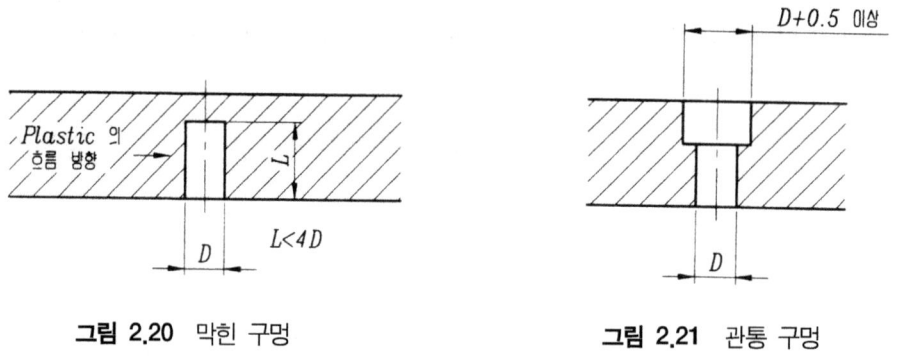

그림 2.20 막힌 구멍   **그림 2.21** 관통 구멍

5) 깊은 관통구멍

깊은 관통구멍에 있어서도 맹공과 같이 주의를 요한다. 직경의 5배 이상의 경우는 금형의 반대측에 pin supporter를 설치하면 핀의 휨을 방지할 수 있으나, 그 이상의 깊이로 되면 금형의 양측에서 핀을 세워 핀의 휨을 방지하도록 한다. 그런데, 이 경우 구멍의 양측을 동일 직경으로 하면 편심의 우려가 있기 때문에 한쪽의 직경이 다른 쪽보다 0.5mm 이상 크게 하도록 한다. 또한 구멍의 깊이가 그 직경의 8배 이상이 되면 핀의 휨을 피할 수 없다(그림 2.21).

2.1.10 상자형 제품

1) 측벽

상자형 제품의 측벽은 직선상으로 하면 휨이 발생되기 쉽다. 이것을 방지하기 위해서는 테두리 부분을 보강용 형상을 주면 많이 개선될 수 있다. 보강방법은 그림 2.22에서 나타난 바와 같이 (a) 형상보다는 (e) 형상으로 갈수록 보강의 효과는 크다.

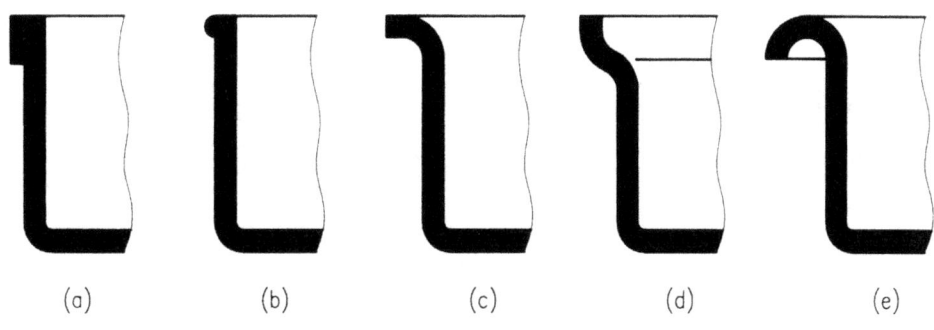

(a)　　　　(b)　　　　(c)　　　　(d)　　　　(e)

그림 2.22 테두리 부분의 보강

2) 바닥 부분

상자형 또는 용기 제품의 성형에서는 바닥의 바깥쪽 중앙에 게이트를 설치하는 경우가 많다. 이 때 수지의 흐름방향과 그 직각방향의 성형수축률 차이(무충전 수지의 경우, 그 수축률은 흐름방향쪽이 직각방향보다 크나, 유리섬유를 충전한 수지의 경우는 그 반대로 흐름방향쪽이 작다)로 인해 게이트 부근에 현저히 내부응력이 발생하여 평면 그대로 방치하면 바닥이 파손되기 쉽다. 이를 방지하기 위해서는 그림 2.23과 같이 바닥 부분을 높낮이를 주거나, 파형으로 형성시키고 바닥의 주변은 그림 2.24와 같이 R을 줌으로써 응력을 분산시킬 수 있다.

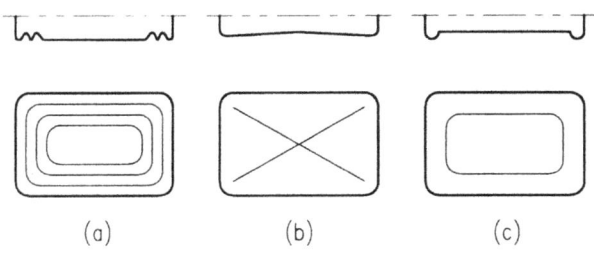

(a)　　　　(b)　　　　(c)

그림 2.23 용기의 바닥형상

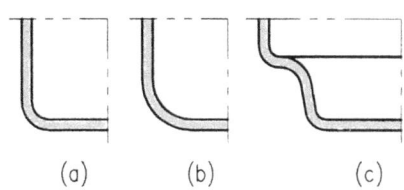

(a)　　(b)　　(c)

그림 2.24 바닥 주변의 보강

2.1.11 언더컷

제품의 측벽에 구멍이 있다든가, 내부 또는 외부 측면에 돌기 부분이 있어 성형기의 형개(型開)방향 운동만으로는 성형품을 빼낼 수 없는 경우를 언더컷(undercut)이라 하며, 언더컷이 있으면 금형에 angular pin 또는 side core(slide core)를 설치하지 않으면 금형에서 제품을 뺄 수가 없다. 따라서 언더컷이 있는 제품의 금형은 제작이 복잡하게 되어 고가로 되며, 고장이 생길 가능성이 높고 성형 주기도 길게 된다. 그런 이유로 가능한 언더컷이 없는 제품설계를 하는 것이 바람직하다.

1) 언더컷의 제거

다음의 예와 같이 제품설계를 변경함으로써 언더컷을 제거할 수 있다. 그림 2.25 (a)의 측면 hole을 같은 그림 (b)와 같이 하면 언더컷이 제거된다. 그림 2.26도 같은 예를 표시한다. 그림 2.27은 제품 내부에 돌기가 있는 언더컷의 예로서 angular pin 방식 또는 손으로도 제품을 금형에서 빼낼 수 없으나 (b)와 같이 밑에 구멍을 뚫으면 언더컷이 제거된다. 그리고 그림 2.28은 제품의 형상 변경으로 언더컷을 제거한 예이다.

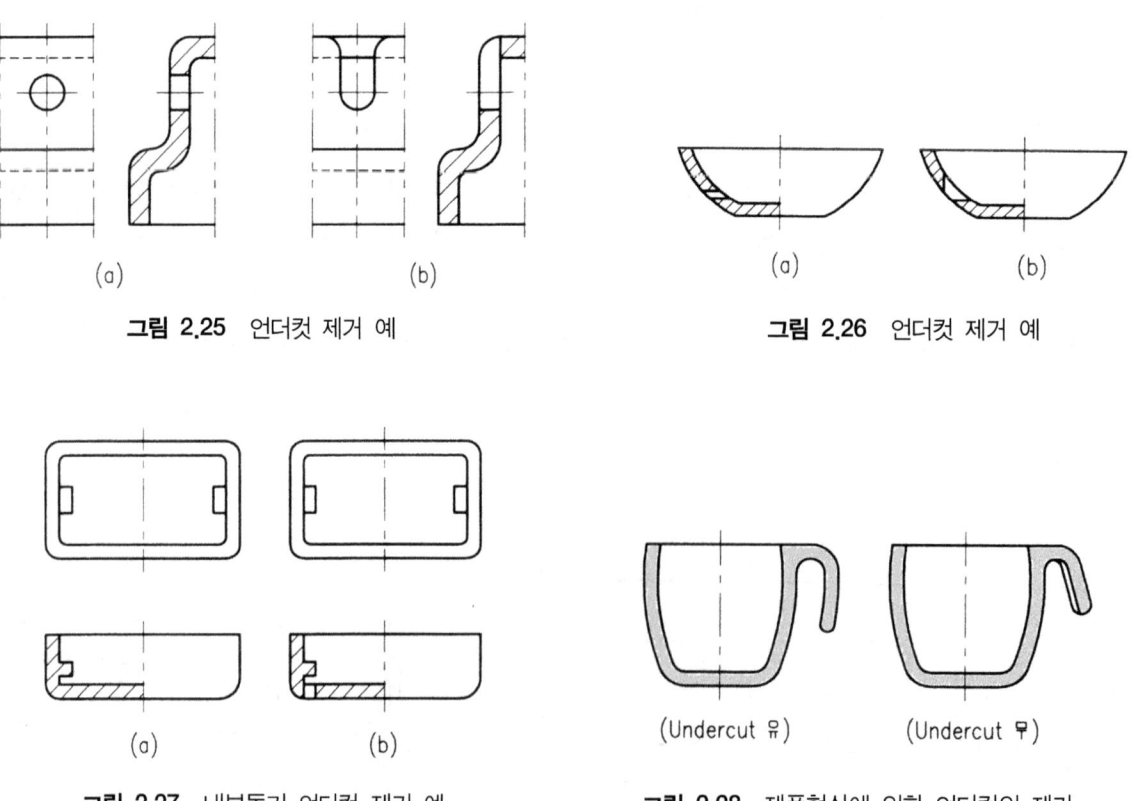

(a)   (b)

그림 2.25 언더컷 제거 예

(a)   (b)

그림 2.26 언더컷 제거 예

(a)   (b)

그림 2.27 내부돌기 언더컷 제거 예

(Undercut 유)   (Undercut 무)

그림 2.28 제품형상에 의한 언더컷의 제거

2) 강제 돌출

플라스틱 중에서 탄성이 큰 것, 예를 들어 POM, PE, PP 등에서는 극히 작은 언더컷은 재료의 탄성을 이용하여 금형에서 강제 돌출시킬 수 있다. 특히 POM은 탄성이 커서 원형제품의 경우 직경의 5% 이내에서는 강제돌출이 가능하다. 그러나 그 경우 돌출시 변형되는 것이 필요하게 되므로 돌출력을 높이기 위해 sleeve ejection 혹은 stripper ejection 방식으로 하지 않으면 안되는 경우가 많다.

그림 2.29는 강제돌출 가능한 예와 불가능의 예를 나타낸 것이며, 그림 2.30은 stripper plate에 의한 강제돌출의 예를 표시한 것이다.

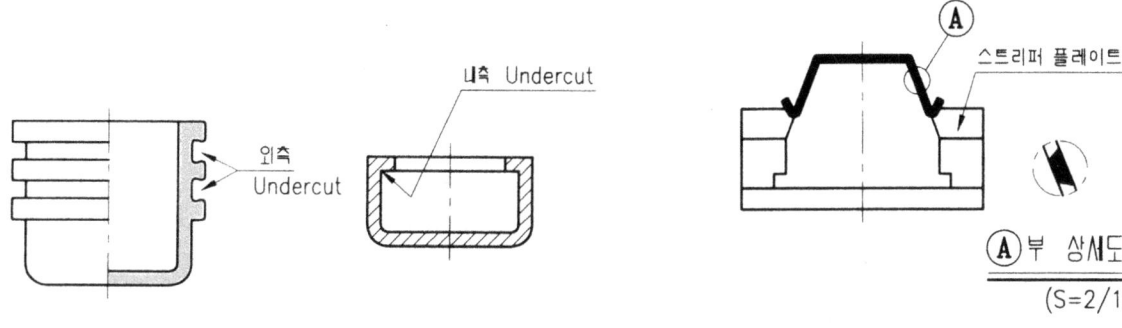

그림 2.29 강제돌출

그림 2.30 스트리퍼 플레이트(stripper plate)에 의한 강제돌출

3) 분할금형에 의한 외부 언더컷 처리

분할된 캐비티 전체 혹은 일부분을 성형기에서 금형의 형개(型開)운동을 기계적, 공기압 또는 유압으로 슬라이딩시킴으로써 언더컷을 처리하는 방법이다. 제품 외부의 전주에 홈이라든가 다수의 돌기가 있어 분할선의 변화로는 금형 제작이 곤란한 경우(예를 들면, 타자기의 문자 ball 등)는 금형을 2개 또는 수개로 분할하여 언더컷을 처리한다.

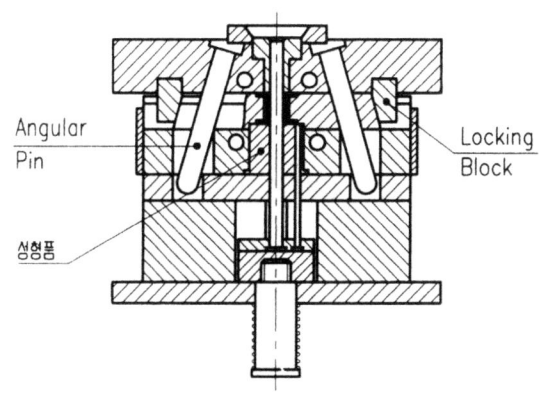

그림 2.31 분할금형(I) (angular pin 사용, 핀 돌출)

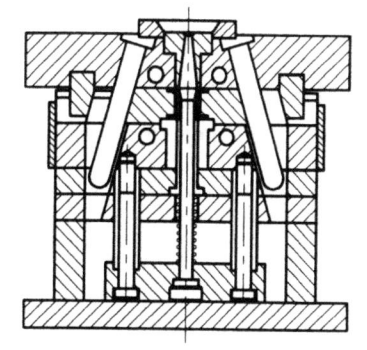

그림 2.32 분할금형(II) (angular pin 사용, stripper plate 돌출)

분할금형의 이동은 보통 경사핀(angular pin)을 사용하나, ejector plate 혹은 경사 캠(angular cam)을 사용하는 경우도 있다.

이 경우 주의해야 할 것은 돌출핀(ejector pin) 혹은 stripper plate가 되돌아오지 않은 상태에서 금형이 닫히면 분할금형이 이것들과 충돌하여 금형이 파손되는 수가 있다. 그림 2.31과 2.32는 분할금형의 예를 표시한다.

4) 슬라이드 코어에 의한 외부 언더컷 처리

사이드 코어 방식은 성형품의 외측에 언더컷이 있는 경우에 사용할 수 있는 방법으로 분할금형은 캐비티 전체를 대칭적으로 둘 또는 그 이상으로 분할하는 것에 비해 슬라이드 코어(또는 사이드 코어라 칭함)는 언더컷 부분만 부분분할하는 방식이다. 일반적으로는 가동측형판에 설치하고 고정측형판에 경사된 또는 경사캠을 설치해 유압 또는 공기 실린더로 이동시킨다.

그림 2.33과 2.34는 슬라이드 코어가 있는 금형구조를 표시한다.

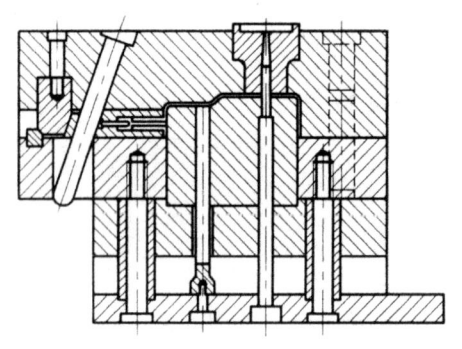

그림 2.33 슬라이드 코어(I) (경사핀 사용)

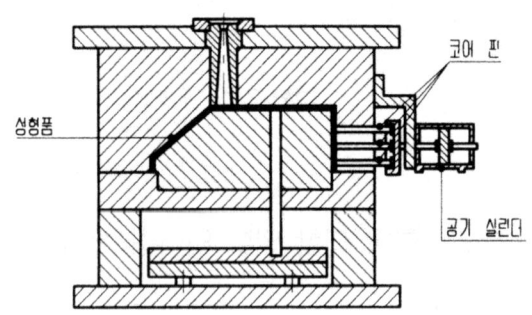

그림 2.34 슬라이드 코어(II) (에어 실린더 이용)

5) 내부에 언더컷이 있는 제품

성형품 내부에 있는 언더컷의 처리는 외부의 언터컷에 비해 어려우나, 다음과 같은 금형구조방식으로 처리되고 있다.

(1) 경사 돌출핀 작동방식

그림 2.35의 구조 예와 같이 경사 돌출핀과 이와 접촉하고 있는 돌출판으로 구성되어 있다. 형개시 돌출판이 전진하면 이에 따라 경사 돌출핀도 전진함과 동시에 안쪽으로 동작되므로 내부 언더컷은 처리된다.

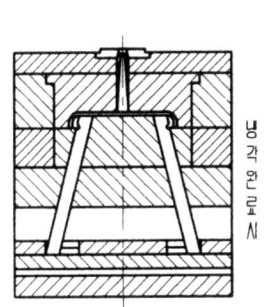
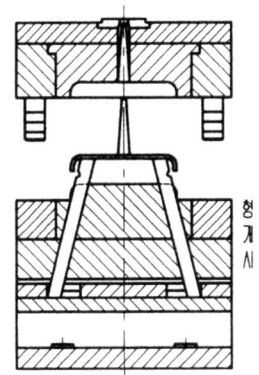

그림 2.35 경사 돌출핀

(2) 분할 코어 작동방식

그림 2.36에 그 대표 예로서 경사 돌출핀 방식과 비슷하지만 언더컷부는 슬라이드 코어에 위치해 있다. 본 그림은 제품의 양측에 언더컷이 있는 경우로 그 전진한계는 2조의 코어가 접촉하는 위치이다. 그리고 성형품의 위쪽에 리브가 있을 때, 그 위치는 슬라이드 코어가 언더컷을 벗어날 수 있도록 충분한 거리에 있어야 한다.

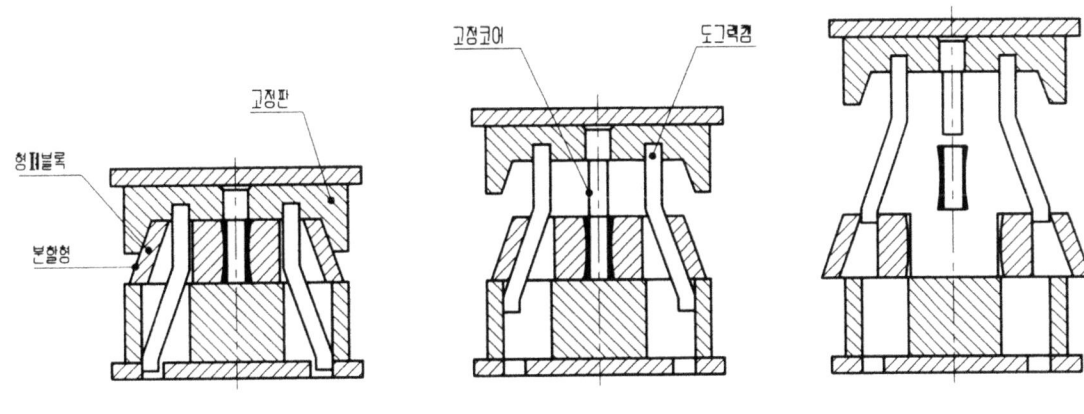

그림 2.36 분할코어방식의 기구 예

(3) 컬랩시블 코어(collapsible core) 방식

코어 핀이 빠질 때 collapsible sleeve가 안으로 오므라들도록 함으로써 내부의 언더컷을 처리하는 방식이다.

제**3**장

백 레버

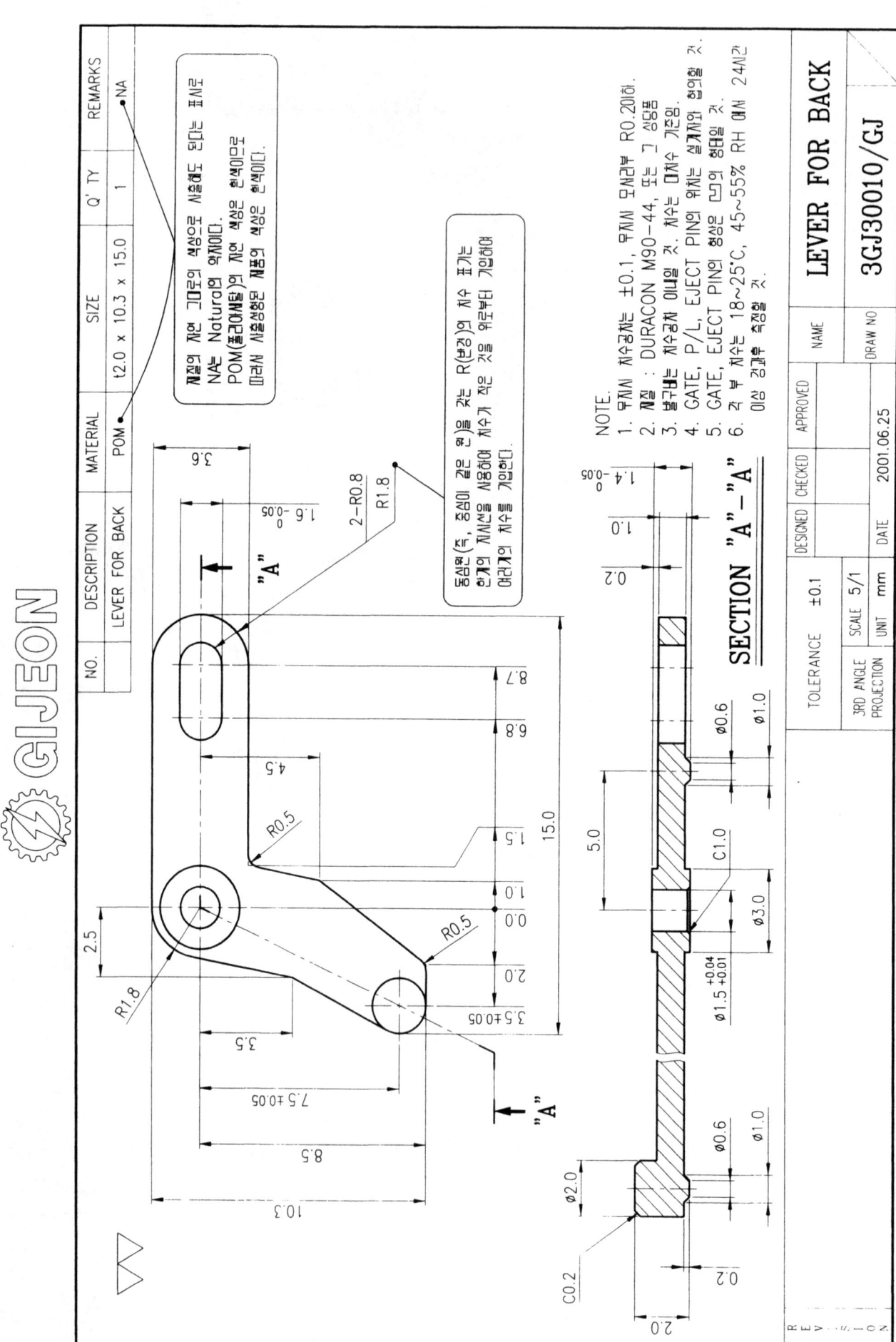

GIJEON

NO.	DESCRIPTION	MATERIAL	SIZE	Q'TY	REMARKS
	LEVER FOR BACK	POM	t2.0 x 10.3 x 15.0	1	NA

재질이 진한 고무색 색상으로 성형하도 되는 표준
NA는 Natural의 약색이다.
POM(폴리아세탈)의 진한 색상 현색이므로
따라서 성형색은 제품의 색상인 폭색이므로.

동심원(축, 중심이 같은 원)을 갖는 R(반경)의 치수 표기는
한계의 치수선을 사용하여 치수가 작은 것을 위로부터 기입하여
아래의 치수를 기입한다.

NOTE.
1. 무지시 치수공차는 ±0.1, 무지시 모서리부 R0.20이하.
2. 재질 : DURACON M90-44, 모는 그 상당품.
3. 발구배는 치수공차 이내일 것. 치수는 대치수 기준임.
4. GATE, P/L, EJECT PIN의 위치는 설계자와 협의할 것.
5. GATE, EJECT PIN의 형상은 □에 협의할 것.
6. 각 부 치수는 18~25°C, 45~55% RH 이내 24시간
   이상 경과후 측정할 것.

SECTION "A" – A"

SCALE 5/1

LEVER FOR BACK

3GJ30010/GJ

	DESIGNED	CHECKED	APPROVED	NAME
TOLERANCE ±0.1				DRAW NO
3RD ANGLE PROJECTION	SCALE 5/1	DATE 2001.06.25		
	UNIT mm			

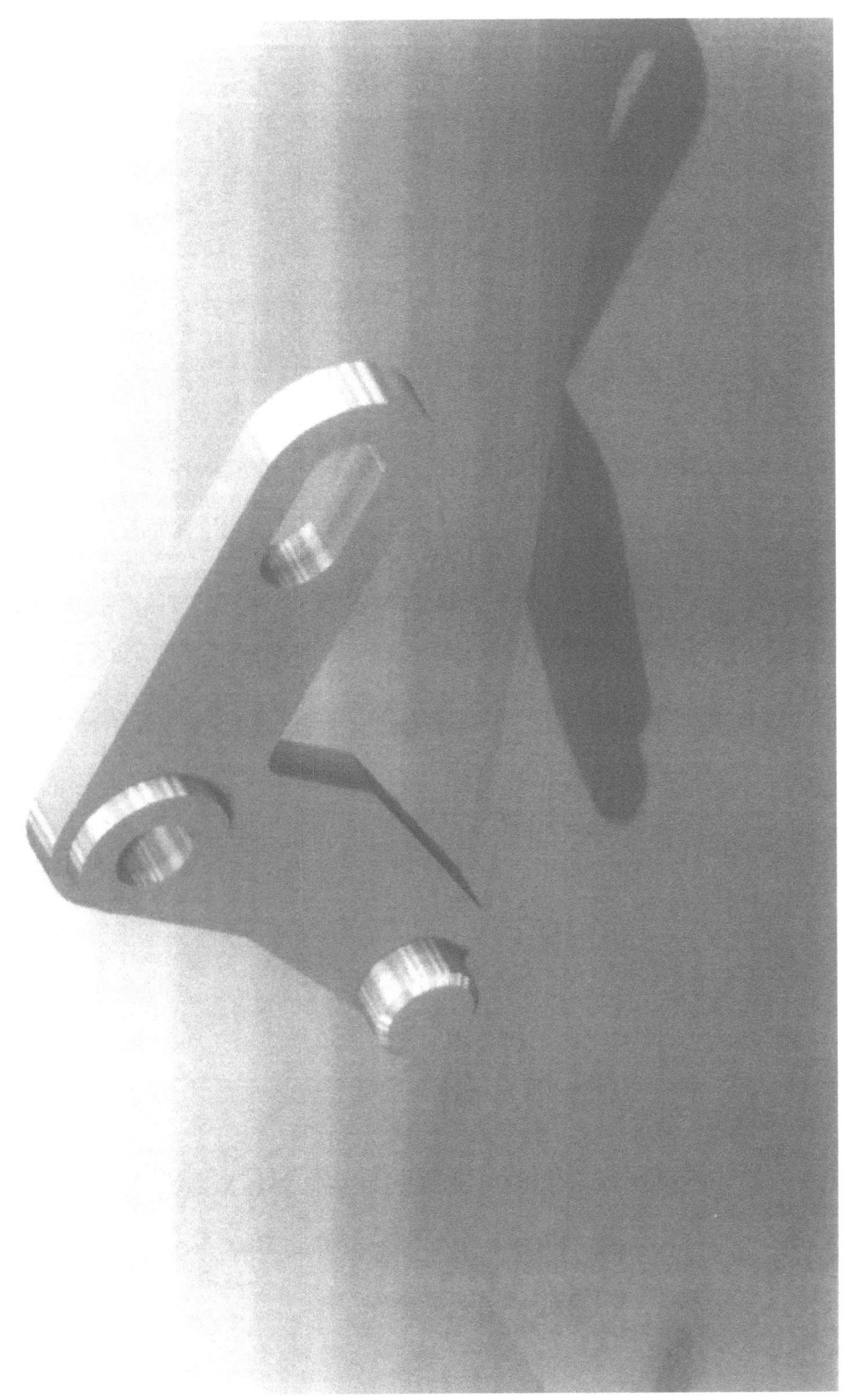

그림 3.1 백(후면) 레버

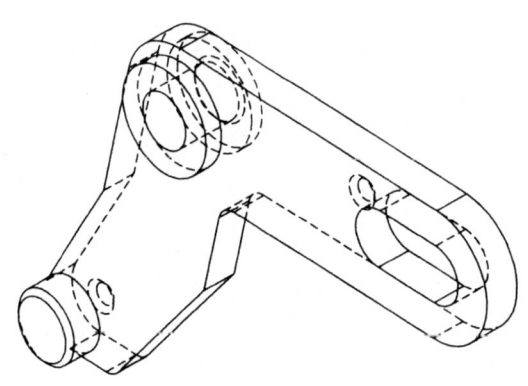

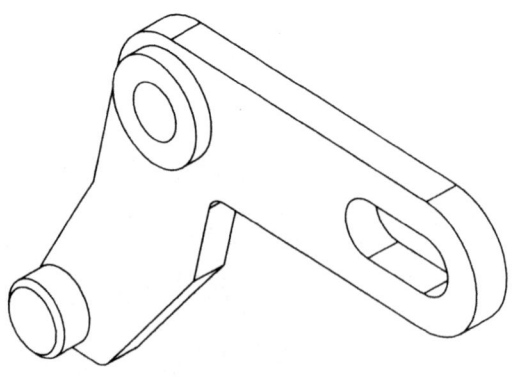

참고) 부품 3차원 입체도(등각 투상도)

3.1 엔지니어링 플라스틱의 제품설계

3.1.1 엔지니어링 플라스틱의 종류(美 GE社)

GE 플라스틱은 제품 설계자들에게 성형성이 좋고 높은 성능의 엔지니어링 플라스틱 수지들을 제공하여 준다. 새로운 수지의 개발과 새로운 세대의 설계자들에 의해 높은 성능의 엔지니어링 플라스틱의 장점이 현저하게 증가하게 되었다.

GE 플라스틱의 엔지니어링 플라스틱 수지들은 다음과 같은 독특한 설계 이점들이 있다.

① 여러 부품의 기능을 통합시킴으로써 부품수를 감소시킨다.

② 성형과 동시에 조립이 가능한 특성이 있다.

③ 도장이나 다른 후공정이 거의 불필요하다.

④ 제품 중량에 대한 강도의 비가 높다.

⑤ 내화학성이 있고 내충격성이 높다.

또한 외관제품에 사용시 고광택의 제품을 성형할 수 있으며 무광 또는 표면부식무늬의 제품도 성형할 수 있다. 제품의 가치를 높이기 위하여 도장이나 인쇄 또는 나무결 모양의 표면장식(wood graining)이나 핫스탬핑(hot stamping) 등의 일반적인 후가공 방법들을 사용할 수 있다.

성형품을 조립하는 방법으로는 기존의 기계적 방법이나 화학적인 방법으로 조립이 가능하다. 사무기기, 가전제품, 자동차 부품, 전기/전자 부품, 조명기구 및 안전장구와 같은 안전과 관련되어 있는 경우에는 높은 내열온도와 높은 충격강도를 갖는 난연성 수지 등을 사용하는 것이 좋다. 기존의 금속 부품들은 기계적 강도가 증가된 유리섬유가 보강된 그레이드를 사용하여 필요한 강도를 갖도록 설계함으로써 중량감소와 비용절감을 이루면서 플라스틱으로의 대체를 가능하게 하여 준다.

제품 설계자들은 단순히 기존의 금속부품을 플라스틱으로 대체시키는 것을 생각할 뿐 아니라 플라스틱으로 생각하고 플라스틱 고유의 장점을 충분히 이용하는 방법을 배워야 할 필요가 있다. 한번 더 생각하고 재설계를 시도함으로써 기존의 금속 조립품들을 치수적으로 안정되고, 충격강도, 전기적 특성 및 내화학성 등의 우수한 물성을 갖는 엔지니어링 플라스틱으로 부품수를 반 정도 줄인 채 자동으로 조립을 하면서 생산할 수도 있다.

3.1.2 렉산(Lexan ; 폴리카보네이트)

렉산은 비스페놀 A(bisphenol A)로부터 만들어지며, 탄산에스테르(ester carbonate)기를 갖고 있다.

1) 렉산(lexan)의 특징

① 내크리프성을 포함한 우수한 기계적 특성이 있다.

② 투명성이 우수하다.

③ 미국식품 규정(FDA)에 맞도록 개발된 식품용 그레이드가 있다.

④ 열가소성 수지 중에 가장 높은 충격강도를 갖고 있다.

⑤ 치수 정밀도와 치수안정성이 우수하다.

2) 렉산의 종류

구 분	그레이드	특 징
고유동성	HF1110	아주 얇은 제품 사출성형용(MFI 22g/10min)
일반그레이드	121	저점도로서 얇은 제품 사출성형용
	141	중점도로서 일반적인 사출성형용
	101	고점도로서 두꺼운 제품사출용
	131	고점도로서 압출판재용
	151	고점도로서 압출 블로우성형용
유리섬유보강	3412	20% 유리섬유보강
	3413	30% 유리섬유보강
	3414	40% 유리섬유보강
유리섬유보강난연	500	10% 유리섬유보강
	LGN1500	15% 짧은 유리섬유보강
	LGN2000	20% 짧은 유리섬유보강
	LGN3000	30% 짧은 유리섬유보강
고탄성이방성 개량	LGK3020	30% 유리섬유 및 미네랄 보강
	LGK4030	40% 유리섬유 및 미네랄 보강
	LGK5030	50% 유리섬유 및 미네랄 보강
난연 그레이드	920	저점도로서 1.47mm에서 V-0
	920A	저점도로서 3.05mm에서 V-0
	940	중점도로서 1.47mm에서 V-0
	940A	중점도로서 3.05mm에서 V-0
	950	고점도로서 1.47mm에서 V-0
	950A	고점도로서 3.05mm에서 V-0
내후성	LS-1	저점도로서 자동차 외장조명용
	LS-2	중점도로서 자동차 외장조명용
	LS-3	고점도로서 자동차 외장조명용
광디스크용	OQ1020	컴팩디스크 및 비디오 디스크용
광반사용	ML4351	UL94V-2
	LX2801	UL94V-0
내수증기성 개량	SR1000	UL94V-2 중점도
	SR1400	UL94V-2 고점도

구 분	그레이드	특 징
탄소섬유보강	LC108	8% 탄소섬유보강
	LC112	12% 탄소섬유보강
	LC120	20% 탄소섬유보강
	LCG2007	20% 탄소섬유보강 + 7% 유리섬유보강
내마모성 개량	LF1000	10% PTFE
	LF1010	10% PTFE + 10% 유리섬유보강
	LF1510	15% PTFE + 10% 유리섬유보강
	LF1520	15% PTFE + 20% 유리섬유보강
	LF1030	10% PTFE + 30% 유리섬유보강
내화학성 개량	LCR200	HB에 해당
사무기기용	BE2130R	우수한 이형성 및 고유동성(MFI 18g/10min)
SP그레이드	SP1010	초고유동성(MFI 45g/10min)
	SP1110	고유동성
	SP1210	일반그레이드(MFI 16g/10min)
	SP1310	고점도(MFI 10g/10min)
	SP7112	10% 유리섬유보강 외관개량
	SP7114	20% 유리섬유보강 외관개량
	SP7116	30% 유리섬유보강 외관개량
발포 성형용	FL400	3.2mm에서 UL94V-0/5V인 제품두께 4mm용
	FL410	4mm에서 UL94V-0/5V인 10% 유리섬유보강
	FL900	6.1mm에서 UL94V-0/5V인 5% 유리섬유보강
	FL910	6.1mm에서 UL94V-0/5V인 10% 유리섬유보강
	FL920	6.1mm에서 UL94V-0/5V인 20% 유리섬유보강
	FL930	6.1mm에서 UL94V-0/5V인 30% 유리섬유보강
압출블로우 성형용	PK2870	5GAL 생수통용
	EBL2061	투명성과 내충격성의 사무기기용
	EBL9001	투명성과 내충격성의 자동차용
고내열 PPC그레이드	PPC4501	하중 18.6kgf/cm^{2}에서의 열변형 온도가 152℃
	PPC4701	하중 18.6kgf/cm^{2}에서의 열변형 온도가 163℃

3.1.3 노릴(Noryl ; 변성 폴리페닐렌 옥사이드)

노릴 수지의 주원료인 폴리페닐렌 옥사이드를 변성시켜 만든 것으로서, 폴리페닐렌 옥사이드는 2.6자이레놀(xylenol)의 중합에 의해 만들어진 방향족 폴리에테르(polyether)로서 내열온도가 현저하게 높다.

1) 노릴(noryle)의 특징

① 내열 온도가 높다.
② 기계적 특성이 온도나 습도의 영향을 거의 받지 않는다.

③ 치수안정성이 우수하다.

④ 성형성이 우수하고 성형수축률이 적어 고품질의 정밀제품에 적합하다.

⑤ 광범위한 주파수에 대한 전기적 특성이 우수하다.

⑥ 물이나 산 및 알칼리에 견디고 수분 흡수성이 낮다.

⑦ 부식이 되지 않고 난연 그레이드를 쉽게 이용할 수 있다.

⑧ 경제적이다.

2) 노릴의 종류

구 분	그레이드	특 징
일반그레이드	115	UL94HB인 일반 내열용
	731	UL94HB인 일반 내열용
	SE90	UL94V-1/5V인 고유동성 하우징용
	SE100	UL94V-1/5V인 내열 및 고유동성 하우징용
	SE1	UL94V-1인 내열성
	PPO534	UL94V-1인 내열성
난연그레이드	N85	대형 성형품용
	N190	대형 성형품용
	N225	내열성
	N300	초내열성
유리섬유보강	GFN1	10% 유리섬유보강된 강성
	GFN2	20% 유리섬유보강된 고강성
	GFN3	30% 유리섬유보강된 고강성
	SE1-GFN1	10% 유리섬유보강된 UL94V-1의 강성
	SE1-GFN2	20% 유리섬유보강된 UL94V-1의 고강성
	SE1-GFN3	30% 유리섬유보강된 UL94V-1의 고강성
	PX-2922	20% 유리섬유UL94V-0/5V의 고강성 및 고유동
	PX-2923	30% 유리섬유UL94V-0/5V의 고강성 및 고유동
고탄성	HM3020	UL94V-1/5V인 고탄성 및 치수정밀도
	HM4025	UL94V-1/5V인 고탄성 및 치수정밀도
	HM5030	UL94V-1/5V인 초고탄성 및 치수정밀도
	PX-2926	UL94V-1/5V인 고탄성, 치수정밀도 및 유동성개선
	HFG100	UL94V-0/5V인 유동성, 우수한 외관 및 강성
	HFG200	UL94V-0/5V인 유동성, 우수한 외관 및 강성
	HFG300	UL94V-0/5V인 유동성 및 고강성
	BHM510	UL94V-0/5V인 우수한 외관 및 강성
탄소섬유 보강	NC108	8% 탄소섬유함유된 대전방지효과
	NC112	12% 탄소섬유함유된 고강성 및 도전성
	NC120	20% 탄소섬유함유된 고강성 및 도전성

제4장

캐비넷의 인서트 도면

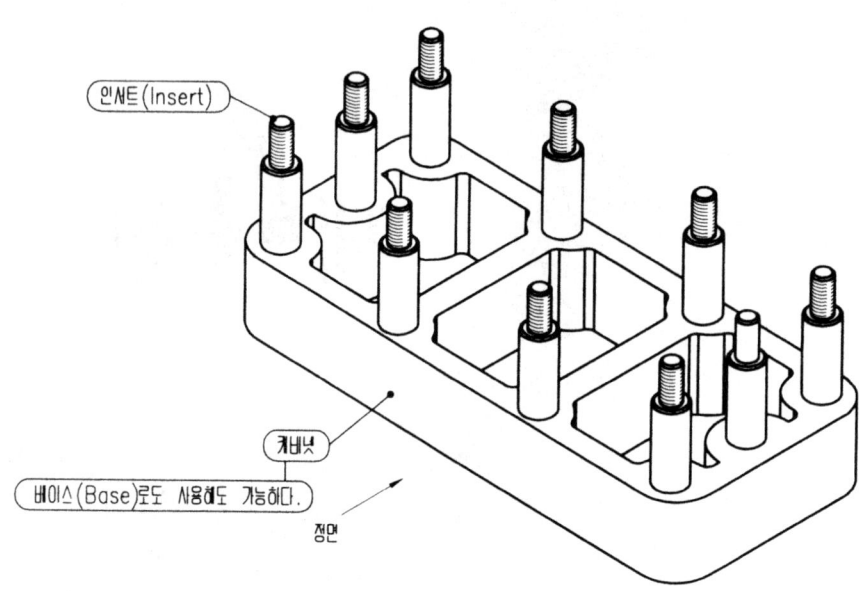

커비닛(Cabinet)의 인서트 도면

보통 제품의 외관으로 크고 주요한 부위를 의미하는 용어로 커버(Cover : 닫기)
하우징(Housing), 케이스(Case)등으로도 사용된다.

설계 방법 1. 커비닛이 금속인 경우

커비닛에 드릴(Drill)로 구멍(드릴구멍)을 뚫은 후 탭(Tap)작업에 의하여 암나사를
만든 후 여기에 상 하(위 아래)로 수나사가 가공되어져 있는 인서트의 하단부 수나사를
돌려 체결하여 고정시킨다.

설계 방법 2. 커비닛이 플라스틱(수지물)인 경우

플라스틱에 인서트를 삽입시키는 작업을 인서팅(Inserting)이라 하며 수나사의 역할을
하는 인서트의 삽입부 지름(D)은 암나사 역할을 하는 플라스틱에 만들어져 있는 구멍
(Hole)의 지름(d)보다 보통 0.2~0.4mm 크게 한다.
즉, D = d + (0.2~0.4) 이렇게 하여 인서트에 열을 가하면 인서트의 간섭되는 면
에서 국부적인 마찰열이 발생돼어 수지물을 녹여(용융)가면서 인서트가 수지물의 구멍으로
삽입되어 고정된다. 또한 고정되어 빠지지 않도록 인서트의 삽입부는 보통 널링(Knurling)
이나 홈 구조로 되어있다.

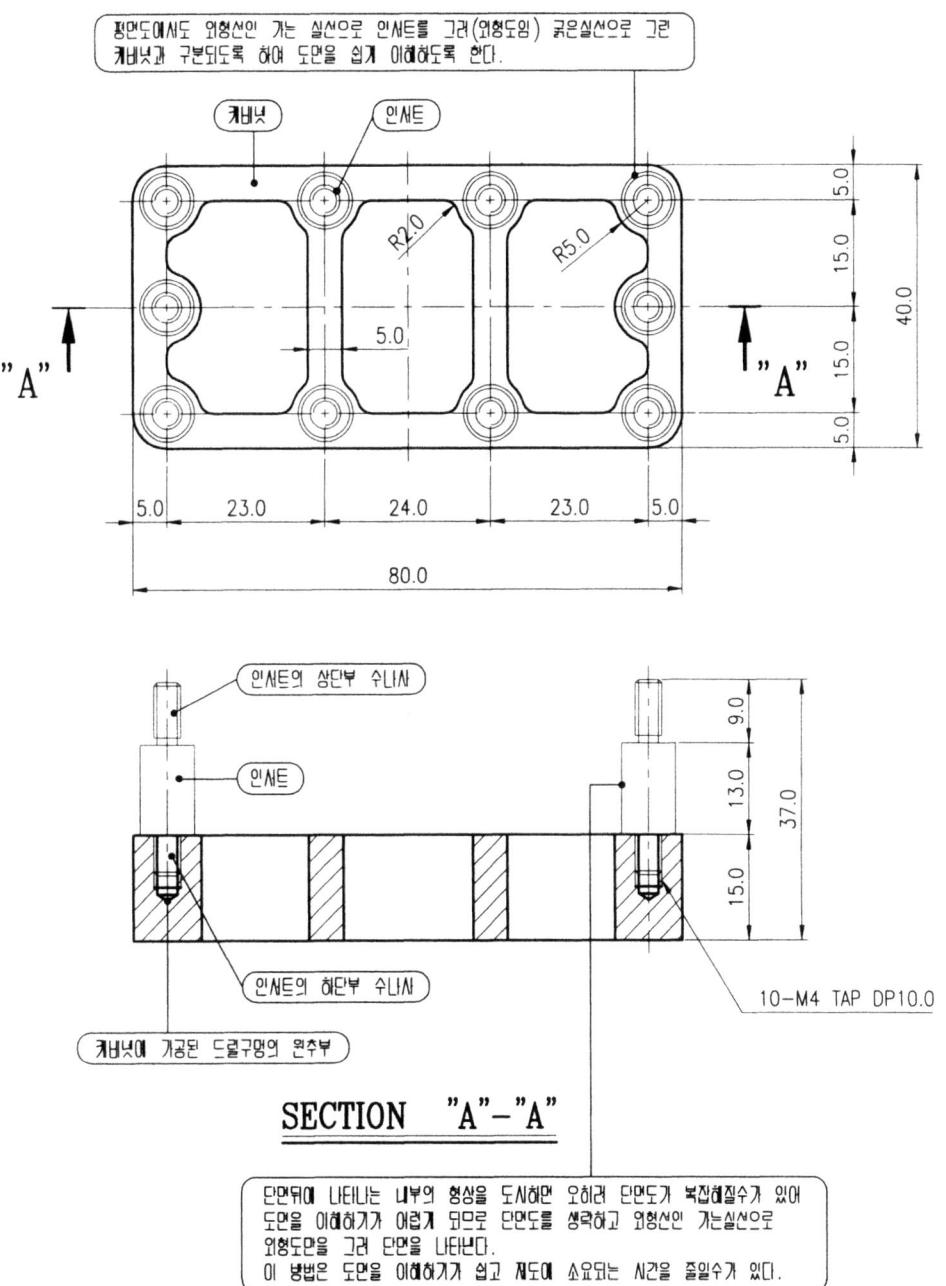

평면도에서도 외형선인 가는 실선으로 인서트를 그려(외형도임) 굵은실선으로 그린 캐비넛과 구분되도록 하여 도면을 쉽게 이해하도록 한다.

캐비닛
인서트

R2.0
R5.0
5.0

5.0
15.0
40.0
15.0
5.0

"A"   "A"

5.0 23.0 24.0 23.0 5.0
80.0

인서트의 상단부 수나사
인서트
9.0
13.0
37.0
15.0

인서트의 하단부 수나사
10-M4 TAP DP10.0

캐비닛에 가공된 드릴구멍의 원추부

SECTION "A"-"A"

단면뒤에 나타나는 내부의 형상을 도시하면 오히려 단면도가 복잡해질수가 있어 도면을 이해하기가 어렵게 됨으로 단면도를 생략하고 외형선인 가는실선으로 외형도면을 그려 단면을 나타낸다.
이 방법은 도면을 이해하기가 쉽고 제도에 소요되는 시간을 줄일수가 있다.

그림 4.1 캐비넷의 인서트 도면

4.1 캐비넷의 인서트 도면의 설명

1) 단면 뒤에 나타나는 내부형상을 생략하는 경우

단면 뒤에 나타나는 내부의 형상을 도시함으로써 오히려 단면도가 혼잡해질 때에는 이들을 생략할 수가 있다. 그러나 이런 방법을 사용하려면 신중한 고려가 필요하다. 이 방법은 제도에 소요되는 시간을 대단히 절약할 수 있다는 점에서 고려할 만하다(그림 4.1).

2) 새김눈(널링 : knurling, 룰렛 : roulette)

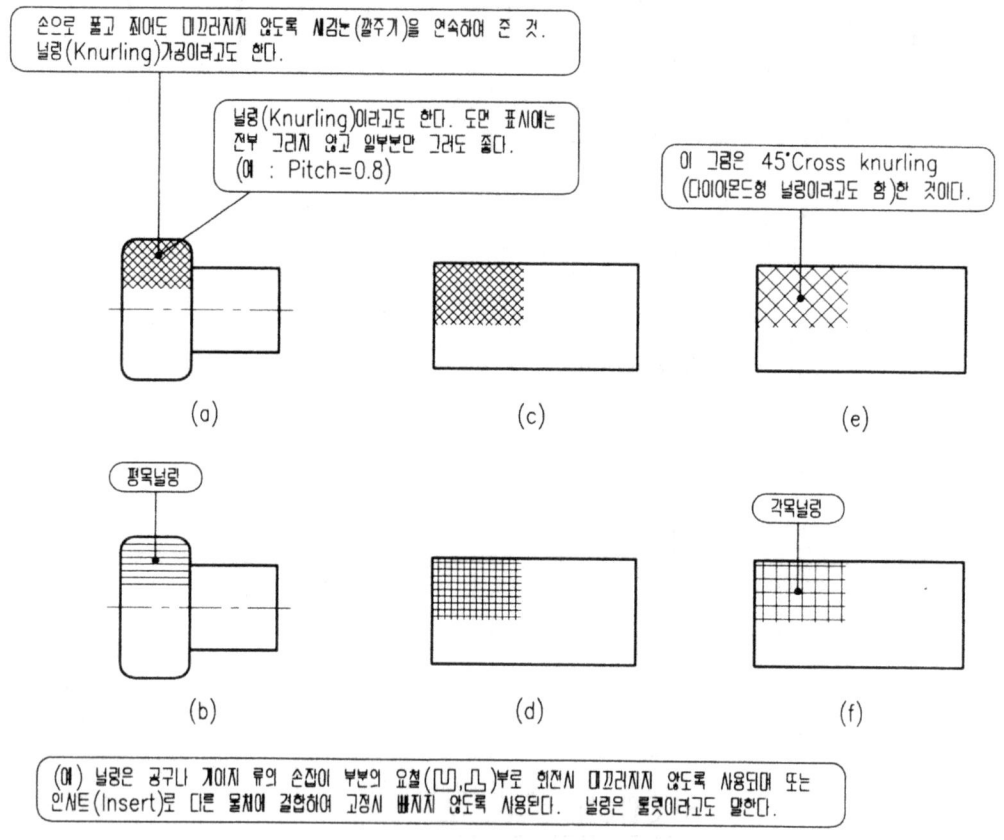

그림 4.2 룰렛(roulette)

4.2 인서팅

인서트(insert)가 있는 성형품의 설계에서는 여러 가지 주의가 필요하다. 인서트를 금형에 넣는 조작은 특별기구를 사용하는 것을 제외하고는 손으로 집어넣어야 하므로 성형의 무인화가 불가능해지고 성형 시간도 길게 된다. 또한, 인서트가 성형 중에 떨어지면 금형을 손상시키는 일이 많으므로 인서트를 넣어 성형하는 것이 필요불가결한 경우에만 사용한다.

　따라서 일반적으로 인서트를 성형시에 삽입하지 않고, 성형품에 파일럿 구멍을 뚫고 인서트를 그 구멍에 압입 또는 초음파로 삽입하는 2차 가공방식을 취하는 경우가 많다. 인서트의 외형을 각형으로 하면 성형품에서 그 부분에 응력이 집중하고 인서트부로부터의 응력에 의해 갈라짐이 많이 생기므로 가능한 원형 인서트를 사용하는 것이 좋다. 삽입된 인서트의 플라스틱 내에서의 고정은 플라스틱의 열팽창이 금속에 비해 훨씬 큰 것을 이용한 것이다. 따라서 냉각되면 인서트는 플라스틱 중에 고정되므로 인발력에서도 대항할 수 있게 된다. 인서트가 있는 제품에서는 인서트를 잡아주기 위해 보통의 횡형(橫形) 사출기가 사용되지 않고 입형(立形) 사출기를 사용하는 경우가 많다.

1) 인서트의 고정형상

　인서트를 플라스틱에 고정하기 위한 형상으로는 여러 가지가 있다. 가장 일반적인 것은 인서트 외주(外周)에 널링(knurling)하는 방법, 원주 양측을 커트하는 방법, 원주에 홈을 내는 방법, 판 모양 금속인 경우는 구멍 뚫는 방법 등이 있다(그림 4.3).

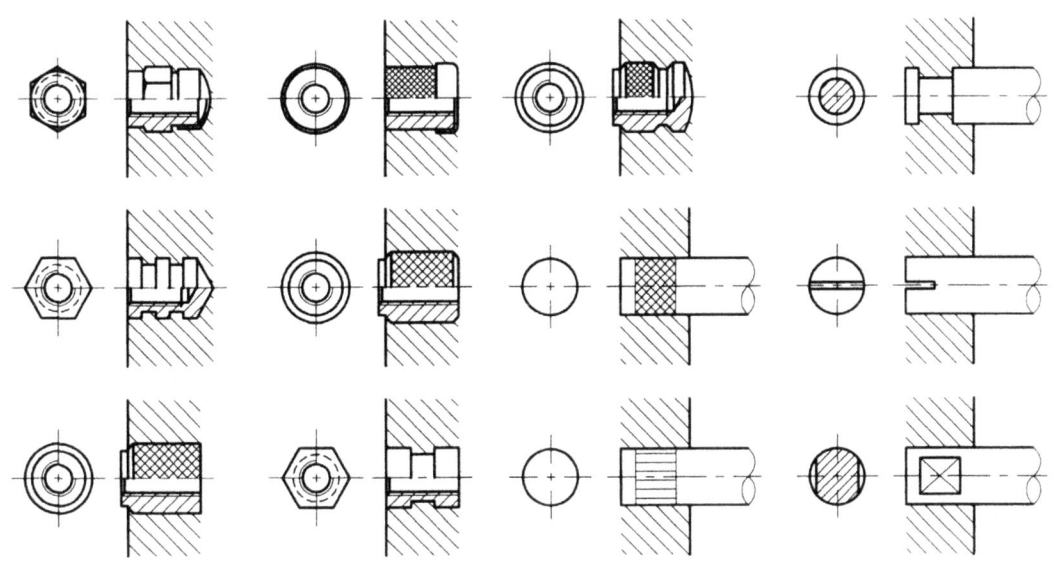

그림 4.3 인서트의 예

2) 금형에서의 인서트 고정

　인서트는 금형에 충분히 고정되어 있어 금형으로부터의 진동에도 빠지지 않고, 인서트와 금형과의 틈으로 수지가 유입되지 않도록 해야 한다. 따라서, 유입을 방지하기 위해서 인서트의 직경은 금형의 직경보다 0.02mm 이내로 작게 한다. 숫나사가 있는 인서트를 사용할 경우는 외경을 상기의 범위에 들어오도록 하고 인서트 근원에는 평탄부를 주어 사출시 용융된 플라스틱이 나사부로 흘러나오지 않도록 해야 한다. 특히 인서트의 플라스틱쪽에 매립된 직경이 숫나사 직경보다 큰 것이 제일 좋다(그림 4.4).

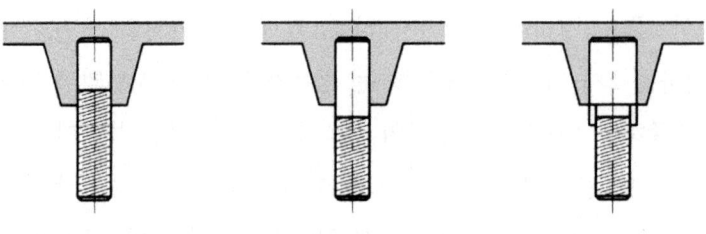

그림 4.4 나사 인서트

그림 4.5에서와 같이 구멍을 제품에 인서트를 중간까지 넣어야 할 경우, 인서트가 성형 중 뜨지 않도록 하기 위해 금형에서 핀을 캐비티 및 코어 양측에서 세워 인서트 면에서 받도록 하지 않으면 여러 가지 지장이 발생한다.

인서트 끝면에서 핀으로 잡기 위해 필연적으로 플라스틱 측의 구멍은 인서트의 구멍보다 커야 한다. 그 직경의 차는 인서트 크기에 따라 다르나 구멍 직경이 $\phi 2{\sim}3mm$일 때, 그 차는 0.5mm 정도면 된다. 이 경우에도 인서트의 치수 허용차는 엄밀하게 취급되어야 한다. 판상 인서트의 고정은 그림 4.6과 같이 인서트를 상하에서 끼워 고정하도록 하지 않으면 구부러짐이 생길 수 있고 경우에 따라서는 인서트가 성형품의 면에 들 수도 있다. 판상의 인서트가 들어간 성형은 거의 입형 사출기가 필요하다.

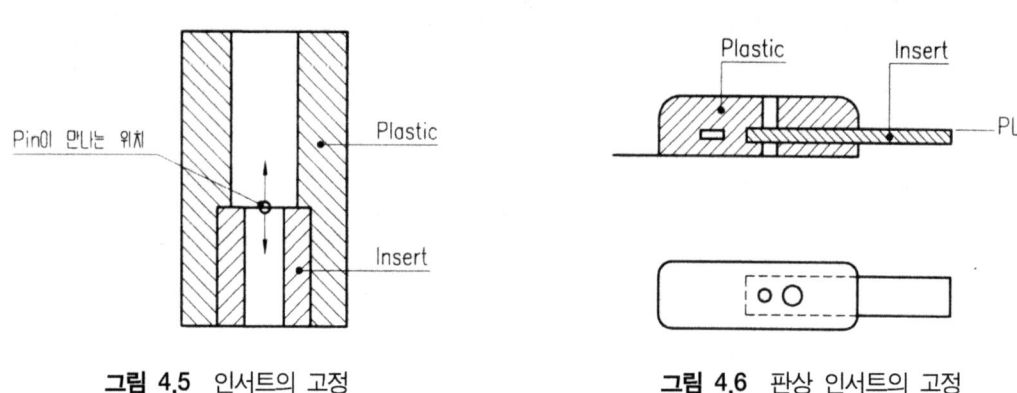

그림 4.5 인서트의 고정   **그림 4.6** 판상 인서트의 고정

4.3 금형에서의 제약

성형물에서 집중응력을 분산시키고 수지의 흐름을 좋게 하기 위해서는 예리한 부분을 피해야 됨을 이미 설명한 바 있다. 금형에서도 예각부를 피해 제작상 불가능 부분을 없애고 또한 제작의 용이성을 주는 것 등의 주의가 필요하다.

1) 금형의 예각부를 피한다.

금형에서 예각부가 형성되는 것을 피하기 위해 나사의 끝과 골 부분에 평활부를 두어야 하는데, 이와 같은 예는 많이 있다. 예를 들어 그림 4.7과 같은 파형의 형상에서 그 골 부위가 예리하게 되지 않도록 한다.

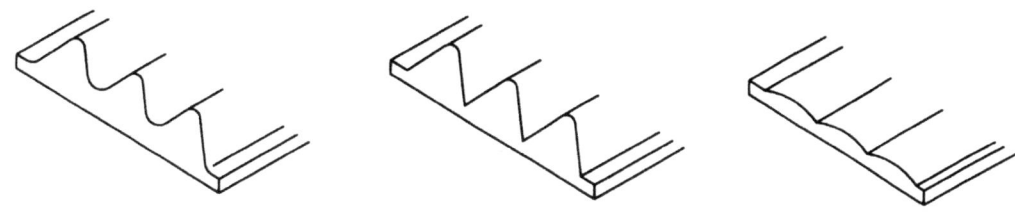

그림 4.7 제품의 골부위의 예각부

2) 가는 형상을 피한다.

가는 형상의 공작은 공구가 가늘어야 되므로 공구가 부러지기 쉬우며, 깊은 경우에는 방전가공으로 처리해야 한다. 따라서, 별도의 코어를 사용해야 하므로 금형 제작비가 높아진다.

3) 좌우 비대칭의 형상은 피한다.

그림 4.8과 같이 좌우 비대칭의 형상은 금형제작시 조각이 어려워서 수작업으로 한다든가 방전가공 등을 사용하지 않으면 제작이 어렵게 된다. 따라서, 가능하면 좌우대칭이 될 수 있도록 한다.

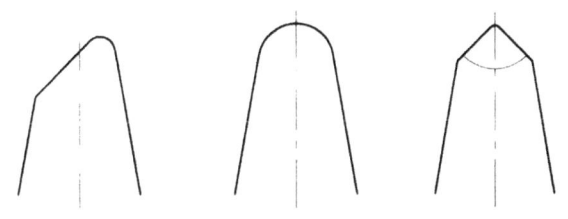

그림 4.8 좌우형상의 각도

4) 경사 보스 및 경사 구멍은 피한다.

경사 보스 및 구멍은 side core를 사용하면 성형이 안되는 것은 아니나 금형에 슬라이드 기구가 들어가므로 금형구조가 복잡하게 된다. 따라서, 그림 4.9의 가(可)와 같이 P/L에 직각이 되도록 노력한다. 구멍이 경사로 되지 않으면 안 될 경우에는 후가공으로 하는 편이 좋을 수도 있다.

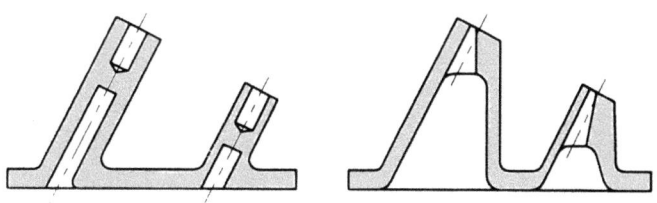

그림 4.9 경사 보스와 구멍

4.4 스냅 핏

플라스틱은 탄성을 가지고 있으므로 스냅 핏(snap fit)을 이용하여 조립하는 것이 가능하다. 성형재료로서는 변형된 후 즉시 복구되는 성질이 있는 POM과 같은 것이 특히 적합하다. 성형품의 형상은 그림 4.10~4.12에 표시한 것과 같이 언더컷(undercut)이 있어 slide core가 필요하다. 그러나 그림 4.10의 구멍은 강제돌출시켜 성형이 가능한 것이며, 이를 위해서는 여기에 적합한 형상으로 하지 않으면 안 된다.

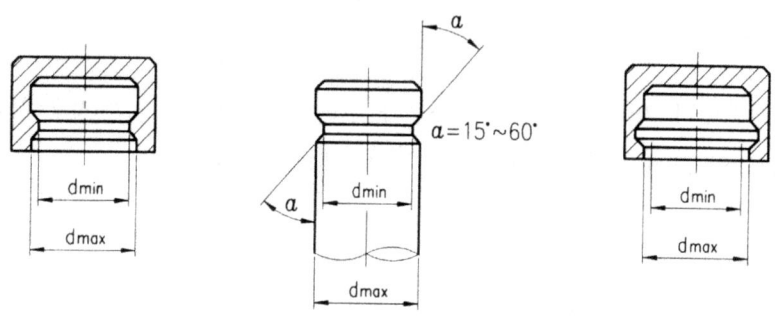

그림 4.10 스냅 핏 (1)

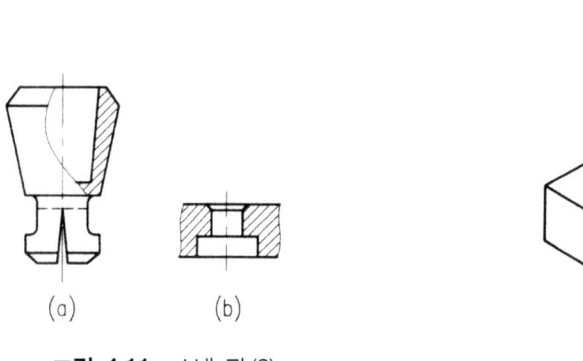

그림 4.11 스냅 핏 (2)

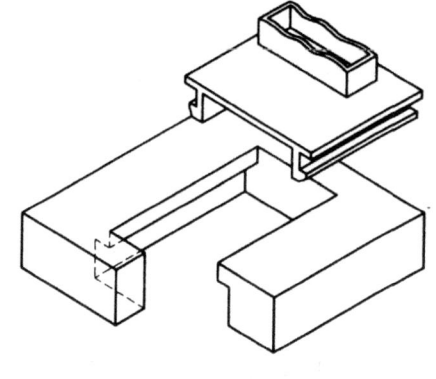

그림 4.12 스냅 핏 (3)

보통 언더컷 금형의 분할선(parting line)과 평행으로 한다. 그림 4.10의 경우의 언더커의 양(H)은 다음의 식으로 계산하고, 재료별로는 표 4.1에 따라 그 값 이하로 되도록 해야 강제돌출이 가능하다.

$$H(\%) = \frac{d_{\max} - d_{\min}}{d_{\max}} \times 100$$

표 4.1 스냅 핏의 언더컷량

성형 재료	최대 언더컷량 H(%)
PS, SAN, PMMA	1~1.5
경질 PVC, 내충격 PS, ABS, POM, PC	2~3
PA	4~5
PP, HDPE	6~8
LDPE, 연질 PVC	10~12

4.5 아웃서트 성형

아웃서트 성형이라 하는 성형법은 금속 등의 경(硬)한 재질의 base 상에 부분적인 여러 가지 부품을 플라스틱 사출성형시키는 방법이다. 그림 4.13은 그 예를 표시한 것이다.

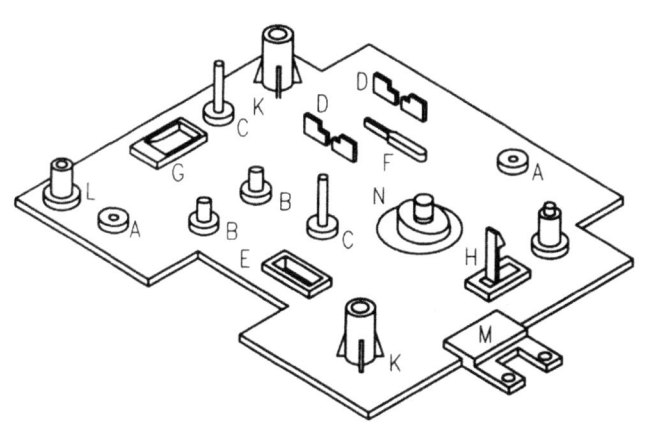

A : 베어링
B : 플라스틱 축
C : 플라스틱에 삽입된 금속 축
D : 면에 평행한 슬라이딩용 그루브
E : 면에 직각인 슬라이딩용 그루브
F : 면에 평행한 스프링
G : 면에 직각인 스프링
H : 스냅 훅(snap hook)
K, L : 고정용 보스
M : 고정부
N : 가동부

그림 4.13 아웃서트(outsert) 성형품

이 방법의 목적은 플라스틱 각 부품을 독립시킴으로써 플라스틱 각 부품의 자체는 성형 수축률에 의해 수축되지만 각 부품간에는 성형수축률이 작용하지 않고 온도변화에 대해서도 base의 선팽창계수에만 관련되므로 부품간의 거리를 정확히 유지시킬 수 있게 된다.

각 기능 부품의 플라스틱 사출은 각 개별적으로 핀 게이트를 사용해도 좋으나 2개 이상의 부품을 2차 런너로 연결, 이것에 사출하여도 좋다. 그러나 이 경우는 개개의 부품에 응력이 걸리지 않도록 하기 위해 그림 4.14와 같이 2차 런너는 S자형으로 하면 좋다. 길이가 긴 부품을 outsert할 경우는 성형수축률 때문에 base를 휘게 할 우려가 있으므로 base 이면에도 성형물을 부착시켜 수축에 의한 힘을 균형되도록 해야 한다.

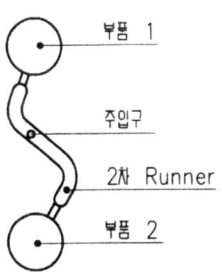

부품 1
주입구
2차 Runner
부품 2

그림 4.14 아웃서트 성형의 2차 런너

4.6 강도에 대한 설계

플라스틱 제품 설계에서 형상에 대한 설계 외에 강도에 대한 설계가 필요한 것은 당연하다. 플라스틱은 탄성물질이므로 그 변형량은 시간에 따라 변화하고 하중을 제거한 후에도 원래의 형상으로 되돌아오지 않는다. 즉 크리프가 발생한다.

플라스틱 성형품의 강도계산에 있어서는 금속재료의 강도계산식에 플라스틱의 인장강도, 탄성률 등을 그대로 대입해서는 안 되고 먼저 제품이 필요로 하는 수명을 정하지 않으면 안 된다. 다음에 그 시간에 있어서 크리프 강도, 크리프 변형 및 겉보기 탄성 계수를 구하고, 이 값을 금속강도 계산식의 강도, 왜곡 및 탄성 계수 값을 대입하여 강도 계산을 한다. 또한, 플라스틱은 금속에 비해 강도는 온도 의존성이 크므로 크리프 강도 등의 값은 사용온도일 때의 것을 취하지 않으면 안된다.

또한 크리프 시험은 간단하지만 제품의 필요수명에서의 값이 필요하기 때문에 많은 경우에 경험 데이터가 필요하게 된다. 그러므로 크리프 강도, 크리프 변형 및 겉보기 탄성 계수의 값은 신뢰도가 낮으므로 금속의 경우에 비해 안전율을 크게 해야 한다.

4.7 성형품의 2차 가공

4.7.1 어닐링

사출성형법은 낮은 온도의 금형 중에 높은 온도의 가소화된 플라스틱을 고압으로 밀어 넣어 성형하는 방법이므로 필연적으로 제품에는 내부응력이 남게 된다. 특히 게이트 부군에서 응력이 제일 크게 된다. 그 내부응력이 지나치게 크면 방치된 상태에서도 갈라지는 현상이 생기고, 용제 등에 접촉하면 응력 균열(stress cracking)을 일으키기 쉽고, 잔금(crazing)도 발생하기 쉽다. 내부응력은 풀림처리(annealing)를 함으로써 제거될 수 있다.

풀림처리는 공기중 또는 수중에서 플라스틱 성형물을 가열시켜 처리하며, 처리온도는 그 성형품 재질의 연화점(softening point)보다 5~10℃ 낮은 온도에서 하는 것이 좋다. 비결정성 플라스틱은 가열에 의해 연화하는 온도 기준으로 하중 변형온도(deflection temperature under load)에 맞추면 좋으나, 결정성 플라스틱에서는 하중변형온도는 풀림처리하는 온도의 기준이 될 수 없다.

4.7.2 기계 가공

금형 내지는 성형법상 제약에서 기계가공을 하지 않으면 안되는 경우가 있고, 사출성형품상에서의 정밀도보다 그 이상이 요구될 때 기계가공을 하는 경우도 있다. 플라스틱 성형품의 기계가공은 금속 및 목재용 기계에서 가능하나 열가소성 수지에서는 지나치게 빠르게 바이트를 동작시키면 마찰열로 용착하는 점에 주의해야 한다. 따라서 바이트의 과열을 피하기 위해서는 절삭부를 공냉과 수냉을 겸용하면 매우 유효하다.

구멍을 뚫기 위해서는 금속용 드릴 날(drill bit)이 사용되나 플라스틱은 탄성이 있으므로 드릴 비트의 직경보다 약간 작게 나올 수 있는 것이 금속과의 차이이다. 따라서 드릴 비트의 선택은 시행오차를 거쳐 하는 것이 좋다. 펀칭(punching)에 의한 타발법도 2차 가공법으로 많이 사용되고 있다. 깨지기 쉬운 일반용 PS, PMMA 수지 등은 가열한 후 타발하는 것이 좋으며, 그외 플라스틱은 용이하게 타발된다. 또한 펀칭에 의한 2차 가공법은 ring gate라든가 film gate의 절단, 구멍을 뚫는 데도 사용되고 있다.

4.7.3 조립

플라스틱 성형품 상호 혹은 다른 부품과의 조립이 있게 마련이다.

1) 인서트의 압입

인서트를 삽입하여 성형하면 사출성형기의 무인운전이 곤란하게 되고 성형 주기가 길어지게 된다. 이 문제점을 해결하는 방법으로서는 성형품에 파일럿 구멍만 성형시키고, 그 구멍에 인서트를 성형물에 압입시키고 machine screw 등을 이용하여 다른 부품을 고정하는 방법이다. 그 압입방법으로서는 초음파, 냉간강제압입이 있으며, 접착제에 의한 접착고정방법도 있다. 그림 4.15는 인서트 형상의 예이다.

그림 4.15 압입 인서트와 설계 예

2) 나사에 의한 조립

플라스틱 성형품 상호 조립 또는 다른 부품의 조립에서 나사가 가장 많이 사용되고 있다. 보통 작은 나사에 대해서는 성형품에 나사를 내지 않고 보스에 파일럿 구멍을 뚫고 self tapping 나사를 사용하는 경우가 대부분이다.

그러나 태핑 나사에 의한 고정방법은 인서트를 삽입하고 machine screw를 사용하는 고정방법보다는 체결강도가 크지 않음에 주의할 필요가 있다.

(1) 태핑 나사의 신뢰성

위에서 언급한 바와 같이 플라스틱 조립에서 양산화의 목적으로 인서트 삽입 대신 태핑 나사가 많이 사용되므로 그 신뢰성을 확인하기 위해 신뢰성 시험이 실시되었다.

성형품을 태핑 나사로 반복하여 죄고 풀 때 성형품의 나사산이 파괴되어 고정불능이 된다고 예상할 수 있다. 따라서 일정 토크로 죈 후, 그 풀림 토크를 측정했다. 그 결과 통상의 죄고 푸는 반복횟수에는 풀림 토크의 변동은 거의 없었으며 나사의 파괴 등도 발생되지 않는 것이 확인되었다.

다음에 온·습도 등이 체결력에 미치는 영향을 조사하기 위해 온·습도 사이클 시험을 한 후 풀림 토크를 측정했다(온습도 사이클 시험조건은 제품의 사용환경을 고려하여 결정). 죔 토크에 대한 풀림 토크의 비율과 온습도 사이클 횟수의 관계에서 1사이클 경과 후 풀림 토크는 죔 토크의 약 1/5로 저하하나, 그 이후에서는 급격한 저하는 발생되지 않는다. 온습도에 의해 풀림 토크는 저하하여도 그 후의 진동 등에 의한 풀림 토크는 저하하지 않아 실용상 충분한 체결력을 가지고 있음이 확인되었다.

(2) 태핑 나사의 종류와 특징

종래에는 pan head type 2종(KSB 1032)이 많이 사용되었으나, 현재에는 tap tite screw라는 상품명으로 명명된 태핑 나사가 일반적으로 사용되고 있다. tap tite screw는 미국의 continental screw 사(社)에서 개발되어 fastener 공업계에 신제품의 하나로 평가되고 있다.

tap tite screw는 일반적으로 볼 때 종래의 것과 유사하나 나사직경 방향으로 단면을 보면 외경을 3개의 원호가 삼각형으로 이루고 있으며, 또한 종래의 나사와는 외경, 유효경 및 골경이 상이함을 알 수 있다. 따라서 원주상에 3개의 원호로 된 돌기가 있기 때문에 작은 죔 토크로도 플라스틱에 나사산을 전조성형시킬 수가 있어 가장 이상적으로 나사를 만들 수 있게 된다(그림 4.16).

tap tite screw의 특징

① 나사의 접속률이 높아 큰 체결력을 얻을 수 있다.
② 진동에 대한 풀림방지효과가 크다.
③ 풀림 토크가 크고 탭오버(tapover) 현상이 적다.

tap tite screw에는 여러 종류가 있으며 용도에 따라 그 종류를 선택하고 있다. 표 4.5는 일반 태핑 나사 및 tap tie screw의 형상과 용도를 나타낸 것이다.

표 4.2 탭 타이트 스크류(tap tite screw)의 종류와 용도

형　　　　　상	용　도	비　고
일반 tapping screw (KSB1032 2종) 	플라스틱, Al, 1.2t 이하의 철판	호칭경 φ3의 피치=1.05

형 상		용 도	비 고
T A P T I T E S C R E W	S-type 	철판, 알루미늄, 아연 다이캐스팅 제품에 사용된다.	피치는 machine screw와 동일.
	C-type 	철판, 알루미늄, 아연 다이캐스팅 제품에 사용된다.	피치는 machine screw와 동일하며 나사외경은 같은 호칭경에서 S-type보다 작다.
	B-type 	박판, 알루미늄, 아연 다이캐스팅 및 일반 가소성 플라스틱에 사용된다.	피치는 KSB1032 2종(예 : 호칭경 $\phi 3$의 경우 1.05)과 동일.
	P-type 	일반 가소성 플라스틱에 전용 사용된다.	피치는 B-type보다 크며(예 : 호칭경 $\phi 3$의 경우 1.27) 나사외경은 같은 호칭경에서 B-type보다 크다.

(플라스틱 재료에서는 P-type을 사용하는 것이 최적이나 알루미늄, 아연 다이캐스팅 등에도 공용으로 사용할 수 있도록 B-type을 널리 사용하고 있다)

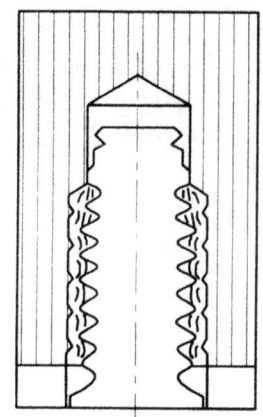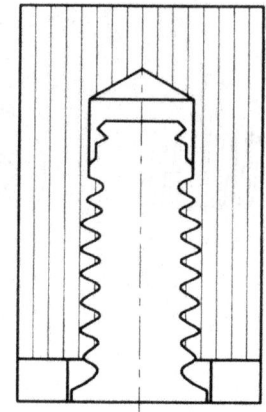

그림 4.16 일반 태핑 나사(tapping screw)와 탭 타이트 스크류(tap tite screw)의 나사 제작(thread forming)

3) 초음파 용착(ultrasonic welding)

(1) 원리

18k~20kHz 이상의 가청범위를 넘은 주파수음을 초음파라 부르며 초음파의 응용기기를 크게 나누면, 통신적 이용방법과 동력적 이용방법이 있다. 전자의 응용예로서는 어군탐지기, 균열탐지기 등이 있고, 후자의 응용예로서는 세정기가 대표적이다. 플라스틱 용착은 기계적 에너지를 효과적으로 이용한 후자의 응용 예이다. 그 원리는 전기신호는 기계적 진동으로 변환되고, 그 진동주파수와 진동 진폭에 압력을 가함으로써 용착부에 분자간 마찰열이 일어나 플라스틱을 용융, 용착시키는 것이다.

(2) 장치

① 전원장치

　전원의 60Hz 전기신호를 20kHz의 전기신호로 변환시킨다.

② 컨버터(converter)

　전원장치에서 발진된 20kHz의 전기신호는 본 장치에 의해 20kHz의 기계적 진동으로 변환된다.

③ 부스터(booster)

　컨버터와 혼(horn)을 접속시킨다.

④ 혼(horn)

　컨버터에서의 진동은 혼에 의해 확대되고 용착되는 부품에 초음파 진동을 전달한다.

⑤ 지그(jig)

　지그는 용착되는 2개의 부품을 적정한 위치에 고정시키고 용착시에 초음파 진동으로 부품이 이동되는 것을 방지한다.

(3) 특징

초음파 용착방법은 나사를 사용하여 조립할 경우 다수개가 필요하고 작업성이 좋지 않을 때 나사용 보스를 세울만한 공간이 없을 경우, 다시는 분해할 필요가 없을 때 본 초음파 조립방법을 사용하고 있다.

초음파 용착의 특징은 혼에서 전달된 초음파진동이 용착부에만 국부 발열을 일으키므로 주기가 짧고(보통 1초 이하) burr도 생기기 않는다. 균일하게 작업이 되며, 강도는 모재(母材)에 가깝게 유지되며, 외관이 깨끗하며, 가격도 저렴하고 자동화가 쉽다. 또한 같은 장치에서 혼론을 교환함으로써 용착뿐 아니라 인서팅 (inserting) 작업, 스테이킹(staking), 스폿 용접(spot welding) 등도 가능해 그 응용범위가 넓다.

(4) 적합 재료

초음파용착은 열가소성 플라스틱에 한하며, 그 중에서도 비결정성이 일반적으로 양호하다. 결정성 수지의 용착은 그림 4.17과 같이 강력한 에너지를 필요로 하고 형상, 용착면까지의 거리, 흡수성, 접합설계 등을 충분히 고려하여야 한다.

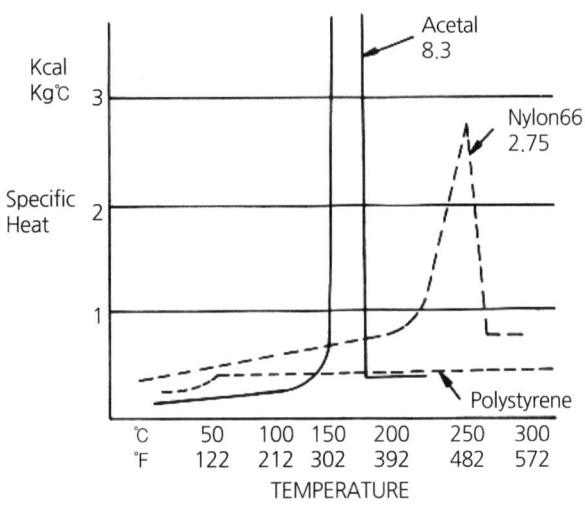

그림 4.17 열 에너지

(5) 접합부 설계

초음파를 이용한 플라스틱 조립방법에는 용착, 인서팅, 스테이킹, 스웨징, 스폿 용접 등이 있다. 만족한 결과를 얻기 위해서는 접합부의 형상설계가 무엇보다도 중요한 요소가 되므로 다음의 각 방법에 대해 기본 설계를 설명한다.

① 용착

그림 4.18은 용착되는 파트에 접합설계가 설정되지 않기 전과 설계된 후의 용착면 및 효과를 나타내는 것으로 접합설계가 되어 있으면 단시간 내에 강력한 용착이 되는 것을 알 수 있다. 그 돌기물을 energy director라 부르고, 초음파 진동이 그 부분에 집중 전달되어 국부적인 마찰열을 발생시켜 플라스틱을 용융시켜 용착된다.

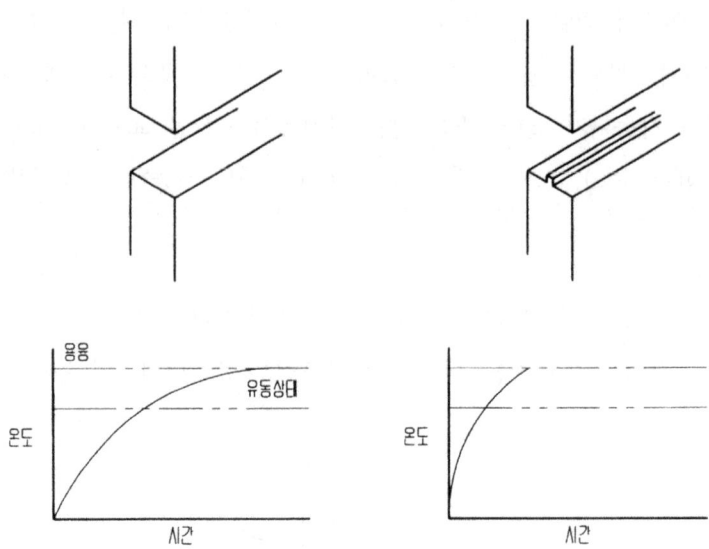

그림 4.18 에너지 디렉터(energy director)

그림 4.19는 butt joint에 energy director를 설정한 것으로, energy director가 용착폭에 작으면 용착폭의 양단까지 충분히 용착되지 않고 강도도 약하게 된다. 반대로 지나치게 크면 burr가 발생하고 수지의 열화(degration : 제품이 열 또는 광에 의해 그 화학적 구조에 유해한 변화를 일으키는 것 특히, 물리적 성질에 영구변형이 일어나 성질이 저하하는 현상)의 원인으로 된다.

일반적으로 용착폭 W에 대하여 높이는 W/4, 폭 W/2로 설정한다. 예를 들어, 용착물의 폭이 1mm일 때 높이는 0.25mm, 폭은 0.5mm가 된다. 보통 energy director의 높이는 특별한 경우를 제외하고는 1mm 이하이다.

그림 4.20은 용착되는 2개의 파트의 위치 결정이 되면 바깥 측면으로 과도한 용착 burr를 없애기 위해 사용되며 step joint라 한다. 이 설계가 일반적으로 많이 사용된다.

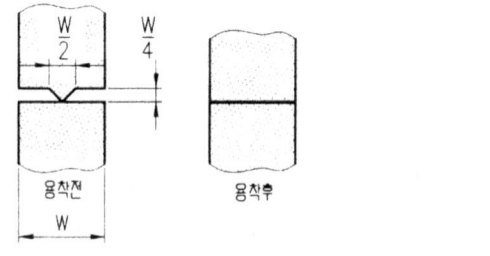

그림 4.19 버트 조인트(butt joint)

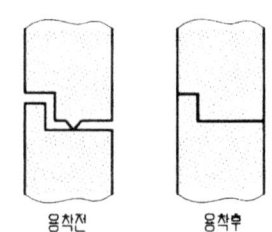

그림 4.20 스텝 조인트(step joint)

그림 4.21은 특히 결정성 플라스틱용으로 개발된 디자인으로 shear joint라 부르며 Nylon, POM, PBT, PPS, PE, PP 등의 용착에 효과적이다. 일반적으로 결정성 수지는 좁은 온도범위에서 급격히 고체에서 용융상태로 변화하므로 energy director에는 용융된 수지가 인접 접합면으로 융합되기 전에 급속히 고체화하기 때문에 양호한 결과를 얻을 수 없는 경우가 많다.

shear joint에서 용착부는 작은 접촉면으로 되는 것이 발열효과가 양호해져 충분한 용융상태로 된다.

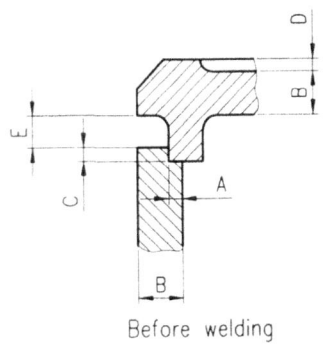
Before welding

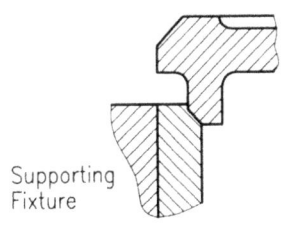
Supporting Fixture
During welding

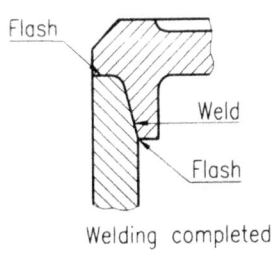
Welding completed

Dimension A :
.016inches.
Suggested for most applications.
Dimension B :
This is the general wall thickness.
Dimension C :
.016~.024inches. This recess is to ensure precise location of the lid.
Dimension D :
This recess is optional and is generally recommended for ensuring good contact with the welding horn.
Dimension E :
Equal to or greater than dimension B.

그림 4.21 shear joint

② 인서팅

인서팅은 가소성 수지에 인서트를 삽입시키는 기술로 제품설계시 구멍의 직경을 인서트의 직경보다 약간 작게 설정한다. 인서트는 통상 널링, 홈 등에 실시되고 인서팅 후 인장과 토크에 대해 강력한 고정이 되도록 한다. 인서트 표면에 혼에서의 초음파 진동과 압력이 가해지면 인서트 외경면과 플라스틱 부품 내경에 있어서 통상 0.2~0.4mm의 간섭되는 면에서 국부적인 마찰열이 발생되고 수지를 용융시킨다(그림 4.22).

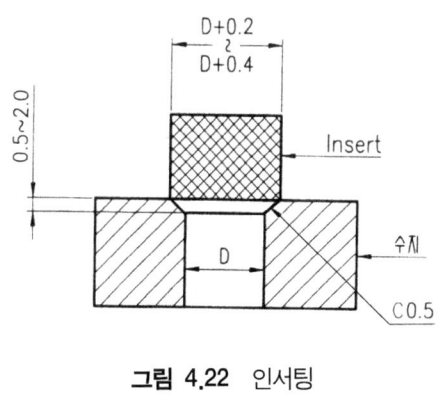

그림 4.22 인서팅

③ 스테이킹

초음파 스테이킹은 제품설계시 미리 스터드(stud)를 설치하고 조립될 부품을 스터드에 리벳팅식으로 2개의 파트를 고정하는 조립방법으로서, 리벳팅되어 조립되어지는 부품에서는 구멍을 뚫어 스터드가 그 구멍을 통과해 돌출되도록 하여야 한다.

그림 4.23에 표시한 것은 표준형 스테이킹으로서 이것은 그 스터드의 머리형상이 평평한 것이며 그 스터드 높이는 스터드 직경 "D"에 대해 0.8D~1.0D 정도 돌출시키도록 한다. 그림 4.24는 돔형이라 부르며 작은 스터드 직경이라든가 충전 혼입수지의 스테이킹에서 유리하며 혼과 스터드와의 위치를

정하는 것도 표준형에 비하여 더 용이하다. 그림 4.25는 knurled 스테이킹이다. 그림 4.26은 flush staking으로 리벳팅할 부품에 카운터싱크(countersunk) 구멍을 뚫은 후 스테이킹하는 것으로 리벳팅 후 평면이 되지 않으면 안되는 부품에 유리하다. 그림 4.27은 hollow 스테이킹이라 부르며 스터드 직경이 큰 경우에 사용된다. 다량의 용융이 필요하지 않으며 짧은 주기로 강력한 리벳팅이 가능하다.

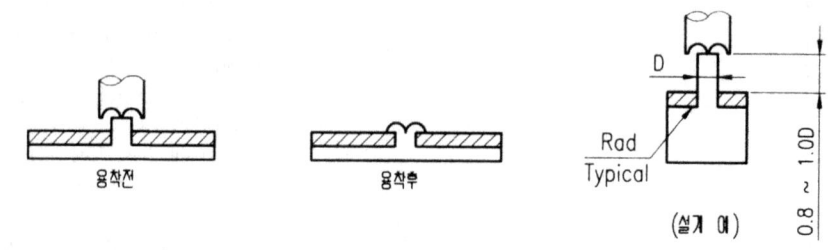

그림 4.23 표준형 스테이킹

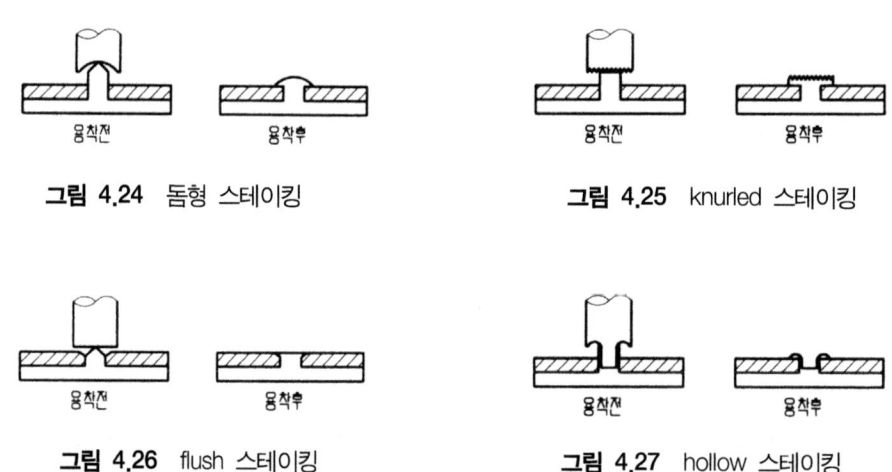

그림 4.24 돔형 스테이킹   **그림 4.25** knurled 스테이킹

그림 4.26 flush 스테이킹   **그림 4.27** hollow 스테이킹

초음파 스테이킹 방법 외에 냉간 리벳팅 방법으로도 고정이 가능하나 결합력은 초음파 방법보다 약하다. 냉간 리벳팅 방법은 모든 플라스틱에 가능한 것이 아니고 PC, POM, ABS 등의 수지가 적당하다.
④ 스웨징
그림 4.28은 일반적으로 사용되는 스웨징의 설계예로서, 벽두께 T에 대해 높이는 1.5~2T 정도로 한다. 선단부는 호른이 삽입하기 쉽게 하고 외측에 벽두께 T는 보통 1mm 전후가 사용된다.

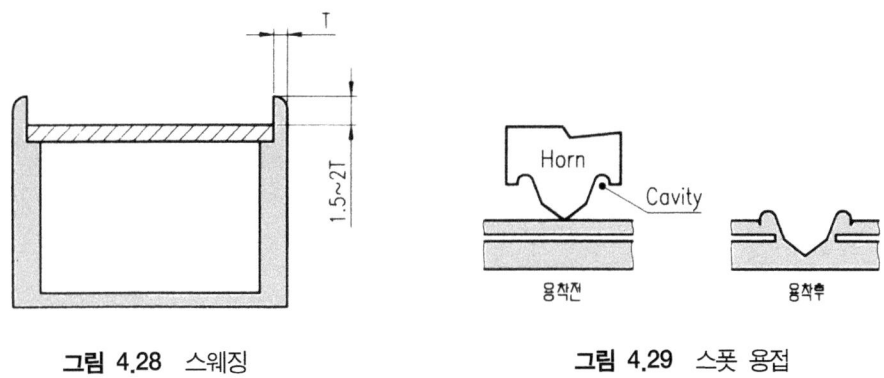

그림 4.28 스웨징   **그림 4.29** 스폿 용접

⑤ 스폿 용접

그림 4.29에 표시하는 것과 같이 2매의 부품을 중첩시켜 점용착을 하여 조립하는 방식이다. horn 선단의 형상을 용융시키기 쉬운 형상으로 하기 위해 플라스틱 측에는 특별한 접합설계는 하지 않는다. 2장의 밀착된 판재에 초음파 진동을 가하면 팁(tip)의 선단에서 상판이 용융되고 하판의 판두께의 약 1/2까지 삽입되면 용융된 플라스틱은 tip에 미리 형성된 캐비티에 흘러들어 상판의 표면은 링 형상으로 reforming된다. 판두께는 통산 1~3mm 정도가 많이 사용된다.

4) 용제 및 접착제에 의한 접착

열가소성 수지에서 PE, PP, POM 등을 제외하고는 거의 모든 수지가 용제에 녹는다. 그 용제에 녹는 것을 이용하여 접착하는 방법이 용제접착이다. 용제접착에는 용제를 그대로 이용하여 접착하는 방법과 용제에 플라스틱을 녹인 dope cement를 이용하는 방법도 있다.

용제접착의 결점으로서는 용제접착부는 용제가 휘발한 후 수축하여 접착부에 응력이 남기 때문에 잔금이 발생되기 쉽다. 그런 이유로 저비점 용제와 고비점 용제를 혼합한 것을 사용하는 방법이 좋다.

접착제로서는 합성고무계, 에폭시계, 우레탄계, 시안화 아크릴계 등의 접착제가 사용되고 있으며, 일반적인 접착에는 합성고무계 접착제가 사용되고, 강력한 접착이 필요할 때는 에폭시계 접착제가 사용되고 있다. 에폭시계 접착제는 이액성이므로 사용 직전에 혼합시켜야 되며 고화하는데 시간이 걸리나 고화 전후에서 용적이 변화하지 않기 때문에 기밀성을 유지할 수 있고 접착강도가 높다. 시안화 아크릴계 접착제는 고화하는데 시간이 걸리지 않고 투명하나 결정성 플라스틱에는 접착강도가 강하지 못하다.

제2편

다이캐스팅 부품의
설계 및 해설

제1장 렌즈용 브래킷

제 **1** 장

렌즈용 브래킷

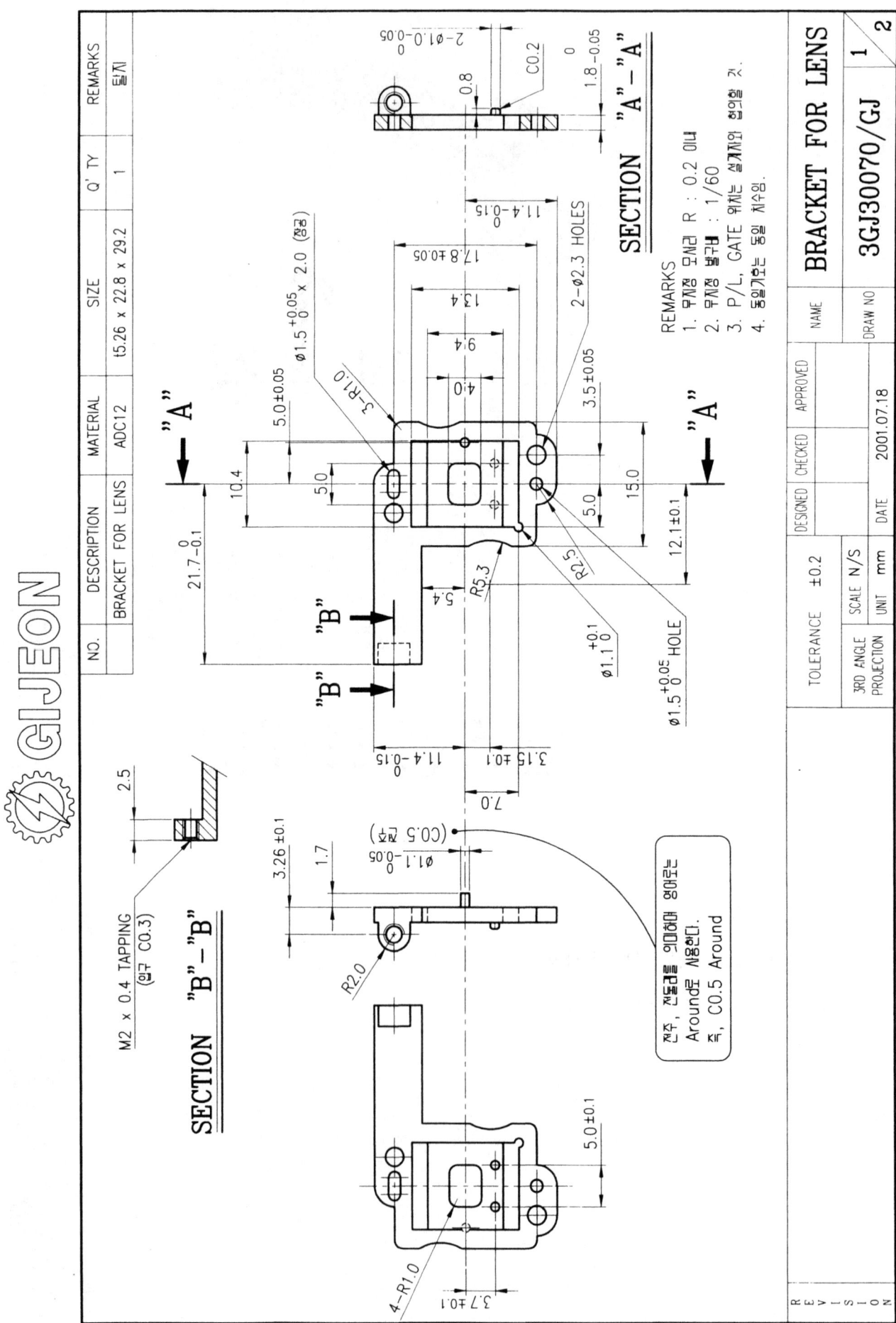

GIJEON

NO.	DESCRIPTION	MATERIAL	SIZE	Q' TY	REMARKS
	BRACKET FOR LENS	ADC12	t5.26 x 22.8 x 29.2	1	틈지

SECTION "A" – "A"

REMARKS
1. 무지정 모서리 R : 0.2 이내
2. 무지정 발구배 : 1/60
3. P/L, GATE 위치는 설계자와 협의할 것.
4. 동일기호는 동일 치수임.

BRACKET FOR LENS

3GJ30070/GJ

1 / 2

3RD ANGLE PROJECTION	TOLERANCE ±0.2	SCALE N/S	DESIGNED	CHECKED	APPROVED	NAME
		UNIT mm	DATE 2001.07.18			DRAW NO

SECTION "B" – "B"

M2 x 0.4 TAPPING
(밀구 C0.3)

각부, 전둘레를 외피하여 영어하는 Around로 처용한다.
틈, C0.5 Around

GIJEON

NO.	DESCRIPTION	MATERIAL	SIZE	Q'TY	REMARKS
	BRACKET FOR LENS	ADC12	t5.26 × 22.8 × 29.2	1	틈치

재질은 ADC12를 사용하였다. 이는 "알루미늄 합금 다이캐스팅 12종"의 일본공업규격(JIS) 재료기호이다.
KS기호는 ALDC8(알루미늄 합금 다이캐스팅 8종)과 같으며 여기서 AL : Aluminum, D : Die(금형)
C : Casting(주조)의 약어이다. 한국공업규격(KS)의 규격번호는 KS D6006 이다.
참고로 알루미늄은 다음과 같은 성형 가공되어서 생산된다.

① 판(Sheet)
② 샤시(Sash)
③ 선(Wire)
④ 봉(Bar)
⑤ 박(Foil): 알루미늄 호일
⑥ 분말(Powder)
⑦ 다이캐스팅 : 주조물

처음부터 코어(CORE)를 사용하여 주물에 뚫어놓은 주물구멍에 탭(TAP)을 사용하여
머리 밑까지 M2 × 0.4(II치)의 암나사를 가공하는 작업(TAPPING)이다.

2.5

M2 × 0.4 TAPPING
(입구 C0.3)

SECTION "B" – "B"

치수표기가 안된 모서리의 R은 모두 0.2mm이내로 처리한다. 단, R<0.2mm

버가루, 빼기 가울기라고 한다.

REMARKS
1. 무지정 모서리 R : 0.2 이내
2. 무지정 발거나 : 1/60
3. P/L, GATE 위치는 설계자와 협의할 것.
4. 동일기호는 동일 치수임.

TOLERANCE ±0.2	DESIGNED	CHECKED	APPROVED	NAME
3RD ANGLE PROJECTION	SCALE N/S			
	UNIT mm	DATE 2001.07.18	DRAW NO	

BRACKET FOR LENS

3GJ30070/GJ

2 / 2

REVISION

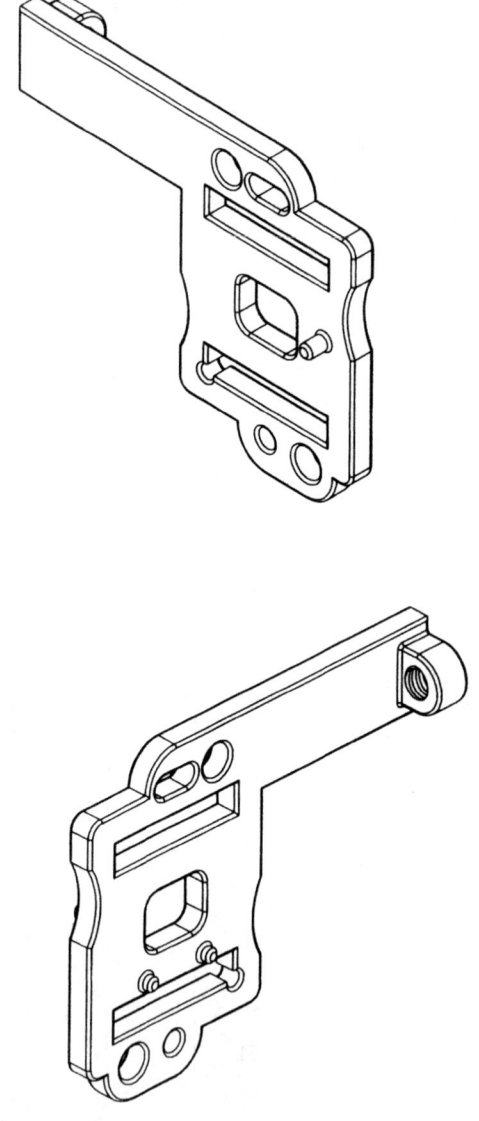

참고) 부품 3차원 입체도(등각 투상도)

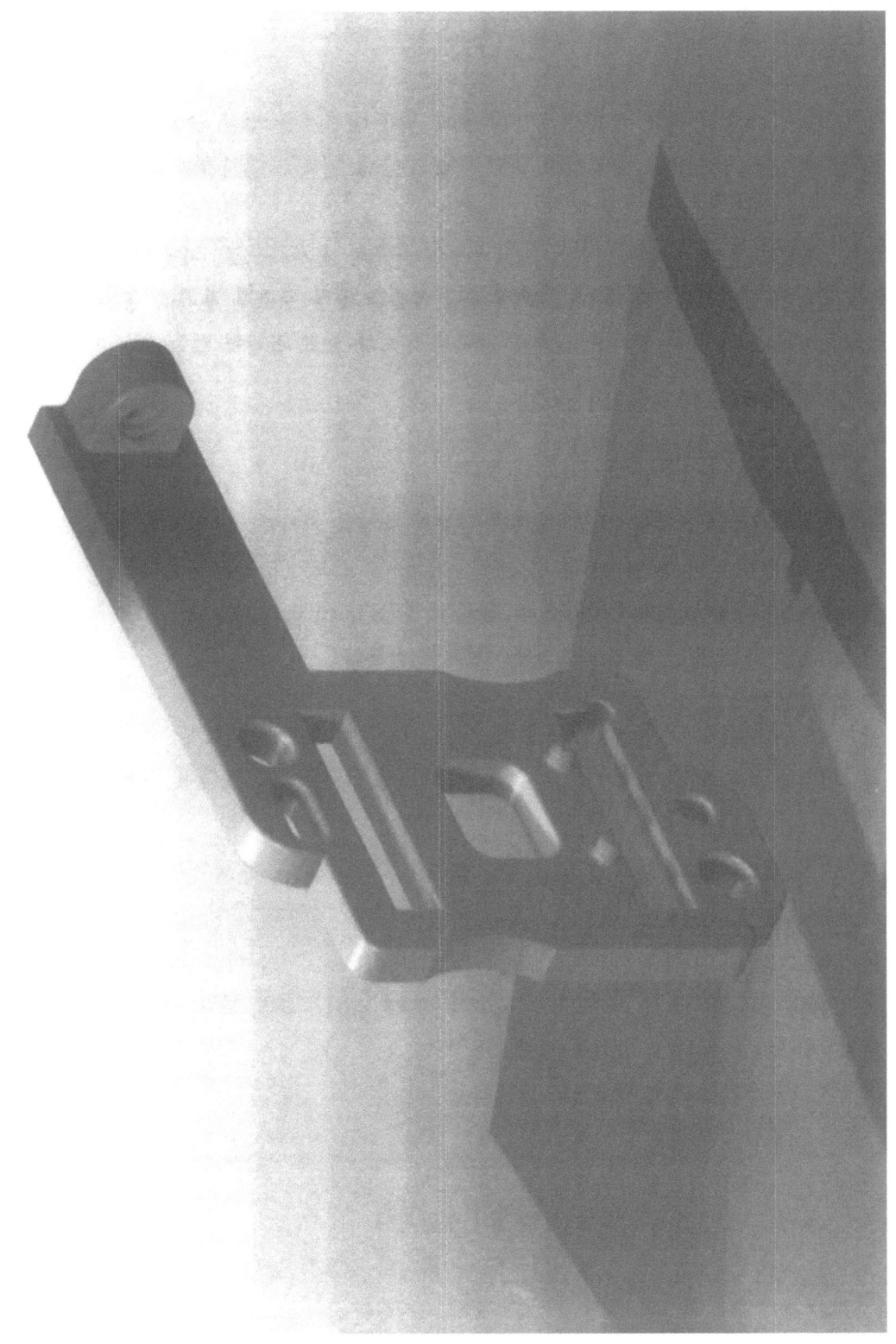

그림 1.1 렌즈용 브래킷

1.1 다이캐스팅 제품 설계 및 금형

1.1.1 개 요

다이캐스팅(die casting)법은 금속제 금형에 보다 낮은 융용점을 갖는 금속(주로 Al, Zn, Mg 합금)을 융용상태에서 고온, 고압으로 주입하여 동일 형상의 금속 제품을 단시간에 대량 생산할 수 있는 방법이다.

다이캐스팅 금형의 구조는 플라스틱 사출용 금형의 구조와 유사하므로, 제품설계의 일반적 주의 사항은 플라스틱 금형의 설계시와 비슷하다. 다이캐스팅 제품은 통상 주조 후 후처리 공정을 거치므로 다이캐스팅 제품설계시 후처리공정을 고려한 설계를 하여야 신뢰성 있고 경쟁력 있는 제품이 될 수 있다.

1.1.2 다이캐스팅 제품의 공정

보통 다이캐스팅 제품은 설계에서 완성품까지 다음의 공정을 거친다.

① 제품설계 ⇨ 목업 제작, 시험, 수정
② ⇨ 금형설계 ⇨ 금형 제작 ⇨ 시사출 ⇨ 금형 수정 보완 ⇨ 금형 열처리
③ ⇨ 주조 ⇨ 게이트 제거, 버(burr) 제거 ⇨ 제품 열처리
④ ⇨ 교정 ⇨ 후가공 ⇨ 표면처리

여기서는 위의 공정에 따라 연구개발 및 설계 담당자가 다이캐스팅 제품의 설계시 알아야 할 사항에 대해 기술한다.

1.1.3 다이캐스팅 제품의 특징

사형 주조(sand cast)나 금형 주조(permanent mold cast) 등의 일반 주조 제품과 비교하여 다음과 같은 장점이 있다.

① 복잡한 형상의 제품이 제작 가능하다.
② 치수 정도가 높아 기계가공비가 절감된다.
③ 표면상태가 양호하다.
④ 살두께가 얇게 되므로 중량 경감으로 원가가 절감된다.
⑤ 융용금속의 고속주입, 급냉으로 조직이 작고 치밀하며 강도가 높다.
⑥ 단위시간당 생산량이 많으며 생산 공간을 작게 차지한다.
⑦ 제품의 기밀성이 높다.
⑧ 제품의 균일성이 높다.
⑨ 인서트의 이용이 가능하다.

반면, 다음과 같은 단점을 갖는다.

① 크기의 제한이 있다. 제품중량이 최소 25kg을 넘지 못하며 통상 5kg 미만이다.

② 제품의 형태와 게이트의 위치, 형태에 따라 제품 내에 기포가 발생할 우려가 있다.

③ 생산설비 및 금형이 고가이므로 대량 생산시에 경제적이다.

④ 알루미늄, 아연 등과 같이 동합금보다 용용점이 높지 않은 금속에 적용 가능하다.

1.1.4 다이캐스팅 제품의 설계기준

다이캐스팅 제품 설계시 경험에 의존해야 할 것이 많다. 이를 테면 주조가 가능한 형상 및 치수공차, 적절한 빼내기 경사 등은 경험 없는 엔지니어가 결정하기는 곤란하며 현실성 있는 제품설계가 불가능하다. 이런 경우 다이캐스팅 설계기준을 참조하면 편리하다.

1.2 알루미늄 다이캐스팅 재료

1.2.1 알루미늄 재료의 특징

알루미늄은 지각에 가장 풍부히 존재하는 원소 중의 하나이지만, 1886년 경제적인 알루미늄 제련법이 개발되기 전까지는 금속형태의 알루미늄을 얻기가 힘들었다. 그 이후 알루미늄의 수요가 급격히 늘어 현재 철에 이어 두 번째로 많이 쓰이는 금속 재료가 되었다.

알루미늄의 첫 번째 특징은 그 무게가 가볍다는 것이다. 비중이 2.7로 강의 7.9에 비하면 1/3에 불과하다. 그 이외의 특징을 들면 다음과 같다.

① 성형성

알려진 금속성형공정을 거의 모두 사용할 수 있다. 660℃ 정도의 낮은 용용점을 가지므로 주조가 쉽다. 반면 250℃ 이상의 고온에서는 사용이 제한된다.

② 기계적 특성

합금으로 만들면 강도가 향상되어 연철의 2배 정도의 강도를 얻는다.

③ 저온특성

대부분의 금속은 저온에서 취성이 생기나 알루미늄은 인성이 유리하므로 저온환경에서 사용되는 경우가 많다.

④ 내부식성

대기, 식품, 화학물질에 의한 부식에 뛰어난 저항성을 갖는다(아노다이징 처리했을 때).

⑤ 높은 전기, 열 전도도

단위체적당 알루미늄의 전기전도도는 구리의 60% 정도이나 단위 무게당 전기전도도는 구리보다 높다.

⑥ 반사성

표면처리에 의해 우수한 반사체가 되며 산화로 인한 열화가 없다.

⑦ 후처리성

다른 금속보다 후처리 공정이 다양하다.

1.2.2 알루미늄 재료의 분류(種別 기호)

알루미늄의 강도, 주조성, 가공성 등을 향상시킬 목적으로 합금의 형태로 주로 사용되며, 주된 합금 원소는 Cu, Mn, Si, Mg, Zn 등이다. 상용 목적으로 개발된 알루미늄 합금은 수백 종에 이르기 때문에 미국 알루미늄 협회(AA)에서는 체계적 분류방식을 제정하였다.

우선 알루미늄 합금은 사용형태에 따라 주조용과 가공용의 2가지로 나눈다. 가공용 알루미늄은 압연, 인발, 단조 및 기타의 공정으로 성형되며, 용도가 광범위하다. 주조용 알루미늄은 용융된 상태로 주형에 주입된 후 응고하여 원하는 형태로 만든다. 가공용과 주조용은 성분이 아주 다르며 가공용은 제조과정 동안 강인성을 유지해야 하는 반면 주조용은 주조성을 위해 유동성이 좋아야 한다.

알루미늄 합금은 부여된 번호로 구분되며 가공용은 4자리의 숫자로 구성되고 주조용은 3자리 숫자와 소수점 아래 1자리 숫자로 구성된다. KS에서는 소성가공용 알루미늄 합금의 기호는 AA 규격을 채택하여 규정하였으나 주조용의 경우는 별도로 다르게 규정하고 있다.

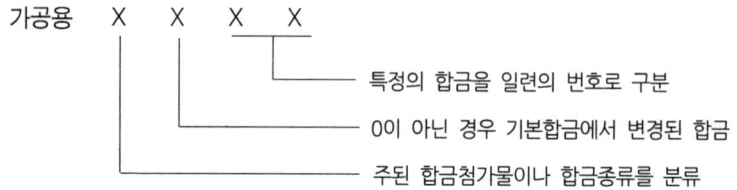

※ 1XXX 시리즈에서는 예외로서, 이 경우 마지막 2 숫자는 최소한의 알루미늄 성분을 나타낸다. 예를 들면, 1060은 적어도 99.60% 이상의 순수 알루미늄을 뜻한다.

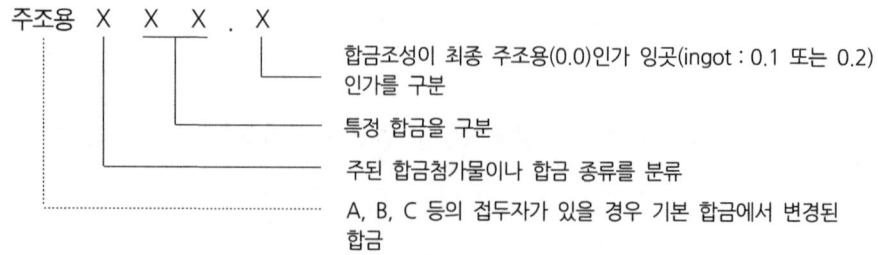

※ 잉곳(ingot) : 주괴(鑄塊)라고 하며, 즉 주물덩어리를 잉곳이라고 한다.

표 1.1 소성가공용 Al 합금의 표기법(KS, JIS, ASTM)

합금 계열	주된 합금 성분
1xxx	99.00% 이상의 순 al
2xxx	Cu
3xxx	Mn
4xxx	Si
5xxx	Mg
6xxx	Mg 및 Si
7xxx	Zn
8xxx	기타 원소
9xxx	예비용

표 1.2 주조용 Al 합금의 표기법(ASTM)

합금계열	주된 합금 성분
1xx.x	99.00% 이상의 순 Al
2xx.x	Cu
3xx.x	Si 및 Cu 또는 Mg
4xx.x	Si
5xx.x	Mg
6xx.x	예비용
7xx.x	Zn
8xx.x	Sn
9xx.x	기타 원소

1.2.3 야금학적 상태의 분류(質別 기호 - KS D 0004 참조)

알루미늄 합금의 상태를 기술하는 데는 야금학적 상태가 포함되어야 한다. 이 방법은 가공용, 주조용 알루미늄 합금 모두에 적용된다. 상태 표시는 합금번호 다음에 "   "으로 연결한다.

표 1.3 Al 및 Al 합금의 질별 기본 기호(KS D 0004)

기본 기호	정 의	내 용
F	제조 상태 그대로	제조공정에서 얻어진 상태 그대로. 특별한 부가 처리를 하지 않은 상태
O	풀림처리 상태	소성가공재의 경우는 가장 연질의 상태가 되도록, 주물의 경우는 연율의 증가 및 치수안정화를 위하여 풀림처리한 상태
H	가공경화 상태	추가적인 열처리 유무와 관계 없이 가공경화에 의하여 강도가 증가된 상태
T	열처리 상태 (F, O, H 이외)	안정된 질별로 만들기 위해 열처리한 상태(추가적인 가공경화 유무와 무관)

예를 들어 7075-T6은 Al-Zn계 합금인 ESD합금(Extra Super Duralumin ; 초초두랄루민)으로 인공시효처리에 의하여 열처리 경화시킨 상태를 의미한다.

1.2.4 알루미늄 합금의 다이캐스트성

다이캐스트(die cast)성이란 일반 주물의 주조성에 해당하는 것으로 다음의 조건을 충족해야 한다.
① 융용점이 가능한 한 낮아야 한다(금형과의 온도차가 작아 냉각률이 작음).
② 캐비티 내의 충전능력을 향상시키기 위해 유동성이 좋아야 한다.
③ 수축이 작을 것 : Mg은 수축을 크게 하고 Fe, Ti, Ni, Si는 수축을 작게 한다.
④ 급냉시 고온균열을 방지하기 위해 열팽창계수가 작아야 한다.
⑤ 금형에 달라붙지 않을 것 : Fe이 이용된다.
⑥ 금속이 산화성이 크면 탕류를 나쁘게 하고 산화물은 제품의 주조결함을 일으키므로 산화가 잘 일어나지 않아야 한다.
⑦ 응고시 수축이 작아야 한다.

1.2.5 다이캐스팅용 Al합금의 종류별 특징(KS D 6008)

다이캐스팅 합금도 여러 종류로 분류되며 각기 특징이 있으므로 제품실계시 직절한 합금을 선정해야 한다. 그 종류 및 특징은 다음과 같다.

(1) AlDC1(Al-Si 계)
정밀 복잡하고 얇은 살두께의 제품, 강도보다는 내식성이 요구되는 곳에 사용된다. 광학부품, 항공부품, 전기장치부품 등에 사용된다.

(2) AlDC2(Al-Si-Mg 계)
내식성, 내압성 특히 인장강도, 신율, 내충격성이 우수하다.

(3) AlDC3, 4(Al-Mg 계)
내식성이 아주 우수하다. 적당한 강도, 높은 신율을 가지나 열간균열, 유동성, 주조성은 다른 금속보다 나빠 깨어지기 쉽거나 주조 불량의 우려가 있다. 재료가 금형에 달라붙기 쉬워 생산성 및 금형수명을 저하시킨다.

(4) AlDC7, 8(Al-Si-Cu 계)
Cu 첨가로 기계적 성질이 향상된다. AlDC8종은 주조성을 향상하기 위해 Si 첨가한 것이다. 주조성이 양호하므로 생산성 높고 기계적 성질, 내압성이 우수하며 다이캐스팅의 표준합금용으로 사용된다.

1.2.6 합금 규격별 비교 표

KS D 6008	JIS H 5302 (1976)	AA (1973)	FS QQ-A-591E	ASTM		SAE J 453 C (1973)	ISO R 164(1960)	NF A 57-703 (1970)	BS 1490 (1970)	DIN 1725(1973)
				B85 (1973)	B85 (1972)					
AlDC1	ADC 1	A 413.0	A 413.0	A 413.0	S 12A	305	Al-Si 12 CuFe	A-S 12-Y4	LM 20	GD-AlSi 12(Cu)
AlDC2	ADC 3	A 360.0	A 360.0	A 360.0	SG100A	309	-	A-S9G-Y4	-	GD-AlSi 10Mg(Cu)
AlDC3	ADC 5	518.0	518.0	518.0	G 8A	-	Al-Mg 6 Fe	A-G6-Y4	-	GD-AlMg 9
AlDC4	ADC 6	L 514.0	-	-	-	-	Al-Mg 3	-	-	-
AlDC7	ADC 10	A 380.0	A 380.0	A 380.0	SC 84A	306	Al-Si 8 Cu 3 Fe	A-S9U3-Y4	LM 24	GD-AlSi 8 Cu 3
AlDC8	ADC 12	383.0	-	383.0	SC 102A	-	-	-	LM 2	-
		384.0		384.0	SC 114A					

1.2.7 알루미늄 합금의 불순물 영향

(1) 규소

유동성을 증가하며 응고잠열, 응고수축, 열팽창계수는 작아져 다이캐스트성을 향상시키는 반면 절삭성을 저하한다.

(2) 동

기계적 성질, 절삭성, 연마성을 향상시킨다. 주조성은 떨어지나 고온 강도가 강하다.

(3) Mg

내식성, 전기도금성, 양극피막성이 향상된다. T4 열처리로 경도는 증가하나 저온취성을 주어 신율, 충격치를 저하한다.

(4) Fe

금형고착을 방지하므로 어느 정도는 필요하다. 경도 증가, 신율, 충격치 감소, 규격범위 내에서 기계적 성질에 거의 영향이 없다.

제3편

프레스 부품의
설계 및 해설

제 1 장

클러치, 안테나,
내부 안테나, 핀 단자

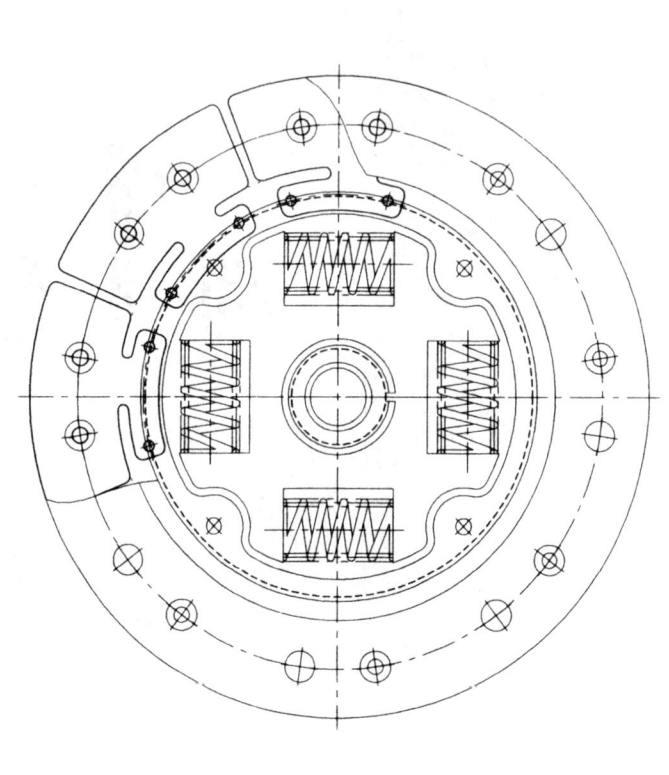

TOLERANCE	±0.1	DESIGNED	CHECKED	APPROVED	NAME	CLUTCH ASS'Y
3RD ANGLE PROJECTION	SCALE 1/3					
	UNIT mm	DATE	2001.07.04		DRAW NO	3GJ3004A/GJ

GIJEON

ø165.0
ø140.0
ø115.0

114
111

8.1

101 102 103 104 105 107 108 109 110 106 112 113

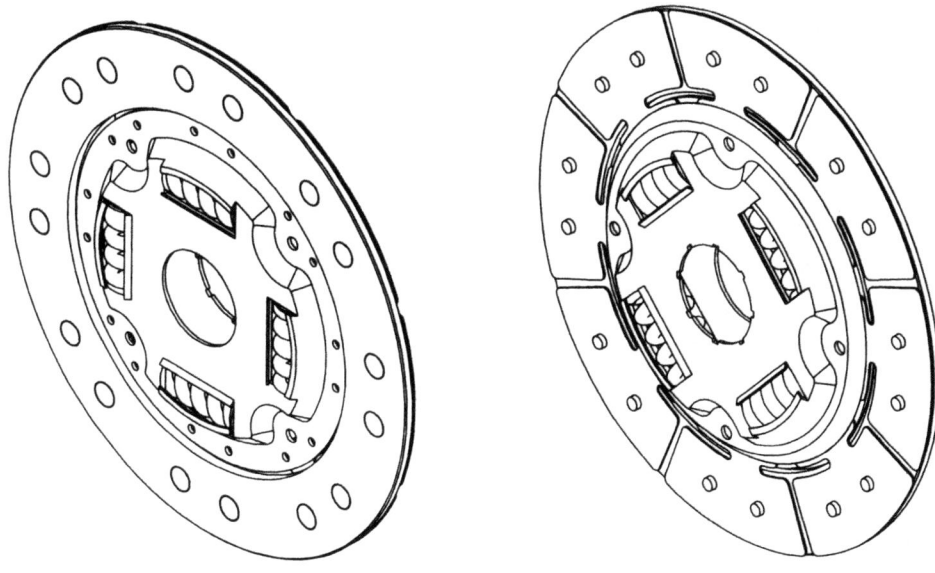

참고) 부품 3차원 입체도(등각 투상도)

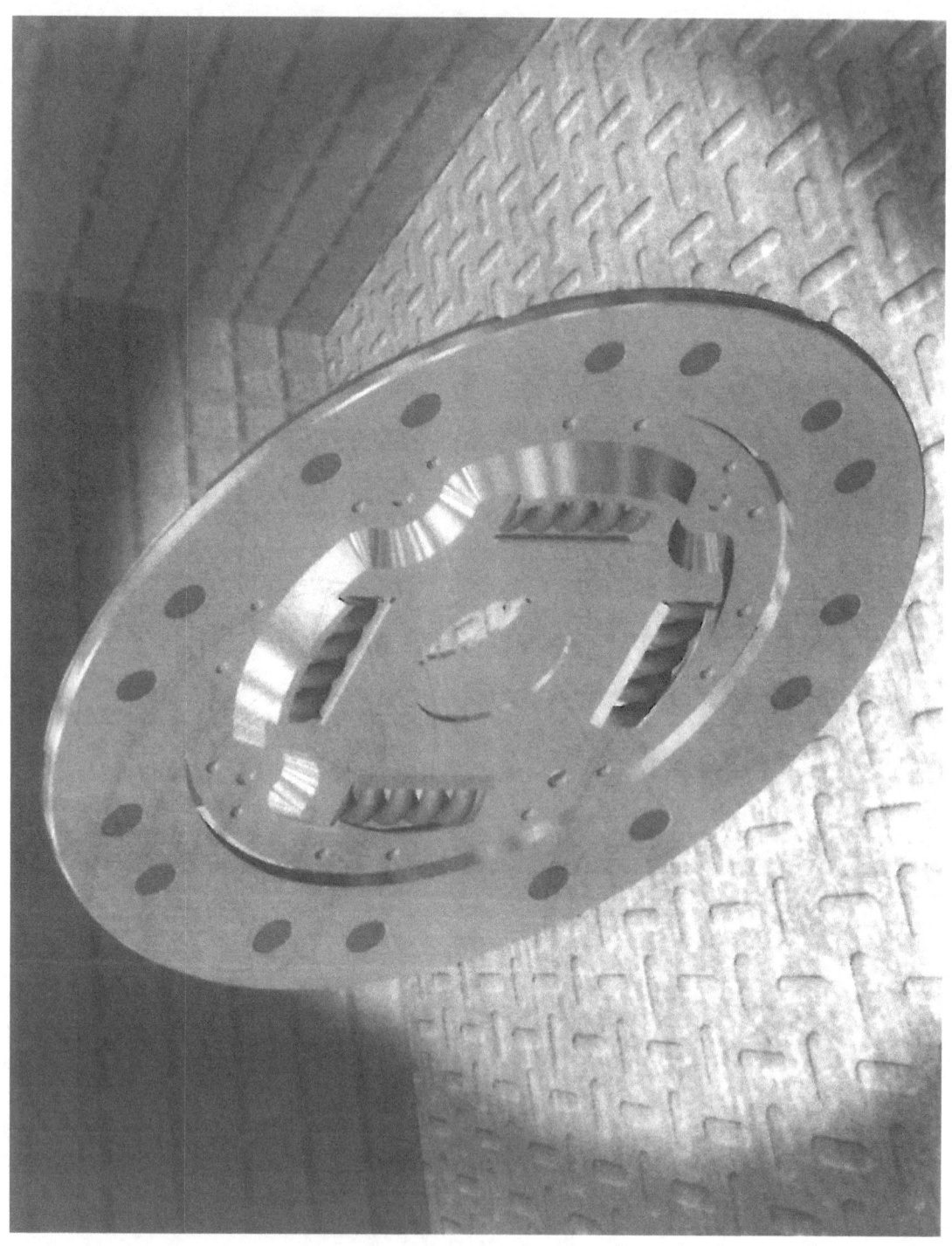

그림 1.1 클러치 판 조립도(1)

그림 1.2 클러치 판 조립도(2)

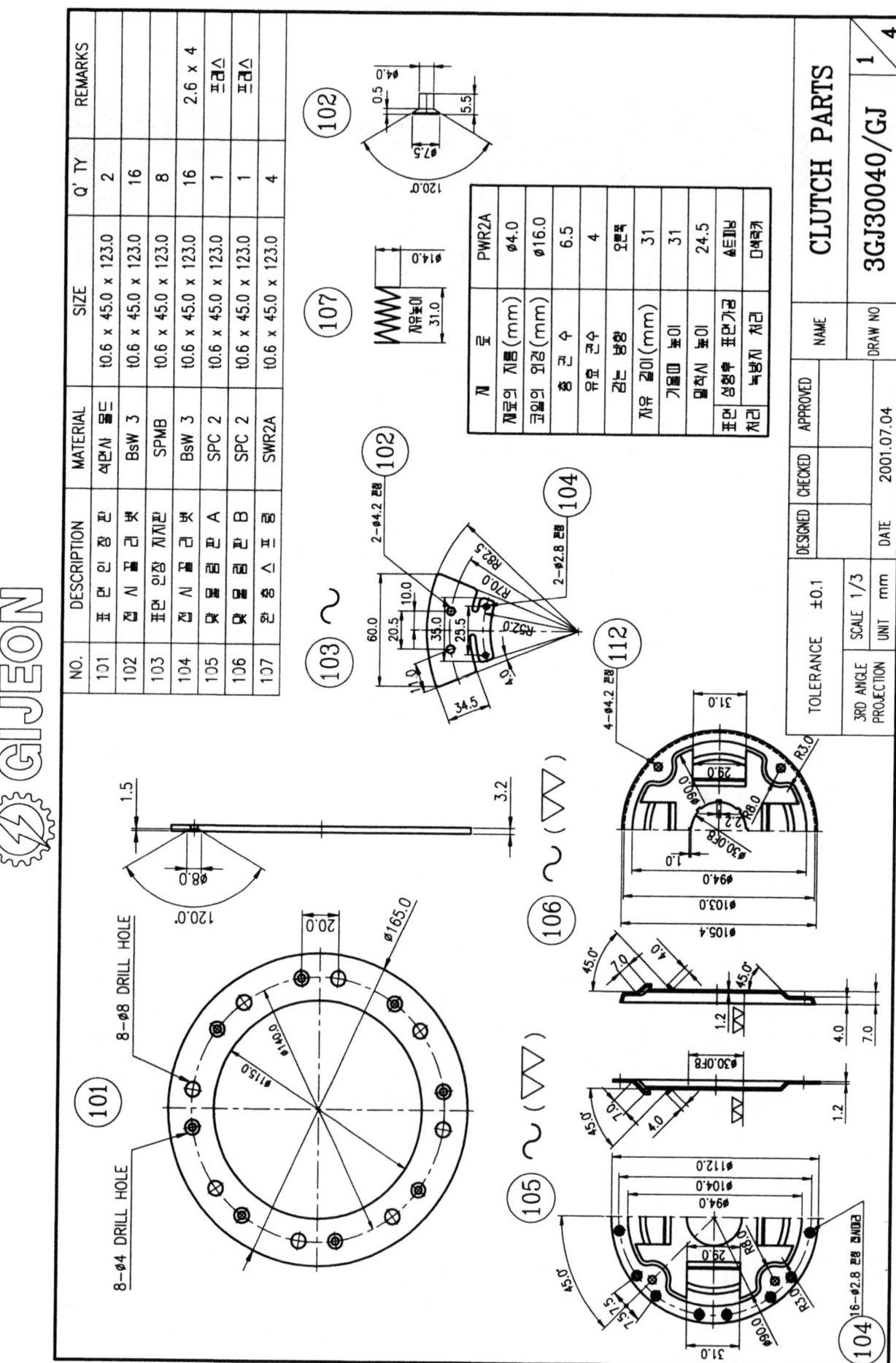

NO.	DESCRIPTION	MATERIAL	SIZE	Q'TY	REMARKS
101	표면인장판	석면클러치	t0.6 x 45.0 x 123.0	2	
102	전면클러치 볏	BsW 3	t0.6 x 45.0 x 123.0	16	
103	표면인장지지판	SPMB	t0.6 x 45.0 x 123.0	8	
104	전면클러치 볏	BsW 3	t0.6 x 45.0 x 123.0	16	2.6 x 4
105	맞대면판 A	SPC 2	t0.6 x 45.0 x 123.0	1	프레스
106	맞대면판 B	SPC 2	t0.6 x 45.0 x 123.0	1	프레스
107	완충스프링	SWR2A	t0.6 x 45.0 x 123.0	4	

기 호	PWR2A
재료의 지름(mm)	Ø4.0
코일의 외경(mm)	Ø16.0
총 권 수	6.5
유효 권수	4
감는 방향	오른쪽
자유 길이(mm)	31
가름때 높이	31
밀착시 높이	24.5
성형후 표면가공	쇼트피닝
처리 녹방지 처리	다색래카

GIJEON				CLUTCH PARTS	1 / 4
TOLERANCE ±0.1	DESIGNED	CHECKED	APPROVED	NAME	3GJ30040/GJ 1
3RD ANGLE PROJECTION	SCALE 1/3		DRAW NO		
	UNIT mm	DATE 2001.07.04			

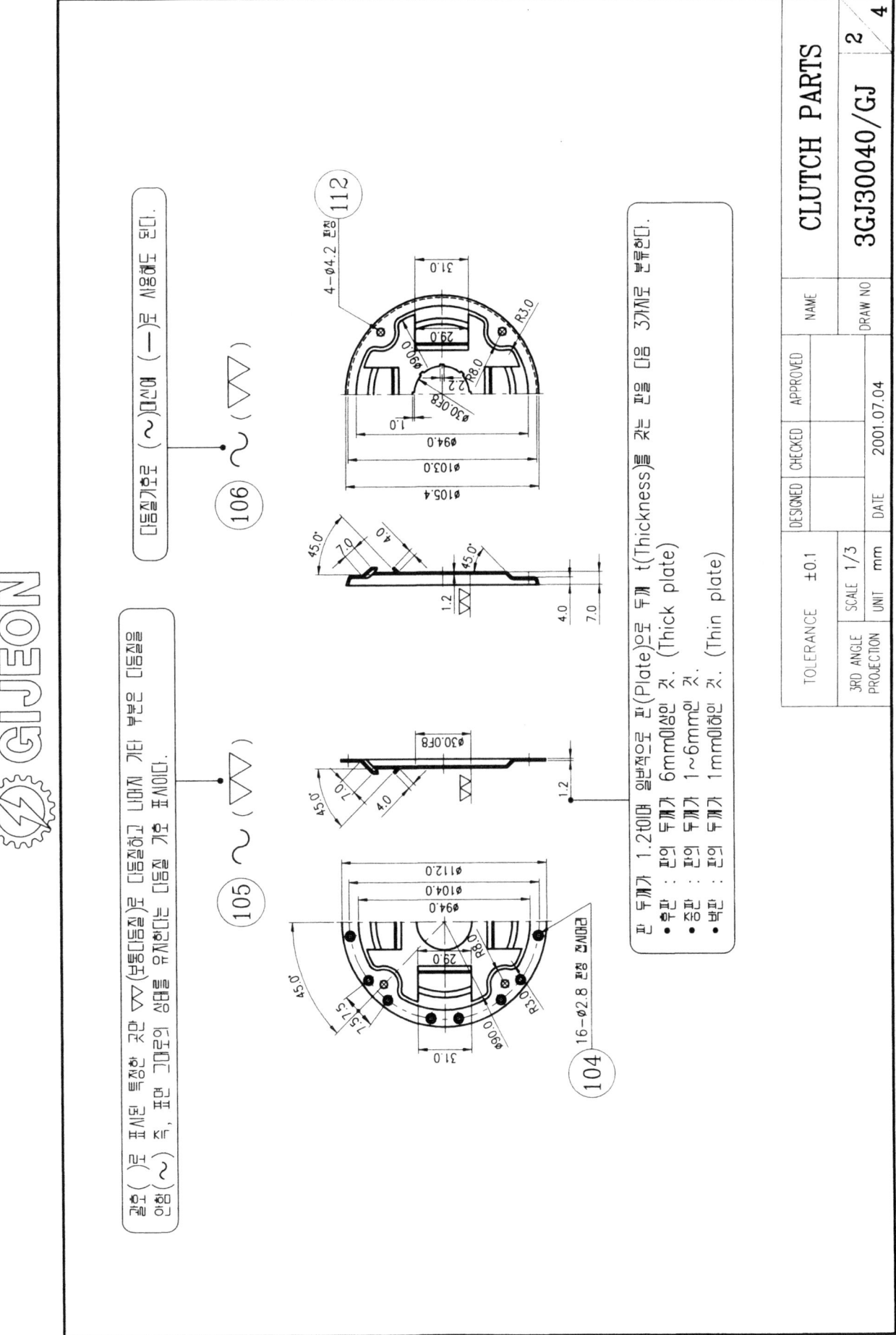

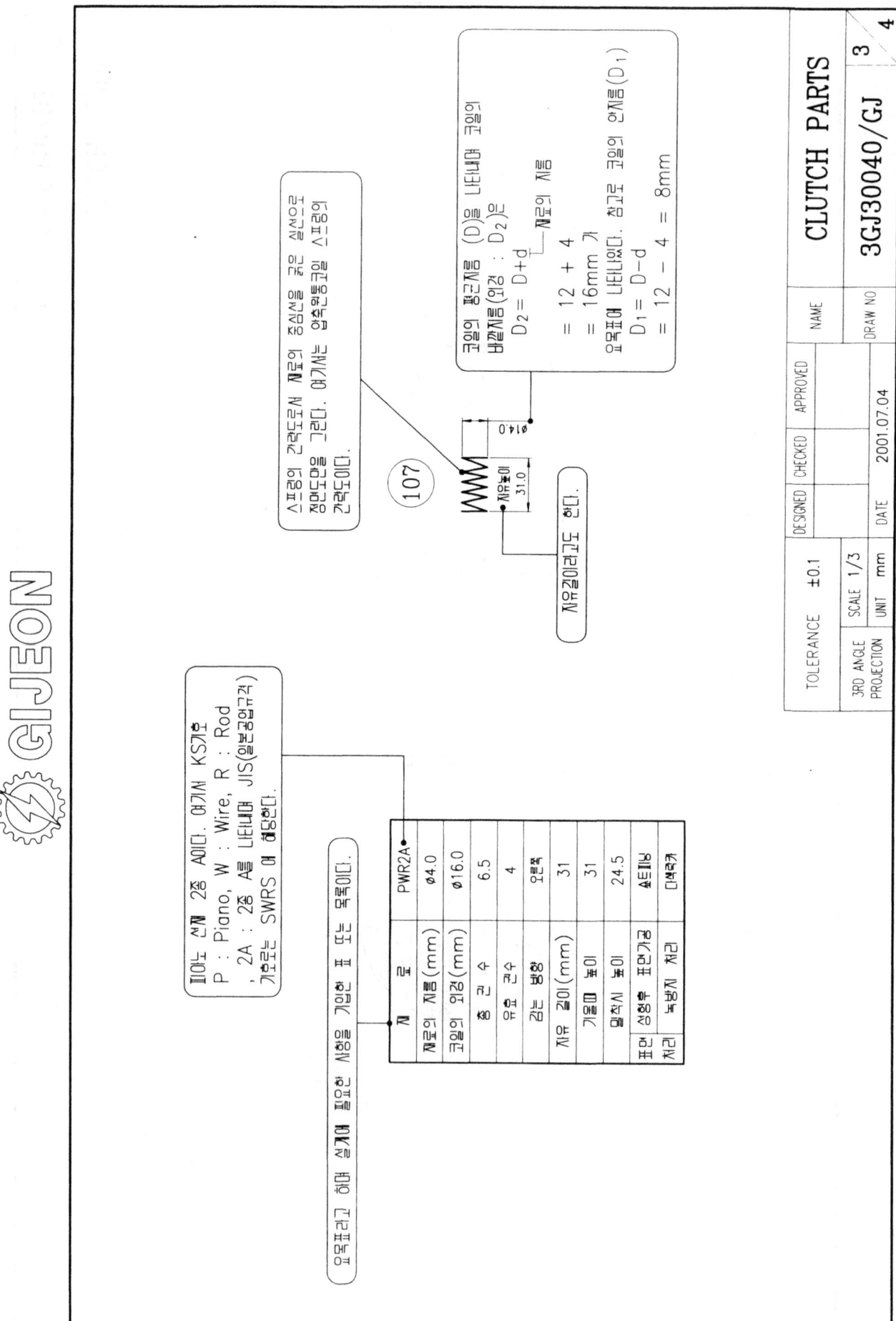

GIJEON

스프링의 강도는 제료의 선경에 의한 것이나
재하연료을 가진다. 여기서는 연속력등근의 스프링의
것이다.

코일의 평균지름 (D)을 나타내며 코일의
바깥지름 (인장 : D2)은
$$D_2 = D + d$$
$$= 12 + 4$$
$$= 16mm \ 가$$
오목판의 나타내며. 참고 코일의 안지름 (D1)
$$D_1 = D - d$$
$$= 12 - 4 = 8mm$$

107

ø14.0

자유높이
31.0

자유길이라고도 한다.

피아노 선재 2종 A이다. 여기서 KS기호
P : Piano, W : Wire, R : Rod
, 2A : 2종 A를 나타내며 JIS(일본공업규격)
기호는 SWRS 에 해당한다.

언더블럭 하에 설계 실제에 사용한 선경을 기입한 표 또는 목록이다.

재료	PWR2A
재료의 지름(mm)	Ø4.0
코일의 외경(mm)	Ø16.0
감은 수	6.5
유효 감은수	4
감는 방향	오른쪽
자유 길이(mm)	31
기름 높이	31
밀착시 높이	24.5
표면 성형후 표면가공 처리	쇼트피닝
녹방지 처리	다색크가

	DESIGNED	CHECKED	APPROVED	NAME		CLUTCH PARTS
TOLERANCE ±0.1						3GJ30040/GJ
3RD ANGLE PROJECTION	SCALE 1/3		DRAW NO		3	
	UNIT mm	DATE	2001.07.04		4	

GIJEON

NO.	DESCRIPTION	MATERIAL	SIZE	Q'TY	REMARKS
101	표면인장판	석면시트	t0.6 x 45.0 x 123.0	2	
102	전시레버	BsW 3	t0.6 x 45.0 x 123.0	16	
103	표면인장지지판	SPMB	t0.6 x 45.0 x 123.0	8	
104	전시레버	BsW 3	t0.6 x 45.0 x 123.0	16	2.6 x 4
105	댐퍼레버 A	SPC 2	t0.6 x 45.0 x 123.0	1	프레스
106	댐퍼레버 B	SPC 2	t0.6 x 45.0 x 123.0	1	프레스
107	판스프링	SWR2A	t0.6 x 45.0 x 123.0	4	

피아노선 2종 A의 JIS기호이다.
이외에도 주로 피아노선(KS 기호 : PW)이 많이 사용된다.
위의 N료와 대응하는 N료는 2종인 PW2이다.
P : Piano, W : Wire JIS기호는 SWP이다.

TOLERANCE ±0.1	DESIGNED	CHECKED	APPROVED	NAME	CLUTCH PARTS
SCALE 1/3					
3RD ANGLE PROJECTION	UNIT mm	DATE	2001.07.04	DRAW NO	3GJ30040/GJ

4 / 4

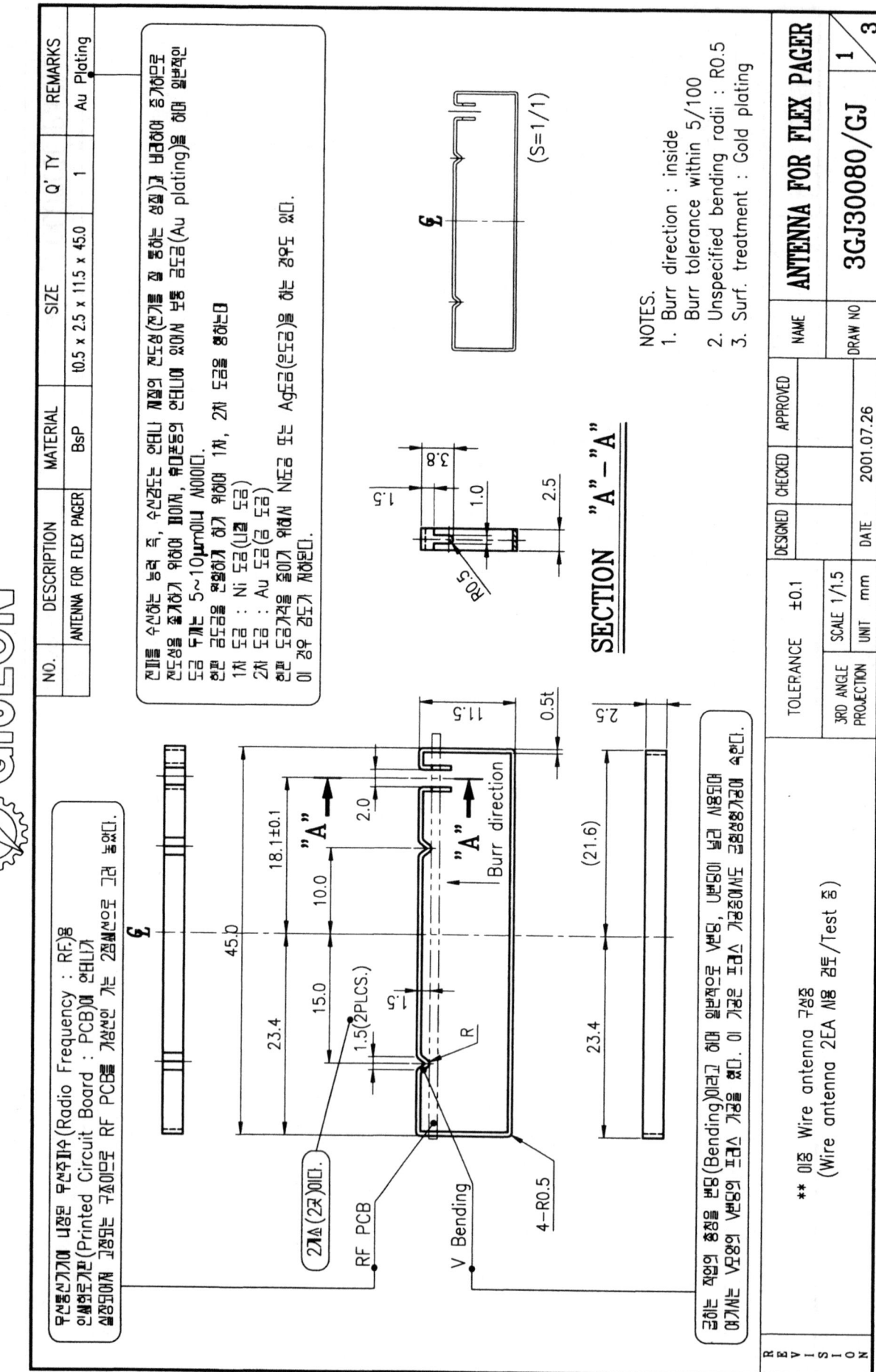

무선전기기의 내장된 무선파수(Radio Frequency : RF)용
외부로기판(Printed Circuit Board : PCB)에 연결가
설정되어 고정는 구조이므로 RF PCB를 거쳐서 가는 2점세선으로 것 놓였다.

렌파를 수신하는 눌려 것, 수신하도는 연테나 제일의 연도성(연기를 잘 통하는 성질)과 내구성에 증가하므로
렌소세 출제가 위하여 BGA, 유도동의 연테나 부분 금도금(Au plating)을 해 일반적으로
도금 두께는 5~10μm이니 세이다.
렌편 금도금을 연행하기 하기 위하여 1차, 2차 도금을 행하는데
1차 도금 : Ni 도금(니켈 도금)
2차 도금 : Au 도금(금 도금)
렌편 도금거리를 줄이기 위하여 N도금 또는 Ag도금(은도금)을 하는 경우도 있다.
이 경우 렌도가 저하된다.

금하는 작업의 출정을 변 (Bending)이라고 해서 일반적으로 V벤딩, U벤딩 남과 V벤딩로
여기에는 V벤딩이 벤딩의 프레스 가공을 있다. 이 제조는 프레스 가공으로서 금형설계가와 금형설계가와 속한다.

** 이종 Wire antenna 구성은
(Wire antenna 2EA 시용 렌품/Test 함)

NO.	DESCRIPTION	MATERIAL	SIZE	Q'TY	REMARKS
	ANTENNA FOR FLEX PAGER	BsP	t0.5 x 2.5 x 11.5 x 45.0	1	Au Plating

SECTION "A" - "A"

R0.5
1.5
1.0
3.8
2.5

(S=1/1)

NOTES.
1. Burr direction : inside
   Burr tolerance within 5/100
2. Unspecified bending radii : R0.5
3. Surf. treatment : Gold plating

TOLERANCE	±0.1		DESIGNED	CHECKED	APPROVED	NAME	ANTENNA FOR FLEX PAGER
3RD ANGLE PROJECTION	SCALE 1/1.5					DRAW NO	3GJ30080/GJ
	UNIT mm	DATE	2001.07.26				1 3

GIJEON

RF PCB
V Bending
4-R0.5
2개 (2곳)이다.

45.0
23.4
15.0
1.5(2PLCS.)
1.5
R
18.1±0.1
10.0
"A"
2.0
"A"
Burr direction
11.5
0.5t
2.5
(21.6)
23.4

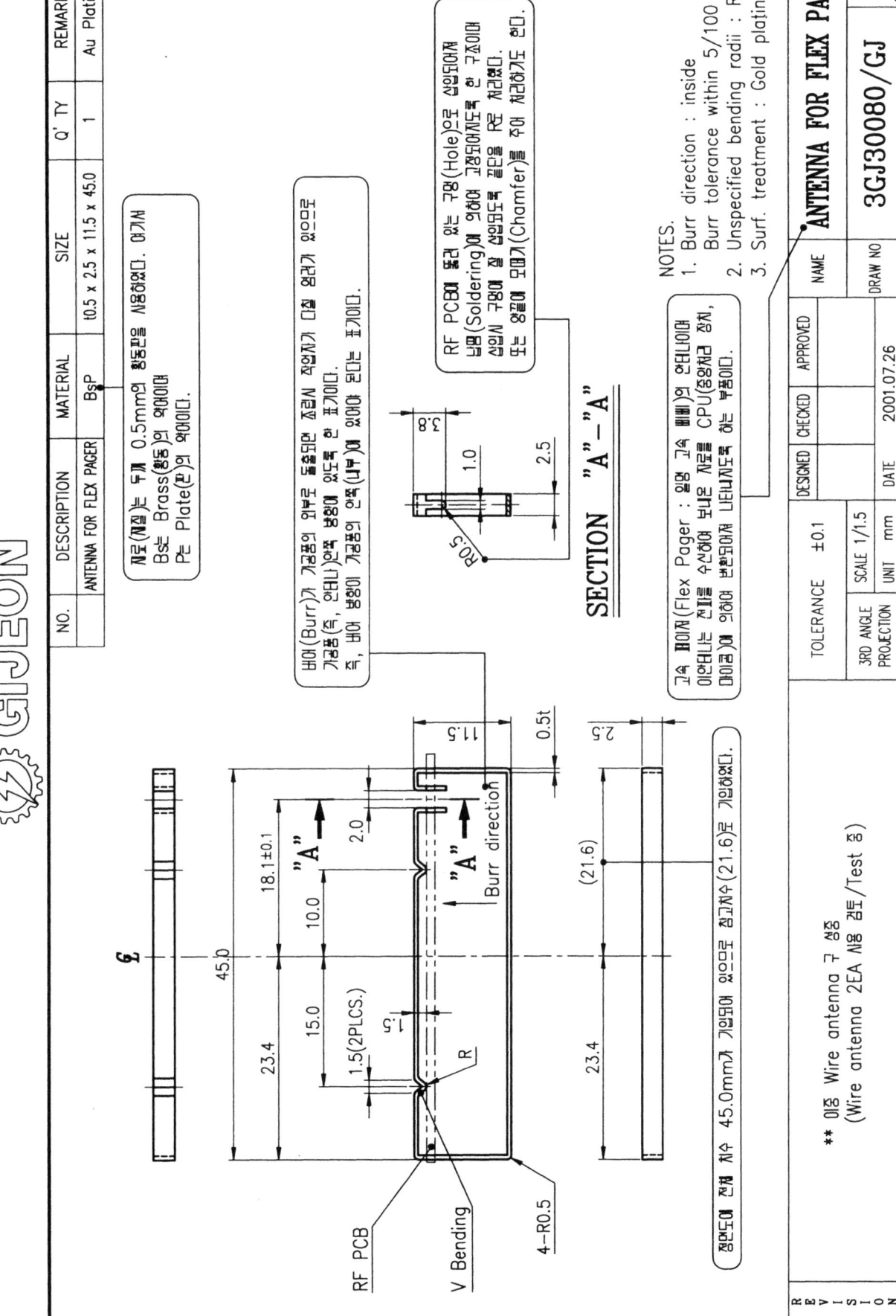

ⓒGIJEON

NO.	DESCRIPTION	MATERIAL	SIZE	Q'TY	REMARKS
	ANTENNA FOR FLEX PAGER	BsP	t0.5 x 2.5 x 11.5 x 45.0	1	Au Plating

재료(材料)는 두께 0.5mm인 황동판을 사용하였다. 여기서 Bs는 Brass(황동)의 약어이며 Pe Plate(판)의 약어이다.

버어(Burr)가 가공물의 외부로 돌출되면 조립시 작업자 다칠 염려가 있으므로 가공품(즉, 안테나)안쪽 방향에 있도록 한 표기이다. 즉, 버어 방향이 가공물 안쪽(내부)에 있어야 한다는 표기이다.

RF PCB와 통하는 구멍(Hole)으로 성형되어서 납땜(Soldering)에 의하여 고정되어지도록 한 구조이며 성형시 구멍과 선형모듈 끝단을 면 처리했다. 또는 성형시 모떼기(Chamfer)를 주어 처리하기도 한다.

SECTION "A" – "A"

고속 페이저(Flex Pager : 일명 고속 삐삐)의 안테나이며 안테나는 전파를 수신하여 보낸 신호를 CPU(중앙처리 장치) 마이크로)에 의하여 변환되어져 나타내지도록 하는 부품이다.

NOTES.
1. Burr direction : inside
   Burr tolerance within 5/100
2. Unspecified bending radii : R0.5
3. Surf. treatment : Gold plating

ANTENNA FOR FLEX PAGER

	DESIGNED	CHECKED	APPROVED	NAME
				DRAW NO
			DATE	2001.07.26

TOLERANCE	±0.1
3RD ANGLE PROJECTION	SCALE 1/1.5
	UNIT mm

3GJ30080/GJ   2 / 3

RF PCB

V Bending

4–R0.5

Burr direction

전개도의 전체 치수 45.0mm까지 기입되어 있으므로 참고치수(21.6)로 기입하였다.

** 이중 Wire antenna 구 사용
(Wire antenna 2EA 사용 검토/Test 중)

GIJEON

NO.	DESCRIPTION	MATERIAL	SIZE	Q'TY	REMARKS
	ANTENNA FOR FLEX PAGER	BsP	t0.5 x 2.5 x 11.5 x 45.0	1	Au Plating

시제품(시험용 제품으로 위킹 샘플 : Working sample 이라 한다.)으로 사용하기 위하여 양산 프레스 금형으로 제작되어 시기 전에 수작업 의하여 만들어지는 것을 샘플, 양산 샘플(1차 Lot, 2차 Lot 등) 등의 차수는 형상이 설계 도면과 일치하는 지를 체크/검사하기 위하여 버니어 캘리퍼스, 마이크로미터, 게이지, 쇼양기 (Projection meter)등에 의하여 검사하거나 혹 1:1로 2른 도면에 올려놓고 눈으로 검사하기 위하여 그린 도면.

𝒢
(S=1/1)

NOTES.
1. Burr direction : inside
   Burr tolerance within 5/100
2. Unspecified bending radii : R0.5
3. Surf. treatment : Gold plating

	DESIGNED	CHECKED	APPROVED	NAME	ANTENNA FOR FLEX PAGER
TOLERANCE ±0.1				DRAW NO	3GJ30080/GJ
3RD ANGLE PROJECTION	SCALE 1/1.5				3
	UNIT mm	DATE	2001.07.26		3

REVISION

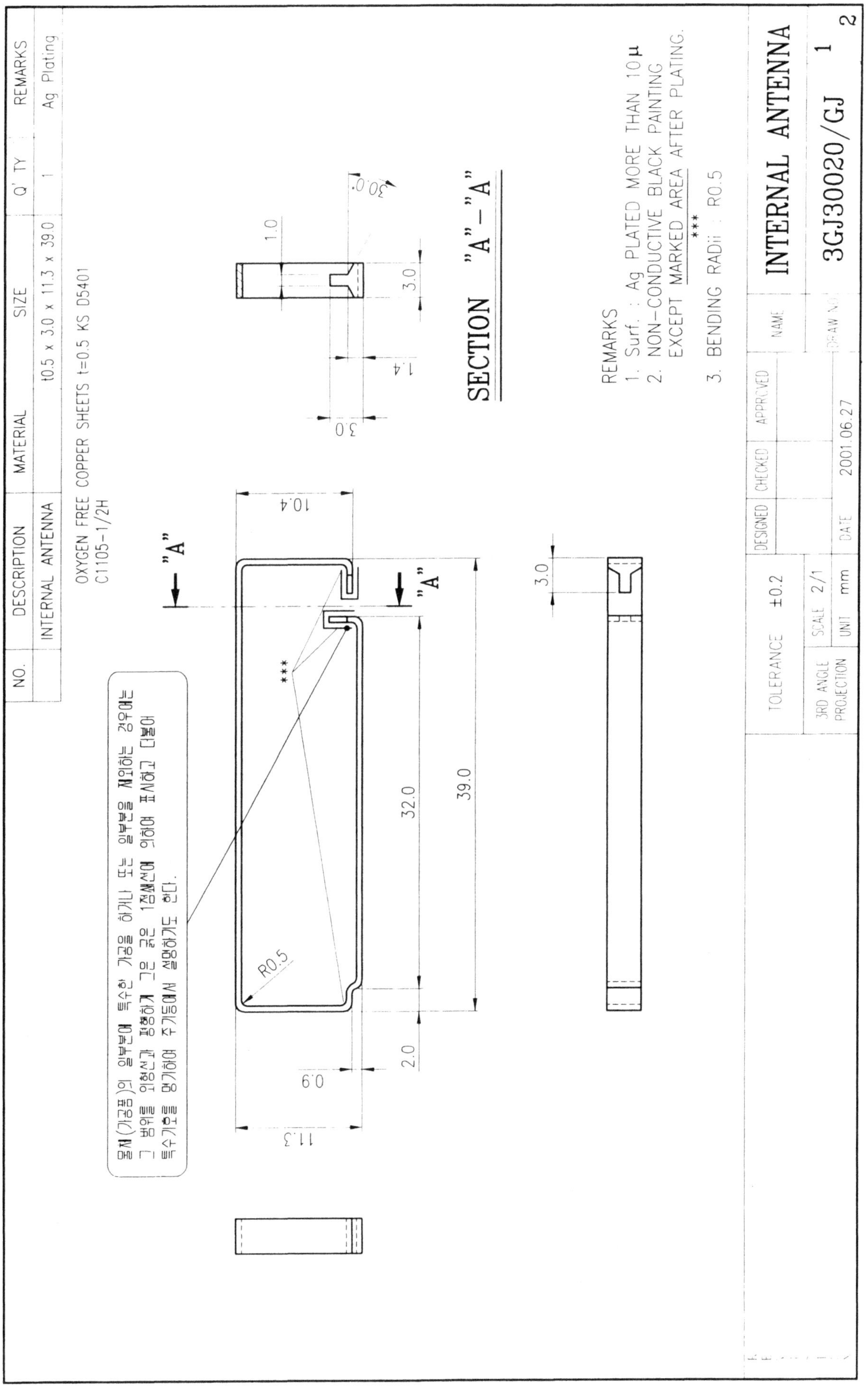
GIJEON
NO. DESCRIPTION MATERIAL SIZE Q'TY REMARKS
INTERNAL ANTENNA t0.5 x 3.0 x 11.3 x 39.0 1 Ag Plating
OXYGEN FREE COPPER SHEETS t=0.5 KS D5401
C1105-1/2H
물체(가공품)의 일부분에 특수한 가공을 하거나 또는 일부분을 제외하는 경우에는 그 범위를 외형선과 평행하게 그은 굵은 1점쇄선에 의하여 표시하고 더불어 특수가공을 명기하여 주기등에서 설명하기도 한다.
"A"
"A"
***
R0.5
10.4
11.3
0.9
2.0
32.0
39.0
3.0
1.0
1.4
30.0°
SECTION "A"-"A"
REMARKS
1. Surf. : Ag PLATED MORE THAN 10μ
2. NON-CONDUCTIVE BLACK PAINTING EXCEPT MARKED AREA AFTER PLATING.
3. BENDING RADii : R0.5
TOLERANCE ±0.2
3RD ANGLE PROJECTION
SCALE 2/1
UNIT mm
DESIGNED CHECKED APPROVED
DATE 2001.06.27
NAME INTERNAL ANTENNA
DRAW NO. 3GJ30020/GJ
1
2

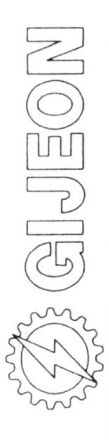

GIJEON

NO.	DESCRIPTION	MATERIAL	SIZE	Q'TY	REMARKS
	INTERNAL ANTENNA		t0.5 x 3.0 x 11.3 x 39.0	1	Ag Plating

OXYGEN FREE COPPER SHEETS t=0.5 KS D5401
C1105-1/2H

판 두께를 나타내며 "0.5t"라고도 쓴다.

무산소동(Oxygen Free High Conductivity Copper)으로 산소나 탈산제를 포함하지 않는 동(Cu)이다.
전도성(도전성)이 좋고 수소취성이 없어 가공성이 우수하여 주로 전자기기에 사용된다.

전련동(Electrolytic tough pitch copper)에 발생한 수소가는 결정 입계 표면 미소가스를 형성하거나 미증의 단단히 작은 헤어크랙(Hair crack)을 일으킨다.
이 현상을 수소취성이라고 하며 화학식은 다음과 같다. Cu₂O + H₂ → 2Cu + H₂O 여기에는 전기가를 줄이기 위해 이런 타프피치 동을 안테나의 재질로 사용했다.

표면두께
$10\mu m(10^{-6} \times 10^{3}\,mm = 0.001\,mm)$ 이상으로
안테나(내부 안테나)의 표면 은도금(Ag plating)하려는 의미이다.

안테나의 수신감도(전파를 잡는 성질)는 전도성(도전성)이 좋을수록 우수하다.
따라서 니켈(Ni)보다는 은(Ag)이 더 좋고 은보다는 금(Au)이 더 좋으나 가격 차(단가)이 너무 높다.

내부 안테나(즉, 안테나)로 제품 내부에 실장되는 안테나 종전

INTERNAL ANTENNA
3GJ30020/GJ
2 / 2

DESIGNED	CHECKED	APPROVED	NAME

TOLERANCE ±0.2
3RD ANGLE PROJECTION
SCALE .2/1
UNIT mm
DRAW NO
DATE 2001.06.27

주기를 나타낸다. : NOTES
비고 : REMARKS 라고도 한다.

REMARKS
1. Surf. : Ag PLATED MORE THAN 10μ
2. NON-CONDUCTIVE BLACK PAINTING
   EXCEPT MARKED AREA AFTER PLATING.
   ***
3. BENDING RADii : R0.5

표면처리 안된 안쪽(내부) 변경들을 모두
R0.5로 곡이라는(Bending)의미이다.

표면 처리(Surface treatment)를 의미한다.

가공에 정도에 따라 연질(부드러운 재질), 반경질, 경질(단단한 재질)로 분류하고
표기하는 기호 및 의미는 다음과 같다.
C1105 – O : 연질
C1105 – $\frac{1}{4}$H : $\frac{1}{4}$ 경질
C1105 – $\frac{1}{2}$H : 반경질
C1105 – H : 경질
C1105 – FH : 특경질
가공의 종류에 따라 사용되며 일반적으로 반경질($\frac{1}{2}$H)를 많이 사용한다.

REVISION

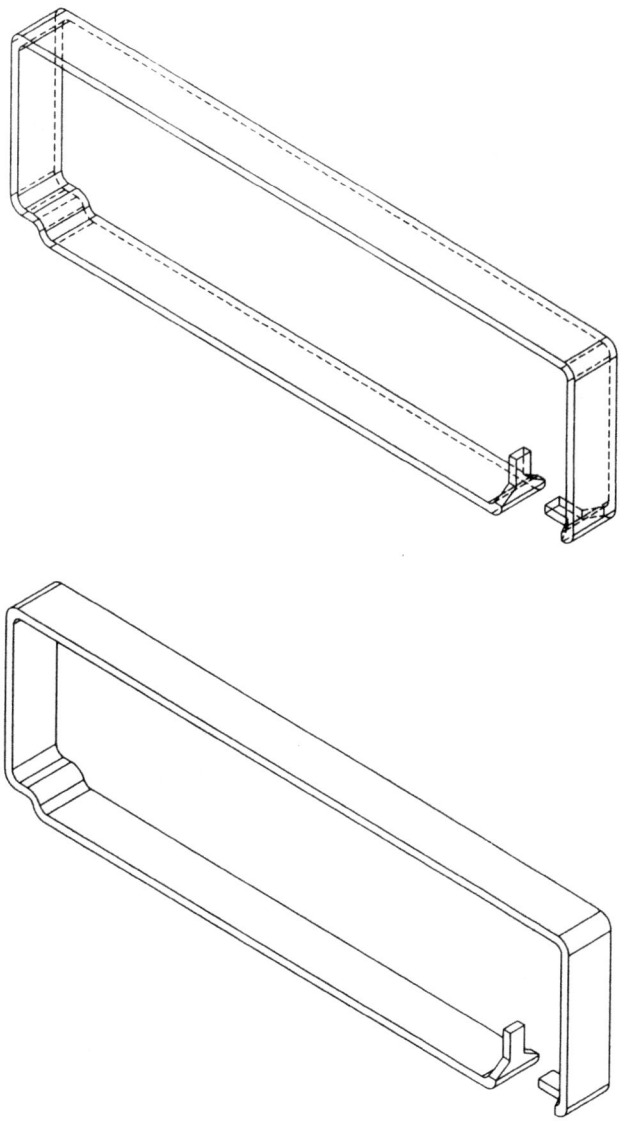

참고) 부품 3차원 입체도(등각 투상도)

그림 1.3 내부 안테나

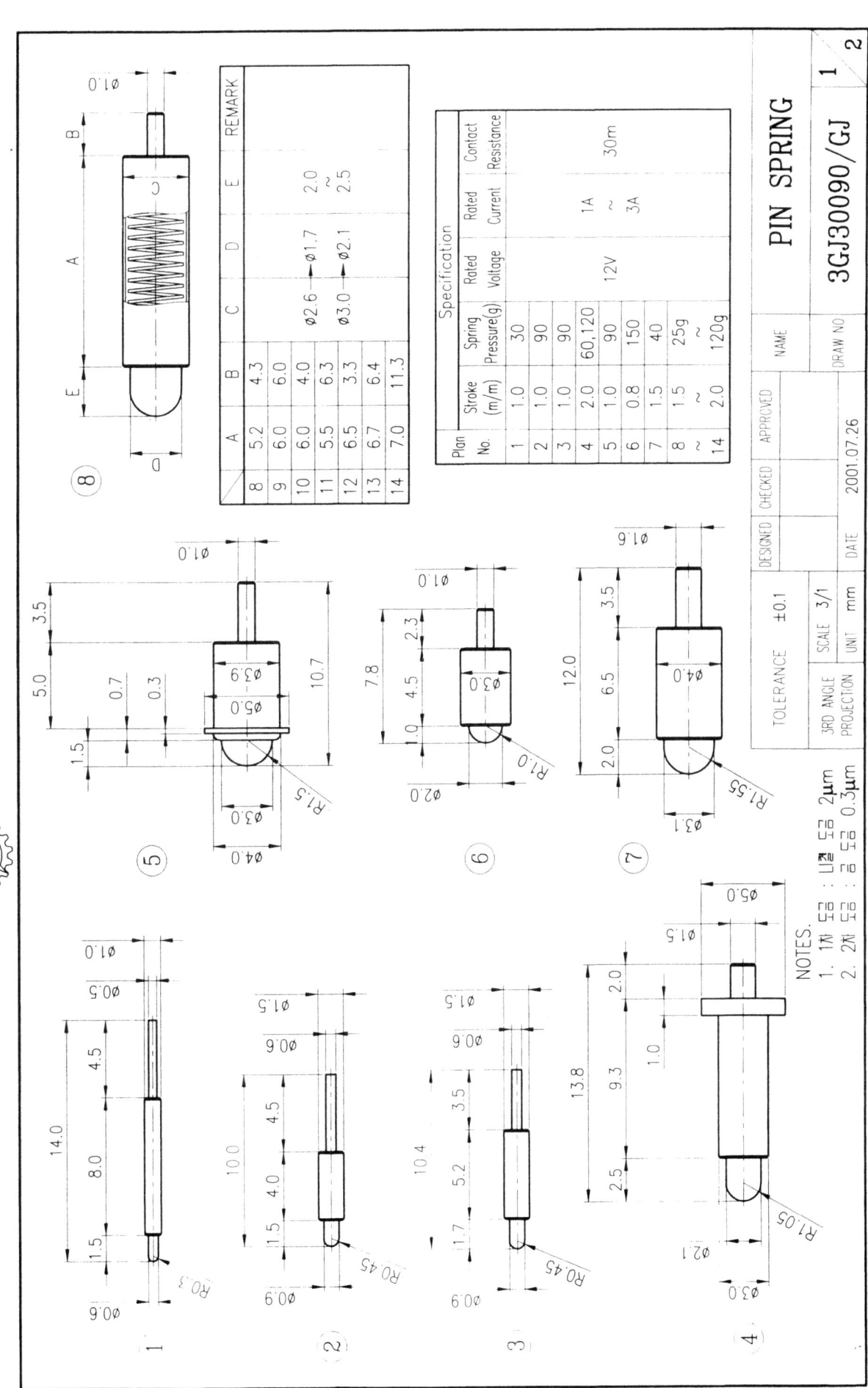

PIN SPRING

3GJ30090/GJ

Plan No.	Stroke (m/m)	Spring Pressure(g)	Rated Voltage	Rated Current	Contact Resistance
1	1.0	30			
2	1.0	90			
3	1.0	90			
4	2.0	60,120	12V	1A ~ 3A	30m
5	1.0	90			
6	0.8	150			
7	1.5	40			
8 ~	1.5	25g ~			
14	2.0	120g			

	A	B	C	D	E	REMARK
8	5.2	4.3				
9	6.0	6.0	⌀2.6→⌀1.7		2.0 ~ 2.5	
10	6.0	4.0				
11	5.5	6.3				
12	6.5	3.3	⌀3.0→⌀2.1			
13	6.7	6.4				
14	7.0	11.3				

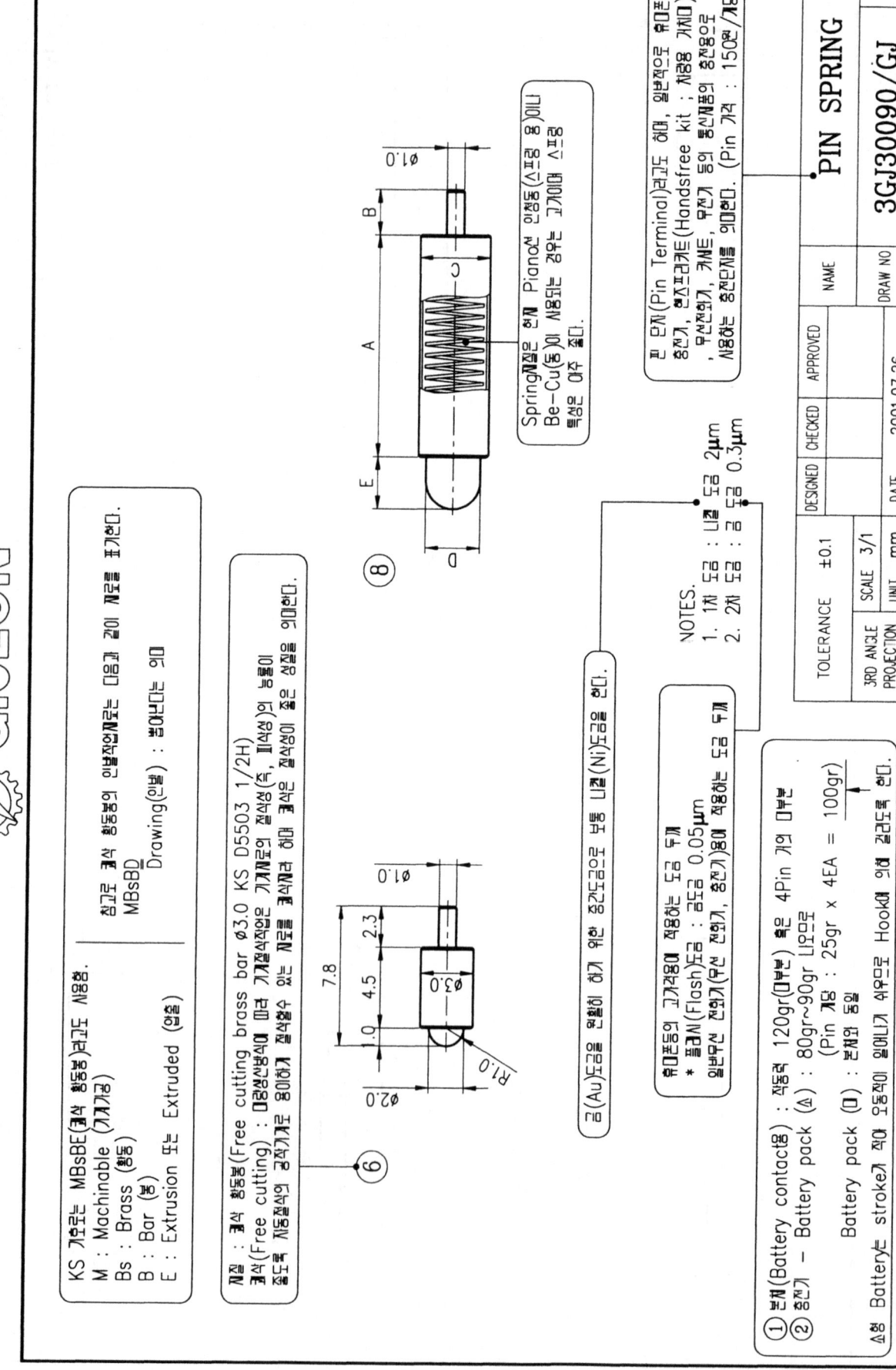

KS 기호는 MBsBE(쾌삭 황동봉)라고도 사용함.
M : Machinable (기계가공)
Bs : Brass (황동)
B : Bar (봉)
E : Extrusion 또는 Extruded (압출)

참고로 쾌삭 황동봉의 인발작업재는 다음과 같이 재료를 표기한다.
MBsBD
Drawing(인발) : 뽑아내는 의미

쾌삭 황동(Free cutting brass bar Ø3.0 KS D5503 1/2H)

재질 : 쾌삭 황동(Free cutting)라고도 함
쾌삭(Free cutting) : 미끄럼성형이 가계작업에 따라 가공되어 절삭이 쉬운(속, 피삭성)이 높음이
종류로 납동복식의 공작기계로 절삭할수 있는 재료를 말하며 하며 쾌삭은 절삭성이 좋은 재료를 의미한다.

⑥

금(Au)도금을 확실히 하기 위한 중간도금으로 부분 니켈(Ni)도금을 한다.

유효 접촉부의 기능성에 적용하는 도금 두께
* 플래쉬(Flash)도금 : 금도금 0.05μm
일반부분 전기(무선 전기, 충전기)방에 적용하는 도금 두께

NOTES.
1. 1차 도금 : 니켈 도금 2μm
2. 2차 도금 : 금 도금 0.3μm

⑧

Spring재질은 천N Piano선 인장력(스프링 용)이나
Be-Cu(동)에 사용되는 경우는 고가이며 스프링
특성이 아주 좋다.

표 단자(Pin Terminal)라고도 하며, 일반적으로 휴대폰,
충전기, 핸즈프리키트(Handsfree kit ; 차량용 거치대)
무선전화기, 카메라, 무전기 등의 통신제품의 충전접점으로
사용하는 충전단자를 의미함. (Pin 가격 : 150원/개8)

① 본체(Battery contact용) : 적용력 120gr(미부) 혹은 4Pin 거멍 미부
② 충전기 – Battery pack (Ⓐ) : 80gr~90gr 니오로
      (Pin 거멍 : 25gr x 4EA = 100gr)
   Battery pack (Ⓑ) : 본체와 동일

Ⓐ화 Battery stroke가 적어 운동이 일어나니가 사우로 Hook에 의해 걸리도록 한다.

TOLERANCE	±0.1		
3RD ANGLE PROJECTION	SCALE	3/1	
	UNIT	mm	
DESIGNED	CHECKED	APPROVED	NAME
DATE	2001.07.26	DRAW NO	

3GJ30090/GJ

PIN SPRING

2 / 2

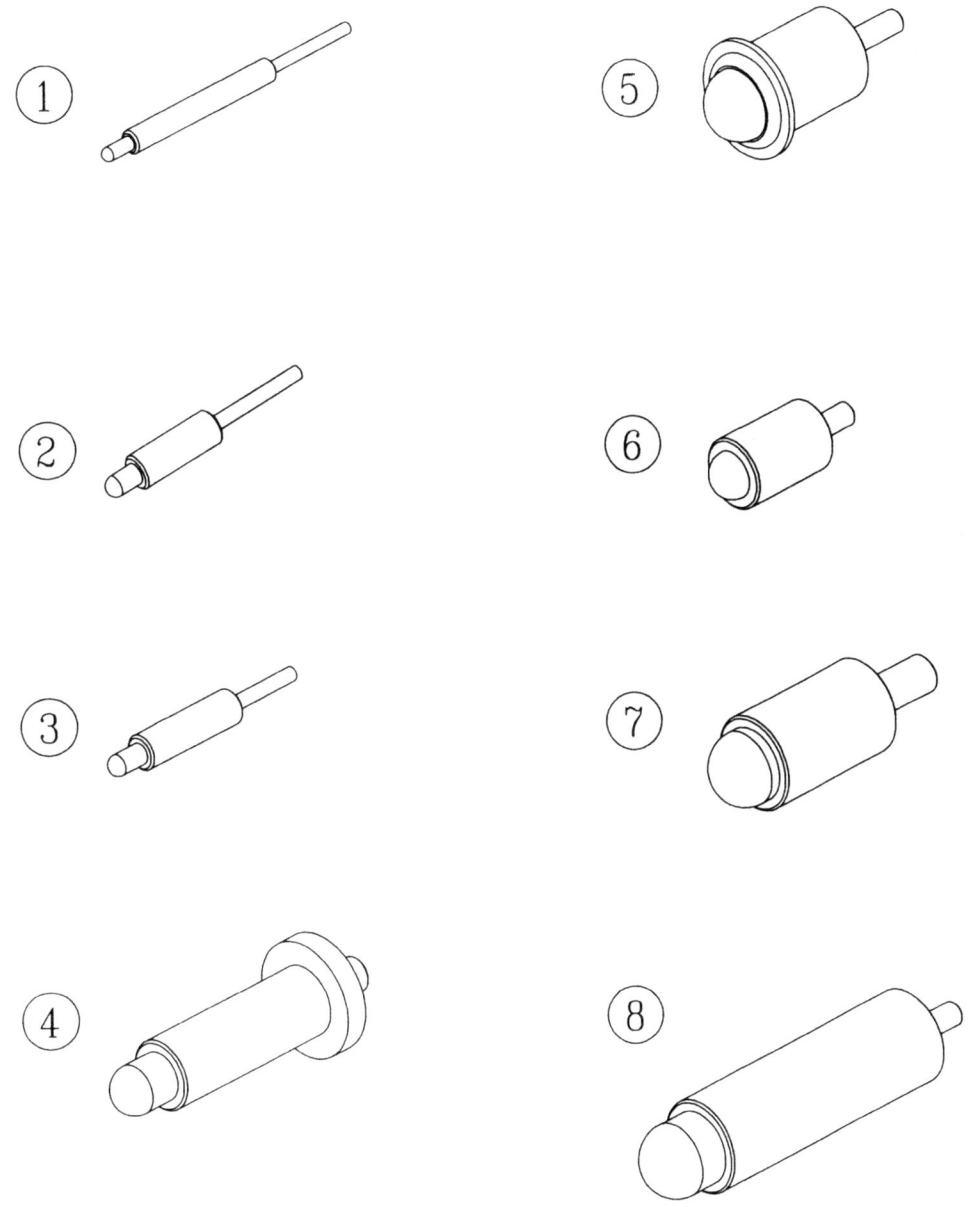

참고) 부품 3차원 입체도(등각 투상도)

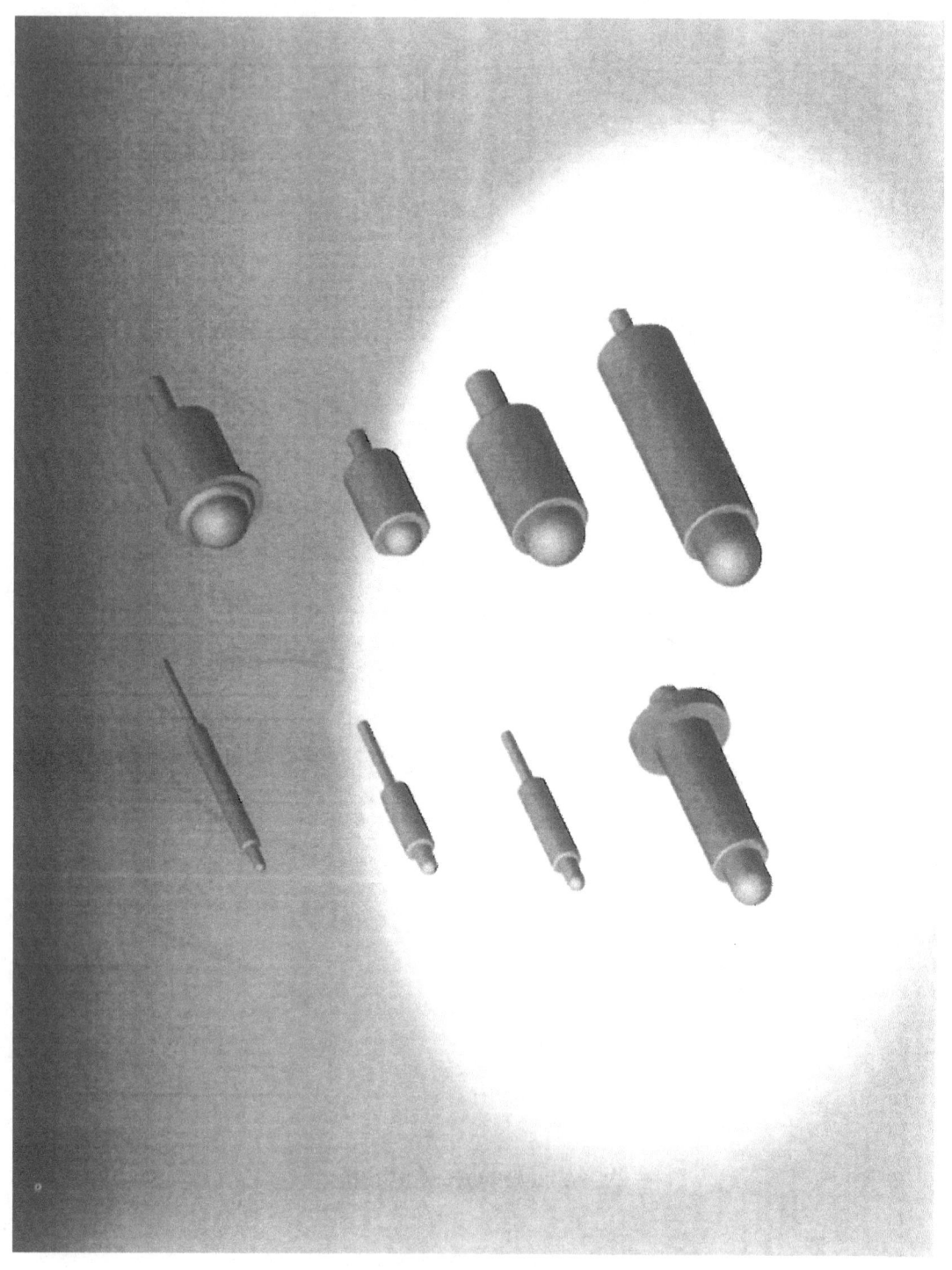

그림 1.4 핀 단자

1.1 일반 프레스 제품의 설계

1.1.1 전단가공

재료의 전단가공은 그림 1.5와 같이 예리한 날을 가진 펀치(punch)와 다이(die)의 전단력으로 재료를 절단 분리시키는 것이다. 분리될 때 그림 1.6과 같이 버(burr)가 발생하게 된다.

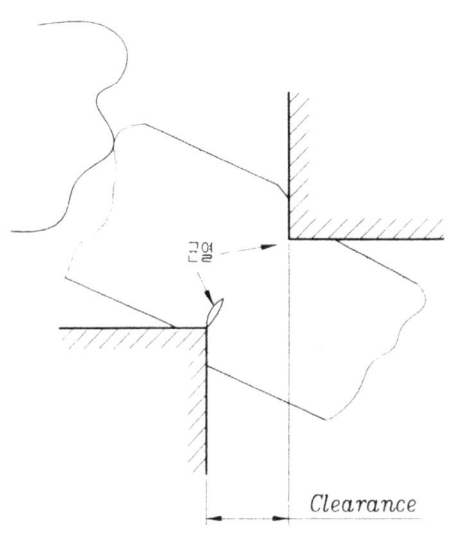

그림 1.5 전단가공

1) 펀치와 다이의 틈새

펀치와 다이의 틈새가 적당하지 않으면 전단면이 불량하게 된다. 일반적으로 틈새가 적은 경우, 처짐(roll-over)은 적어지나 2차 파단면(B 및 F)이 나타나며, 큰 타발력이 필요하고 기계와 금형에 무리가 가게 된다. 적당한 틈새를 갖는 경우는 절단면이 깨끗하며 정확한 치수를 얻을 수 있고 burr도 비교적 적다. 과도한 틈새일 경우는 처짐, 파단면이 커지며 burr도 많이 발생한다(그림 1.6). 보통 경질재는 연질재에 비해 큰 틈새를 주고 있다.

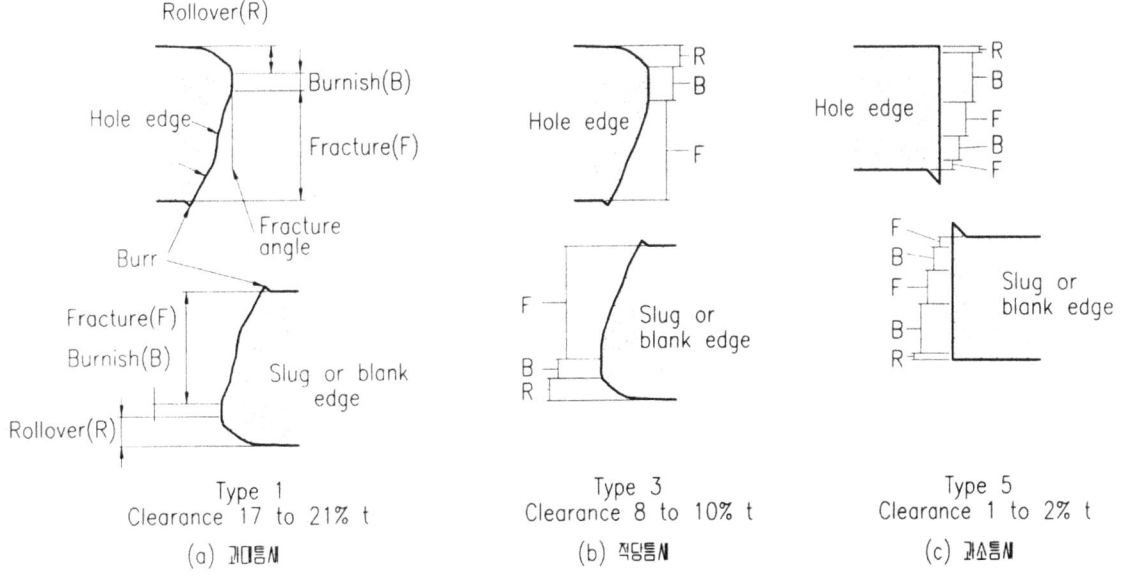

그림 1.6 전단면의 형상

2) 전단의 가공한계

(1) 피어싱(piercing)을 할 수 있는 최소치수

원형 피어싱을 할 수 있는 최소 구멍지름은 연질재료에서는 판두께 정도, 경강이나 스테인리스강 등과 같은 경질재료에서는 판두께의 1.3배에서 2배 정도이다. 각 재료별 원형구멍 및 각형구멍의 최소 피어싱 치수는 표 1.1과 같다.

표 1.1 피어싱의 최소치수 (t : 판의 두께)

재 료	원형 구멍	각형 구멍
경 강	1.3t	1.0t
연 강	1.0t	0.7t
황 동	1.0t	0.7t
알루미늄	0.8t	0.5t

(2) 블랭킹(blanking) 가공한계

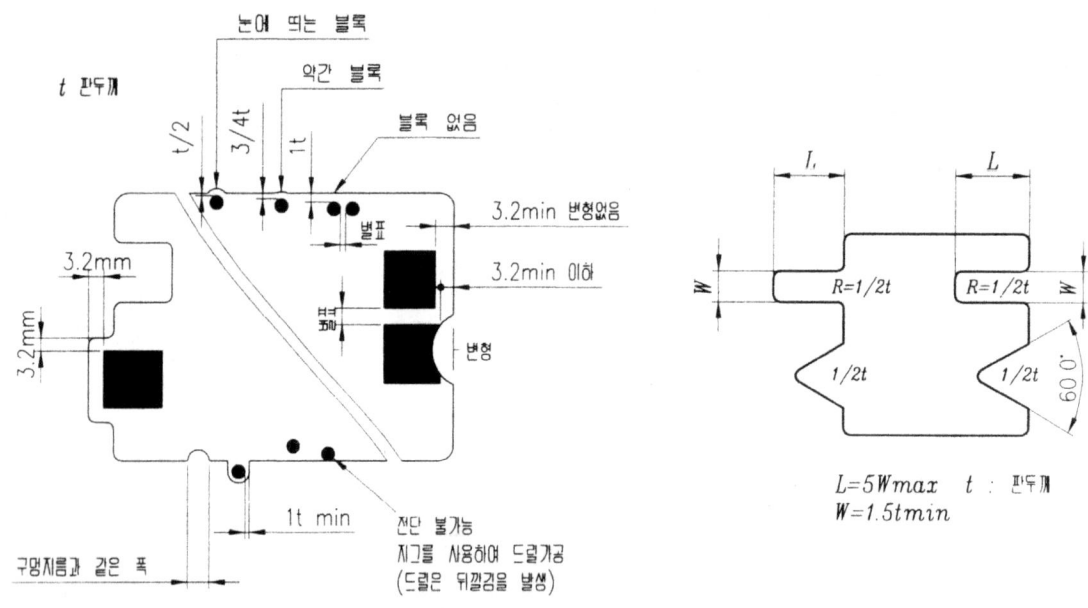

그림 1.7 블랭킹 및 노칭 가공한계

표 1.2 원형 구멍전단의 피치 한계

판두께(t) (mm)	최소간격(mm)
1.55 이하	3.1
1.55 이상	2 t

표 1.3 각형구멍전단의 피치 한계

판두께(t) (mm)	최소간격(mm)
2.3 이하	4.6
2.3 이상	2t

1.1.2 굽힘 가공

1) 굽힘 가공 제품의 설계

굽힘 가공 제품의 설계시 재료와 형상에서 다음과 같은 주의를 요한다.

(1) 재료의 방향성

일반적으로 판재료에는 압연방향 때문에 측정 방향에 따라 기계적 성질이 다소 차이가 나며, 연신율의 경우는 압연방향 쪽이 압연직각 방향보다 큰 값을 가지고 있다. 따라서 굽힘 가공 제품은 되도록이면 압연직각 방향으로 가공하는 것이 모서리부분의 균열을 방지할 수 있게 된다. 굽힘 방향이 두 방향 이상일 경우는 압연방향이 가능한 45°가 되도록 한다(그림 1.8). 특히 후판(厚板), 알루미늄, 판스프링 제품 등에서는 압연방향에 주의하지 않으면 굽힘시 균열이 쉽게 생기고, 스프링 특성이 저하될 수 있다. 따라서, 재료의 압연방향이 중요시되는 제품에서는 그 도면에 방향을 표시해야 한다.

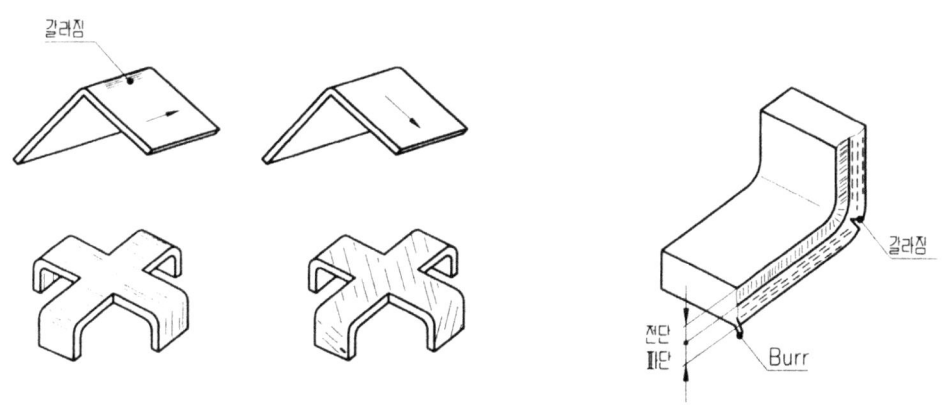

그림 1.8 압연방향과 굽힘 방향

(2) 형상에서의 주의

① 제품형상의 붕괴

정확한 굽힘과 가공의 용이성을 위해 굽힘 가공 주변부위를 relief notch를 주는 것이 좋다. 그림 1.9 에서 (A1) → (A2), (B1) → (B2)로 하여 relief notch를 줌으로써 굽힘 부분의 주변이 붕괴되지 않고 정확히 굽힘할 수 있으며, (C1) → (C2)와 같이 굽힘가공 끝 부위에 직선부를 줌으로써 정확한 형상의 굽힘을 할 수 있게 된다. relief notch의 폭 b는 1.5mm 이상 2t 이하로 한다.

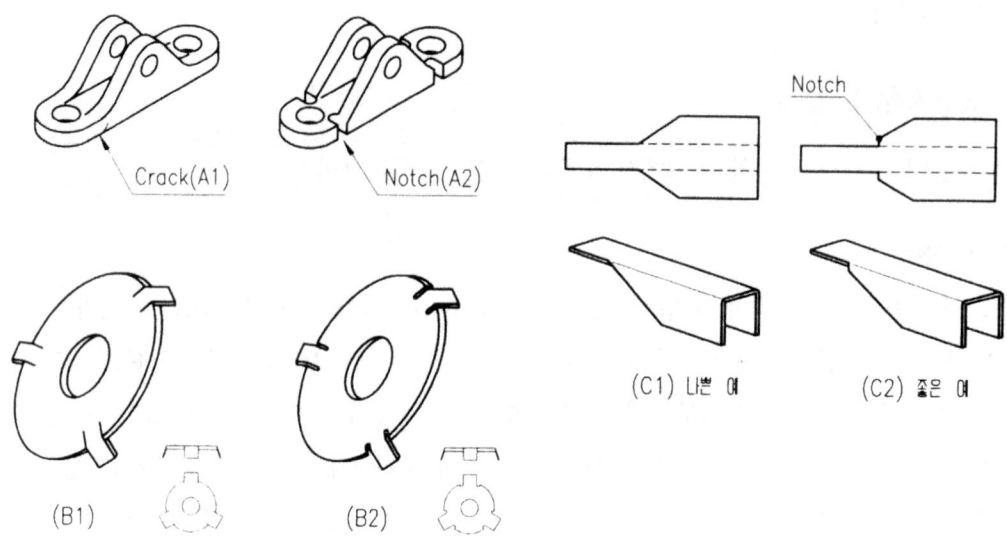

그림 1.9 굽힘 가공 제품의 컷 오프(cut-off)

② 구멍이 있는 판의 굽힘가공

그림 1.10의 (a)와 같이 구멍 근처 부위를 굽히게 되면 구멍이 변형되기 쉽다. 이때는 (c) 또는 (d)와
같이 보조구멍을 뚫으면 변형을 방지할 수 있다. 일반적으로 (b)에서 s＞t이면 구멍이 변형되지 않고
굽힐 수 있으나, 구멍의 크기에 따라 최소값은 달리한다.

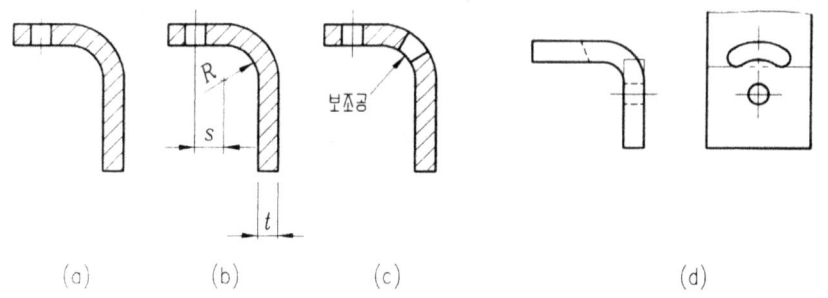

그림 1.10 구멍이 있는 판의 굽힘가공

③ 굽힘가공이 가능한 플랜지의 최소 높이

굽힘가공 가능한 플랜지의 최소높이는 내측 R의 중심에서 2t까지 가능하고, 내측 R=0의 경우는 1.3t
까지 가능하다(그림 1.11).

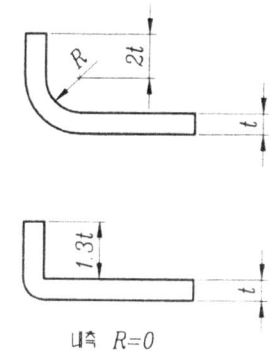

내측 $R=0$

그림 1.11 굽힘이 가능한 최소높이

(3) 최소 굽힘 반경

균열이 생기지 않고 굽힐 수 있는 최소허용 굽힘 반경 Rmin(내측)은 굽힘 가공상 중요한 사항 중의 하나이다.

Rmin에 영향을 주는 인자는 다음과 같다.

① 판두께(t) : Rmin은 보통 판이 두꺼우면 크게 되나 Rmin/t의 비로 계산하면 t에 무관하다.

② 판폭(b) : Rmin/t는 폭이 넓으면 크게 되는 경향이 있으나, b가 약 8t 이상으로 되면 Rmin/t의 값은 거의 일정하다.

③ 재료와 압연방향 : Rmin가 재질에 따라 다름은 당연하며, 압연방향에 있어서는 일반적으로 재료는 압연방향으로 연신율이 크기 때문에 압연직각방향의 최소허용 굽힘 반경은 압연평행방향보다 작게 할 수 있다.

표 1.4는 재료별 최소허용 굽힘 반경(Rmin)과 재료두께(t) 관계를 표시한 것이다.

표 1.4 최소허용 굽힘 반경

재 료	상 태	Rmin/t	
		압연과 직각	압연과 평행
연강(SCP1)	압연	0	0.4
반 경 강	압연	0.2	0.6
동(銅)	연질	0	0.2
순 Al		0	0.2
Al 합금	연질	0	0.2
Al 합금	경질	0.2	1
황 동	연질	0	0~0.5
황 동	경질	1~2	10~12
인청동	경질	1~2	10~13
양 백	경질	1.5~2	5~6
스테인리스 강 (18-8)	1/2H	2.5	4
스테인리스 강 (18-8)	풀림	0.5	1

2) 스프링 백(spring back)

굽힘가공 금형으로 제품을 가공할 때 펀치와 다이(die) 사이에서 굽힘 가공된 제품의 실제 각도는 금형의 각도와 약간의 차이가 생긴다. 이와 같은 현상을 반동(spring back)이라 하며, V-굽힘에서는 그림 1.12와 같이 각도가 커지는 방향이지만, U-굽힘에서는 판두께, 굽힘반지름 및 가공조건에 따라 각도가 커지는 방향과 작아지는 방향의 반동이 생긴다. 표 1.5는 각종 재료의 반동을 표시한 것이다.

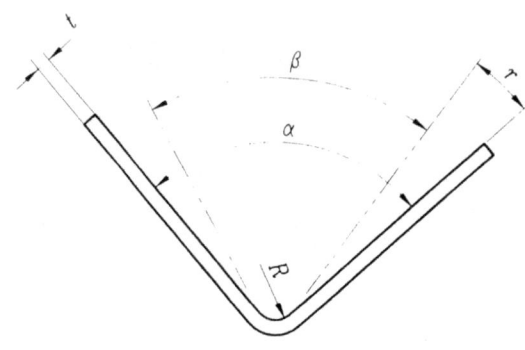

그림 1.12 V형 굽힘의 반동

반동을 작게 하려면 굽힘면에 인장 변형을 주는 방법, 즉 그림 1.13 (a)와 같이 굽힘 부분만을 특히 강하게 압축하여 늘림을 주는 방법이 있다. 또한 그림 1.13 (b)와 같이 성형의 끝머리에서 판의 폭방향으로 압축력을 주어도 동일한 효과를 얻을 수 있다. U-굽힘가공의 경우는 그림 1.14와 같이 패드(pad)가 있는 다이를 사용하여 재료에 배압(背壓)을 주어 굽히면 반동의 양이 감소된다.

표 1.5 각종 재료의 반동

재 료	판두께(t)	spring back θ		
		굽힘 R=t	R=1~5t	R=5t 이상
연강판	1.0	4°	5°	6°
	1.0~2.5	2°	3°	4°
	2.5 이상	0°	1°	2°
보통강판	1.0	5°	6°	8°
	1.0~2.5	2°	3°	5°
	2.5 이상	0°	1°	3°
경강판	1.0	7°	9°	12°
	1.0~2.5	4°	5°	7°
	2.5 이상	2°	3°	5°

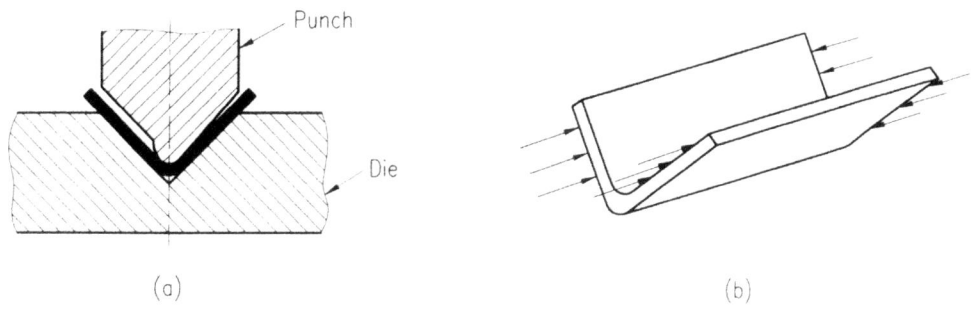

그림 1.13 반동을 감소시키는 방법

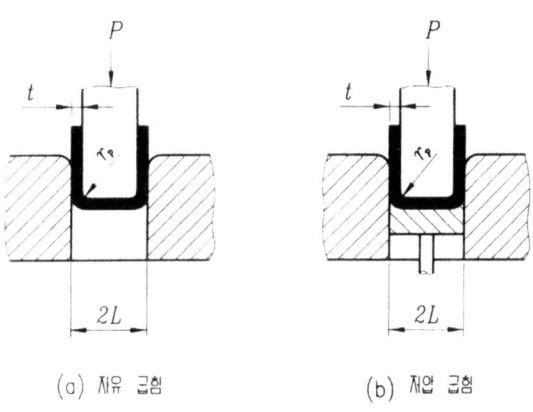

(a) 자유 굽힘   (b) 저압 굽힘

그림 1.14 U-반동의 반동을 감소시키는 방법

3) 전개길이의 계산방법

제품을 소정의 치수로 굽히기 위해서는 재료의 전개길이를 미리 결정해야 한다. 계산방법으로는 다음의 두 가지가 있다.

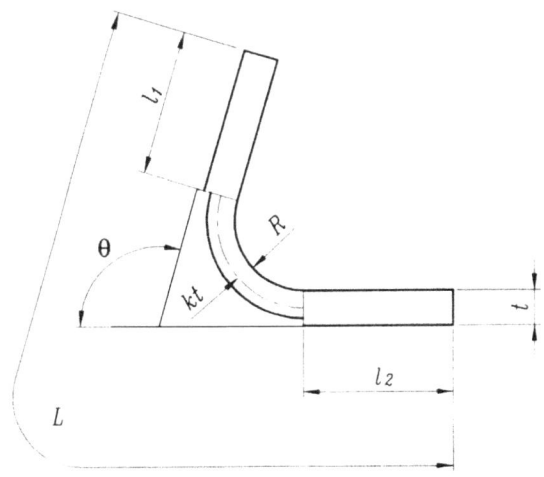

그림 1.15 재료의 전개길이를 산출하기 위한 설명도

표 1.6 계수 K_t의 값

R/t	K_t
0.1	0.32
0.25	0.35
0.5	0.38
1.0	0.42
2.0	0.46
3.0	0.47
4.0	0.48

(1) 중립면(中立面) 기준법

판두께에 비해 굽힘 반경이 비교적 큰 경우 그의 중립면은 판두께의 중앙에 있으나, 굽힘 반경이 작으면 내측방향으로 이동하게 된다. 판의 내측표면에서 중립면까지의 거리를 K_t라 표시하면 재료의 전개길이 L은 다음과 같이 구해진다.

$$L = l_1 + l_2 + \frac{2\pi\theta}{360°}(R + K_t)$$

(2) 바깥치수 가산법

굽힘 부위가 여러 곳이 있을 때의 계산법은 먼저 바깥치수를 전부 더하고 그 합계에서 판두께와 굽힘 반경의 두 요소에 의해 늘어날 길이를 빼는 방법이다. 즉

$$L = (l_1 + l_2 + \cdots + l_n) - \{(n-1)c\}$$

$(n-1)$: 굽힘 부위의 수
c : 늘어난 보정계수

표 1.7 보정계수 c의 값(90° bending, R=0)

판두께	1.0	1.2	1.6	2.0	2.3	3.2
c	1.5	1.8	2.5	3.0	3.5	5.0

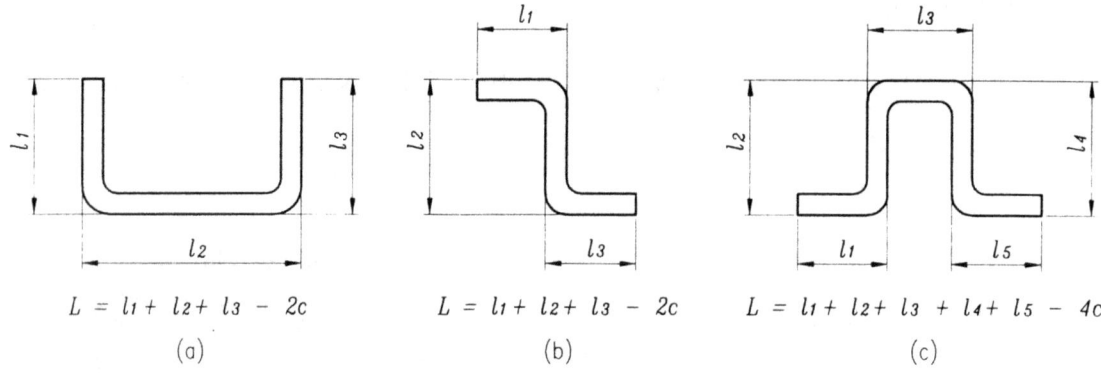

그림 1.16 바깥치수 가산법의 예

일반적으로 사용되는 전개길이 계산법은 표 1.8에 나타낸다.

표 1.8 전개길이의 계산법

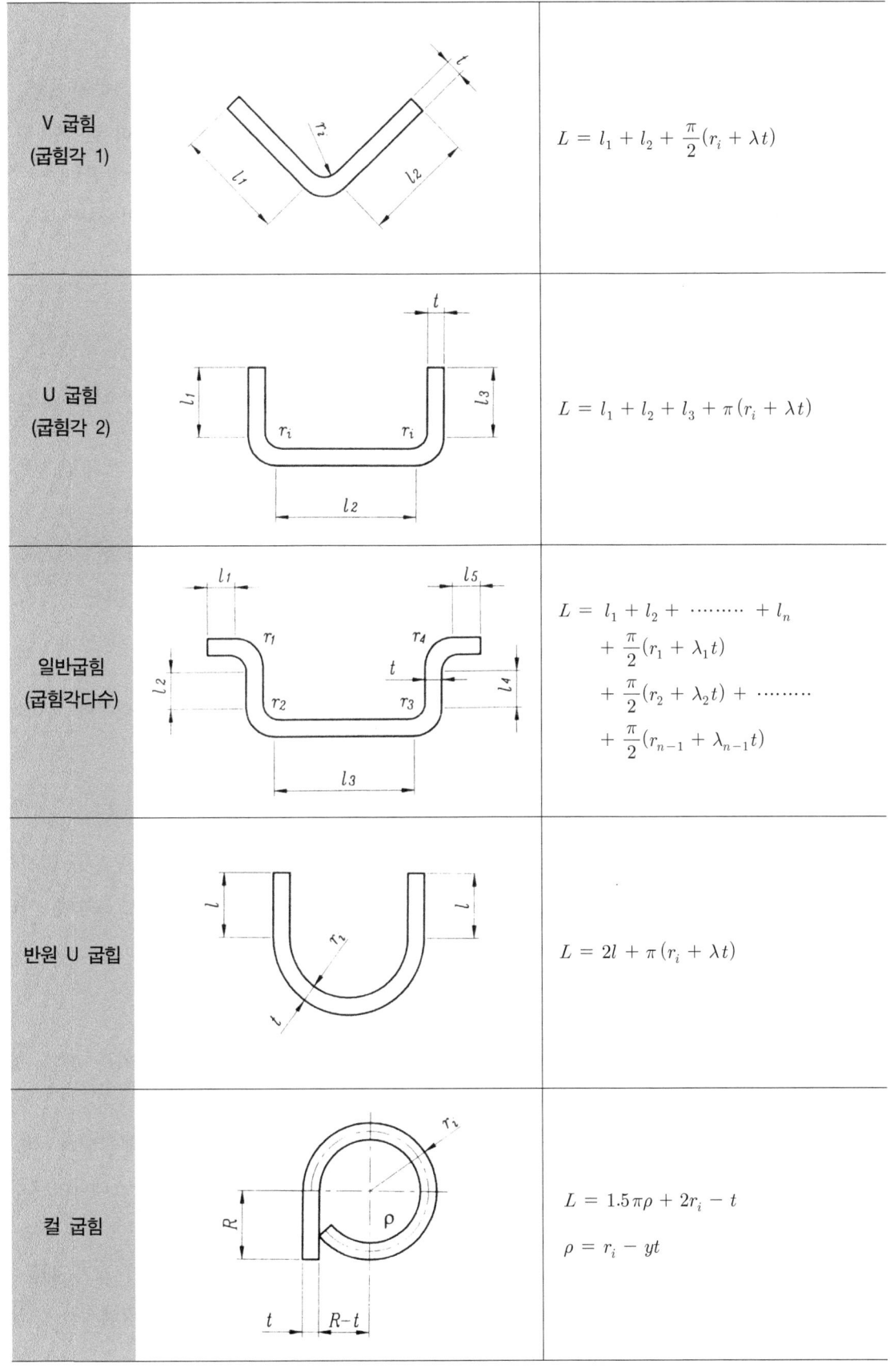

V 굽힘 (굽힘각 1)		$L = l_1 + l_2 + \dfrac{\pi}{2}(r_i + \lambda t)$
U 굽힘 (굽힘각 2)		$L = l_1 + l_2 + l_3 + \pi(r_i + \lambda t)$
일반굽힘 (굽힘각다수)		$\begin{aligned} L = \ & l_1 + l_2 + \cdots\cdots + l_n \\ & + \frac{\pi}{2}(r_1 + \lambda_1 t) \\ & + \frac{\pi}{2}(r_2 + \lambda_2 t) + \cdots\cdots \\ & + \frac{\pi}{2}(r_{n-1} + \lambda_{n-1} t) \end{aligned}$
반원 U 굽힘		$L = 2l + \pi(r_i + \lambda t)$
컬 굽힘		$L = 1.5\pi\rho + 2r_i - t$ $\rho = r_i - yt$

1.2 프레스 가공용 재료

프레스 가공용 재료에는 그 용도에 따라 여러 가지가 있으며, 같은 종류의 재료라도 화학적 성분, 물리적 성질, 열처리 등에 따라 변하게 되므로 작업에 앞서 그 재료의 성질과 취급방법을 충분히 알아야 한다.

일반적으로 판금에 많이 사용되는 재료(열간압연강판, 냉간압연강판, 피강, 스테인리스강판)에는 주석도금 강판, 아연도금강판, 구리판, 인청동판, 황동판, 양백판, 알루미늄판, 알루미늄합금판 등이 사용된다.

1) 강판

(1) 열간압연강판 및 강대(KSD 3501)

일반구조용 강에 비해서 연하므로 가공하기 쉽고, 딥 드로잉(deep drawing)에 적합한 것도 있으며, 표면 상태를 중요시할 필요가 없는 판금부품에 쓰인다.

(2) 냉간압연강판 및 강대(KSD 3512)

열간압연 후 산으로 씻고, 다시 상온에서 판두께의 40% 이상 압연을 하여 연화처리를 한 재료로서, 표면이 깨끗하고 변형이 적으며 품질이 균일하고 연신율이 크므로 일반적으로 가장 많이 쓰인다.

(3) 아연도금강판(KSD 3506)

열간압연강판에 아연도금한 것으로 보통 함석판이라 부른다. 주석도금강판에 비하여 염분에 약하나, 가격이 저렴하고 녹이 잘 슬지 않아 각종 기구, 건축재료 등에 쓰인다.

(4) 주석도금강판(KSD 3516)

보통 양철판이라 하며, 이것은 열간압연강판 또는 냉간압연강판에 주석을 도금한 것으로서, 내식성이 좋고 특히 유독물질을 만들지 않으며 표면이 깨끗하므로 통조림통의 재료로 많이 쓰이고, 그밖에 여러 가지 용기, 케이스, 공업용품에 많이 사용된다.

(5) 스테인리스강판(KSD 3705, KSD 3698)

스테인리스강판에는 열간압연판과 냉간압연판이 있으며, 변형시키는 데 큰 힘이 들기는 하나 성형성이 좋아서 각종 공업용품에 널리 사용되고 있다.

스테인리스강을 대별하면 마르텐사이트계, 페라이트계 및 오스테나이트계의 3종류로 분류된다. 이 중에서 프레스가공에 사용되는 것은 STS430으로 대표되는 페라이트계와 STS304로 대표되는 오스테나이트계의 2종이다.

STS430은 기계적 성질이 연강과 유사하여 성형성이 거의 같으나, STS304는 연신율이 크기 때문에 성형성은 연강보다 우수하다. 그러나 가공경화가 크기 때문에 여러 공정을 요하는 딥 드로잉에서는 중간풀림이 필요하게 되며, 또 반동이 많고 형상이 나쁘기 때문에 이 점에 주의해야 한다.

2) 구리 및 구리합금판

(1) 동판

동판은 전연성(展延性)이 좋고 가공하기 쉬우며 또한 전기 및 열전도가 우수하고 내식성도 비교적 좋으므로 공업용이나 일반생활용품에 널리 사용된다.

① 타프피치 동판

산화환원 정련한 주괴를 압연한 것으로 전기·열의 전도성이 우수하고 전연성, 인발(drawing) 가공성, 내식성 및 내후성이 좋다. 전기부품, 증류솥, 건축용, 화학공업용 등에 사용된다.

② 인탈산 동판

산화환원 후 인(P)으로 탈산한 주괴를 압연한 것으로, 타프피치 동판에 비해 용접성이 좋다.

(2) 황동판(KSD 5201)

황동은 구리와 아연의 합금으로 기계적 성질이 좋고, 내식성 및 가공성도 좋다. 대표적인 것은 7 : 3 황동과 6 : 4 황동이다. 전자는 연하여 인발 가공에 사용되고, 후자는 강하므로 절단가공에 사용된다.

(3) 특수황동판(KSD 5201)

황동에 다른 원소를 첨가하여 기계적 성질의 개량 또는 절삭성의 개량을 한 것이다. 황동에 첨가하는 원소로는 주석, 규소, 알루미늄, 철, 망간, 니켈, 납 등이다.

① 연입(鉛入) 황동판

황동판에 납을 0.4~3% 넣은 것이 일반적으로 많이 사용된다. 보통 황동판보다 전연성은 떨어지나 절삭성이 좋으므로 블랭킹(blanking) 가공에 적합하며 그다지 강도를 요하지 않는 시계, 계기의 기어, 캠 등에 사용된다.

② 네이벌황동판

황동(6 : 4)에 1% 정도의 주석을 첨가한 것이 네이벌황동이나 보통 황동에 비해 경도나 인장강도가 우수하며, 내식성도 우수하다.

(4) 인청동판(KSD 5506, KSD 5202)

구리와 주석의 청동에 소량의 인(P)을 첨가한 합금판이며 동판, 황동판에 비해 인장강도가 크고 내식성이 우수하며 블랭킹(blanking) 가공은 우수하나, 압연에 의한 가공경화나 방향성이 심하므로 굽힘, 인발 가공을 할 때는 풀림재료를 사용하거나 굽힘 반지름을 크게 한다.

인청동판은 내식성, 내피로성이 좋으므로 내식성을 필요로 하는 부품을 비롯하여 작은 기어, 판스프링, 전기부품 등에 널리 사용되고 있다. 다만, 고성능의 스프링 재료를 필요로 할 경우는 스프링용 인청동판이 사용된다.

3) 니켈-구리 합금판

(1) 양백판(KSD 5506)

황동에 니켈을 첨가한 것으로 니켈량이 많이 함유된 것은 은백색, 적은 것은 황색을 띤 회색이다. 광택이 아름답고 변색되지 않으며 가공성이 풍부하여 양식기, 장식류, 건축물, 가구 등의 장식품 또는 악기, 계측기, 의료기 등에 쓰인다.

(2) Spring용 양백판(KSD 5201)

광택이 아름답고 전연성, 내피로성, 내식성이 좋다.

특히 저온으로 풀림(annealing)한 것으로 고성능 스프링재에 적합하다. 계전기용 접점 스프링, 전기기기용 스프링 등에 사용된다.

(3) 니켈 및 니켈 합금판(KSD 6718)

니켈판은 99% 니켈이며, 합금판 알루미늄이 소량 함유된 것이다. 염분 등에 비해서 내식성이 우수하며 내열성 및 전기전도성이 좋아서, 전자, 전기 공업에 널리 사용된다. 특히 니켈 알루미늄티탄 합금판은 시효경화성으로 인해 강도가 높고 탄성도 우수하다.

4) 알루미늄 및 알루미늄 합금판

알루미늄 및 그 합금판을 일반적으로 분류하면 알루미늄판, 내식 알루미늄 합금판, 고력 알루미늄 합금판 및 고력 알루미늄 합금 접합판의 4종류로 나누어진다.

(1) 알루미늄판(KSD 6701)

알루미늄판은 다른 금속에 비해 비중이 작아 철의 약 1/3이고, 열전도성이 좋으며 연성과 전성이 풍부하고 상온가공이 용이하다. 또 수분이나 공기중에서 내식성이 좋으며, 이것을 표면처리함으로써 더욱 향상된다. 알루미늄판은 건축용 재료, 가정용기, 화학공업용, 그밖에 강도를 그다지 필요로 하지 않는 기기부품 등에 널리 사용된다.

(2) 내식성 알루미늄 합금판

알루미늄에 마그네슘, 망간 등을 첨가하여 내식성을 강화시킨 합금으로서 주로 건축용 재료, 취사도구 등에 사용된다.

(3) 고강도 알루미늄판

알루미늄에 구리나 아연 등의 합금원소를 첨가한 것이며, 내식성은 떨어지나 열처리(시효강화)한 것은 강도가 높다. 항공기 등의 경량이면서 큰 강도를 필요로 하는 용도에 사용된다.

(4) 알루미늄 합금 접합판(Al-clad 재)

고강도 알루미늄 합금판의 내식성을 높이기 위하여 판재 표면에 내식성이 좋은 알루미늄이나 내식성 알루미늄 합금을 붙인 것이며, 항공기용으로 많이 사용된다.

1.3 도 금

1.3.1 도금의 개요 및 목적

도금이란 금속으로 된 물품을 전해된 수용액 중에 넣어 한 개의 전극으로 하고, 이 전극과 상대 전극간에 전류를 통과시켜 그 표면에 금속을 석출시키거나 화학변화를 일으키게 하여 필요로 하는 성질을 피도체에 부여하는 것을 말하며 다음과 같은 목적으로 주로 처리된다.

① 장식용으로서 Au, Ag, Pt, Rh 등의 귀금속에 Ni, Cr 등의 도금을 하여 외관을 미려하게 하는 것
② 장식겸 방식용으로는 철강, 아연합금상의 Ni, Ni-Cr 도금이 있다.
③ 단순한 방식용으로는 철강소지상 Zn, Cd, Sn, Pb 등이 있다.
④ 공업용으로서는 적당한 물리적 화학적 성질을 갖는 도금을 하는 경우로서, 내마모용으로 경질크롬도금, 윤활용으로 Cr, In, Sn, 보수용으로 Cu, Fe, Cr, 철의 침탄방지용으로 Cu, 내식용으로 Cr, 전주에 Cu, Fe, Ni 도금 등이 있다.

1.3.2 전기도금

전기분해에 의해 금속염 수용액에서 음극으로 한 제품의 표면에 금속피막을 석출시키는 도금방법으로 밀착이 좋고, 두께의 조절이 용이하며, 외관이 좋으며, 많은 종류의 금속도금이 가능하므로 장식에서부터 특수목적에 이르기까지 응용범위가 대단히 넓으며 프레스 부품 설계에 직접적인 관계가 있다.

1) 전기도금의 종류 및 특징

(1) 동도금

동도금은 철이나 아연 다이캐스트, Al 제품의 하지도금으로 널리 쓰이고 있다. 하지만 도금으로서의 동은 비교적 다른 금속과의 친화성이 좋고 부드럽기 때문에 소지금속과 표면도금금속과의 밀착성을 좋게 한다.

(2) 니켈 도금

니켈은 화학적으로 안정되고 내식성이 크기 때문에 철이나 아연 다이캐스팅 소지의 방식피막으로 쓰이며, 물리적 성질로서 경도가 크므로 내마모성의 성질을 이용하여 장식도금뿐 아니라 기계부품의 하지도금으로 많이 쓰이고 있다.

① 무광택 Ni 도금

② 광택 Ni 도금

③ 특수 Ni 도금

※ Strike Ni 도금 : 스테인리스 강에의 도금, 부동태화한 Ni, Cr 도금 위에 다른 도금을 할 때 밀착성을 좋게 하기 위해 사용한다.

(3) 크롬 도금

Cr 도금은 외관이 아름답고 대기중에서의 부식에 강한 등의 성질이 있으므로 장식용으로 이용되기도 하며 경도가 높고 마찰계수가 작기 때문에 내마모용 등의 공업적 분야의 도금(경질도금)으로서도 용도가 넓다. 장식용 Cr 도금은 보통 하지도금으로서 니켈 또는 동 및 니켈 도금을 하여 $0.1\sim0.5\mu m$ 정도의 엷은 도금을 한다. 공업용 Cr 도금에서는 두꺼운 도금을 소지에 직접하고 있으나, 강한 내식성이 필요한 경우에는 가끔 하지도금으로 Ni 도금을 하는 것도 있다.

(4) 아연 도금

아연도금은 철강의 방식피복으로서 다른 금속도금에 비하여 우수하다. 이것은 아연이 대기부식에 대하여 특유한 저항을 가지며 전기적으로 +성질을 가지고 있기 때문이다. 또 밀착도 강하여 변형가공에 의하여 깨지거나 부풀음이 적다. 아연 도금의 방식을 한층 향상시키기 위하여 크로메이트 처리를 행하게 되며, 이로써 아연도금 그 자체보다 10~20배의 방식력을 가지게 한다. 이것은 아연표면에 크롬산 크롬의 치밀한 피막을 형성하여 공기중의 수분 또는 부식성 기체를 차단하기 때문이다.

① 크로메이트(chromate) 처리

아연도금의 크로메이트 처리는 장식적인 외관과 내식피막을 생성하여 아연도금의 방청력을 높여주는 효과가 있다. 크로메이트 처리는 6가 크롬을 주성분으로 하며, 이것에 황산, 질산, 초산 등의 무기산 및 유기산 등의 촉진제 또는 염류 등 이외에 완충제를 함유한 용액으로, 화학적으로 처리하여 아연도금 표면에 6가 및 3가 크롬의 착화합물을 생성고착시켜 방청력을 부여하는 것이다.

② 피막의 두께

처리시간이 길면 생산피막은 두껍게 되어 건조할 때 탈락하기 쉬우며 건조 후에도 균열이 확대되기 쉬워 염수분무시험 등에서 내식성이 떨어진다. 너무 엷으면 내식성이 떨어지므로 적당한 두께가 좋다. 피막의 두께는 보통 수분의 $1\mu m$로 알려져 있다.

③ 흑색 크로메이트

아연도금의 흑색 크로메이트 피막은 크로메이트 액에 은이온을 첨가한 것에 의해 내식성 있는 흑색피막이 얻어진다. 이것은 은이온이 중크롬산은으로서 용해하여 이것과 아연의 용해시에 생긴 활성수소이온과 반응하여 흑색의 산화은을 생성하여 크로메이트 피막 중에 흡장되어 피막이 흑색화한다고 생각된다.

(5) 금도금

금도금은 주로 장식도금에 많이 사용되었으나 고온산화에 강하고 화학약품에 안전하며 전기접촉저항이

적으므로 최근에는 공업용으로서 전자산업, 정밀기계 산업 등에서 요구되는 프린트 기판, 릴레이, 단자반도체 등의 전도성, 방식성, 내마모성의 성질을 이용한 제품에 많이 이용되고 있다.

(6) 은도금

은도금은 초기에는 장식품, 식기 등의 생활용품에 사용되는 귀금속도금에 한정되었으나 전도성이 좋고 내식성이 우수하다는 특성으로 최근에는 전자부품, 통신기부품 등의 분야에서 급속하게 응용되고 있다.

(7) 주석도금

주석은 대기중에서 내식성이 좋으며 식품 등에 함유된 유기산에도 잘 견딘다. 또 실용금속 중에서 융점이 231.9℃로 낮으므로 전자공업부품에 대한 납땜작업의 능률화, 접합강도 등의 향상의 요구로 주석도금이 많이 사용되고 있다. 종래의 전자부품의 대부분은 납땜성, 균일 전착성이 좋은 카드뮴 도금이 많이 쓰였으나 카드뮴의 공해에 대한 규제가 엄격하게 되어 납땜성을 요하는 부분에 쓰였던 카드뮴 도금이 주석도금으로 전환되었다.

또한 접점, 단자류의 도금은 광택주석도금의 접촉사항이 은도금에 필적할 만큼 작은 것이 특성으로 주석도금의 기능적 특성 때문에 사용분야가 많이 확대되었다. 그러나 주석의 전기도금에서는 휘스커(whisker)라 불리는 주석의 침상단 결정이 발생하는 경향이 강하므로 정밀한 전기회로부품 등에 적용할 때는, 회로단락 사고를 사전에 방지하기 위한 소지 및 후처리 등에 충분한 배려가 필요하다.

2) 도금공정

(1) 전처리

도금 전의 공정을 총칭하여 전처리라 한다.

① 연마

표면의 산화물의 제거, 가공시 발생한 칩(chip)의 제거, 평활하고 광택있는 소지면을 얻기 위한 조작으로, 기계적인 방법(buff 연마, barrel 분사연마)과 전기화학적인 방법(전해연마), 화학적인 방법(화학연마)이 있다.

② 탈지

표면에 부착되어 있는 유지를 제거하여 금속피막이 소지면에 밀착시키기 위한 예비처리로 유기용제 세정(solvent cleaning)과 알칼리액 중에서 세정하는 알칼리성 세정(alkali cleaning) 그리고 알칼리 중에서 전해하여 탈지하는 전해 세정(electrolytic cleaning) 등으로 대부분 이것을 병용한다.

③ 산세(酸洗 ; pickling)

표면에 생긴 산화막을 제거한다.

사용하는 산의 종류 및 농도는 소지의 종류에 따라 달라진다.

④ 중화

연마, 탈지, 산세 등을 거쳐 깨끗해진 소지를 도금하려고 하는 도금 액성으로 해주기 위한 공정으로 소지와 피막 사이의 밀착성에 크게 관계한다.

(2) 도금

전처리에 의해 깨끗해진 제품을 도금조에 넣어 도금한다. 제품을 랙(rack)에 걸어 음극에 접속하여 대치시켜 전류를 통하여 전해하거나, 작은 부품은 버렐(barrel)에 넣어 많은 양을 동시에 도금한다. 이때 제품 전체의 전류분포가 균일하게 되도록 양극과 음극을 배치해야 한다. 도금 후의 제품은 우선 찬물에 씻어 도금액의 대부분을 떨어뜨린다. 이 세정액은 회수되어 도금액의 공급에 쓰인다. 회수 세정은 대단히 중요하여 도금액을 될 수 있는 대로 완전하게 회수하여 배수 중으로 흘러나가지 않도록 하는 것이 배수처리에 중요하며 도금의 비용에도 상당한 영향을 미친다.

(3) 후처리

도금 후의 처리를 총칭하여 후처리라 한다. 도금의 종류, 목적에 따라 변색방지처리, 착색처리 등 여러 가지의 처리가 있다.

각 공정과 공정 사이에 반드시 수세공정이 들어간다. 이것은 전 공정에 의한 부착액을 제거하여 다음 공정의 액 중에 혼입되지 않도록 하는 것이 절대 필요조건으로 특히 소지와 피막 사이의 밀착성, 도금의 외관, 변색성 등의 도금불량의 원인이 되므로 주의해야 한다.

3) 도금 품질

(1) 도금에 영향을 미치는 전기분해현상
① gas의 흡장

도금층에는 도금종류에 따라 차이는 있으나, 전기분해에 따른 음극에서의 수소의 발생으로 인하여 다소의 수소 가스를 흡장하고 있다.

수소를 흡장하면 균열의 원인이 되므로 이것을 막기 위해서는 200℃ 전후에서 열처리하여 탈수소 처리를 하거나, 금속에 따라서는 끓는 물에 담구는 것만으로도 효과가 있는 것도 있다. 수소는 오랫동안 방치하면 일부는 탈출해가므로 균열이 오기 쉬운 부분에 사용할 때는 한동안 방치하여 수소를 탈출시킨 후 사용한다.

② 핀홀(pin hole)의 생성

핀홀은 수소 가스가 음극면상에서 방출되지 않고 부착 잔류하든지 또는 소지상의 다른 물질에 의해 결정성장의 결함으로 일어나는 것으로, 극히 미세한 구멍이나 소지까지 관통하는 것이 많다.

그러나 도금과 동시에 수소 가스가 발생하는 것이 보통이며, 또 소지에는 다소의 요철이나 다른 물질의 존재는 피할 수 없으므로 도금층에 핀홀을 전혀 없게 하는 것은 어렵다. 이 핀홀을 통하여 소지와 도금층의 전위차에 의해 부식이 진행되므로 도금층의 전위가 더 높으면 소지가 부식되고, 소지의 전위가 더 높으면 도금층이 부식된다.

핀홀의 생성은 도금층의 부식에 가장 중요한 영향을 미치는 것이므로 수소의 발생을 억제하여 치밀한 도금층을 성장시킴과 동시에 두께를 충분히 하여 소지의 결함에 의한 핀홀의 생성을 적게 하거나, 아니면 미리 소지의 결함을 제거할 필요가 있다.

③ 균일전착성(throwing power)

전기도금 피막의 각 부분을 균일한 두께로 석출하는 능력을 말하는 것이다. 각 부분이 균일한 두께로 되기 위해서는 음극유효면의 각 점이 금속을 석출하는 데 필요한 분해전압으로 되어 전류밀도가 균일할 필요가 있으므로 전류밀도를 균일하게 하는 능력이 높은 것이 높은 균일전착성을 갖게 된다. 보통 피복력(covering power)이 균일전착성과 같은 의미로 쓰이고 있으나 피복력은 도금피막이 음극표면을 석출피복하는 능력을 나타내는 것으로, 예를 들면 표면상에 있는 凹부에도 도금할 수 있는지의 능력을 나타내는 것으로 균일전착성과 똑같은 의미는 아니다. 그러나 양자는 본질적으로 다른 개념은 아니며 피복력이 凹부와 같은 곳에 어느 정도 깊이까지 도금이 들어갈 수 있는가의 능력을 나타내는 것이며 균일전착성은 도금두께의 분포까지를 포함한다.

균일전착성은 표면상의 전류밀도분포의 균일이 중요하거나 전극면의 기하학적인 조건에 의해 생기는 전류분포를 균일하게 하기 위해서는,

- 극간 거리를 넓힌다.
- 전극 단면의 각도를 크게 한다.
- 보조극을 사용한다.
- 음극을 움직이게 한다.
- 액을 교반한다.

등의 조건이 필요하게 된다.

④ 부동태(passivity)

도금액 중에서 분해전압에 달하게 되면 양극에 산소가 발생하게 되므로 표면에 안정된 산화물층이 생기게 되어 불용성 양극으로 되기 쉽다. 이 불활성 상태를 부동태라 한다.

이 때의 양극은 전도성은 있으나 불용성이므로 전류에 의한 이온화는 거의 없어 양극 전류효율은 극히 나쁘며, 도금은 거의 액 중의 금속분 소모에 의해서만 되어 음극 전류효율도 떨어지게 되므로 고순도 양극의 사용과 양극면의 뻘(slime) 제거를 위한 브러싱(brushing), 접점부의 청소 등이 필요하게 된다.

(2) 도금의 결함

① 도금두께의 불균형

전기도금의 큰 결함중의 하나로서 부품 각 부분에 대해 도금두께의 불균형은 문제로 되어 있다. 이것은 부품의 각 부위에 대한 전류분포가 일정치 않아 돌기부 또는 선단부에 집중하는 성질 때문이다. 따라서 부품의 형상이 복잡하면 도금두께의 불균형 문제점이 증가하며, 이 경향은 도금의 종류에 의해서도 현저히 다르다.

특히, 크롬도금은 이 경향이 있다. 또, 도금작업시 양극과 음극과의 관계 위치에 의해서도 큰 차이가 있다. 이 같은 도금두께의 불균형을 한가지로 논하기는 곤란하나, 한 예로서 그림 1.17에서와 같은 형상 및 구조의 부품에 표준아연도금을 했을 경우 각 부의 도금두께는,

평균두께를 10μm으로 했을 때,

A : B : C = 4 : 10 : 20

이 된다.

이상에서와 같이 전기도금에서는 반드시 도금두께의 불균형이 생기므로 설계시 충분히 고려하여야 한다.

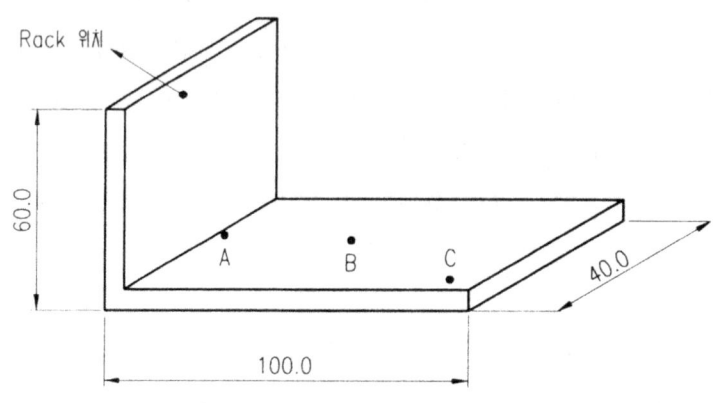

그림 1.17 도금두께의 불균형 예

즉, 부품의 각 부분에 도금두께를 일정하게 하기는 대단히 곤란하므로 설계상 복잡한 형상의 부품에 대해서는 필히 그 부품의 주요면을 지정하고 그 면에 있어서의 도금두께를 지정해 주어야 한다.

② 전기적, 기계적 특성

도금피막의 전기적, 기계적 특성은 각각의 금속과 거의 같은 성질을 가지나 경도는 일반적으로 금속의 경도보다 높아진다. 특히 광택제를 첨가한 도금에 있어서는 현저히 증대한다. 또 도금욕조성, 도금조건에 따라서도 피막의 경도는 달라진다. 합금도금의 경우는 각각의 단독도금에 비하여 경도가 증가함과 동시에 융점은 낮아진다. 납땜도금은 그 대표적인 예이다. 전기저항은 그 금속과 거의 동일하나 첨가제를 첨가한 경우 또는 합금도금한 경우는 일반적으로 높아지는 경우가 있다.

③ 수소취성

전처리로서의 산세와 도금액 중에서의 전해 중에 발생하는 수소는 활성도 높은 발생기수소로 소재표면에서 내부에 흡착 침투하여 소재를 취약하게 한다. 이 현상을 수소취성(hydrogen brittleness)이라 한다. 수소취성은 산의 종류, 도금액의 종류, 도금조건, 재질 등에 따라 다르나 더욱 수소취성을 받기 쉬운 재질은 스프링강, 고탄소강이다.

도금액에서는 알칼리욕이 산성욕보다 수소취성을 받기 쉽다. 도금종류에서는 아연, 카드뮴도금이 취화하기 쉽고 니켈도금은 비교적 적다. 산세에서는 혼산의 경우가 크고 농도가 클수록 크다. 또 침적시간이 길고 액온이 높으면 영향이 크다. 이처럼 도금에서의 수소취성은 큰 문제점이므로 스프링강에 도금했을 경우에는 반드시 도금 후 취성제거의 열처리를 하여 줄 필요가 있다. 통상 200℃×1시간 또는 100℃×2시간이다.

④ 내부응력

도금의 피막에는 도금종류, 도금조건 등에 의해서 그 크기는 다르나 어떠한 도금에서도 내부응력은 존재한다. 응력에는 압축응력과 인장응력이 있고 도금종류, 도금액 조성, 첨가제의 종류 등에 따라서 응력이 생긴다.

인장응력의 증대는 도금피막의 박리를 조장하는 경향이 있고 도금의 밀착성에서 보면 압축응력의 쪽이 영향이 적으나 어떠하게 도금하여도 응력은 없는 쪽이 좋다. 일반적으로 두께가 엷은 도금에 있어서는 그 내부응력은 문제가 적은 경우가 많으나 두꺼운 도금을 할 경우는 응력에 의한 변형 박리, 기타의 문제점이 있으므로 충분히 주의할 필요가 있다.

⑤ 도금의 납땜성

도금의 납땜성은 그 금속 자체와 거의 같으나 도금욕 조성 특히 첨가제의 유무 등에 의해 차이가 생긴다. 또, 보관 취급 등에 의하여 표면상태가 변화한 경우, 즉 산화 또는 오염 등에 의해서 납땜성은 저하된다. 각종 도금의 납땜성 측정결과를 보면 납땜, 동, 카드뮴, 주석의 4종이 양호한 납땜성을 가진다. 따라서 설계상 이것을 지정할 경우, 납땜성만을 사용목적으로 할 경우는 상기 4종중에서 어느 것을 선택하여도 좋으나 방청을 가미할 경우는 내식성을 고려하여 선정할 필요가 있다. 또 작업 전의 보관이 고온 고습이면 동, 주석, 니켈은 현저히 납땜성이 저하하며, 납땜도금은 도금두께가 엷으면 고온 고습에 의해 쉽사리 저하함으로 주의를 요한다.

⑥ 산세(酸洗)에 의한 소모량

도금작업에 있어서는 부품의 표면을 세정하기 위해 전처리 작업으로서 탈지 또는 산세작업이 행하여진다. 산세작업에 의한 소모량은(알루미늄 제외) 산의 종류, 농도, 온도처리시간, 소재표면의 산화막 부착상태 등에 따라 현저히 다르다. 특히 주의해야 할 것은 부품 중에 부분적으로 전기용접 또는 가스용접을 한 경우이다. 이 경우, 산화막은 일반적으로 대단히 두꺼우므로 이것을 제거하기까지 산처리를 행하면 다른 부분의 용해가 커져 산세과도가 될 위험이 있다. 따라서, 이러한 것은 기계적 제거법(샌드 블러스트, 와이어 브러시, 그라인딩 등)을 병용하여야 한다. 그러므로, 공작시에 있어서는 산화막이 부착되지 않는 용접법을 채용하거나 또는 산화막을 제거하기 쉬운 구조로 하는 등의 배려가 필요하다.

(3) 도금의 내식성

도금의 품질을 판정하는 데에는 여러 가지 요소가 있으나, 그 중에서도 내식성은 가장 중요한 요소이다. 내식성의 시험방법에는 염수분무시험, 고온고습시험, 폭로시험, corrode kote시험 등이 있으나, 이러한 시험은 어느 것이나 가속시험으로 실제 사용상태에 있어서 내식성과 관련성을 파악하는 것은 대단히 곤란하다. 이러한 시험방법 중에서는 폭로시험과 고온고습시험이 실제 사용상태에 거의 가까운 방법이나 시험기간이 길기 때문에 일상 생산품의 판정에는 부적합하다. 따라서 비교적 단시간 내에 판정할 수 있는 염수분무시험이 일반적으로 행하여진다. 또 corrode kote시험은 구미(歐美)에서 자동차부품에 적용되는 것으로 주로 동, 니켈, 크롬의 3종 도금에 사용된다.

다음 표 1.9, 1.10, 1.11의 시험결과표를 참조, 도금품질결정에 도움이 되었으면 한다.

표 1.9 염수 분무 시험 결과

도금종류	소지	도금두께(μm)	내식성(시간)			JIS 규격차
			적청(赤錆)	백청(白錆)	청청(靑錆)	
알칼리동	철강	Ni : 15~20	24	-	-	
광택니켈	철강	Cu : 5~10, Ni : 10~15	172	-	-	48
	황동	Ni : 1~8	-	-	288	
장식크롬	철강	Cu : 5~10, Ni : 10~15 Cr : 0.5	96	-		48
	황동	Ni : 5~8, Cr : 0.5	-	-	288	
산성석	철강	10~15	24 이하	-	-	
	동	10~15		-	192	
아연	철강	10~15	-	96	-	96
카드뮴	철강	10~15	-	120	-	96
은	동	5~10	-	-	288	

주 (1) : 내식성의 판정은 철강소지상의 동, 니켈, 크롬, 주석 도금은 적청(赤錆)을 발생할 때까지, 아연, 카드뮴 도금은 백청(白錆)을 발생할 때까지의 시간이다.
　(2) : 장식크롬 도금을 제외하고는 소재표면을 연마하지 않은 것이며 소재연마하면 한층 내식성은 향상한다.

표 1.10 고온 고습 시험 결과

도금 종류	소지	도금두께(μm)	내식성(월)		비 고
			녹	변색	
알칼리동	철강	Ni : 15~20	2.5	0.3	적청(赤錆)으로 판정
광택니켈	철강	Cu : 5~10, Ni : 10~15	5	2.5	적청(赤錆)으로 판정
	황동	Ni : 4~8			6개월간 이상 없음
장식크롬	철강	Cu : 5~10, Ni : 10~15 Cr : 0.5	4		적청(赤錆)으로 판정
	황동	Ni : 5~8			6개월간 이상 없음
산 성 석	철강	10~15		0.5	
	동	10~15		0.2	
아 연	철강	10~15	4		
카 드 뮴	철강	10~15	4		백청(白錆)으로 판정
은	동	5~10		0.5	백청(白錆)으로 판정

온도 : 35~40℃, 습도 : 90% 이상, 기간 : 6개월 이상(24시간 연속)

표 1.11 옥외 폭로 시험 결과

도금종류	소지	도금두께(μm)	내식성(월)		비 고
			녹	변색	
알칼리동	철강	Ni : 15~20			9개월까지 이상 없음
광택니켈	철강	Cu : 5~10, Ni : 10~15			〃
	황동	Ni : 4~8			
장식크롬	철강	Cu : 5~10, Ni : 10~15, Cr : 0.5			〃
	황동	Ni : 5~8, Cr : 0.5			
산 성 석	철강	10~15	0.1		적청(赤錆)으로 판정
	동	10~15			9개월까지 이상 없음
아 연	철강	10~15	1		백청(白錆)으로 판정
카드뮴	철강	10~15	1	1	〃
은	동	5~15		1	〃

(4) 도금의 실시 예

소재별, 사용목적별 및 사용장소별 실시 예를 아래 표에 나타냈다. 표 1.12의 예는 예의 기준으로 사용조건에 따라 변동되며 내약품용의 것과 같은 특수용도의 것은 생략한다.

표 1.12 도금실시 예(도금두께는 최저치임)

소재		사용목적	적용도금	도금사양	도금두께 (μm)	비 고
철 강	옥 외	방청	아연		30	크로메이트 처리
			카드뮴		20	〃
			크롬	Cu+Ni+Cr	20+20+1	장식에도 적용한다.
		내마모	크롬	경 질	지정에 의함	옥외, 옥내 동일표 참조
	옥 내	방청	아연		10	크로메이트 처리
			카드뮴		10	〃
			니켈	Cu+Ni	10+10	
철 강	옥 내	방청장식	크롬	Cu+Ni+Cr	10+10+0.5	
		전기접촉	은	Cu+Ag	15+5	변색은 절대 방지
			금	Cu+Au	15+2	
동 및	옥 외	방청	니켈		10	
		방청, 장식	크롬	Ni+Cr	10+0.5	
		전기접촉	은		10	변색은 절대 방지
			금		5	

소재		사용목적	적용도금	도금사양	도금두께 (μm)	비 고
동합금	옥내	방청	니켈		5	
		방청, 장식	크롬	Ni+Cr	10+0.5	
		전기접촉	은 금		5 1	변색은 절대 방지
아연다이캐스팅	옥외	방청				크로메이트 처리만 한다.
		장식	크롬	Cu+Ni+Cr	20+10+0.5	
	옥내	방청				크로메이트 처리만 한다.
		장식	크롬	Cu+Ni+Cr	10+5+0.5	
알루미늄	옥외	방청	양극산화		20	봉공처리만 행한다.
		장식	〃		10	〃
	옥내	내마모	〃		40	
		장식	착색		5+착색	
			크롬	Cu+Ni+Cr	20+10+0.5	

4) 전기도금의 특성 및 설계상의 유의점

설계상 도금사양을 설성하는 데 설계사는 전기도금의 제특성, 즉 내식성, 도금두께, 도금두께의 균형, 외관적 가치, 전기적, 기계적 성질 등을 충분히 파악하고 제품의 사용장소, 사용목적에 적합한 도금을 지정해야 한다. 따라서, 전기도금의 제특성 및 설계상의 유의점을 대략적으로 기술한다.

(1) 소재재질과 도금의 난이성

도금의 품질은 소재에 의하여 좌우되는 경우가 많다. 즉, 소재의 표면상태(거칠음, 핀홀, 균열, 녹 등)에 의하여 내식성, 밀착성, 외관 등이 달라지며 소재의 조성성분에 따라서도 현저히 달라진다. 이같이 소재의 결함은 도금에 큰 영향을 주나 도금 전에는 발견되지 않고 도금하는 도중에 나타나는 경우도 있다. 이런 경우는 근본적으로 소재불량이지만 도금불량과의 단정이 어려우므로 좋은 품질의 도금을 얻기 위해서는 녹, 균열, 핏트 등 결함이 없는 평활한 재료를 사용하는 것이 우선적이다.

또 재질과 도금의 난이도 문제가 된다. 어떠한 재질에 대해서도 도금은 가능한 것이나 재질에 따라서는 특별한 전처리를 행하지 않으면 안 되는 것, 또 불안정한 밀착력이 얻어지는 것 등이 있다. 따라서, 새로운 재질을 지정하는 도금의 경우에는 사전에 표면처리 담당자와 협의하여 도금사양을 결정할 필요가 있다.

각종 재질에 따른 도금의 난이도를 보면 표 1.13과 같다. 동 및 동합금에 대한 크롬도금은 양극에 대해 영향이 적은 부분(저전류)은 도금액에 의해 부식이 일어나므로 마킹할 필요가 있다.

이상에서와 같이 하지도금 또는 특수한 전처리를 추가하면 거의 재질과 무관하게 도금은 가능하나 제조원가가 높아지므로 되도록 이를 피한다.

표 1.13 재질에 따른 도금의 난이

도금종류 재질명	Ni	Cu	(Cu)	Cr	Zn	Cd	Sn	Pb	Ag	Au	Pt
순철	◎	○	◎	◎	◎	◎	◎	◎	○	○	○
주철	○	△	△	△	△	○	○	○	-	-	-
규소강	△	△	△	△	△	△	△	△	-	-	-
Mn 강	○	○	○	◎	◎	◎	○	○	-	-	-
황동	◎	◎	◎	◎	◎	◎	◎	◎	◎	◎	◎
인청동	○	◎	◎	◎	◎	◎	◎	○	○	○	○
쾌삭황동	○	◎	◎	◎	◎	○	-	-	○	○	○
스테인리스강	×	×	×	×	×	×	×	×	×	×	×
알루미늄	△	△	△	△	△	△	△	△	△	△	△
아연다이캐스팅	○	-	○	○	○	○	○	-	-	-	-

◎ : 직접 도금이 가능한 것.   ○ : 하지도금을 하면 도금 가능한 것.
△ : 하지처리 및 하지도금을 하면 도금 가능한 것.   × : 불가능
주 : 스테인리스강에 대한 도금은 불가능한 것으로 되어 있으나 도금액을 특별히 조정하고 또 특수한 전처리를 행
    하면 가능하다. 단, 생산 원가가 대단히 높게 된다.

(2) 형상 및 구조

설계상 부품을 일정한 도금품질에 싼 가격으로 생산하기 위해서는 형상, 구조가 대단히 중요하다. 예를 들면, 복잡한 형상의 부품 각 부위를 일정한 두께로 도금하는 것은 선단효과에 의한 전류밀도의 불균일 현상 때문에 거의 불가능하다. 이것을 무리하게 일정한 두께로 도금하려면 대단히 큰 공수를 요하고 공업적 생산에는 부적합하다. 따라서 도금할 때는 도금의 난이성을 충분히 고려하여 설계할 필요가 있다.

도금작업상 곤란한 형상구조의 대표적인 것은 다음 표 1.14와 같다.

표 1.14 도금작업이 곤란한 각종의 형상구조

형상	형상의 개요	문제점
용접부품	Spot 용접	접합부에 산, 알칼리가 나옴. 용접부의 고온 스케일 제거가 필요함.
굽힘각 및 접합각이 작은 부품		굽힘각이 작은 부품의 경우 도금 곤란

형상	형상의 개요	문제점
간격이 좁은 부품		두 개의 판 내측 및 밑바닥은 도금 불능
구멍이 있는 부품		구멍 내면은 도금 불능
선단부가 있는 부품		선단효과에 의해 날카로운 선단에는 도금 과다
상자 부품		상자 내면에는 도금 불능

1.3.3 양극 산화 피막

알루미늄은 공기중에서 산화가 잘 되고 이것이 보호피막으로 작용하지만, 더욱 오래 사용하고 아름다운 표면을 얻기 위해서 전기화학적으로 양극산화시켜서 이 피막을 그대로 또는 착색 등으로 처리해서 사용하고 있다.

이와 같은 전기화학적으로 산 또는 알칼리 용액 중에서 알루미늄을 양극(+극)으로 하여 산화시키는 것을 양극산화(陽極酸化) 또는 아노다이징(anodizing)이라고 한다. 일반적으로 사용되는 거의 모든 알루미늄 제품은 이 양극산화법에 의하여 내식성 피막이 형성되어 있다고 할 수 있다.

1.3.4 도금 품질 관리

1) 품질관리 및 중요성

도금에는 제품의 종류, 용도에 의해 요구되는 성능이 달라 도금검사항목도 종류가 많다. 검사에 있어서 제품의 사용목적에 맞는 검사항목을 선택하여 시험방법으로 채택, 적용시키는 것이 가장 중요하며, 도금시험방법에는 정도(精度)가 높고 정량적인 방법으로서 확립되어 있는 것도 있으나, 그 반대로 재현성이 좋지 않은 방법도 적지 않다. 그러나 규정된 시험방법에 맞추어 정확히 실시해 가능한 한 주관성이 포함되지 않게 용도에 맞는 성능시험을 실시하는 것이 대단히 중요하다.

2) 국내외 시험방법

(1) 도금두께 측정방법

① 자기적 방법

② 화학적 방법

③ 전기적 방법

④ 현미경 측정법

(2) 내식성 시험

① 염수분무 시험(표 1.15)

② corrode kote test

③ 아황산 가스 시험

④ 유공도 시험(pin hole test)

⑤ 내후성 시험

표 1.15 염수분무시험 항목

시험법규격 조건항목	염수분무시험		초산산성염수분무시험		CASS 시험	
	JIS 2-2371	ASTM B-117	ASTM B-287	BS -1224	JIS D-0102	ASTM
식염수농도	5±1%	5±1%	5±1%	50±5g/l	5±1%	5±1%
식염수 PH	6.5~7.2	6.5~7.2	3.1~3.3	3.2±0.1	3.1~3.3	3.1~3.3
초산	-	-	1~3ml	1~3ml	1~3ml/l	1~3ml/l
염화제2동	-	-	-	-	0.26g/l	1g/gal
분무압	0.7~1.8 kgf/cm^3	0.7~1.8 kgf/cm^3	0.7~1.8 kgf/cm^3	분무량에 따라 조정	1±0.01 kgf/cm^3	0.7~1.8 kgf/cm^3
분무기 내 온도	35±2℃	35±1.5℃	35±1.5℃	35±2℃	49±2℃	49±1.1℃
분무량	0.5~3.0 ml/hr	0.75~2.0 ml/hr	0.75~2.0 ml/hr	1.5~0.5 ml/hr	1.0~2.0 ml/hr	1.0~2.0 ml/hr
분무시간	8시간분무 16시간중단	연속	연속	연속	연속	연속

(3) 외관검사

이는 중간검사, 출하검사, 수입검사시에 소비자가 선택하는 것으로서 도금 양(良), 부(否)를 판정하는 경우에는 육안검사하며, 특히 장식도금에서는 그 판단에 따라 상품가치를 좌우하는 중요한 검사이다. 따라서, 이 검사는 검사원의 주관이 삽입되기 쉬운 결점이 있어 가능하면 한도견본품(限度見本品)을 만들어, 이것과 비교하여 검사기준에 의거 당사자간에 합의가 꼭 필요하다. 보통 외관검사시에는 광호(光戶), 얼룩, 부풀음, 스크래치, 소지노출(素地露出), 소지연마(素地研磨)로 인한 변형 등을 밝은 조명(JIS H8612 참조)하에서 육안으로 실시해야 한다.

(4) 경도 시험

(5) 밀착성 시험

도금이 벗겨진다고 하는 것은 도금제품에서 치명적인 결함이며 최대의 불량이다. 그러나 밀착시험방법에는 정량적인 방법은 없고 정성적인 방법으로서 굴곡시험과 가열시험이 있다. 그림 1.18에서와 같이 굴곡시험은 파괴시험이나 현장에서 많이 사용하는 방법으로서 90° 1 왕복을 1회로 했을 때의 도금층이 벗겨질 때까지의 횟수를 구해서 밀착도를 정하며, 소지의 비파괴시험인 가열시험은 시료를 가열용기에 넣어 일정기간 가열 후 급격히 냉각시키는 방법으로서 그 일례는 표 1.16과 같다.

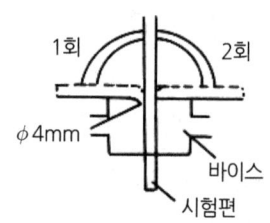

그림 1.18 굴곡시험

표 1.16 니켈·크롬도금제품의 가열시험법

소지(素地)	온도(℃)	시험법
철강(鐵鋼)	350	전기로나 오븐에서 가열 후(5분) 꺼내어 급냉 후 표면 관측한다.
동 합 금	250	
아연합금	150	

1.3.5 자료상에서의 도금 및 표면처리기호

프레스 제품에 도금처리할 필요가 있을 때는 그 도면에 도금의 종류를 명기하여야 한다. 도금의 표시는 기호로 표기하는 일이 많으며, 이 경우 독일의 지멘스(Siemens)사의 방식을 사용하는 경우가 많다(표 1.17).

표 1.17 도금표시용 기호표시 방법

기 호	도금(표면) 처리 내용	적용 재료
648	Ni 도금	구리 및 구리합금판
649	Cu 도금 후 Ni 도금	steel 부품
671	황색 Cr 도금	아연 주물품에 사용
672	광택 아연 도금 후 크로메이트 처리	steel 부품
674	Ni 도금 후 Cr 도금	구리 및 구리합금판
675	구리 도금→Ni 도금→Cr 도금(고광택)	steel 제품(장식용)
676	구리 도금→Ni 도금→Cr 도금(반광택)	steel 제품(장식용)
682	전기주석도금	steel 또는 동합금
761	흑착색	AI 부품
865	착유	
866	탈지	
868	고광택 마무리 작업	stainless, Ni 부품

1.4 도장

1.4.1 도장의 개요 및 목적

도장의 목적은 물체의 표면에 도료를 도포시켜 경화된 도막을 형성하고 물체(피도장물)를 보호하며 미화시키는 데 있다. 또한 절연, 방화, 방균, 방음, 표식 등의 특수한 목적으로 이용되기도 한다.

① 보　호 : 방청, 방식, 방수, 방습, 내약품, 내열, 내마모, 내방사선 등

② 미　화 : 색채, 광택, 모양, 평활성, 입체성 등 좋은 촉감성 부여

③ 특수성 : 열, 전기, 절연성, 방화, 방균, 방충, 방음, 방열, 도로표시, 온도표시 등

이 세 가지 목적은 서로 연관성을 갖는 경우가 대부분이다.

1.4.2 도장 전처리

1) 전처리의 목적

도장의 주목적은 소지의 보호(내식성 증가)와 미관(색과 광택)에 있다. 그러나 소지의 재질이나 가공법 등에 따라 소지면은 변질층이나 산화물층 등으로 덮여 있고, 또한 유지, 수분, 녹, 먼지 등의 오물이 부착되어 있어, 도장하기 전에 이러한 물질을 완전히 제거하지 않고 도장하게 되면 소지와 도료와의 부착력을 저하시킬 뿐 아니라 도막의 불건조, 부풀음 및 균열이 일어나 도막이 박리되는 원인이 된다.

특히, 소지면에 녹이 남아 있는 채 도장을 하게 되면 도막 밑에는 녹이 계속적으로 발생하게 되어 점점

그 면적이 증대하고 도막에 부풀음이나 균열이 일어나 결국은 도막을 파괴하게 된다. 그러므로 도장하기 전에 미리 이러한 모든 이물질을 완전히 제거함과 동시에 도막 밑에서 녹이 발생하지 않도록 내식성 있는 화성피막을 입힘으로써 바라는 도막을 얻을 수 있는 것이다. 이러한 작업 전체를 소지조정 또는 전처리라 고도 한다.

전처리의 목적은,

① 소지면을 불활성화(안전화)하여 내식성을 향상시킨다.

② 소지면에 부착, 생성된 이물질을 완전히 제거함으로써 도료의 밀착성을 높인다.

③ 소지면과 도료의 친화력(affinity)과 습윤성(wetability)을 준다.

④ 소지면의 돌출부를 제거하여 소지면을 평탄하게 한다.

2) 금속의 표면상태

① 1차 가공 표면

② 2차 가공 표면

3) 금속의 표면처리

(1) 탈지

탈지란 금속 피도물의 표면에 녹을 방지하기 위하여 도포되는 방청유, 프레스나 기계로 가공하는 과정에 서 묻는 기계유, 절삭시의 쇳가루, 연마제, 먼지 등 주로 유성물질을 금속표면에서 제거하는 것을 말한다.

(2) 제청

일반적으로 금속물질은 그때의 환경에 따라 다른 물질과 어울려 안전한 화합물이 되려는 특성을 가지고 있다.

특히 공업제품으로 흔히 사용되는 철강이나 알루미늄, 아연, 마그네슘, 동 및 합금으로 구성된 제품은 반 드시 공기나 습기에 직접적으로 닿는 곳에 놓이는 경우가 대부분이므로 심하게 또는 약간의 녹이 표면에 발생된다. 이 녹은 도막결함의 커다란 요인이 되므로 반드시 도장 전에 완전히 제거하지 않으면 안된다.

① 녹이란

일반적으로 도장계에서는 금속표면에 생성된 산화물 및 수산화물을 녹이라 부르고 있으며 금속체는 항상 다른 물질과 반응하여 처음의 안정된 상태로 되돌아 가려는 성질이 있기 때문에 그것이 녹이라 고 하는 화합물을 생성하게 하는 요인이 된다.

철강제를 예로 들면 검은 녹과 붉은 녹이 있다. 검은 녹은 압연이나 열가공시에 생긴 두터운 산화물 층으로 별명은 흑피 또는 밀스케일이라고 하며, 붉은 녹은 철의 표면에 물이 묻어 젖어서 생기는 것 으로서 주성분은 수산화 제2철[$Fe(OH)_2$]이며 산화 제2철[Fe_2O_3]에 물분자가 결합된 것이다.

② 녹의 상태

녹의 상태를 육안으로 관찰하려면 녹의 색깔, 녹의 발생상태와 녹슨 정도를 알고, 거기에 적응하는 효율적인 제청방법을 강구하지 않으면 안된다.

㉮ 적색 : 실제적으로 황갈색 또는 다갈색 등이며, 조정은 수산화철로서 산화철의 표면에 물과 산소 때문에 발생한다. 보통 도장 전의 금속제품에 발생되어 있다.

㉯ 검정색 : 보통 철색이라고 하는 흑청색으로서 붉은 녹이 되기 이전의 상태에서는 층의 스케일과는 본질적으로 다르다.

㉰ 변색 : 금속 본래의 광택을 상실한 상태로서 기름이나 먼지 등으로 그 표면에 연마해 보아, 금속표면이 상하지 않을 때를 변색이라고 하고 변색된 층은 엷으며 유순하다.

㉱ 흐름 : 금속면이 흐릿한 상태로서 금속의 표면이 변색이나 착색되었다고 볼 수 없는 정도의 상태

(3) 화성처리(化成處理)

① 철 소지상의 화성처리

금속표면에 산화막이나 무기염 피막을(주로 수용액을) 화학적으로 만들어 금속의 도장하지로 사용하는 것을 화성처리라고 한다.

여기에서는 그 중 하나인 인산염 처리(燐酸鹽處理)에 대해서 기술한다. 인산염 처리는 화성피막의 일종으로 인산 및 인산염을 이용하여 화성피막을 형성시키는 것이며, 특히 철강의 방청, 도장하지로서는 가장 널리 이용되고 있다. 인산피막처리에서 형성된 인산피막은 다음과 같은 4가지의 주요사항을 가지고서 도막의 수명을 연장시킨다.

㉮ 도막의 부착을 증진시킨다.

㉯ 부식을 방지한다.

㉰ 활성금속, 산화물 혹은 부식물과 마감도막을 격리시킨다.

㉱ 전기 부도체이므로, 녹을 유발하는 양극과 음극의 영역이 없는 동종의 표면을 이루게 한다.

② 아연도 강판의 화성처리

아연표면은 활성도가 높아 유기도막의 부착이 어려울 뿐만 아니라 아연 2차 생성물이 생기기 쉽다. 이러한 문제해결을 위해 아연도 강판의 활성도를 억제하는 방법이 있는데, 그 중에서 공업적으로 행하여지고 있는 방법이 화성처리법이다(표 1.18).

화성처리방법에는

㉮ 인산염 처리

㉯ 크로메이트(chromate) 처리

㉰ 복합 산화물 피막 처리

표 1.18 아연도 강판용 화성처리 방법 및 특징

종 류	용 도	특 징
인산염 피막	착색 아연도 강판, 일반도장 인산염 처리 아연도 강판 등의 표면처리에 적합하다.	결정성 피막이다. 철강과 동시처리가 가능하다. 도장 성능이 우수하고 안정하다.
크로메이트 피막	주로 일시 방청용이며, 크로메이트 처리 아연도 강판의 일시 방청용이다.	비결정질 피막이 형성된다.
복합산화물 피막	착색 아연도 강판 및 일반 도장의 표면처리에 적합하다.	비결정질 피막으로서, 가공성능이 우수하여 가공조건이 까다로운 경우에 적합하다(처리액 : 알칼리성).

③ 알루미늄의 화성처리

Al 및 Al 합금의 표면처리에서는 양극산화 처리가 가장 많이 사용되고 있으나 도장하지로서는 처리비용이 높고 baking type의 도장에서는 열을 받아 균열이 생성되므로 적당하지 못하다. 따라서 도장하는 경우에는 다른 화학처리를 행하는 것이 보통이고 도장전 처리로서는 크로메이트(chromate) 방법을 가장 많이 사용하고 있다.

(4) 아연도 강판의 종류

① 용융 아연도 강판

깨끗이 처리한 강제를 용융아연 중에 침적시켜 화학반응에 의한 피막을 형성시킴으로써 만드는 것이다.

용융 아연도 강판에는 도장성과 용접성을 향상시킬 목적으로 합금화아연도금이 있는데, 이는 용융아연도금 후에 열처리를 하여 아연층을 균일한 철-아연의 합금층으로 변하시키는 것으로써, 전면이 균일하여 안정화한 조면이 되기 때문에 도장성은 개량이 되나 표면광택을 잃게 되어 회색으로 된다.

용융 아연도 강판의 표면에 스팽글(spangle)이 존재하므로, 스팽글을 작게 한 것, 백청방지를 위한 크롬산 처리를 한 것, 클리어(clear)를 도장한 것, 방청유를 도포한 것 등의 여러 종류가 있다.

② 전기 아연도 강판

아연염류의 욕을 이용하여 깨끗이 처리한 철재의 표면에 아연층을 전해석출시킨 것이기 때문에 아연부착량은 $10 \sim 50 g/m^3$(면편)으로 용융 아연도 강판에 비하여 아연측은 얇다. 전기 아연도 강판은 합금층을 생성하지 않고 아연층을 얇고 균일하게 도포하기 때문에 프레스 가공성이 양호하며 용접성도 우수하다.

③ 아연 용사 강판

플라스틱 가공한 표면에 특수한 용사기(溶射機)로 아연 와이어 또는 분말을 이용하여 반용융상태의 아연을 투사시켜 피막을 얻는 방법으로, 용사법에 의한 아연층에 미세한 요철이 많고 돌기부분이 많아서 두께가 불균일하다.

(5) 아연도 강판 도장의 난이점

① 아연표면은 활성이 강하다.

② 아연 2차 생성물은 수가용성이다.

③ 아연백청은 도막을 박리시킨다.

④ 아연은 금속석검을 형성한다.

⑤ 아연면의 이종(異種)금속에 의한 도막의 박리현상이 나타난다.

⑥ 아연 2차 생성물은 알칼리성이다.

⑦ 도금면의 공기내장에 의해 가열시 블리스터(blister)가 형성된다.

1.4.3 도장 방법

1) 공기 분무(air spray) 도장

압축공기로 도료를 분무하는 방법으로서 방아쇠를 당기면 공기 밸브와 도료의 니들 밸브(needle valve)가 동시에 열려 노즐에서 무산된 도료가 분출된다. 이때 도료는 캡(cap)에서 나오는 공기로 다시 가느다란 입자가 되어 물체에 도장된다.

2) 무공기 분무(airless spray) 도장

공기 분무는 건의 내부에서 압축공기를 이용하여 도료를 미립화하였으나 무공기 분무는 도료에 직접 압력을 가해 아주 작은 노즐로 미립화하여 분무하는 방법으로서 가루의 날림이 적고 도료손실 및 도장실의 오염이 적다. 도료의 분출량, 패턴의 크기에 따라 작업능률이 다르며 피도물이 넓고 두꺼운 도막을 필요로 하는, 주로 선박, 컨테이너, 객화차의 도장에 사용한다.

3) 고온 분무 도장

일반 분무 도장은 도장하기 적당하게 도료에 용제를 가하여 점도를 낮추어서 도장을 하는 방법인데 비해 고온 분무 도장은 용제 사용량을 줄이고 도료에 열을 가해 점도를 낮추어 분무하는 방법으로서 불휘발분(도막형성 성분)이 많은 고형분이 많은 상태의 도장을 함으로써 두꺼운 도장을 할 수 있고 신나의 소비량을 줄인다는 이점이 있어 용제가 다량 필요한 락카계 도장에 적당하다. 가열기의 열원으로는 주로 전기를 많이 이용하고 그 외에 열탕 증기 가열공기를 이용하기도 하는데 공기 및 무공기 도장이 있다.

4) 정전 도장

정전 도장은 공기 분무, 무공기 분무식으로 공기를 이용하여 도료를 무화(霧化)하여 미립함과 동시에 접지 상태의 피도물(+)과 분무 헤드(spray head)(−)간에 고전압으로 하전하여 전계를 발생시켜 미립화된 도료의 입자를 대전하여 전계의 작용으로 피도물에 부착하게 하는 도장방법이다.

그림 1.19는 정전도장 원리의 일례를 나타낸 것인데 분무 헤드(−)의 고전압(80~100KV)을 하전시키고 피도장물은 접지를 시키면 헤드와 피도물간에 전계가 발생하게 된다. 분무 헤드에서 미립화된 도료입자는 (−)정전기로 대전되고 반대편 피도장물에 전기력선(電氣力線)의 작용으로 부착하게 된다. 전기적 작용에 의한 도료의 부착에서 일반 공기 분무나 무공기 분무와 비교해 볼 때 정전도장은 비산(飛散)에 의한 도료의 손실이 거의 없다.

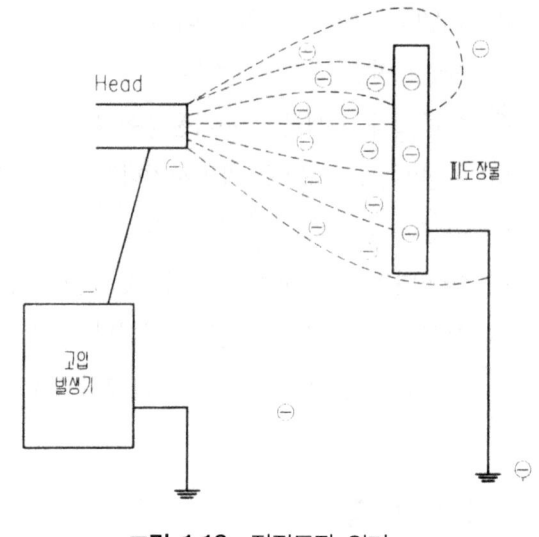

그림 1.19 정전도장 원리

[정전도장의 장단점]

① 장점

㉮ 도료의 손실이 거의 없다(손실이 10% 이하, 일반 스프레이 30~70%).

㉯ 컨베이어 자동시스템 양산으로 인한 품질이 안정하여 작업능률이 높다.

㉰ 표면과 이면을 동시에 도장할 수 있어 원통형, 망상 및 선상(線狀) 도장에 적합하다.

② 단점

㉮ 전기 부도체(나무, 초자, 고무) 등에 도장할 수 없다(최근에는 전기 부도체에 도전성 물질을 입혀 정전도장을 행하고 있기도 하다).

㉯ 凹은 전위가 낮아 도료부착이 좋지 않을 경우가 있다.

㉰ 설비비가 많이 든다.

5) 침지 도장(dipping)

피도물을 도료탱크 속에 담구었다가 꺼낸 다음 건조시켜 도막을 얻는 방법으로, 조작이 간단하고 도료손실이 없으며 형상이 복잡한 것이나 대형, 소형부품 등의 내외면을 도장하는 데 적합하다. 침지도장용으로는 주로 소부도료가 많이 쓰이는데 유성에나멜, 락카스테인 등에도 이용된다. 침지도장용 도료는 저점도이며 안료의 침전이 없어야 하고 피막이 생기지 않아야 하며, 탱크 중에 장기간 있게 되므로 저장안전성이 좋아야 한다.

6) 전착 도장(electrophoretic deposition coating)

전착 도장은 주로 수용성 도료용액 중에 피도물을 양극, 도료탱크를 음극으로 하여 직류전압을 통합으로써 도료가 전기적으로 도착되어 도막이 형성되게 하는 방법이다. 최근 들어 생력화(省力化), 에너지 절약이 요구되어 공해 및 화재문제에서 탈피하는 수용성 도료의 급속한 개발과 발전으로 인해 자동차 차체용으로 채택되어 자동화된 대량생산체제로 진행되고 있어 권장할 만한 도장방법이다.

(1) 원리

전착 도장은 전착도료용액 중에 양극 또는 음극으로 침전한 피도물과 그 대극 사이에 직류전류를 통하여 다음과 같은 현상이 동시에 일어나면서 피도물 표면에 전기적으로 도료가 전착되게 된다.

(2) 전착 도장의 장단점

① 장점

　㉮ 전착효율이 높다.

　㉯ 피도면에 유지가 다소 부착되어 있더라도 도막부착에 그리 영향을 주지 않는다.

　㉰ 도막의 밀착성이 좋고 방청하지도장의 경우 방청성이 향상된다.

　㉱ 도막 두께를 제어할 수 있다.

　㉲ 표면의 요철부나 모서리 부위에도 도막이 균일하게 오른다.

　㉳ 탱크상이나 상자형태의 피도물에서 내면도장도 동시에 된다.

　㉴ 균일한 물품으로 대량도장 할 수 있다.

　㉵ 흐름, mott, 부풀음(blister) 등의 도막결함이 거의 생기지 않는다.

　㉶ setting 시간(flash off)이 단축된다.

　㉷ 도료손실량이 거의 없다.

　㉮ 화재의 위험이 없고 위생적이다.

② 단점

　㉮ 비교적 전력이 많이 사용되고 설비비가 높다.

　㉯ 전하장치, 절연장치 등이 필요하며 컨베이어 행거(hanger) 등이 복잡하다.

　㉰ 전착조 내의 도료관리나 정리에 전문기술자가 필요하다.

　㉱ 전착도료의 조성을 충분히 고려하여 사용하여야 한다.

③ 전착도장의 성능(표 1.19 참조)

표 1.19 전착도장의 항목 및 성능

항목 ＼ 성능	음이온형	양이온형
외관	○	○
광택	◎	◎
연필경도 (파괴/흔적)	H-2H/HB-F	2H-3H/F-H
cross cut(1m×10×10)	○	○
내충격성(1/2)	500g×50cm	500g×50cm
에릭슨(Erichsen)시험	7mm	7mm
인발시험	○	○

항목	성능	음이온형		양이온형	
염수분무시험		10u	20u	10u	420u
	무처리	48H	72-96H	200-300H	400H
	인산철 처리	72H	144H	400H	600H
	인산아연처리(Spray)	144-240H	240-360H	400-500H	800H
	인산아연처리침(침지)	240H	360-500H	500-800H	800-1000H
내산성(1/5N-HSO)		5일		10일	
내알칼리성(1/10N-NaOH)		10일		10일 이상	

7) 분체 도장(分體塗裝, powder coating)

분체 도장은 합성수지를 분말형태로 하여 피도물에 코팅하는 분말수지의 도장방법이다. 보통의 도료는 유기용제나 물에 수지를 용해하거나 현탁시키고 도료에 유동성을 부여하여 작업성을 좋게 하고 유기용제나 물은 공기중에 휘발하여 도막을 형성하게 되는데, 실제로는 유기용제나 물은 도막물성에는 무익한 성분이므로, 이러한 성분을 없애고 수지만 이용하는 도장방법이 바로 이 분체 도장이다.

(1) 분체 도장의 특징

종래의 도장법은 도료를 피도물에 도포하기 위한 보조수단으로 용제를 사용하여 중독, 냄새, 폭발 등의 환경위생면에서 문제점이 많은 반면, 분체 도장은 종래의 유기액체 도료와 달라 분체를 피도물에 입혀 가열용융하여 도막을 얻는 방법이므로, 이러한 문제점을 대부분 해소하고 고성능 합성수지를 사용할 수 있어 도막의 성능이 우수한 장점이 있다. 분체 도장의 장단점은 다음과 같다.

(2) 장점

① 고성능의 도막을 얻을 수 있다.

유기용제형 도료에 비교해서 도막 중에 용제잔존분이 없으므로, 일반 도료화가 곤란했던 고분자량 수지(예를 들면, 폴리에틸렌, 나일론, 불소수지 등)의 경우 수지 본래의 성능을 충분히 발휘할 수 있어 고도의 성능(내식성, 내충격성, 내마모성, 내약품성, 전기전열성 등)을 요구하는 데에 사용할 수 있다.

② 한 번의 도장으로 두꺼운 도막을 얻을 수 있다.

$100 \sim 1,000 \mu m$의 두꺼운 도막을 쉽게 얻을 수 있는데 용제형 도료에는 그만큼 두꺼운 도막을 올리면 핀홀 등의 도막결함이 생기게 된다.

③ 도료손실이 없다.

피도물에 부착된 도료는 회수장치로 회수하여 재사용할 수 있으므로 도착 효율이 100%에 가깝다.

④ 작업성

㉮ 용제형 도료에 비해서 setting 시간이 필요없으므로 도장시간 및 공정이 단축된다.

ⓝ 용제를 사용하지 않으므로 화재, 중독의 우려가 없다.

ⓓ 자동화 공정설계가 용제형 도료에 비해서 용이하다.

(3) 단점

① 미려한 도막을 얻기가 곤란하다.

② 액체도료에는 얇은 막을 쉽게 칠할 수 있으나 분체도장은 $100\mu m$ 이상의 막이 올라 평활하고 미려한 도막을 얻기가 곤란하다.

③ 가열온도가 높다.

④ 자유로이 조색할 수 없다. 용제형 도료에 비해 여러 가지 색상을 조색하기가 곤란하다.

⑤ 가열이 불가능한 피도물에 적용할 수 없다.

8) 플로우 코팅(flow coating)

피도물에 도료를 흘러내려서 도장하는 방법으로서 분무 도장보다 도료손실이 적고 양산작업을 할 수 있는 이점이 있다. 도장방법은 크게 나누어 shower coating과 curtain coating이 있다.

9) T.F.S 도장

T.F.S.(trichlene finishing system) 도장은 침적도장의 일종으로 주로 금속 제품에 적용되는데 탈지세척-화성처리-도장의 3공정이 모두 불연성 용제인 trichlene(trichloroethylene)을 기재로 한 처리액 또는 도료를 사용한 도장방법으로 1956년 듀퐁(Du Pont)사에서 개발하여 공업적으로 실용화되었다.

10) 텀블링 도장(tumbling coating)

피도물을 도료와 같이 회전용기 안에 넣고 회전시켜 도장하는 방법으로 침적 도장을 개량한 것이라 볼 수 있다.

11) 롤러 도장(roller coating)

인쇄용 롤러와 같은 방식으로 롤러 사이를 피도물이 이동하여 도장이 되는 방법으로 스프링판, 합판, 종이 등의 평탄에 적당하며 피도물의 속도나 도료의 점도에 따라 또 롤러와 피도물의 간격에 따라 도막두께의 차이가 난다(그림 1.20).

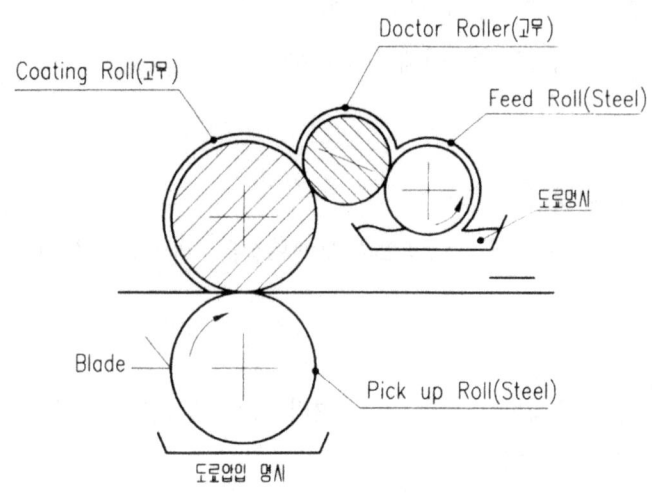

그림 1.20 정상식 롤러코터

12) vapocure 도장

vapocure system이란 한마디로 2액형 폴리우레탄 도료를 상온에서 아민(amine) 분위기 중에 수분간 방치하여 건조 경화시키는 도료건조방법이라고 말할 수 있다.

1.4.4 금속도료 일반

금속제품에 사용되는 도료로서 소지에 직접 칠하는 물성 위주의 소지용 도료와 외계로 부터의 보호와 가장 중심의 표면용 도료로 대별된다.

1) 소지용 도료

소지와 표면용 도료의 접착성 향상을 목적으로 사용되며 강한 방식력과 leveling 작용으로 도장계 전체의 내구성을 향상시킨다.

(1) 프라이머(primer)

온도변화에 따른 팽창, 수축에 대한 순응성과 수분투과를 적게 하는 방식성에 중점을 둔다. surfacer나 putty에 비해 수지함유량이 많으므로 자외선에 약하다.

(2) 퍼티(putty)

소지 표면의 요철, 타흔, 비틀림, 용접자국 등은 primer만으로 조정할 수 없으므로 putty층은 부착성, 연마성이 양호하고 흡입저항성이 커야 하므로 안료농도를 높이게 되어 탄력부족이거나 균열, 박리가 생기기 쉽다.

(3) 서페이서(surfacer)

소지 요철의 최종 조절, 표면용 도료의 용제 삼투 저지, 도장계 내수성 향상, 시속(市續) 소지와 표면용 도료의 부착성 강화

(4) 프라이머 서페이서(primer surfacer)

(5) 실러(sealer)

도장마감 후 발견되는 작은 요철 부위를 사전에 제거하기 위해 소지용 도료 위에 도장하여 그 자체의 광택으로 흠의 발견을 쉽게 한다.

putty나 surfacer의 물성을 상승시키면서 표면용 도료보다 연성이 좋다. 대개 표면용 도료와 상용성이 있는 동종의 vehicle 또는 극성을 지닌 수지가 선택된다.

2) 표면용 도료

표면용 도료는 finishing 또는 top coat라 불리는 부분으로 외계로부터의 보호나 미장(美粧)이 주요목적이다. 용제의 증발이나 수지의 용융 등에 의해 물리적으로 도막이 형성되는 비반응형 도료와 용제 증발 후 다시 vehicle의 반응이 진행되어 경화하는 반응형 도료로 나뉜다.

(1) 유성도료

식물성 건성유(乾性油)를 도막형성제로 한 유성 페인트와 식물성 건성유에 수지를 첨가한 유성 에나멜(enamel)로 분류된다.

① 유성 페인트

보일유와 안료를 섞어 제조하여, 내후성(耐候性)이 우수한 도막을 형성하므로 철골, 목재 구조물에 사용된다.

② 유성 에나멜

유성 니스에 안료를 섞어 착색한 것으로 건축물, 기계기구의 도장에 사용된다.

(2) 합성수지 조합 도료

장유성(長油性) 건성유 변성 알키드(alkyd) 수지와 내후성 안료로 만들어진 도료로서, 대형 기계류나 내부에 들어가는 철골류, 외부에 설치되는 배전반에 사용된다.

(3) 아미노 알키드 페인트

알키드 수지와 아미노 수지를 주성분으로 한 도료로서, 가열 건조형은 비교적 낮은 온도(120~150℃), 짧은 시간(20~30hr)으로 경화된다.

최근 가장 많이 사용되는 공업용 도료로 광택이 좋고 단단하며 내수성, 내알칼리성, 내열성, 내후성이 좋다.

(4) 에폭시(epoxy) 페인트

에폭시기를 가진 수지를 vehicle로 하는 도료로서 우레탄(urethane) 도료와 함께 최고급 도막성능을 갖는다. 공업용으로서는 거의 모든 곳에 사용 가능하다.

(5) 비닐(vinyl) 수지 도료

초산 비닐, 염화 비닐, 기타 비닐 수지를 vehicle로 하는 도료로서, 건조가 빠르고 내수성, 내알칼리성 등이 좋다. 그러나 내열성이 약하고, 불발성(不發性)이 적어 도막두께를 올리기 어렵고 붓도장 하기가 어렵다.

(6) 아크릴(acryl) 수지 도료

아크릴(acryl) 수지 도료는 화학적으로 비닐 계통이지만 성능이 판이하여 별도 구분한다. 공업용 도료로 널리 사용되는 고급도료로서 경도가 높고 황변하지 않으며 지속건조가 alkyd보다 빠르다.

(7) 폴리에스테르(polyester) 수지 도료

2가 알코올과 불포화 2산소와 반응으로 만드는 수지로, 도료를 묽게 하기 위해 첨가하는 스티렌(styrene)과 반응하여 도료의 100%가 도막이 되고, 공기중의 산소와 관계없이 반응하므로 내부와 외부와의 건조 차이는 거의 없이 두꺼운 도막이 가능하다. 대체로 건조가 빠르고(경화 3시간 이내), 경도가 높고 내수성, 내약품성, 내후성, 내마모성, 전기절연성이 좋다.

(8) 폴리우레탄 수지 도료

보통 2형 도료로서, 폴리에스테르(polyester) 수지를 주체로 한 도료와 isocyanate를 주체로 한 경화제로 되어 있다. 경도, 광택, 내화학성, 내마모성, 전기절연성, 내열성(150℃)이 좋다.

가격이 비싸고 내황변성이 나쁘며, 가사시간에 제한이 있다.

(9) 수성수지 가열건조형 도료

용제의 대부분이 물이기 때문에 취급하기가 용이하고 인화성, 폭발성이 없고 작업이나 위생에 안전하다.

1.4.5 도료 도막의 특성과 시험방법

1) 도료의 특성

도료에는 유성도료에서 합성수지도료에 이르기까지 그 조성(粗成)이나 성질이 다른 많은 종류가 있으며 그 사용목적도 각기 다르다. 도료란 극히 일부의 예외를 빼놓고는 다음과 같은 공통된 성질을 가지고 있다.

① 점도(粘度)
② 은폐력
③ 유동성
④ 저장 안정성

2) 도막의 특성

도료와 마찬가지로 도막에는 유성도막에서 합성수지도막에 이르기까지 조성이나 성질이 다른 여러 가지 종류가 있으나, 극히 일부의 예외를 제외하고는 다음과 같은 공통된 성질을 갖고 있다.

① 광택

② 색

③ 마무리된 외관

④ 경도(硬度)

⑤ 부착성

⑥ 건조성

3) 중요 시험방법

(1) 도막상태(먼지, 분화구 현상 등이 없을 것)

신나로 소정 점도에 맞춘 후 시편을 침지 후 방치하여 건조시킨 후 외관 판정

(2) 색상(기본색과 대차 없을 것)

육안 판정 또는 색차계를 사용한다.

(3) 광택(88 이상)

$60°$ 경면 광택계로 시편의 광택을 측정

(4) 경도(F 이상)

tombow #8900 연필을 사용 1kgf의 하중으로 $45°$각으로 밀었을 때, 도막이 패임되지 않는 연필을 그 경도로 표시한다.

(5) 도막두께($30 \sim 40 \mu m$)

막후계로 측정

(6) 획책 시험(100/100)

1mm 간격의 바둑칸 100개를 축침으로 긋고 테이프를 붙인 후 순간적으로 떼어 도막의 박리상태를 조사한다.

(7) 내충격성(500g×30cm×1/2")

듀퐁 충격시험기를 사용하여 도막표면에 낙구되었을 시의 충격저항성을 중량과 거리로서 조절하여 측정한다.

(8) 신장시험(5mm)

Erichsen 시험기를 사용하여 도막표면이 갈라지는 시점의 길이를 측정한다.

(9) 내알칼리성(blister나 현저한 변색이 없을 것)

규정된 알칼리용액에 규정시간 첨지 후 수세하여 2~3시간 실내에서 건조시킨 후 판정한다.

(10) 내산성(Blister나 현저한 변색이 없을 것)

14항과 같은 요령으로 판정한다.

(11) 내오염성(현저한 착색이 없을 것)

상온에서 매직 잉크, 구흥을 도막에 표시하여 규정시간 방치 후 알코올이나 규정 용제로 닦은 후 그 자국을 조사한다.

(12) 내염수 분무시험(박리폭 5mm 이내)

5% NaCl 35℃의 내염수 분무시험기에 시편을 X선을 그어 규정시간 방치 후 꺼내어 이상 유무를 조사한다.

(13) 내습성(blister, 박리, 백화, 연화가 없을 것)

고습도로 밀봉된 상자 내(RT 40℃, RH 95%)에 시편을 규정시간 방치 후 꺼내어 이상 유무를 조사한다.

(14) 내후성(blister 변색이 없을 것)

weather meter에 시편을 규정시간 방치 후 꺼내어 이상 유무를 조사한다.

1.4.6 도장 품질

1) 도장시에 발생하는 결함

(1) 붓 자국

도막표면에 붓 자국 또는 붓 얼룩이 생긴다. 붓이 지나간 자국이 도막에 생기는 현상이다.

(2) 오렌지 필(orange peel)

도막표면에 유자나 밀감 껍질처럼 곰보가 생기는 현상

(3) 흐름 처짐(running)

도막표면의 일부분에 도료가 흘러있든가 늘어처진 현상

(4) 은폐력 부족

피도물의 바탕이나 하도의 표면이 도포된 도막을 통해 보이는 현상

(5) 주름(wrinkling)

도막에 주름같은 무늬가 생기는 현상

(6) 핀홀(pin hole)

도막을 바늘로 찌른 것처럼 적은 구멍들이 생긴 상태. 이 현상은 바탕까지 통한 것이 많다. 이 결함은 유성도료와 같은 건조가 늦은 도료에는 별로 생기지 않으나 건조가 빠른 래커계에서 많이 생긴다.

(7) 거품(bubble)

도막에 기포가 생기는 현상

(8) 백화(白化 : blushing)

도막면이 하얗게, 희미하게 광택이 없어지는 상태. 이 현상은 전체 또는 국부적으로 하얗게 되는 경우가 있다.

(9) 번짐(bleeding)

도료를 겹칠하였을 때 하도의 색이 상도 도막표면에 떠올라와 상도의 색이 변색함

(10) 오목꼴(cratering)

도막면에 작고 얇은 원추형 또는 원통형의 오목이 생기는 현상

(11) 얼룩 무늬(flooding)

2가지 이상의 안료를 넣은 도료를 도포하였을 때, 도막표면에 비중이 가벼운 안료가 분리되어 표면에 떠올라 처음의 색과 다르게 되는 것(색분리 또는 색얼룩과 같다).

(12) 가스 체킹(gas checking)

가열건조시 도막표면에 서리를 맞는 것처럼 주름이 생기는 현상

(13) 메타리 얼룩

도막표면에 얼룩, 흐름 등이 생기며 무늬가 일정치 않고 크고 적은 좁쌀 같은 것이 돋고 폴리싱(polishing ; 연마) 작업을 하면 도막면에 부분적으로 변색이 생기는 현상.

2) 도장 후 즉시 생기는 결함

(1) 박리

바탕 또는 하도와 상도간의 층간(層間)으로부터 일부분 또는 전부가 적은 충격으로 또는 저절로 벗겨지는 현상을 말한다.

(2) 재점착(再粘着)

도장 후에 경화되었던 도막이 시간이 경화함에 따라 다시 점착성(粘着性, tackness)을 갖는 현상

(3) 변색(discoloration)

도막의 색이 변하는 것으로, 변색의 상태에는 다음과 같은 유형이 있다.

① 퇴색(fading) : 도막 중의 안료의 색이 감퇴되는 것

② 황변(黃變 : yellowing) : 백색 또는 투명 도막이 일광, 인공광선 또는 열의 작용으로 황색 또는 갈색으로 변하는 현상

③ 변색 : 도장 후 어떤 원인으로 도막의 색이 급격히 변하는 것

(4) 광택 소실

광택이 있는 도료가 도장 후 단시간에 광택이 소실되는 현상. 장기 옥외 폭로에 의해 생긴 현상은 여기에 포함시키지 않는다.

3) 도장 후 장시간 경과 후 발생되는 결함

(1) 분필화(chalking)

도막표면이 분해 변화되어 점차 분필처럼 되어 소모되어 가는 현상

(2) 균열(cracking)

도막에 금이 간 것을 말하며, 이것이 다시 진행되면 도막은 파괴되어 벗겨진다. 금이 간 정도에 따라 다음과 같이 분류된다.

① 바탕까지 깊이 금이 간 것(cracking)

② 표면 도막에만 금이 간 것(checking)

③ 표면 도막에서는 다각형의 잔금(crazing)

(3) 부풀음(blistering)

도막의 일부에 생긴 부종의 현상을 말한다. 부종이란, 도막의 일부가 바탕 또는 하지에서 떠올라 그 속에 액체 또는 기체가 포함되어 있다. 부풀음의 현상을 형태별로 분류하면 다음과 같다.

① 팽창 부풀음(film expansion blister)

② 부식 부풀음(corrosion blister)

③ 실상 부풀음(snail track blister)

④ 태양 부풀음(sun blister)

(4) 황변(黃變 : yellowing)

도장된 지 오래된 도막이 황색 또는 갈색으로 변화되는 현상

(5) 변색(퇴색 : discoloration)

도막의 색상이 변하는 것을 말한다.

1.4.7 도장부품설계 유의사항

도장부품도 도금부품의 설계유의사항과 유사하나, 특별히 유의할 사항이나 도금부품과 상이한 부분을 열거하면 다음과 같다.

① 도장걸이의 반영은 되어 있는가.

② edge 및 전단 부분의 외부노출은 없는가.

③ 성형 R이 적어 도막의 균열이나 박리 현상이 발생되지 않겠는가.

④ 성형 R이 적어 소지의 노출이 발생될 부분은 없는가.

⑤ 도막의 두께는 합리적인가.

⑥ 도착효율이 낮은 구조는 아닌가.

⑦ 도장성이 나쁜 재료를 사용하지 않았는가.

⑧ 도장 후 도장면의 디자인 측면의 품질은 명확한가.

⑨ 조립시 타 부품에 의해 도막의 손상이 발생하지 않는가.

⑩ 도장 후 운송시 도막의 긁힘 등이 발생되지 않는 구조인가, 특히 burr의 수준 및 방향의 지시는 합당한가.

⑪ 선단부의 도장맺힘이 조립에 문제되지 않는가.

⑫ 도장걸이 위치가 작업시 생산성(도장품 layout) 증가를 위한 위치이며 도장결함의 방지가 가능한 위치인가.

1.4.8 도료 소요량 산출방식의 실례

1) 매뉴얼화의 목적

도료의 사용량은 도료의 종류, 색상, 도막두께, 도장작업방법에 따라 많은 차이가 있으므로, 실제 사용되는 양에 대한 표준계산식이 없게 되면 사람에 따라 많은 차이가 발생하게 되어 자재관리가 어렵게 된다. 이러한 문제점을 개선시키고자 제반 조건을 반영한 작업 지침서를 작성, 유지 관리할 필요가 있다. 참고로 냉장고 공장에 있는 작업 지침서를 소개하고자 한다.

2) 도료 소요량 산출 기준

(1) 산출 공식

$$L/M^2 = \dfrac{\text{도막두께}}{10 \times \text{도료비중} \times \left(\dfrac{100}{\text{도료비중}} - \dfrac{\text{휘발분}}{\text{용제비중}} \right)} \times \dfrac{1}{\text{토착효율}}$$

(2) 도료의 종류, 색상별 구분

도료종류	색상항목	도료비중	휘발분	색 상	구분
아크릴 페인트	백색	1.25	37↓	백색	①
	담색	1.20	43↓	M/WH, M/AL, R/BE, AL	②
	유색	1.15	50↓	O/Gr, A/Gr, WA	③
멜라민 페인트	백색	1.20	47↓	백색	④
	유색	1.12	50↓	R/Gr, A/Gr, WA	⑤

(3) 도막두께별 구분

도막두께(μm)	적용범위	구분
45	내수(백색, 담색, 유색). 수출(백색, 담색,O/Gr, A/Gr)	㉠
40	〃	㉡
35	〃	㉢
30	수출(호두색)	㉣
25	수출(호두색)	㉤

(4) 작업방법별 구분

작업방법＼항목	토착효율	구분	비 고
rans burg	0.8	Ⓐ	
hand spray	0.35	Ⓑ	
dipping	0.9	Ⓒ	
rans burg+hand spray	0.51	Ⓓ	
	0.51	Ⓔ	

【작업방법】

구 분	작 업 방 법
out case	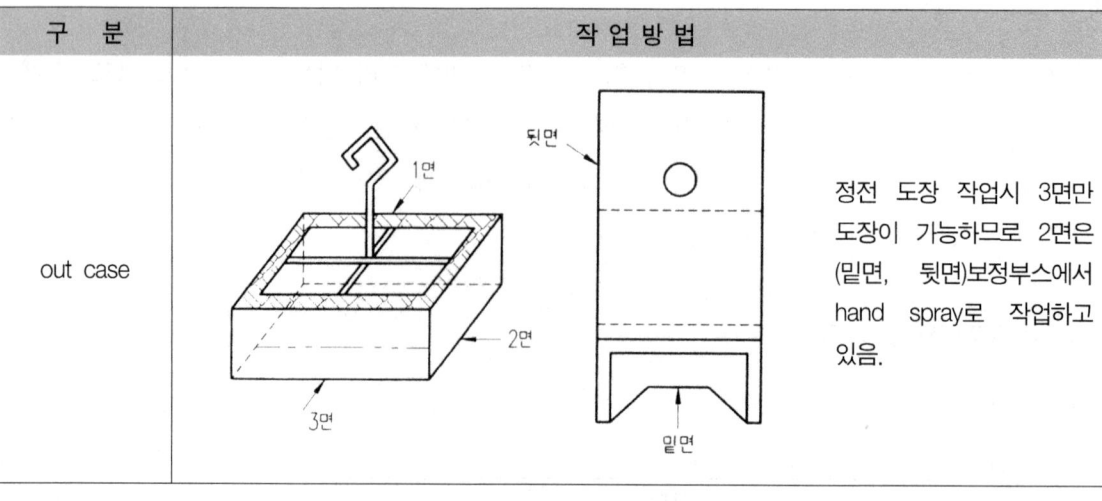 정전 도장 작업시 3면만 도장이 가능하므로 2면은 (밑면, 뒷면)보정부스에서 hand spray로 작업하고 있음.

구 분	작 업 방 법
소형부품 (잔부품)	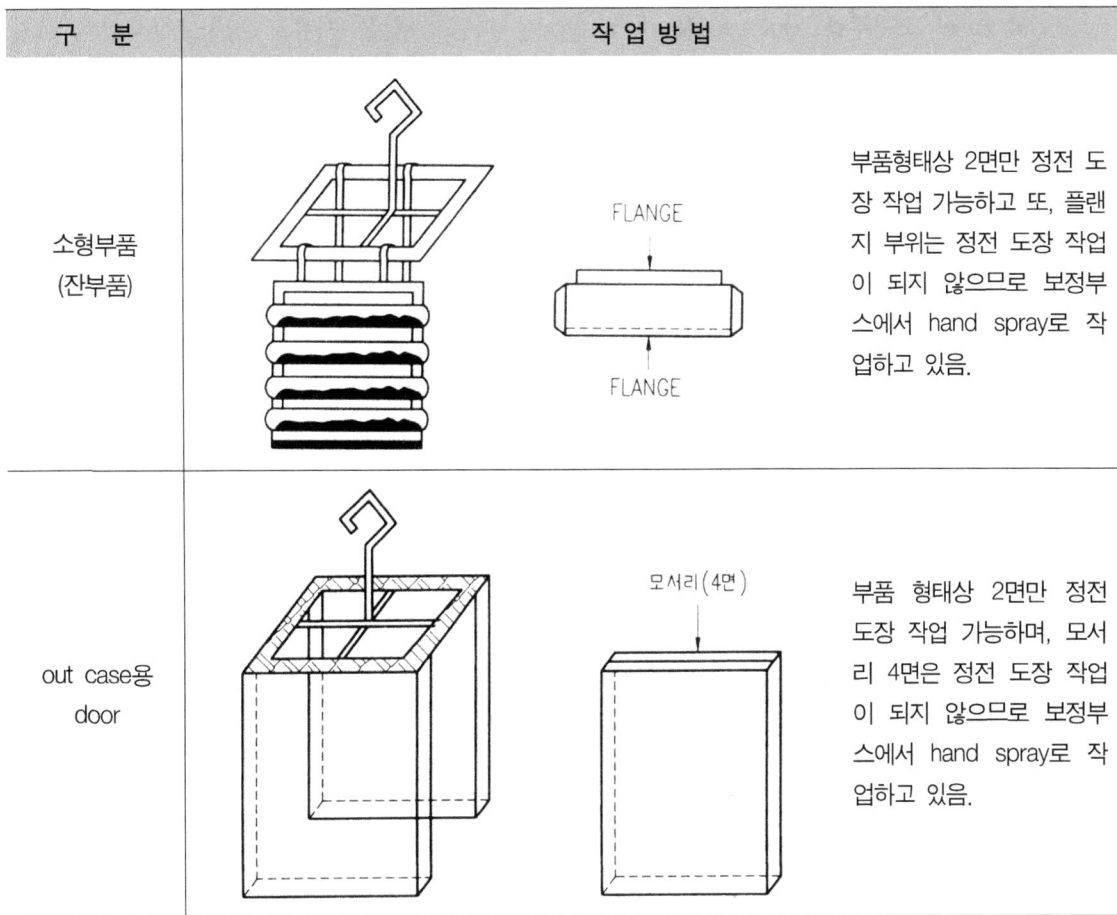부품형태상 2면만 정전 도장 작업 가능하고 또, 플랜지 부위는 정전 도장 작업이 되지 않으므로 보정부스에서 hand spray로 작업하고 있음.
out case용 door	부품 형태상 2면만 정전 도장 작업 가능하며, 모서리 4면은 정전 도장 작업이 되지 않으므로 보정부스에서 hand spray로 작업하고 있음.

(5) 용제의 비중

0.865

(6) 토착효율 산출기준

현재 냉장고 도장실의 도장방법은 rans burg(정전도장)와 hand spray(touch up)를 병행하고 있음.

① 도료소요량

　rans burg : hand spray = 80% : 20%

② 토착효율

　㉮ out plate type

　　rans burg : hand spray = 0.8 : 0.35

　㉯ out case type

　　rans burg : hand spray = 0.55 : 0.35

　㉰ 소형부품(잔부품) type

　　rans burg : hand spray = 0.55 : 0.35

　㉱ out case용 door type

　　rans burg : hand spray = 0.55 : 0.35

※ out case, 소형부품, out case용 door type은 다음과 같은 사유로 정전도장작업시 토착효율을 55%로 한다.

③ 효율계산식

(정전도장작업시 도료소요비율×정전도장작업시 토착효율)+(hand spray시 도료소요비율×hand spray시 토착효율)

㉮ out plate type

$(0.8×0.8) + (0.2×0.35) = 0.71$

㉯ out case, 소형부품, out case용 door type

$(0.8×0.55) + (0.2×0.35) = 0.51$

(3) 면적당 도료소요량 계산

이상의 구분에 따라 ℓ/m^2에 대한 도료소요량을 아래와 같이 적용하고자 한다.

No.	도료의 종류 색상별 구분	도막 두께별 구 분	작업 방법별 구 분	도료 소요량 (ℓ/m^2)	비 고
1	①	ㄴ	Ⓐ	0.10745	
2	①	ㄴ	Ⓑ	0.24559	
3	①	ㄴ	Ⓒ	0.09551	
4	①	ㄴ	Ⓓ	0.12107	
5	①	ㄴ	Ⓔ	0.16854	
6	②	ㄴ	Ⓐ	0.12394	
7	②	ㄴ	Ⓑ	0.28328	
8	②	ㄴ	Ⓒ	0.11016	
9	②	ㄴ	Ⓓ	0.13964	
10	②	ㄴ	Ⓔ	0.19441	
11	③	ㄴ	Ⓐ	0.14914	
12	③	ㄴ	Ⓑ	0.34088	
13	③	ㄴ	Ⓒ	0.13256	
14	③	ㄴ	Ⓓ	0.16804	
15	③	ㄴ	Ⓔ	0.23394	
16	③	ㄹ	Ⓐ	0.11185	30μ
17	③	ㄹ	Ⓑ	0.25565	
18	③	ㄹ	Ⓒ	0.09942	
19	③	ㄹ	Ⓓ	0.12602	
20	③	ㄹ	Ⓔ	0.17545	
21	③	ㅁ	Ⓐ	0.09321	25μ
22	③	ㅁ	Ⓑ	0.21305	
23	③	ㅁ	Ⓒ	0.08286	
24	③	ㅁ	Ⓓ	0.10503	
25	③	ㅁ	Ⓔ	0.14621	

4) 도료산출공식의 "10"의 근거

면적 : A(ft²)

DFT : h(μm)   1gal 당의 도장 면적을 산출하면

SV : 고형분 용적비

$$밑넓이(A) \times 높이(h) \times \frac{100}{SV} = 부피 \qquad ①$$

h : μm $\rightarrow$ ft 환산

$(1\mu m = 10^{-4} cm, \ 1cm = \frac{1}{2.54} inch, \ 1inch = \frac{1}{12} ft)$

①의 식에 대입하면

$$A \times h \times 10^{-4} \times \frac{1}{2.54} \times \frac{1}{12} \times \frac{100}{SV} = 1Gal \qquad ②$$

1gal $\rightarrow$ ft³ 환산(1gal=3.785ℓ , $1\ell = \frac{1}{28.32} ft^3$

②의 식에 대입하면

$$A \times h \times 10^{-4} \times \frac{1}{2.54} \times \frac{1}{12} \times \frac{100}{SV} = \frac{3.785}{28.32} (ft^3)$$

$$A = \frac{3.785 \times 12 \times 2.54 \times SV \times 10}{28.32 \times h \times 100}$$

$$1gal = \frac{3.785 \times 12 \times 2.54 \times SV \times 100}{28.32h} \qquad ③$$

$(A : ft^2/gal)$

③의 식에서 1gal당 도장할 수 있는 도장면적(ft²) $\rightarrow$ ℓ당 m²로 환산(1gal당=3.785ℓ, 1ft²=0.0929m²)

$$A(m^2/l) = \frac{3.785 \times 12 \times 2.54 \times SV \times 100 \times 0.0929}{28.32 \times h \times 3.785} \qquad ④$$

$$= \frac{10}{h} \times SV$$

$$= \frac{10}{DFT(\mu m) \times SV}$$

$$l = \frac{DFT(\mu m) \times A}{10 \times SV}$$

$\therefore$ 식 ④에서 10과 동일 의미

$$SV = 100 - \frac{(100 - \text{신나의 휘발분}) \times \text{생도료비중}}{\text{신나의 비중}}$$

$$SV = \text{생도료 비중} \times \left(\frac{100}{\text{새도료비중}} - \frac{35}{\text{신나비중}} \right) \qquad ⑤$$

5) 전처리액 소요한 산출기준

NO	전처리액	P/N	소요량(kg)	참고
1	탈지제	51726007	0.74576	
2	표면조정제	51725001	0.14758	도료 1ℓ에 대한 소요량임
3	피막제	51712002	0.68424	
4	촉진제	51723001	0.26088	
5	중화제	51736009	-	

※ 중화제는 정제시에만 소요되므로 P/L(Part List, 목록표)등제 불필요

※ 산출근거

구분 전처리액	탈지제	표면 조정제	피막제	촉진제	도료
소요량/日(일)	120kg	30kg	150kg	70kg	268.325ℓ
정비시 소요량/ 日(일)	2000kg/25日 =80kg	240kg/25 =7.6kg	840kg/25 =33.6kg	-	-
TOTAL	200kg	39.6kg	183.6kg	70kg	268.325ℓ
도료대 비율	0.34536kg	0.14758kg	0.68424kg	0.26088kg	1ℓ

※ 생산량/日(일)은 1,250台(대) 기준임.

제2장

브래킷

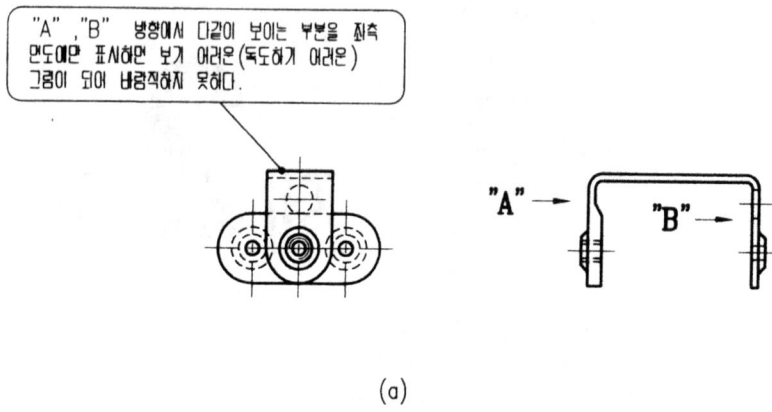

"A" ,"B" 방향에서 다같이 보이는 부분을 좌측
면도에만 표시하면 보기 어려운(독도하기 어려운)
그림이 되어 바람직하지 못하다.

(a)

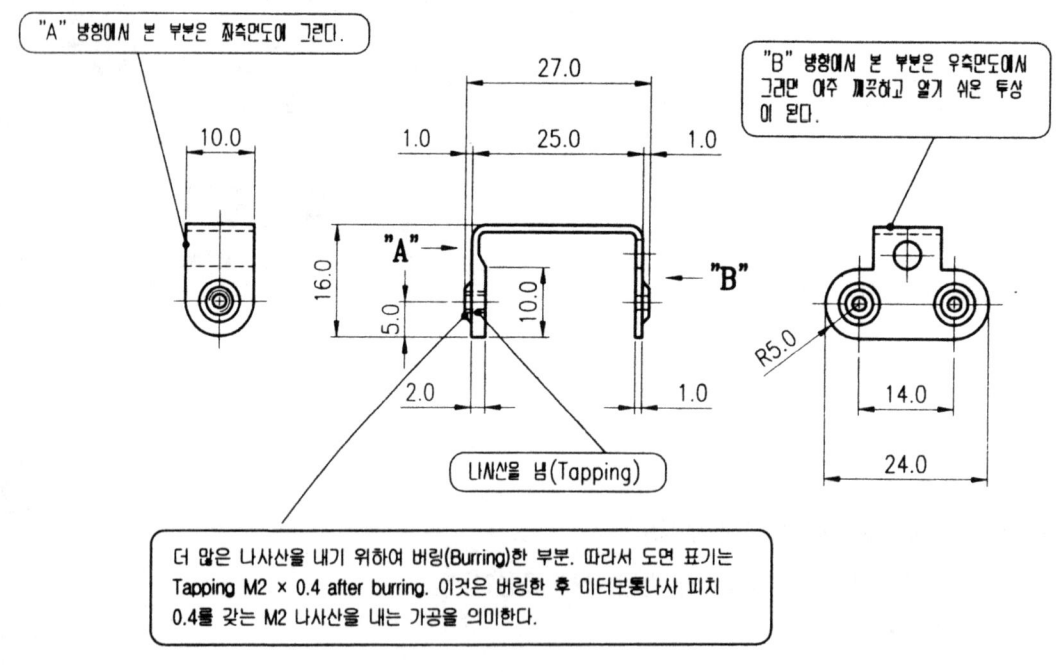

"A" 방향에서 본 부분은 좌측면도에 그린다.

"B" 방향에서 본 부분은 우측면도에서
그리면 아주 깨끗하고 알기 쉬운 투상
이 된다.

나사산을 냄(Tapping)

더 많은 나사산을 내기 위하여 버링(Burring)한 부분. 따라서 도면 표기는
Tapping M2 × 0.4 after burring. 이것은 버링한 후 미터보통나사 피치
0.4를 갖는 M2 나사산을 내는 가공을 의미한다.

(b)

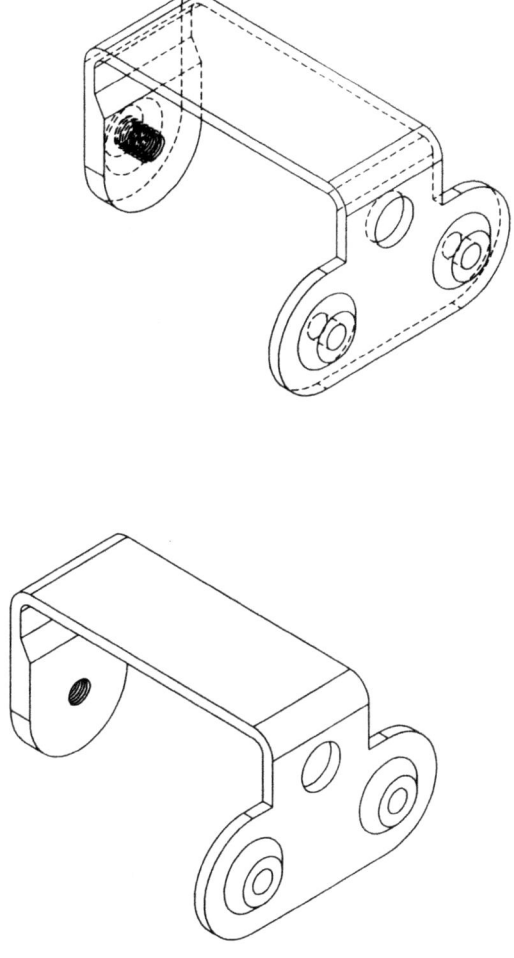

참고) 부품 3차원 입체도(등각 투상도)

그림 2.1 브래킷(bracket)

2.1 브래킷 도면의 투상법(요점투상도)

보조적인 투상도에 보이는 부분을 전부 나타내면 그림이 복잡해져서 오히려 알아보기 어려울 경우에는 필요한 요점만을 투상도로 나타낸다. 예컨대 그림 2.1의 (a)처럼 좌측면도에 오른쪽 끝부분이 겹쳐서 투상이 되면 이 도면을 보고 물체의 형태를 짐작하기 어렵다. 이것을 (b)처럼 왼쪽 부분은 좌측면도에 오른쪽 부분은 우측면도에 그 요점만을 골라서 투상하면 알아보기 쉽고 또 그리기 쉽다.

2.2 프레스 제품과 다른 부품과의 결합(나사 고정법과 간이고정법)

프레스 가공 이후의 후공정으로 조립의 합리화는, 조립공정이 차지하는 원가 비중이 점점 높아지고 있는 현상이므로 필히 다루어야 할 사항이다.

2.2.1 볼트와 너트에 의한 결합

조립되는 2개의 부품 양측에 볼트가 통과할 수 있는 구멍을 뚫어 볼트와 너트를 사용하여 결합하는 방식이다. 이 방식은 볼트 측, 너트측 어느 한 쪽에서 조일 때 반대측은 회전방지가 필요하게 되어 작업이 2방향으로 되므로 작업이 불편하고 제한된 공간에서는 사용하기 어렵다(그림 2.2). 그러나 이 방식은 양부품에 구멍만 뚫으면 간단히 결합할 수 있으므로 일반적으로 많이 사용하고, 또한 구멍 피치의 허용공차도 넓어 응용범위가 넓으나 대량생산의 경우에서는 위의 작업성 때문에 그다지 채용되지 않고 있다.

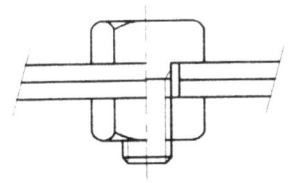

그림 2.2 볼트, 너트에 의한 결합

2.2.2 프레스 제품에 나사고정방법

볼트나 너트 어느 한 쪽만이 결합되어야 할 제품의 한 쪽을 고정하면 결합작업은 한 방향으로 되어 작업성은 앞의 방식보다 현저히 개선된다. 또한 프레스 제품은 사용되는 판두께가 그다지 두껍지 않아 충분한 강도를 얻기 위한 충분한 태핑 가공이 곤란한 경우도 있고, 제품에 따라 여러 가지 형태의 볼트나 너트를 프레스 제품에 고정해야 할 경우가 발생하므로 이의 방법과 종류에 대해 검토하기로 한다.

1) 버링(burring) 후 나사가공

본 방식은 사용되는 판두께 내에서 성형되는 나사산이 부족할 경우(3산 이하) 버링을 성형시킨 후 나사가공을 하는 것이다. 버링 가공은 기초구멍을 뚫은 후 그 구멍의 전주위에 플랜지를 만드는 것으로 플랜지가 성형됨으로써 그림 2.3과 같이 많은 나사산을 형성시킬 수 있게 된다. 버링 가공의 주요사항으로서는 기초구멍의 직경과 플랜지 높이로서, 기초구멍이 크면 플랜지 높이가 낮아져 볼트 체결 토크 및 체결력이 저하하고, 적으면 플랜지 끝부분의 갈라짐이 생길 수 있게 된다. 따라서 기초구멍의 직경설정에는 주의를 요하며, 플랜지 높이는 1~1.5t가 되도록 함이 보통이다. 버링 후 나사가공방식은 너트 및 조립공수를 삭감할 수 있어 경제적인 방식이므로 널리 사용되고 있으며 비교적 큰 부하에도 사용할 수 있다.

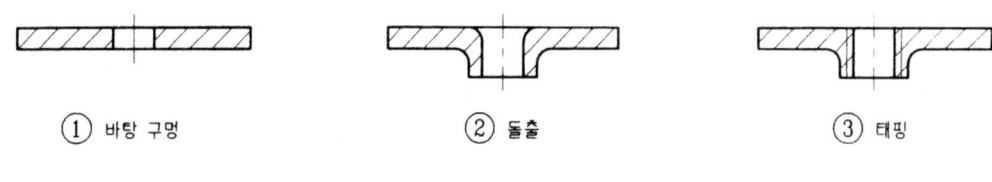

① 바탕 구멍   ② 돌출   ③ 태핑

그림 2.3 버링 후 나사가공 공정

2.2.3 간이고정법

프레스 제품과 다른 부품과의 나사를 사용하지 않는 간이결합법으로 C형, E형 멈춤링, 스냅 핀(snap pin) 등도 포함되나 이것들은 규격화되어 있다. 본 항에서는 박판을 프레스에 의해 가공하여 그 재질의 스프링 성질을 이용해 간단히 착탈할 수 있는 구조의 클립류에 대해 설명한다.

본 품에 사용되는 재료는 주로 0.5~0.8% 정도의 탄소강이 많고, 성형 후 열처리에 의해 HRC 45~50으로 하고 있다. 성형 후는 전기도금을 행하는 것이 많으나, 최근에는 특수 착색을 하는 것 뿐 아니라 목적에 따라 비닐 또는 네오프렌(neoprene) 고무를 피복하기도 한다. 스프링 클립의 이용은 비교적 경하중이 작용하는 부품에 많으나, 태핑 나사 목적으로도 사용된다. 가전기, 완구, 사무기계 등 각 방면에 사용되고 있다.

1) 화살형 스프링 클립(dart-type clips)

화살과 같은 형상의 다리를 가지고 그것에 의해 프레스품에 결합하고 다리는 지지물에 따라 형상이 달라진다. 그림 2.4는 여러 종류의 클립이며, 그림 2.5는 플라스틱으로 만들어진 것이다. 이 클립의 용도는 2매의 판을 중첩시켜 결합하는 데 이용되는 것으로, 예를 들면 냉장고, PCB 고정, 명판 등에 사용된다.

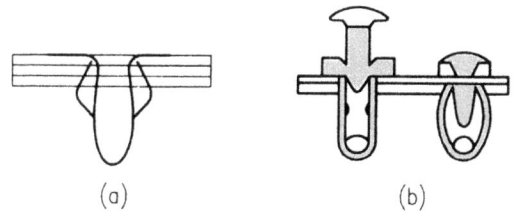

그림 2.4 화살형 클립

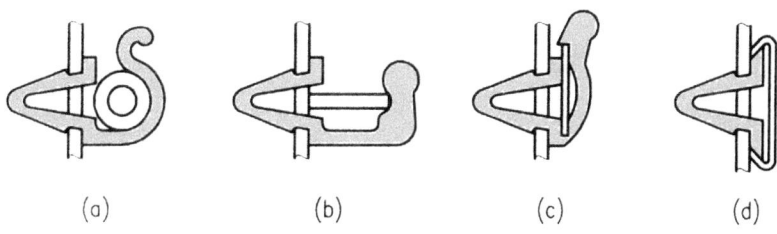

그림 2.5 플라스틱 클립

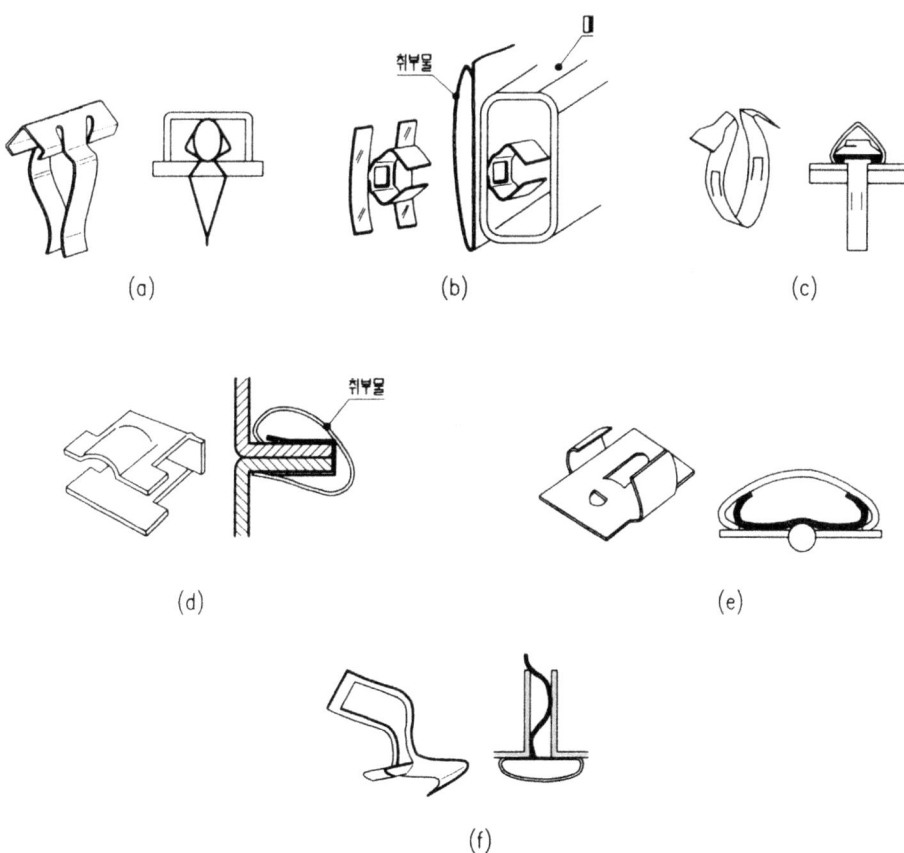

그림 2.6 몰딩 패스너(molding fastener)

2) molding fastener

프레스 제품에 플라스틱 사출품을 결합하기 위한 것으로 그림 2.6의 (a), (b), (c)는 화살형상에 결합을 표시한 것이고 (d)는 U자형에 의한 조립을 표시한 것이다.

그림의 (e), (f)는 이것 이외의 특수지지방법을 나타낸 것이다.

3) C형 클립

그림 2.7에 표시한 것과 같이 형상이 C자형으로, 일명 압축 링 클립(ring clip)이라고도 한다. 손잡이에서 축과 물리는 부위에 끼워넣는 것이 많다.

그림 2.7 C형 클립

4) U형 클립

본 클립은 비교적 널리 사용되고 있는 것으로 그림 2.8의 (a)와 같이 2매의 판을 간단히 결합시키는 것과 (b)와 같이 거는 식으로 이용할 수 있는 것 등 여러 가지로 사용된다.

그림 2.8 U형 클립

5) S형 클립

이 방식도 많이 사용되는 것으로 그림 2.9와 같은 형상으로 되어 한쪽 방향으로 프레스 품에 끼워넣은 후 지지물을 끼워넣는 식으로 사용하는 것이 일반적이다.

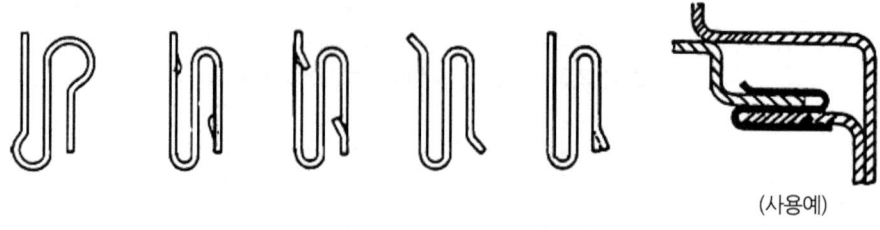

(사용예)

그림 2.9 S형 클립과 사용 예

6) 스프링 클립의 설계상 주의

강판을 블랭킹(blanking)하고 굽힘 가공을 하여 사용하는 스프링 클립(spring clip)류의 설계시 주의하지 않으면 안 될 사항으로는,

① 프레스에 의해 블랭킹 가공을 하는 것이므로 판폭의 변화가 급격히 변하는 설계는 피해야 한다. 이것은 일반의 박판 스프링 관계 설계에도 적용되는 것으로 양산을 하는 경우의 가공성에서 경험적인 자료에 의해 그림 2.10에 표시한 것이다.

② 프레스의 progressive die(순차이송 다이)로 제작하는 경우, 그 가공방법을 충분히 고려한다.

③ 판의 압연방향과 그의 직각방향과는 강도가 다르나, 강도를 희생하더라도 경제적인 블랭킹 방향으로 취할 수가 있다.

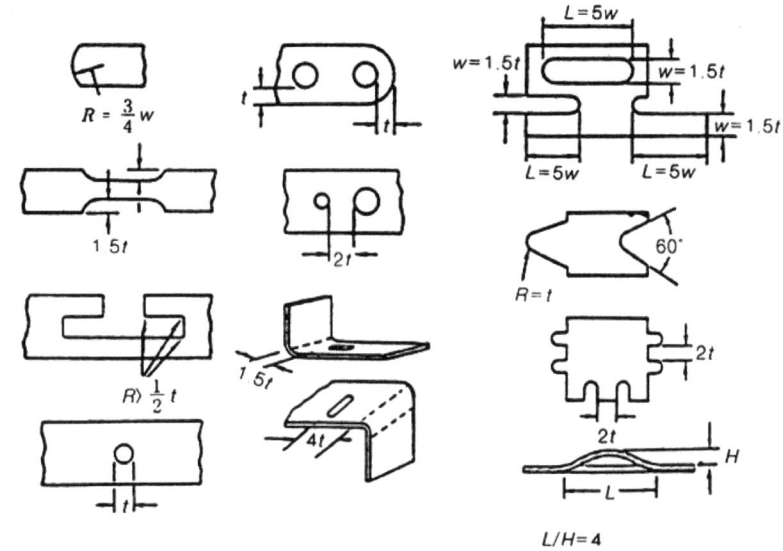

그림 2.10 프레스 가공의 주의

7) 버링(burring)에 의한 가공 데이터

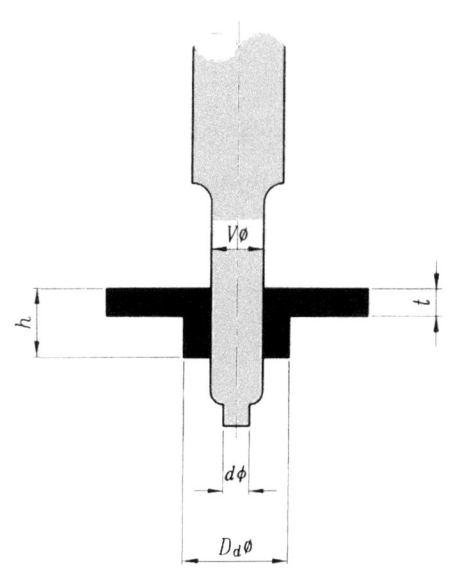

다이 지름[경(徑)] $D_d\phi$의 표시방법
판두께 t 0.9 이하 … $D_d\phi = d\phi + 2t \times 0.7$
판두께 t 0.9 이상 … $D_d\phi = d\phi + 2t \times 0.65$
※ 이상 $D_d\phi$ 치수 가공한 경우, 판두께 감소율은 30%~35%가 된다.

표 2.1 $D_d\phi$에 대한 h의 데이터

가공재료 : 냉간압연강판(cold rolled carbon steel sheet)

TYPE	M2		M2.6		M3		MT3		M4		MT4		M5		MT5		M6	
펀치경 $V\phi \times P\phi$	1.65×1.0		2.21×1.3		2.57×1.5		2.76×1.65		3.40×1.9		3.66×2.2		4.30×2.4		4.6×2.75		5.10×2.8	
판두께 t ＼ $D_d\phi$에 대한 h	$D_d\phi$	h	$D_d\phi$	h	$D_d\phi$	h	$D_d\phi$	h	$D_d\phi$	h	$D_d\phi$	h	$D_d\phi$	h	$D_d\phi$	h	$D_d\phi$	h
0.5t	2.35	1.2	2.90	1.3	3.25	1.35	3.45	1.35	-		-		-		-		-	
0.6t	2.45	1.3	3.05	1.4	3.40	1.5	3.60	1.5	-		-		-		-		-	
0.8t	2.75	1.55	3.30	1.65	3.65	1.7	3.85	1.75	4.50	1.95	4.75	2.0	-		-		-	
1.0t	2.95	1.75	3.50	1.8	3.85	1.9	4.05	1.95	4.70	2.2	4.95	2.2	5.60	2.5	5.90	2.45	-	
1.2t	-		3.75	2.0	4.10	2.1	4.30	2.15	4.95	2.4	5.20	2.4	5.85	2.7	6.15	2.65	6.65	2.9
1.6t	-		-		-		-		5.45	3.05	5.70	3.05	6.35	3.15	6.65	3.2	7.15	3.5

2.3 프레스 제품과 다른 부품과의 결합(코킹)

최근에는 프레스 가공품의 결합 방법 중 코킹은 나사 고정 다음으로 많이 사용되는 것으로 부품의 조정, 교환 등의 요구가 없으면 코킹에 의한 결합이 무엇보다도 확실하고 안전하다. 현재 실시되고 있는 프레스 품의 코킹에는 부품의 형태에 따라 여러 가지 방법이 채용되고 있다.

2.3.1 코킹의 종류와 특성

1) 리벳 코킹(rivet caulking)

일반적인 리벳에 의해 두 부품의 결합법과 단차가 있는 핀을 기계가공하여 프레스 제품에 코킹 결합하는 방법이 있다. 후자의 방법은 회전가동 부품의 지지핀 또는 핀 중앙의 길이방향으로 나사를 내어 clinch 너트 또는 standoff로서 많이 사용하고 있다. 그림 2.11, 2.12, 2.13, 2.14는 이 방법에 대한 상세 형상 데이터이다. 결합부위의 조립공차는 구멍측이 D11, 핀측이 h11의 공차를 적용한다.

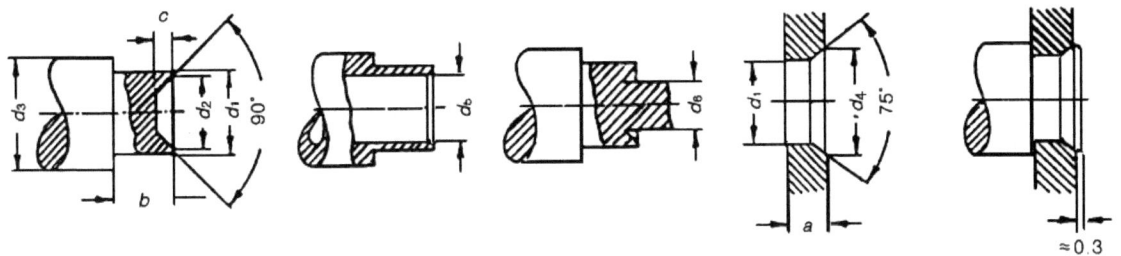

공칭직경 d_1	1.5	2	2.5	3	4	5	6	8	10
d_2	1	1.5	2	2.5	3.5	4.5	5.5	7.2	9.2
d_3 (하한직경)	2.5	3	3.5	4.5	6	7	8	10	13
d_4	2	2.5	3.5	4	5.2	6.2	7.2	9.5	11.5
d_5 (상한직경)	-	-	1.5	2	3	4	5	6	8
d_6 (상한직경)	-	-	-	-	1.5	2.5	3.5	4.5	6
c	0.5	0.75	1	1	1	1.2	1.2	1.4	1.4
판두께 a	코킹 부위 길이 b (허용공차 + 0.15)								
0.5	1.2	1.2	1.4	1.4	-	-	-	-	-
0.8	1.5	1.5	1.8	1.8	1.8	-	-	-	-
1	1.8	1.8	2	2	2	2	2	2	2
1.2	2	2	2.2	2.2	2.2	2.2	2.2	2.2	2.2
1.5	2.2	2.2	2.5	2.5	2.5	2.5	2.5	2.5	2.5
2	-	2.8	3	3	3	3	3	3	3
2.5	-	-	3.5	3.5	3.5	3.5	3.5	3.5	3.5
3	-	-	4	4	4	4.2	4.2	4.2	4.2
4	-	-	-	-	5	5.2	5.2	5.2	5.2
5	-	-	-	-	-	6.2	6.2	6.2	6.2
6	-	-	-	-	-	-	7.2	7.2	7.2

그림 2.11 리벳 코킹, form A (회전방지부 無)

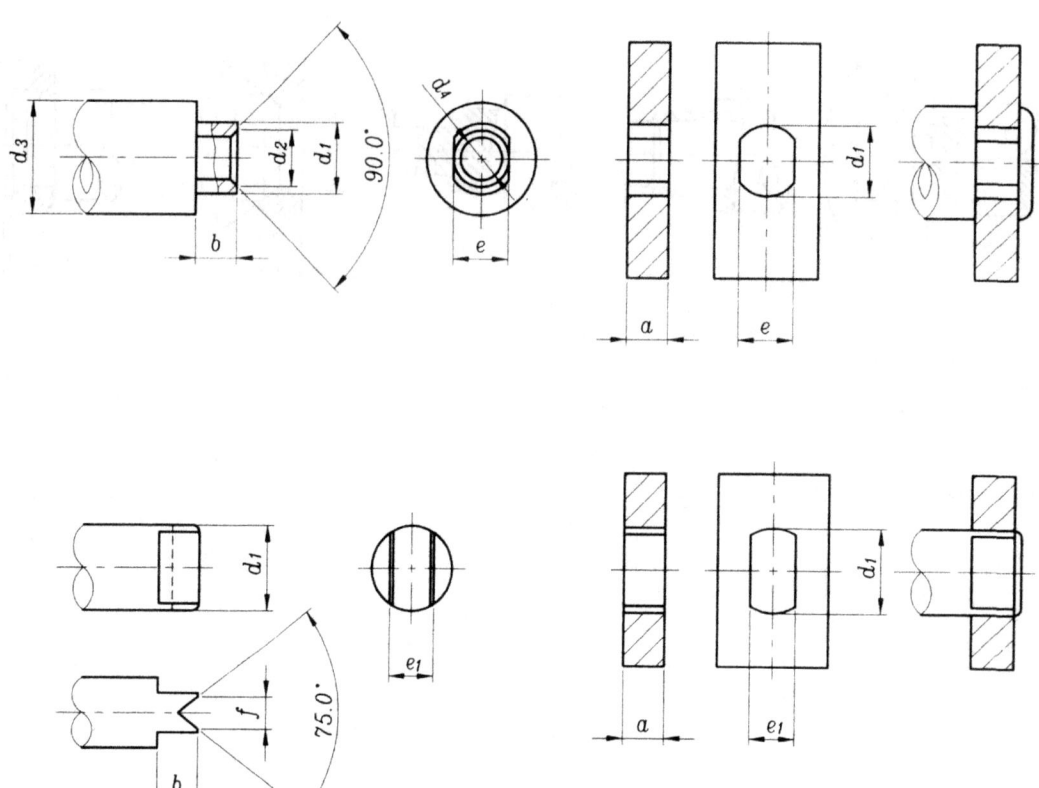

공칭직경 d$_1$		1.5	2	2.5	3	4	5	6	8	10
d$_2$		1	1.5	2	2.4	3.2	4	4.8	6.4	8
d$_3$ (하한직경)		3	3.5	4	5	6	7	8	10	13
d$_4$ (상한직경)	hole	-	-	1.5	2.3	2.5	3	4	5	6
	screw	-	-	M1.5	M2.3	M2.5	M3	M4	M5	M6
e		1	1.5	2	2.4	3.2	4	4.8	6.4	8
e$_1$		-	-	1	1.2	1.6	2	2.4	3.2	4
f		-	-	0.6	0.8	1	1.4	1.8	2.4	3.2
판두께 a		코킹 부위 길이 b (허용공차 +0.15)								
0.5		1.2	1.2	1.4	1.4	1.4	1.4	1.4	-	-
0.8		1.5	1.5	1.8	1.8	1.8	1.8	1.8	1.8	-
1		1.8	1.8	2	2	2	2	2	2	2
1.2		2	2	2.2	2.2	2.2	2.2	2.2	2.2	2.2
1.5		-	2.3	2.5	2.5	2.5	2.5	2.5	2.5	2.5
2		-	-	3	3	3	3	3	3	3
2.5		-	-	-	3.5	3.5	3.5	3.5	3.5	3.5
3		-	-	-	-	4	4.2	4.4	4.2	4.2
4		-	-	-	-	-	5.2	5.2	5.2	5.2
5		-	-	-	-	-	-	6.2	6.2	6.2
6		-	-	-	-	-	-	-	7.2	7.2

그림 2.12 리벳 코킹, form B (회전방지부 無)

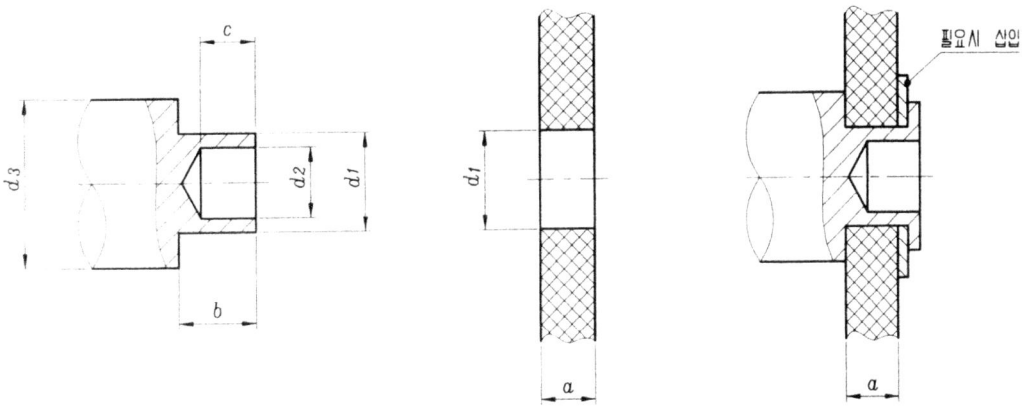

공칭직경 d_1		2	2.5	3	4	5	6	8
d_2 (상한직경)		1.5	2	2.4	3.2	4	5	6
d_3 (하한직경)		3.5	4	5	6	7	8	10
판두께 a		코킹 부위길이 b (허용공차 + 0.15) 및 구멍깊이 c						
1	b	2.2	2.2	2.2	2.2	2.5	2.5	2.5
	c	1.5	1.5	1.5	1.5	1.8	1.8	1.8
1.2	b	2.4	2.4	2.4	2.4	2.7	2.7	2.7
	c	1.8	1.8	1.8	1.8	2	2	2
1.5	b	2.7	2.7	2.7	2.7	3	3	3
	c	1.8	1.8	1.8	1.8	2.2	2.2	2.2
2	b	3.2	3.2	3.2	3.2	3.5	3.5	3.5
	c	2	2	2	2	2.5	2.5	2.5
2.5	b	-	3.7	3.7	3.7	4	4	4
	c	-	2.5	2.5	2.5	3	3	3
3	b	-	-	4.2	4.2	4.5	4.5	4.5
	c	-	-	2.5	2.5	3	3	3
4	b	-	-	-	5.2	5.5	5.5	5.5
	c	-	-	-	3	3.2	3.2	3.2

그림 2.13 리벳 코킹, form C (회전방지부 無) (주로 절연판 재질에 사용)

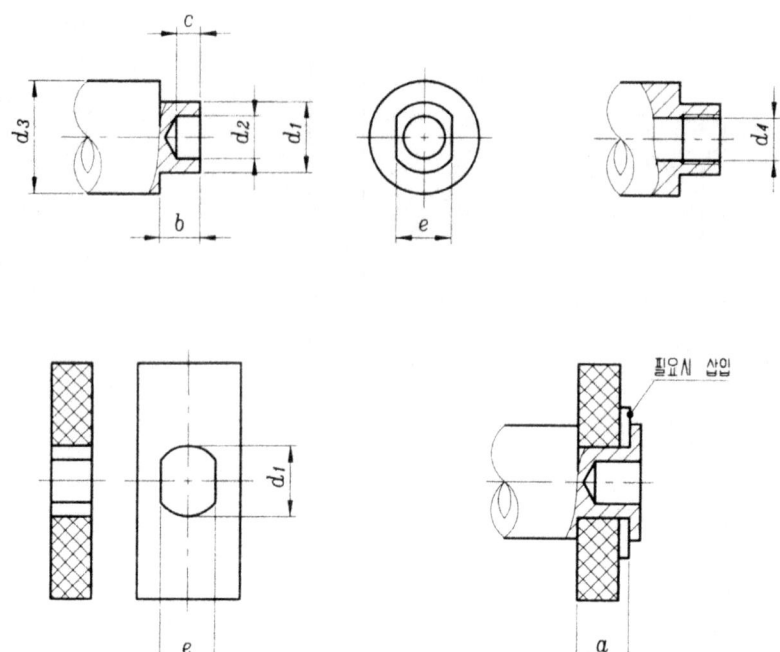

공칭직경 d_1		2	2.5	3	4	5	6	8
d_2 (상한직경)		1	1.5	1.8	2.5	3.2	4.2	5.4
d_3 (하한직경)		3.5	4	5	6	7	8	10
d_4 (상한직경)	hole	-	1	1.5	2.3	3	4	5
	screw	-	-	M1.5	M2.3	M3	M4	M5
e		1.5	2	2.4	3.2	4	4.8	6.4
판두께 a		코킹 부위길이 b (허용공차 + 0.15) 및 구멍깊이 c						
1	b	2.2	2.2	2.2	2.2	2.5	2.5	2.5
	c	1.5	1.5	1.5	1.5	1.8	1.8	1.8
1.2	b	2.4	2.4	2.4	2.4	2.7	2.7	2.7
	c	1.8	1.8	1.8	1.8	2	2	2
1.5	b	2.7	2.7	2.7	2.7	3	3	3
	c	1.8	1.8	1.8	1.8	2.2	2.2	2.2
2	b	3.2	3.2	3.2	3.2	3.5	3.5	3.5
	c	2	2	2	2	2.5	2.5	2.5
2.5	b	-	3.7	3.7	3.7	4	4	4
	c	-	2.5	2.5	2.5	3	3	3
3	b	-	-	4.2	4.2	4.5	4.5	4.5
	c	-	-	2.5	2.5	2.5	3	3
4	b	-	-	-	5.2	5.5	5.5	5.5
	c	-	-	-	3	3.2	3.2	3.2

그림 2.14 리벳 코킹, form D (회전방지부 有) (주로 절연판 재질에 사용)

2) 양각(emboss)을 이용한 코킹

그림 2.15와 같이 별도의 핀을 사용하지 않고 프레스제품 Ⓐ 자체에 양각성형을 한 다음, 코킹에 의해 다른 부품을 결합하는 방식이다. 양각성형 높이의 제한(보통 높이는 판두께의 1/2이 상한) 때문에 결합되는 부품은 박판의 것 Ⓑ가 적당하다.

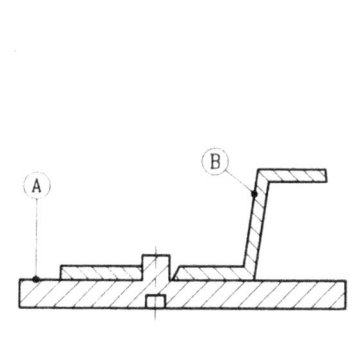

그림 2.15 양각성형(embossing)을 이용한 결합

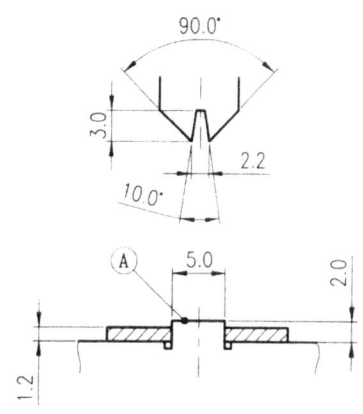

그림 2.16 장방형 돌출부를 이용한 코킹

3) 장방형 돌출부를 이용한 코킹

프레스 제품 결합에서 상자형을 만들 때 사용되는 코킹방법으로서, 소형기계식 프레스 혹은 공기압식 프레스로 코킹한다. 간단한 펀치에 의하여 작업할 수 있는 반면, 접합부에 틈이 생길 수 있는 결점이 있다(그림 2.16).

2.3.2 회전식 코킹 방법

1) 원리

공구(punch)를 일정각도로 경사지게 하고 스핀 헤드(spin head) 중심으로 회전시켜 펀치에 세차운동을 일으키게 하고 이것을 공기압 또는 유압으로 재료를 누르고 스핀 헤드의 회전과 함께 조금씩 소성가공을 하도록 하여 코킹하는 방식이다(그림 2.17). 이 방법은 모터를 사용하여 고속 연속적인 코킹 작업이 가능하고 작은 동력으로 큰 변형량을 줄 수 있다.

2) 특징

① 세차운동에 의해 코킹 펀치 자체는 회전하지 않기 때문에 핀 표면에 긁힘이나 타격 등이 없으므로 도금된 핀의 경우에도 도금이 거의 벗겨지지 않는 좋은 코킹 면을 얻을 수 있다.
② 가압력(加壓力)을 조절함으로써 가는 핀 및 굵은 핀도 코킹이 가능하다. 핀 직경, 형상, 재질 등에 맞도록 가압력과 시간을 세팅하면 타이머에 의해 정확히 코킹이 된다.

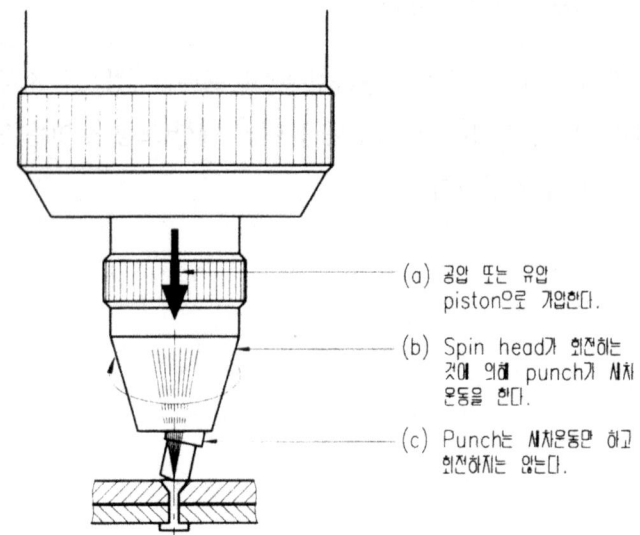

그림 2.17 회전식 코킹법의 원리

③ 타격음이 발생하지 않아 조용한 작업환경이 가능하다.

④ 고정 코킹은 물론, 유동식 코킹도 가능하고, 플라스틱과 같은 연질부품, 세라믹과 같은 깨지기 쉬운
부품의 코킹도 가능하다.

3) 코킹 형상과 공구(펀치)

그림 2.18은 코킹 형상의 예이다. 이것 이외에도 공구의 형상에 따라 여러 가지로 코킹 형상이 될 수
있다.

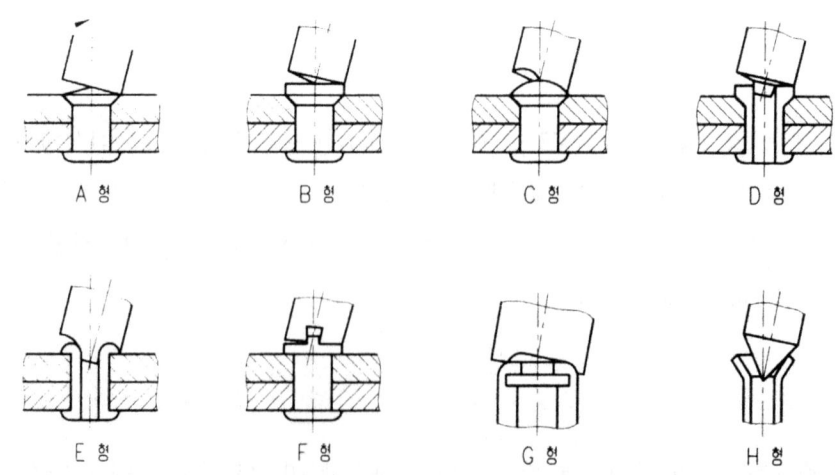

그림 2.18 코킹 형상과 공구

2.3.3 열간 코킹

타이프라이터, 컴퓨터 등의 기구조립에서 정밀도가 높고 강력하게 결합하는 방법으로서 열간 코킹이 많이 사용되고 있다. 이것은 부품의 일부로서 가공된 凸부를 국부가열에 의해 연화시키고 작은 힘으로 압력을 가하는 것이다.

1) 열간 코킹의 특징

① 부품의 형상이 단순해지고 설계의 자유도가 높다.
② 가공시 변형가공이 작으므로 박판의 제품에도 정밀도가 좋은 조립이 가능하다(회전 코킹, 스폿 용접의 1/5의 힘)

2) 열간 코킹의 방법

(1) 부품형상

코킹 형상의 예로서 그림 2.19 (a)와 같다. 이것은 부품의 일부로서 미리 프레스 가공시 성형된 것이다. 결합되는 부품에는 구멍이 있어야 한다. 형상설계에서 다음과 같은 주의가 필요하다.

① 정밀도가 필요한 구멍의 근처에는 본 코킹부를 만들지 않는다.
② 수 개소의 코킹이 필요한 경우에는 조립정밀도를 유지하기 위해 2~3개소는 조립공차를 엄밀하게 하고, 그 밖의 곳은 다소 느슨하게 하여 결합강도를 높인다.
③ 코킹부 바로 밑에 $\phi 4\sim 5$ 정도의 구멍을 뚫으면 그림 2.19 (b)와 같이 통전(通電)에 의한 코킹시 편리하다.

(2) 가열방법

가열은 보통 저항용접기를 사용한다. 통전방법은 그림 2.20과 같이 일반 스폿 용접과 별로 차이는 없다. 그러나 통전시간은 수십 ms가 되므로 능률은 높다. 1개소의 전류값은 800~1,500A, 가압력은 10~25kgf/cm²이다.

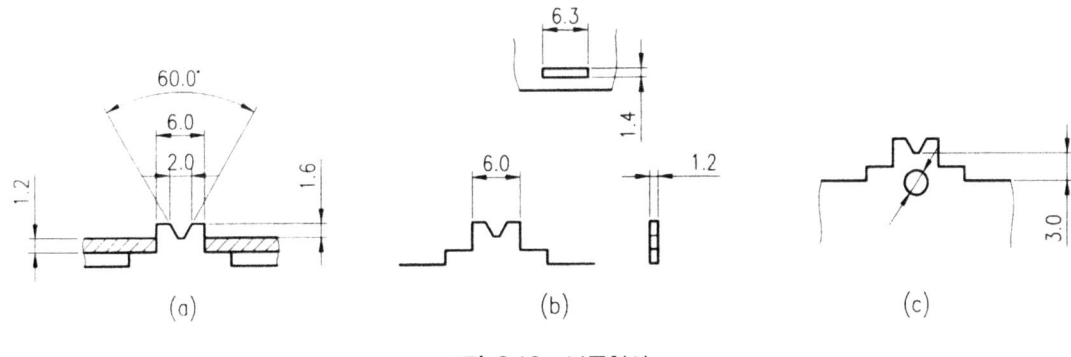

그림 2.19 부품형상

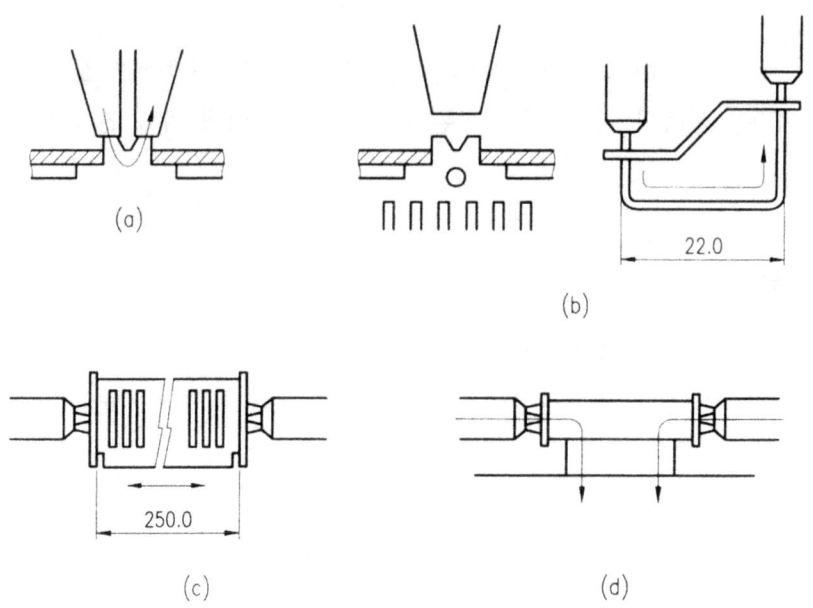

(a)

(b)

(c)

(d)

그림 2.20 여러 가지 통전방법

2.4 프레스 제품과 다른 부품과의 결합(압입)

압입방식의 결합은 롤러 축(roller shaft)이나 힌지 핀(hinge pin) 용도로 사용될 때, 보통 축(또는 핀)의 일부에 널링(knurling)을 형성시키고 끼워맞춤식으로 고정하는 방법이다. 그밖에도 널링을 형성시키지 않고 억지끼워맞춤식으로 하거나 중간끼워맞춤으로 한 후 브레이징(brazing ; 납접) 등을 실시할 수도 있다.

전자의 방식을 많이 사용하고 있으며 구멍과 축(또는 핀)과의 치수 예는 그림 2.21과 같다. 또한 그림 2.22에 결합방법의 예를 나타냈다.

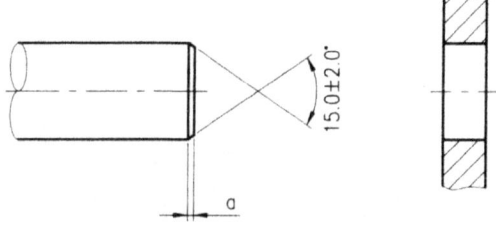

NennmaBbereich (mm)		PreBpassung (Auswah1 nach SHN 30401)		
		X7/h7	X7/h9	ZB9/h9
über	bis	Fasenbreite a (KleinstmaB in mm)		
1	3	0, 3	-	0, 6
3	6	0, 4	-	0, 8
6	10	0, 4	-	1
10	14	0, 5	-	1
14	18	0, 5	-	1, 2
18	24	0, 6	-	-
24	30	0, 6	0, 6	-
30	40	0, 8	0, 8	-
40	50	1	1	-

그림 2.21 결합치수의 예

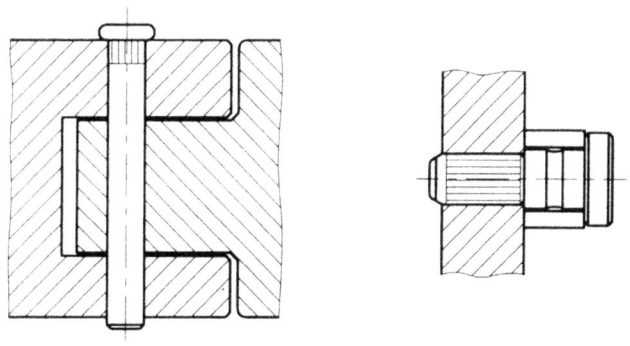

그림 2.22 결합방법의 예

2.5 용접 및 브레이징

용접이라 함은 금속과 금속을 결합하는 방법의 하나로서 기계적인 방법이 아닌 야금적인 방법이다. 야금적인 방법은 금속과 금속을 충분히 접근시켰을 때 생기는 원자 사이의 인력으로 결합되는 것이다.

용접의 종류는 대단히 많으나 크게 3종으로 나눌 수 있다.

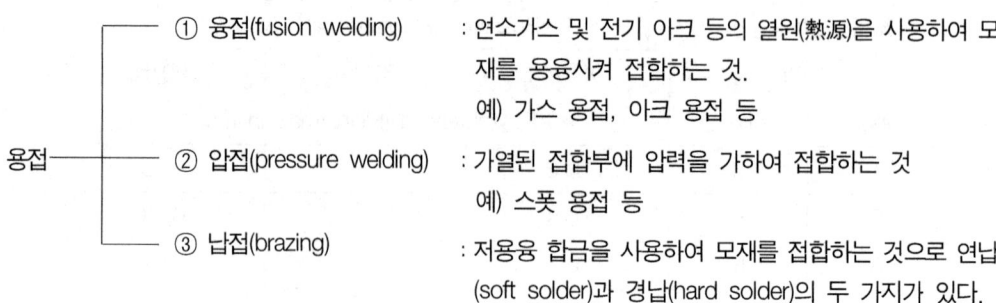

용접 ┬── ① 융접(fusion welding)   : 연소가스 및 전기 아크 등의 열원(熱源)을 사용하여 모재를 용융시켜 접합하는 것.
예) 가스 용접, 아크 용접 등

├── ② 압접(pressure welding)   : 가열된 접합부에 압력을 가하여 접합하는 것
예) 스폿 용접 등

└── ③ 납접(brazing)   : 저용융 합금을 사용하여 모재를 접합하는 것으로 연납(soft solder)과 경납(hard solder)의 두 가지가 있다.

제3장

판스프링

3.1 스프링 설계 기준

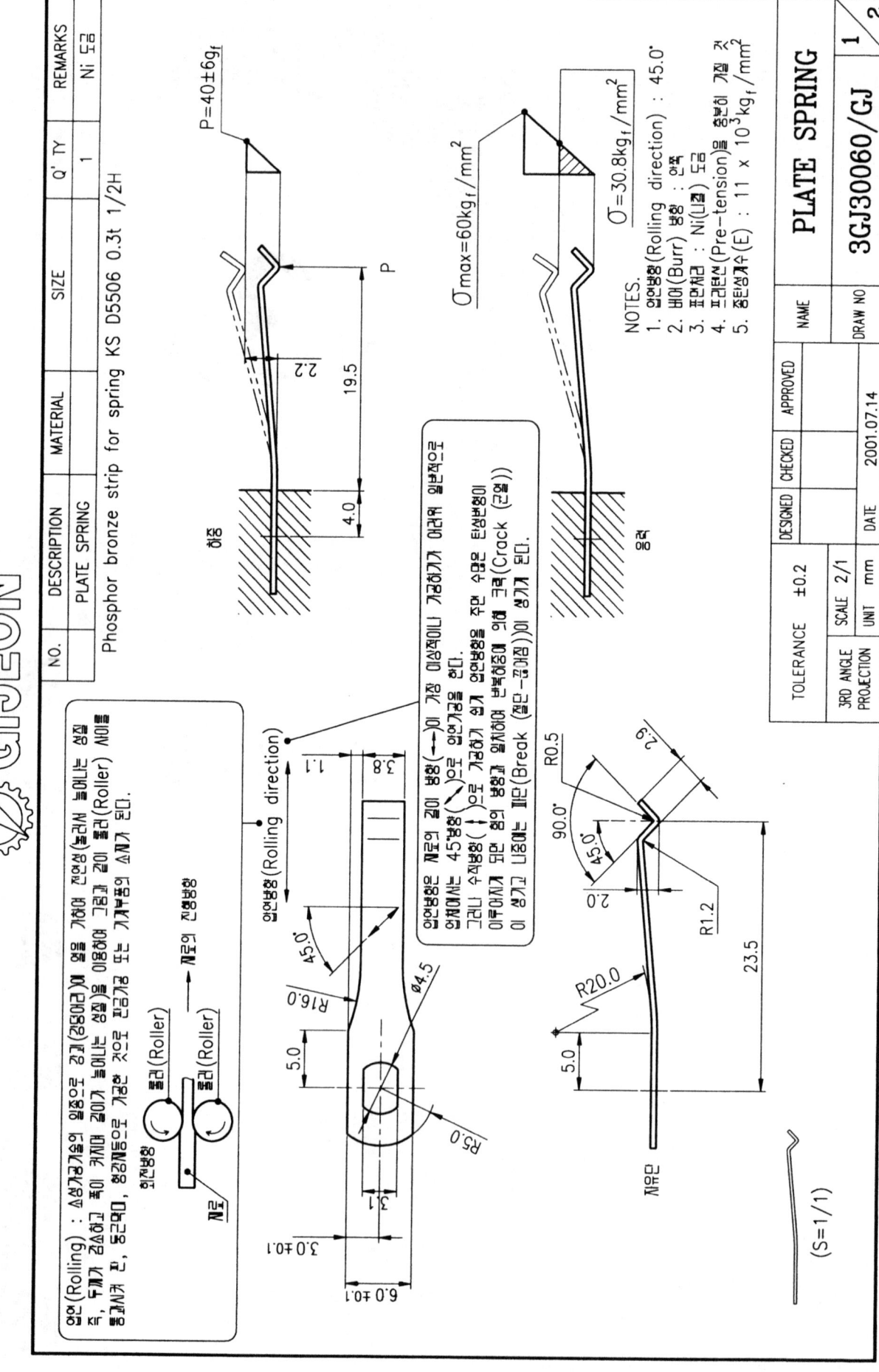

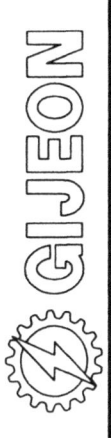

GIJEON

NO.	DESCRIPTION	MATERIAL	SIZE	Q' TY	REMARKS
	PLATE SPRING			1	Ni 도금

Phosphor bronze strip for spring KS D5506 0.3t 1/2H

KS기호로는 PBS라고 표기하며 KS규격번호는 KS D5506
스프링용 인청동 강대이며 일반적으로 경도는 1/2H(반경질)을 사용한다.
또한 이외에도 스프링의 재질로서 주로 스프링강[Spring steel : SPS(KS), SUP(JIS)]
, 스테인리스강[STS(KS), SUS(JIS)], 피아노선[PW(KS), SWP(JIS)]등이 사용된다.

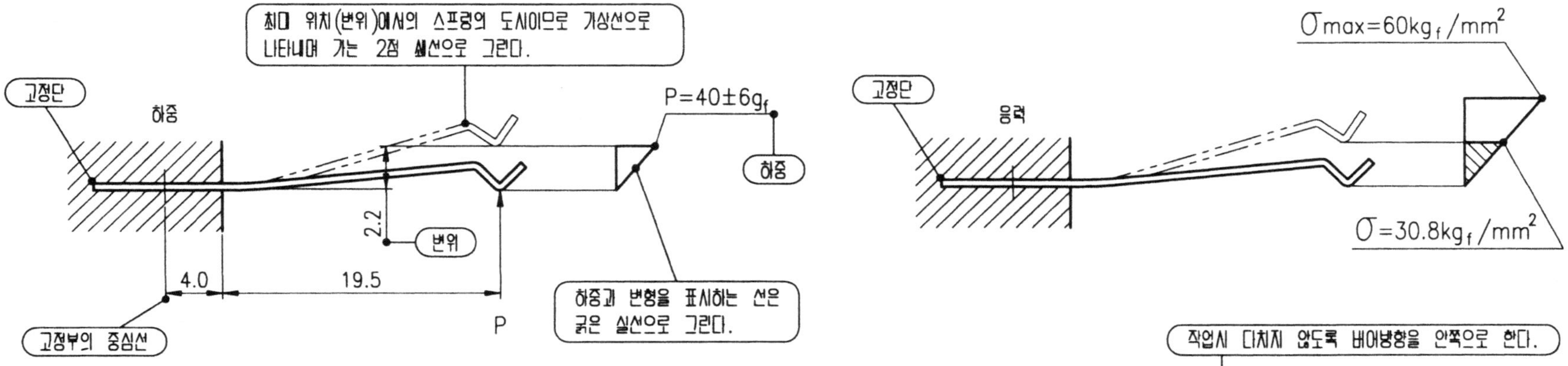

최대 위치(변위)에서의 스프링의 도시이므로 가상선으로
나타내며 가는 2점 쇄선으로 그린다.
고정단
하중
P=40±6g_f
하중
2.2
변위
4.0
19.5
P
고정부의 중심선
하중과 변형을 표시하는 선은
굵은 실선으로 그린다.
고정단
응력
$\sigma max=60kg_f/mm^2$
$\sigma=30.8kg_f/mm^2$

작업시 다치지 않도록 버어방향을 안쪽으로 한다.

NOTES.
1. 압연방향(Rolling direction) : 45.0˚
2. 버어(Burr) 방향 : 안쪽
3. 표면처리 : Ni(니켈) 도금
4. 프리텐션(Pre-tension)을 충분히 가질 것
5. 종탄성계수(E) : 11 x $10^3kg_f/mm^2$

일반적으로 니켈도금을하며 은(Ag)도금, 금(Au)도금도 하지만 품질은 좋으나 가격이 비싸진다.
그러나 스테인리스강은 도금이 필요치 않고 탈지(기름만 제거)만 하면 된다.
판스프링의 경우 도금 두께는 5~10μm 또는 10~15μm사이로 도금을 한다.

탄성체는 하중을 받으면 하중에 비례하여 변위를 일으키고, 그 변위를 탄성에너지로 흡수하여 재료내부에 축적하는 특성이 있다. 이런 특성을 이용하여 하중에 비해 탄성변형이 큰 재료 및 형상을 선택해서 주로 에너지의 흡수 및 축적, 진동과 충격의 완화, 운동과 압력의 억제등에 사용되는 기계요소를 스프링이라 한다.

TOLERANCE ±0.2		DESIGNED	CHECKED	APPROVED	NAME	PLATE SPRING
3RD ANGLE PROJECTION	SCALE 2/1				DRAW NO	3GJ30060/GJ	2/2
	UNIT mm	DATE 2001.07.14					

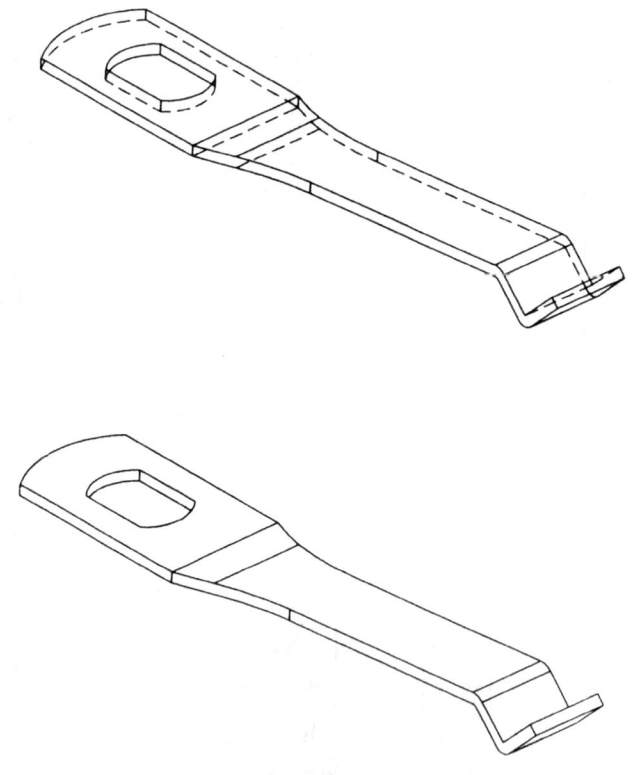

참고) 부품 3차원 입체도(등각 투상도)

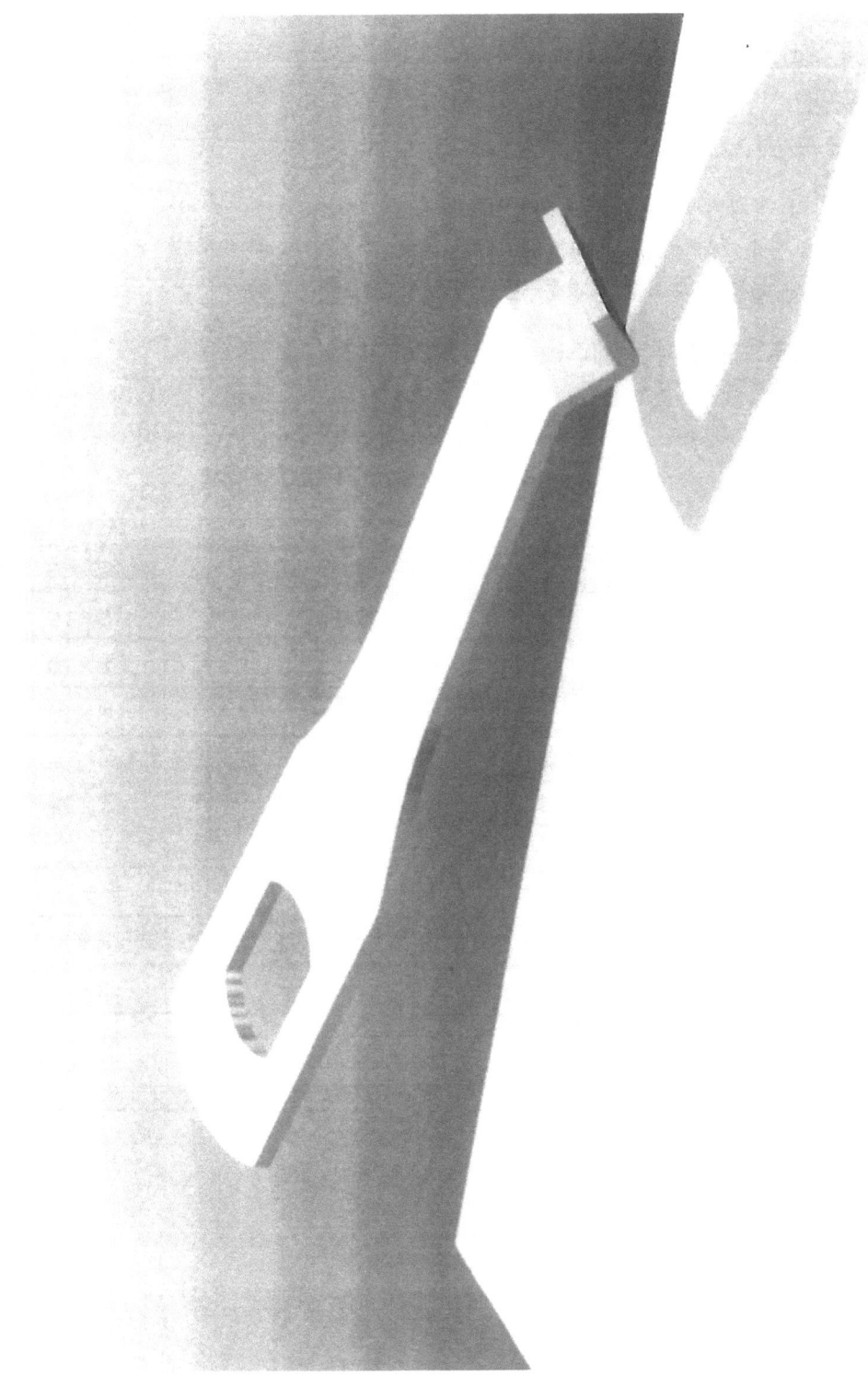

그림 3.1 판스프링

3.1 스프링 설계 기준

3.1.1 요점

1) 판스프링

판스프링의 설계는 사용목적, 조건에 따라 재료를 선정하고, 스프링에 생기는 응력 σ, 변위(처짐) δ, 스프링 상수 k 등을 산출하고 가정한 치수가 적절한지 결정한다.

2) 스프링용 재료와 탄성계수

표 3.1 각 재료의 E 및 G값(KSB 2406)

(단위 : kgf/mm²)

재료		종탄성계수(E값)	횡탄성계수(G값)
피아노선		21×10^3	8×10^3
경 강 선		21×10^3	8×10^3
오일템퍼선		21×10^3	8×10^3
스테인리스 강선	STS302	18.5×10^3	7×10^3
	STS304		
	STS316		
	STS631 J1	20×10^3	7.5×10^3
황 동 선		10×10^3	4×10^3
양 백 선		11×10^3	4×10^3
인청동선		11×10^3	4.3×10^3
베릴륨동선		12×10^3	4.5×10^3

3.1.2 박판(薄板) 스프링의 계산식

일반적으로 박판 스프링은 박판재료를 사용해 이것을 적당한 형상으로 가공해서 스프링 작용을 하도록 한 것으로 종류와 형상은 여러 가지가 있다.

1) 직선형 한단지지 스프링

그림 3.2에서 장방형의 한 단을 고정시킨 스프링에 하중 W를 나타낸 위치에 작용시켰을 때 임의 위치 x에서의 처짐 δ_x는 다음과 같다.

$$l_1 > x > 0 \text{에서는 } \delta_x = \frac{Wl_1 x^2}{6B}\left(3 - \frac{x}{l}\right) = \frac{\sigma_{max} x^2}{3Eh}\left(3 - \frac{x}{l}\right) \qquad (3.1)$$

$$l > x > l_1 \text{에서는 } \delta_x = \frac{Wl_1^3}{6B}\left(3\frac{x}{l_1} - 1\right) = \frac{\sigma_{max} l_1^2}{3Eh}\left(3\frac{x}{l_1} - 1\right) \qquad (3.2)$$

여기서 l_1은 하중이 작용하는 위치까지의 길이이고 l은 전체 길이이다. B는 판의 굽힘강성계수(flexural rigidity)라고 하며, 판두께가 꽤 두꺼울 때에는

$$B = \frac{bh^3 E}{12} \qquad (3.3)$$

으로 주어지지만 판두께가 아주 얇을 때에는

$$B = \frac{bh^3 E}{12(1 - \nu^2)} \qquad (3.4)$$

가 된다. 이 때 E는 재료의 종탄성계수이고, ν는 poisson비이다. b 및 h는 판의 폭 및 두께이다. σ_{max}는 고정단에 대한 최대굽힘응력이다. 하중작용이 자유단의 경우에는 $l = l_1 = x$에 대해서 자유단에 대한 처짐 δ를 표시하면

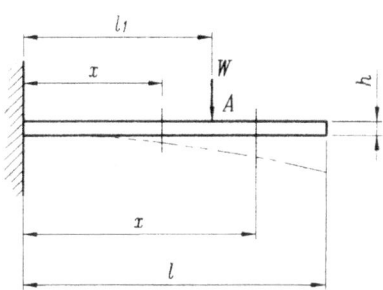

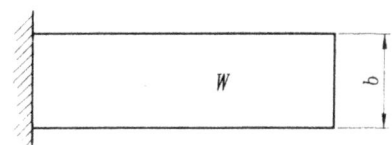

그림 3.2 한단지지 스프링

$$\delta = \frac{Wl^3}{3B} = \frac{2\sigma_{max} l^2}{3Eh} \qquad (3.5)$$

이 경우 δ가 커서 $\delta > 0.2\ell$이 되면 처짐 및 응력은 다음 식으로 표시되며 ϕ 및 η값은 그림 3.3과 같이 주어진다.

$$\sigma = \frac{\phi Wl^3}{3B}, \quad \sigma_{max} = \frac{\eta 6 Wl}{bh^2} \qquad (3.6)$$

스프링의 판두께가 일정하고 판폭이 직선적으로 변화하고 있는 그림 3.4의 경우, 자유단에서의 처짐 δ는 다음과 같다.

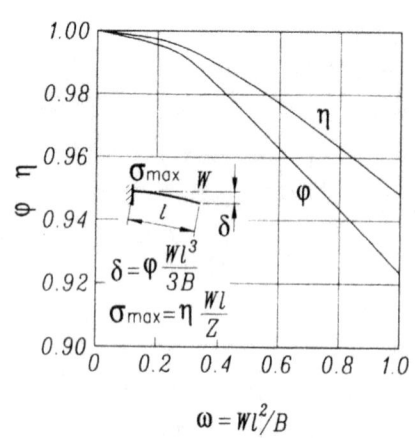

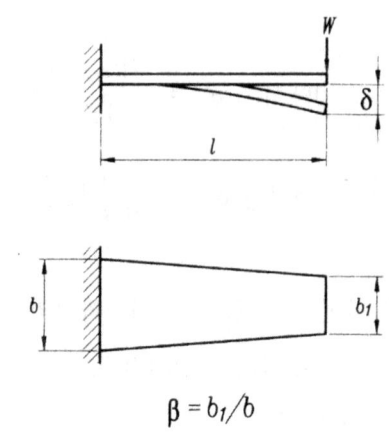

그림 3.3 한단지지 스프링의 큰처짐계수

그림 3.4 태형(台形) 한단지지 스프링

$$\delta = \frac{\alpha W l^3}{3B} \tag{3.7}$$

식 (3.7) 중 α값은 $\beta = \frac{b_1}{b}$에 의해 그림 3.5와 같다.

큰 처짐에 대해서는 식 (3.6)과 같은 형태로 표시되며 ϕ 및 η값을 나타내면 그림 3.6 및 그림 3.7과 같다.

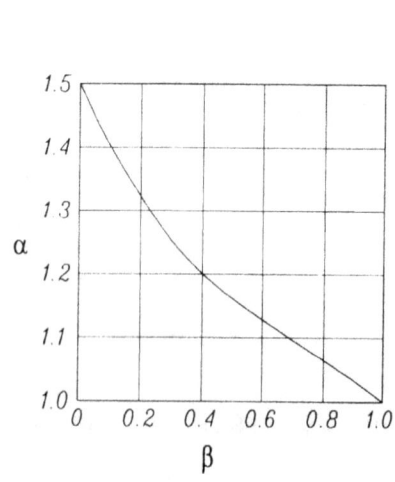

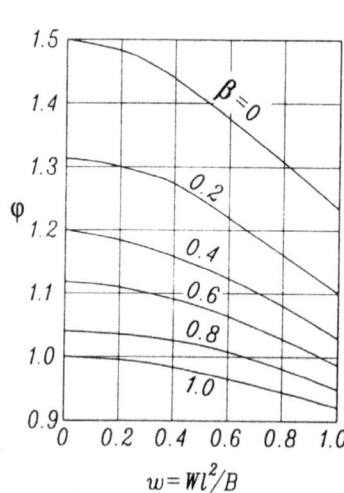

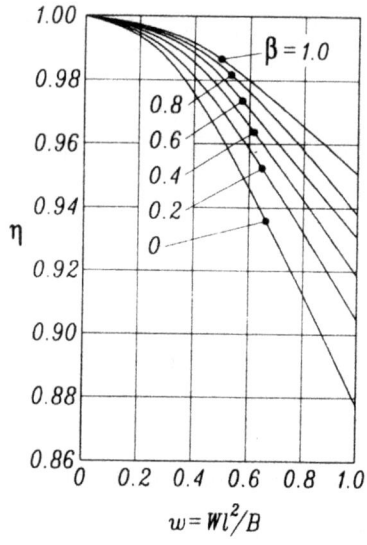

그림 3.5 한단지지 스프링 계수

그림 3.6 한단지지 스프링의 큰처짐 계수

그림 3.7 한단지지 스프링의 큰처짐 계수에 의한 응력계수

직선형상의 박판 스프링에 있어 하중과 처짐의 관계를 비선형으로 하기 위한 방법으로 스프링 처짐에 대응해 스프링의 스팬(span)을 변화시켜 그림 3.8과 같이 한 방법을 나타냈다.

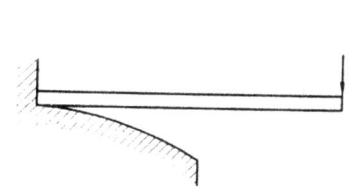

그림 3.8 한단지지 스프링에 비선형
특성을 주는 방법

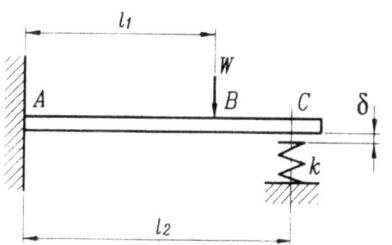

그림 3.9 자유단에 지지 스프링을 갖는
한단지지 스프링

그림 3.9와 같이 박판 스프링의 고정단으로부터 l_2의 위치에 지지점이 있으며 스프링 상수가 k이면 이 지지점에 대한 지지력 P는 다음과 같다.

$$P = \frac{l_1^3 \left(3\dfrac{l_2}{l_1} - 1 \right)}{\dfrac{6B}{k} + 2l_2^3} (W - W_c) \quad (W > W_c \text{의 경우})\tag{3.8}$$

여기서 W_c는 지지단 C가 δ만을 발생시키는 하중으로

$$W_c = \frac{3B\delta}{l_2^3}$$

로 된다. 이 경우도 하중과 처짐과의 관계는 비선형이 된다.

그런데 판두께의 중심선이 직선이며 판폭의 중심선이 원호인 그림 3.10의 경우에 있어 하중 W에 의한 판면 바깥의 처짐에 대해서 임의의 중심각 Ψ 위치에서의 처짐 δ_Ψ는 다음과 같다.

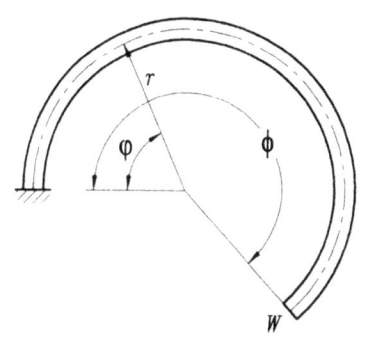

$$\delta_\Psi = \frac{Wr^3}{B} \left[\frac{B+C}{2C} \{\Psi \cos(\phi - \Psi) - \cos\phi \sin\Psi\} \right.$$
$$\left. + \frac{B}{C} \{\Psi - \sin\Psi - \sin\phi(1 - \cos\Psi)\} \right]\tag{3.9}$$

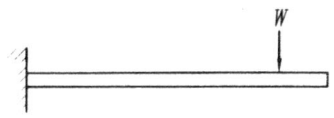

그림 3.10 한단지지 스프링

여기서 ϕ는 도시한 것과 같이 하중작용점까지의 중심각에 대해서 r은 판폭의 평균반지름, B와 C는 판 및 스프링의 굽힘강성계수이다.

2) 원호형 한단지지 스프링

판두께 중심선이 원호인 한단지지 스프링에 하중이 작용할 때의 처짐을 구하기 위해서는 일반적으로 Casterian 정리를 이용하면 편리하다.

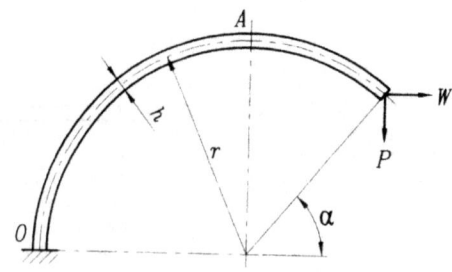

그림 3.11 원호 스프링

그림 3.11과 같이 원호 스프링에 하중 W 또는 P가 작용할 때 처짐 δ_w 및 δ_p는 다음과 같다.

$$\delta_w = \frac{Wr^3}{B}\left[(\pi - \alpha)\left(\sin^2\alpha + \frac{1}{2}\right) - \frac{3}{4}\sin 2\alpha - 2\sin\alpha\right] \tag{3.10}$$

$$\delta_p = \frac{Pr^3}{B}\left[(\pi - \alpha)\left(\cos^2\alpha + \frac{1}{2}\right) + \frac{3}{4}\sin 2\alpha\right] \tag{3.11}$$

여기서 r 및 α는 반경 및 중심각이며 δ_w, δ_p는 하중작용점에 있어 작용방향에 따른 처짐이다. 위 식에서 $\alpha = 0$일 때에는 반원호 스프링의 처짐은

$$\delta_W = \frac{\pi W r^3}{2B} \tag{3.12}$$

$$\delta_p = \frac{3\pi P r^3}{2B} \tag{3.13}$$

중심각이 α인 경우 W에 의한 최대응력 $\sigma_{\max}$는 $\alpha < 30°$에서는 그림 3.11의 A점에서 발생되고 $\alpha > 30°$에서는 고정단 O에서 발생되며

$$\sigma_{\max} = 6Wr\,(1 - \sin\alpha)/bh^2 \tag{3.14}$$

P에 의한 최대 응력 $\sigma_{\max}$도 고정단에서 생기며

$$\sigma_{\max} = 6Pr\,(1 + \cos\alpha)/bh^2 \tag{3.15}$$

그림 3.12에 도시한 반원과 $\frac{1}{4}$ 원호가 조합된 스프링에서 하중 P가 그림과 같이 자유단에 작용할 때 자유단에서의 처짐 δ를 계산하면

$$\delta = 19\pi P r^3/4B \tag{3.16}$$

최대응력 $\sigma_{\max}$는, 고정단에서 생기며

$$\sigma_{\max} = 18Pr/bh^2 \tag{3.17}$$

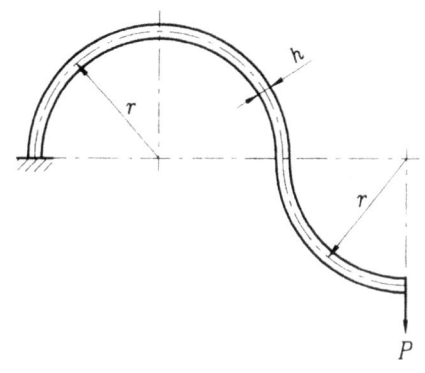

그림 3.12 원호 스프링

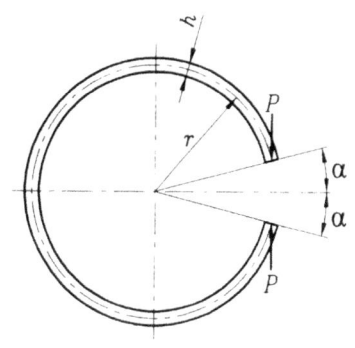

그림 3.13 원호 스프링

그림 3.13과 같이 일부가 터진 원호 스프링에 하중 P가 작용하는 경우, 대칭형이기 때문에 그림 3.11 형상에서의 처짐의 2배가 되므로 식 (3.11)로부터

$$\delta = \frac{Pr^3}{B}\left[(\pi - \alpha)(1 + 2\cos^2\alpha) + \frac{3}{2}\sin2\alpha\right] \tag{3.18}$$

3) 원호와 직선부를 갖는 스프링

그림 3.14와 같이 중심각 β인 원호와 직선부 길이 l_1이 조합된 스프링에 있어 도시한 대로 원호의 한단이 고정되고 직선부 끝단에 하중 P가 작용할 때 A단에서의 처짐 δ는 다음과 같다.

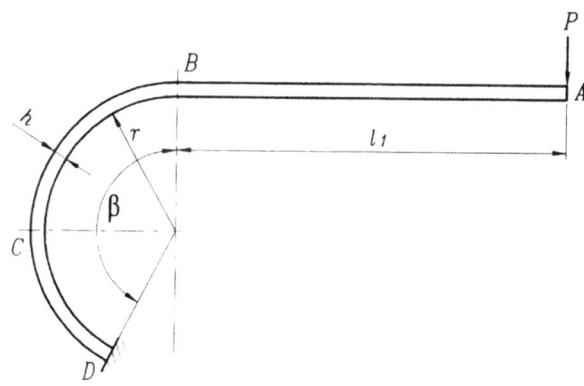

그림 3.14 원호와 직선 스프링

$$\delta = \frac{Pr^3}{B}\left[\frac{\lambda^3}{3} + \beta\lambda^2 + 2\lambda(1 - \cos\beta) + \frac{\beta}{2} - \frac{\sin2\beta}{4}\right] \tag{3.19}$$

여기서 $\lambda = \dfrac{l_1}{r}$을 나타내고, r은 원호부의 반지름이다. 이 경우 최대 응력 σ_{max}는 $\beta \leq \dfrac{\pi}{2}$에서는 고정단에서 생기며

$$\sigma_{max} = 6Pr(\lambda + \sin\beta)/bh^2 \tag{3.20}$$

$\beta > \dfrac{\pi}{2}$에서는 σ_{max}는 C점에서 생긴다.

그림 3.14와 같은 스프링을 2개 조합시킨 것에 의해 그림 3.15와 같은 형상의 스프링을 얻을 수 있기 때문에 이것에 하중 P가 그림과 같이 작용할 때 하중작용 방향의 처짐은 식 (3.19)에서 얻어진 처짐의 2배가 된다. 따라서 그림 3.15의 경우 처짐은

$$\delta = \frac{2Pr^3}{B}\left[\frac{\lambda^3}{3} + \beta\lambda^2 + 2\lambda(1 - \cos\beta) + \frac{\beta}{2} - \frac{\sin 2\beta}{4}\right] \tag{3.21}$$

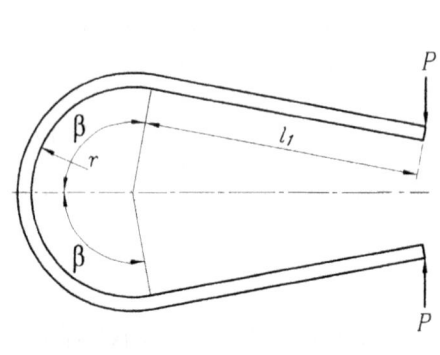

그림 3.15 원호와 직선 스프링

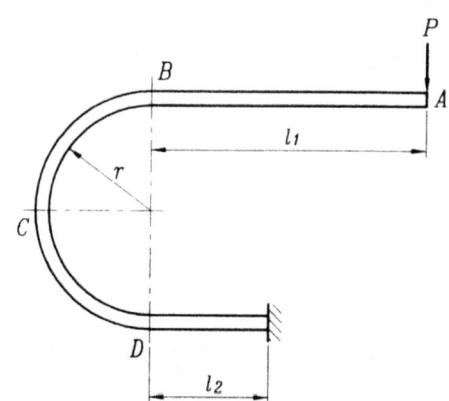

그림 3.16 원호와 직선 스프링

그림 3.16과 같이 한단을 고정한 직선부와 원호부를 갖는 스프링의 A단에 하중 P를 작용시킬 때 A단의 처짐은

$$\delta = \frac{Pr^3}{B}\left[\frac{1}{3}(\lambda^3 + \mu^3) + \lambda^2(\mu + \pi) + \lambda(4 - \mu^2) + \frac{\pi}{2}\right] \tag{3.22}$$

여기서 $\lambda = \dfrac{l_1}{r}$, $\mu = \dfrac{l_2}{r}$이다. 최대 굽힘 응력 σ_{max}는 그림 3.16의 경우 C점에서 생기며,

$$\sigma_{max} = 6Pr(1 + \lambda)/bh^2 \tag{3.23}$$

$l_1 < l_2$의 때에는 $(l_2 - l_1) > (l_1 + r)$의 경우에 최대응력은 고정단에서 생기며 $(l_2 - l_1) < (l_1 + r)$에서는 최대응력은 C점에서 생기며 식 (3.23)과 동일하다.

$\lambda = \mu$인 경우 직선부가 평행하며

$$\delta = \frac{Pr^3}{B}\left[\frac{2}{3}\lambda^3 + \pi\lambda^2 + 4\lambda + \frac{\pi}{2}\right] \tag{3.24}$$

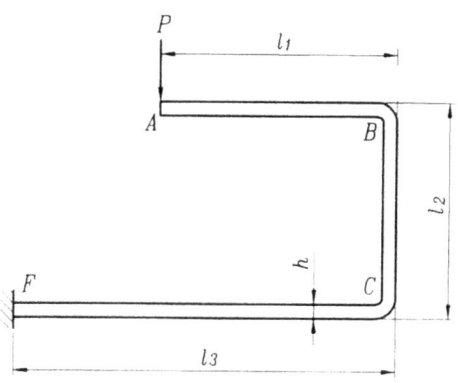

그림 3.17 직선과 직선과의 조합 스프링

곡률반지름이 작은 원호와 직선이 조합된 그림 3.17과 같은 형상에서는 원호부의 반지름을 무시한 처짐은 다음과 같다.

$$\delta = \frac{P}{3B}\left[l_1^3 + 3l_1^2 l_2 + 3l_1^2 l_3 - 3l_1 l_3^2 + l_3^2\right]\qquad(3.25)$$

이때 최대응력은 l_1의 길이에 의해서 BC부까지는 고정단에 생기며 $l_1 > \dfrac{l_3}{2}$의 경우에는 BC부에 $\sigma_{\max} = P_1 l_1 / b h^2$이 되고, $l_1 < \dfrac{l_3}{2}$의 경우에는 고정단에서의 $\sigma_{\max} = 6P\left(l_3 - l_1\right)/b h^2$이 된다.

4) 계산식의 단위

(1) 일단지지 박판 스프링

$$\delta = \frac{Wl^3}{3EI} = \frac{4\,Wl^3}{Eb t^3} = \frac{2\sigma l^2}{3Et}$$

$$\sigma = \frac{6\,Wl}{bt^2} = \frac{3}{2}\cdot\frac{tE\delta}{l^2}$$

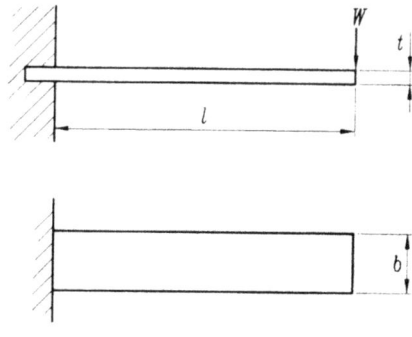

그림 3.18 일단(한단)지지 박판 스프링

δ : 휨(mm)

W : 하중(kgf)

I : 단면 2차 모멘트(mm^4)

l : 스프링 길이(mm)

t : 재료두께(mm)

b : 재료폭(mm)

σ : 최대굽힘응력(kgf/mm^2)

(2) 태형상(台形狀) 스프링

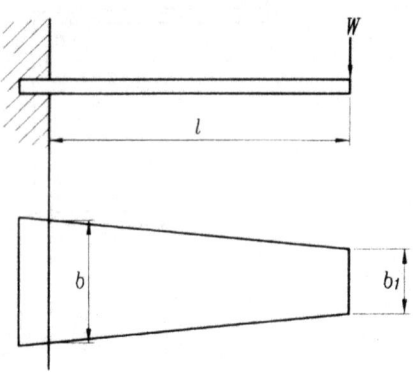

그림 3.19 태형상 스프링

$$\delta = \alpha \frac{Wl^3}{3EI} = \alpha \frac{4Wl^3}{Ebt^3} = \alpha \frac{2\sigma l^2}{3Et}$$

여기서 α는 $\dfrac{b_1}{b}$ 에 따라서 변하는 값으로서 그림 3.20에서 구한다.

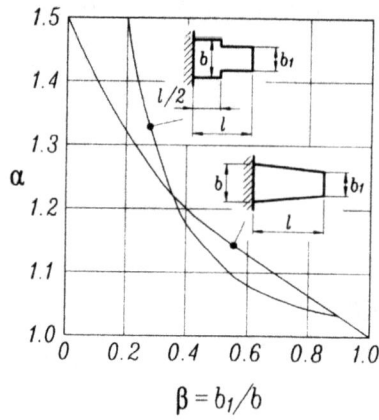

$$\beta = b_1/b$$

그림 3.20 $\dfrac{b_1}{b}$ 에 따른 α값

제4편

전자부품의
설계 및 해설

제 1 장

인쇄회로기판

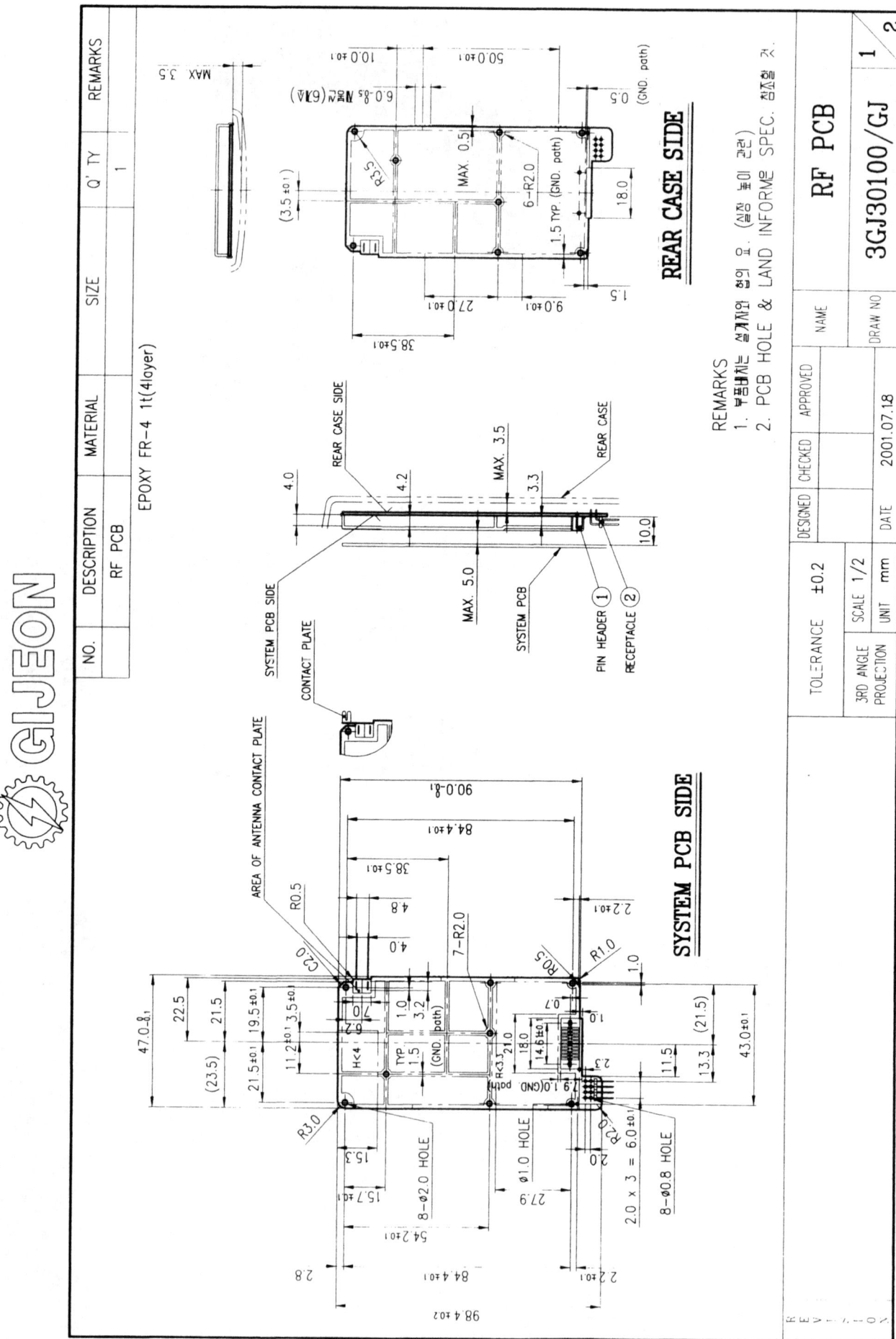

GIJEON

NO.	DESCRIPTION	MATERIAL	Q' TY	REMARKS
	RF PCB	EPOXY FR-4 1t(4layer)	1	

베이스 나쁜재료, 정확한 표기는 매우 미묘하고 까다로운 편이다. 이를 표현한 예를 설명시 지원이 경우는 기입된다.
참고로 잇면(面)은 회로면(Circuit side)이라고 기입된다.

● 경질 : Epoxy glass laminated 1t NEMA FR-4 [4 layer(층)]
참고로 표준재료는

● 경질 : Phenolic paper laminated 1.6t NEMA XPC(Single side)등으로
명기한다. 여기서,
—Single side(단면) : 부품은 오직 1면에만 설정되고 다른 1면은 회로가 구성됨.
—Double side(양면) : 부품이 양면(2면)에 설정되고 회로도 양면에 구성됨.

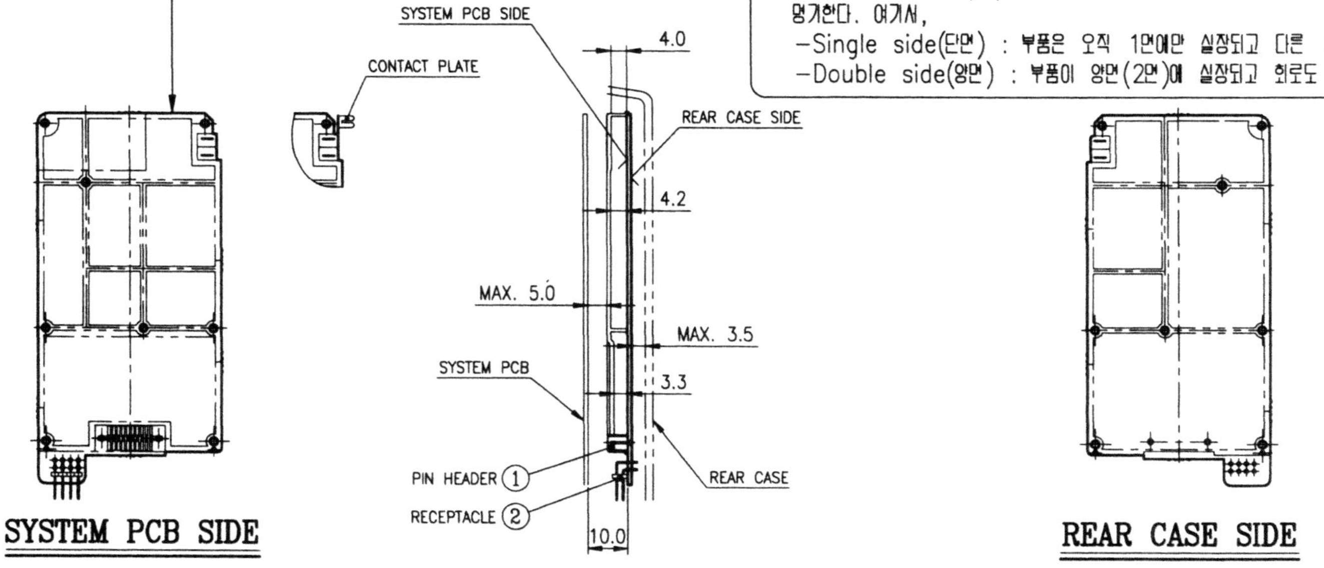

REAR CASE SIDE

REAR CASE SIDE

4.0

4.2

MAX. 3.5

3.3

REAR CASE

SYSTEM PCB SIDE

CONTACT PLATE

MAX. 5.0

SYSTEM PCB

10.0

PIN HEADER ①
RECEPTACLE ②

SYSTEM PCB SIDE

부품 즉 전자부품이 설정되어 납땜이 위하여 고정되는 기판 면으로 부품면(Component side)라고 기입된다.
참고로 잇면(面)은 회로면(Circuit side)이라고 기입된다.

전자부품을 실장하여 서로 회로적으로 연결시켜 상호작용을 하게 함으로써 시스템을 작동시키도록 한 기판이다.
이를 일반적으로 인쇄회로기판이라 해서, 마국식으로는 PCB(Printed Circuit Board), 일본식으로는
PWB(Printed Wiring Board)라고 부르기도 한다.
이 때, 전자부품을 서로 연결시켜 주는 선로들 잇단 회로(Circuit)또는 패턴(Pattern)이라고 한다.

PCB 가공 공차(Tolerance)는 부품 크기에 따라 차이가 있으나 일반적으로 ±0.2로 기입한다.

±0.2

REMARKS
1. 부품버는 실제와 함이 요. (실장 높이 군련)
2. PCB HOLE & LAND INFORME SPEC. 참조할 것.

RF PCB

3GJ30100/GJ

TOLERANCE	±0.2	DESIGNED	CHECKED	APPROVED	NAME
3RD ANGLE PROJECTION	SCALE 1/2				
	UNIT mm	DATE	2001.07.18		DRAW NO

2 / 2

REVISION

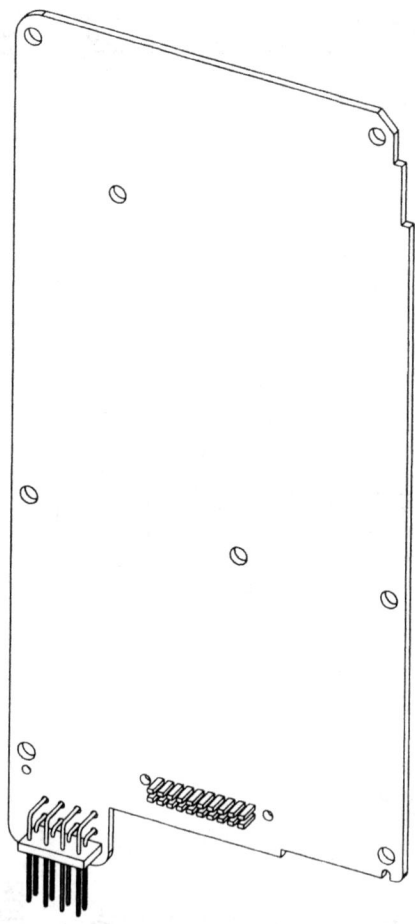

참고) 부품 3차원 입체도(등각 투상도)

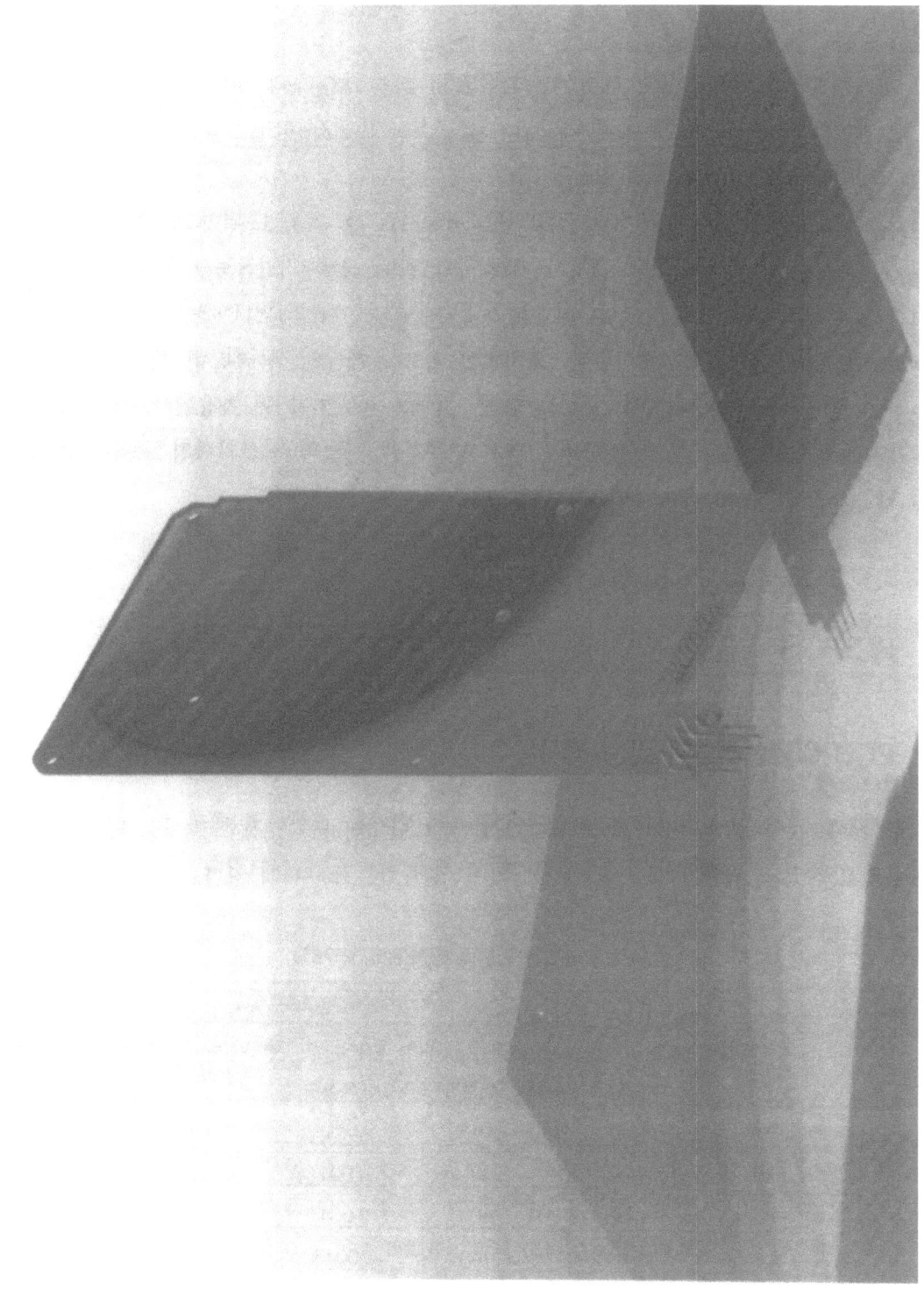

그림 1.1 무선주파수용 인쇄회로기판(RF PCB)

1.1 인쇄회로기판의 개요

PCB는 printed circuit board의 약어이며 인쇄회로기판을 말하는데, 여러 종류의 많은 부품을 페놀수지 또는 에폭시수지로 된 평판 위에 밀집 탑재하고, 각 부품간을 연결하는 회로를 수지평판의 표면에 밀집단축하여 고정시킨 회로기판이다.

PCB는 페놀수지 절연판 또는 에폭시수지 절연판 등의 한쪽 면에 구리 등의 박판을 부착시킨 다음 회로의 배선패턴에 따라 식각(선상의 회로만 남기고 부식시켜 제거)하여 필요한 회로를 구성하고, 부품들을 부착 탑재시키기 위한 구멍을 뚫어 만든다.

배선회로면의 수에 따라 단면기판, 양면기판, 다층기판 등으로 분류되며, 층수가 많을수록 부품의 실장력이 우수, 고정밀제품에 채용된다. 단면 PCB는 주로 페놀원판을 기판으로 사용하며, 라디오, 전화기, 간단한 계측기 등 회로구성이 비교적 복잡하지 않은 제품에 채용된다. 양면 PCB는 주로 에폭시수지로 만든 원판을 사용하며 컬러 TV, VTR, 팩시밀리 등 비교적 회로가 복잡한 제품에 사용된다. 이 밖에 다층 PCB는 32비트 이상의 컴퓨터, 전자교환기, 고성능 통신기기 등 고정밀기기에 채용된다. 또 자동화기기, 캠코더 등 회로판이 움직여야 하는 경우와 부품의 삽입시 회로기판의 굴곡을 요하는 경우에 유연성으로 대응할 수 있도록 만든 유연성기판(flexible PCB)이 사용된다.

1.2 PCB

1.2.1 PCB 설계순서 및 고려사항

회로 설계부서와 설계되어야 할 PCB가 양면인가, 단면인가를 결정하고 재질 및 두께를 결정한다. 현재 시판되고 있는 PCB 원판의 재질, 공칭두께 및 그 허용차는 표 1.1과 같다.

표 1.1 PCB 원판의 공칭두께 및 재질

공칭두께		±두께 공차(NEMA)			
		(Phenol) XPC, XPC(FR) XXXPC, FR-2, FR-3		(Epoxy) CEM-1, CEM-3 FR-4, G-10	
mm	inch	mm	inch	mm	inch
0.8	1/32	0.10	0.004	0.1651	0.0065
1.0	1/25	0.10	0.004	0.1651	0.0065
1.2	3/64	0.1143	0.0045	0.1905	0.0075
1.6	1/16	0.127	0.005	0.1905	0.0075
2.0	5/64	0.16	0.006	0.21	0.008

공칭두께		± 두께 공차(NEMA)			
		(Phenol) XPC, XPC(FR) XXXPC, FR-2, FR-3		(Epoxy) CEM-1, CEM-3 FR-4, G-10	
mm	inch	mm	inch	mm	inch
2.4	3/32	0.1778	0.007	0.2286	0.009
3.2	1/8	0.2032	0.008	0.3048	0.012
4.0	5/32	0.2286	0.009	0.381	0.015
4.8	3/16	0.254	0.010	0.4826	0.019
5.6	7/32	0.2794	0.011	0.5334	0.021

　일반적으로 사용되는 PCB 두께는 1.6t이나, 장치의 내부공간이 적거나 가벼운 부품이 실장될 때는 0.8, 1.0, 1.2t 등을 사용할 수 있고, 특별히 기계적 강도가 요할 때는 2.4t 등이 사용되고 있다.

　PCB의 크기를 결정할 때는 다음의 표 1.2, 1.3을 참조한다. 이것은 PCB 제작업체에서 그 원판의 크기(1,000×1,000, 1,000×1,200, 915×1,220)가 정해져 생산되고 있으므로 설계되는 PCB 크기에 따라 개체량이 결정되기 때문이다.

　펀칭(punching)으로 가공되는 PCB(페놀)는 다음의 치수를 준수한다(그림 1.2 참조).

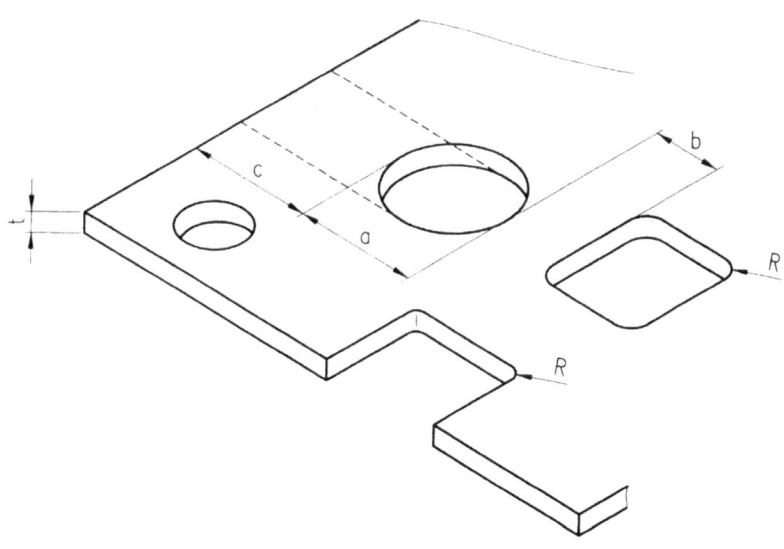

a : 최소 구멍직경은 2/3t 이상
b : 구멍과 구멍의 간격은 최소 t 이상
c : 구멍과 면 끝부의 간격은 최소 1.5t
　　이상(1.5t 이하는 점선과 같이 open한다)
R : 각공(角孔) 또는 노치의 모서리에는 반드시 R(일반적으로 t
　　이상)을 준다.
t : PCB의 재료두께

그림 1.2　페놀 PCB의 펀칭

표 1.2 PCB 원판별 개체량 조견표(양면)

unit : mm

EPOXY (FR-4) & CEM-3 (double side)

915×1,220

long side of card design → short side of card design

1220(-20)

QTY	1	2	3	4	5	6	7	8	9	10	11	12
SIZE	1200	590	386	285	224	183	154	132	115	102	90	81
1 / 905												
2 / 447												
3 / 295												
4 / 218												
5 / 173												
6 / 142												
7 / 120												
8 / 104												
9 / 91												
10 / 81												
11 / 73												
12 / 66												
13 / 60												

915(-10)

915(-20)

QTY	1	2	3	4	5	6	7	8	9	10	11	12
SIZE	895	437	285	208	163	132	110	94	81	71	63	56
1 / 1210												
2 / 600												
3 / 396												
4 / 295												
5 / 234												
6 / 193												
7 / 164												
8 / 142												
9 / 125												
10 / 112												
11 / 100												
12 / 91												
13 / 83												

1220(-10)

1,000×1,200

long side of card design → short side of card design

1200(-20)

QTY	1	2	3	4	5	6	7	8	9	10	11	12
SIZE	1180	580	380	280	220	180	151	130	113	100	89	80
1 / 990												
2 / 490												
3 / 323												
4 / 240												
5 / 190												
6 / 156												
7 / 132												
8 / 115												
9 / 101												
10 / 90												
11 / 80												
12 / 73												
13 / 66												

1000(-10)

1000(-20)

QTY	1	2	3	4	5	6	7	8	9	10	11	12
SIZE	980	480	313	230	180	146	122	105	91	80	70	63
1 / 1190												
2 / 590												
3 / 390												
4 / 290												
5 / 230												
6 / 190												
7 / 161												
8 / 140												
9 / 123												
10 / 110												
11 / 99												
12 / 90												
13 / 82												

1200(-10)

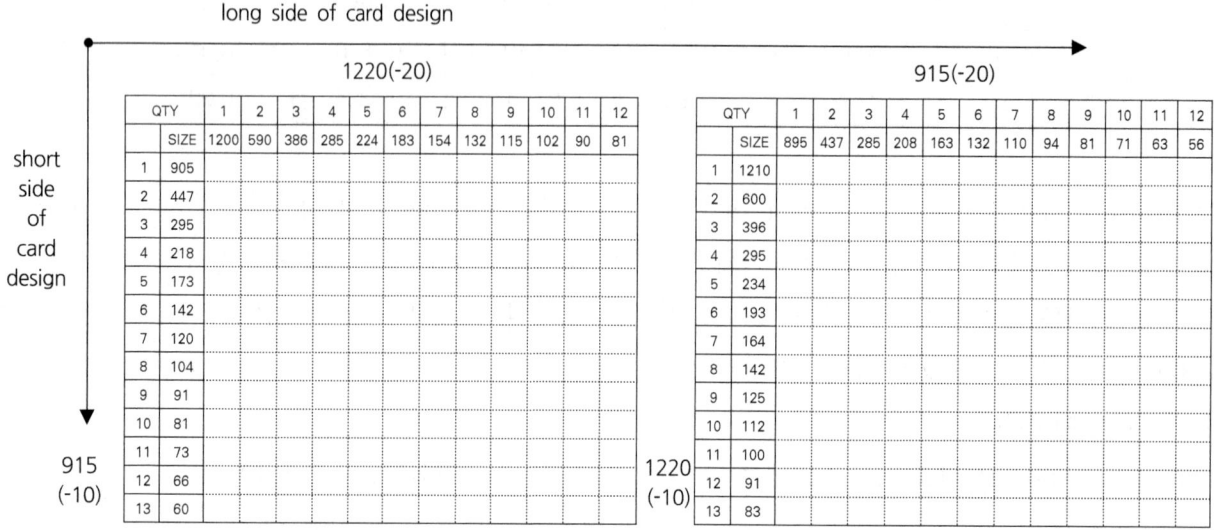

* 주) 양면 PCB의 경우 외곽 크기가 긴 쪽을 상기 조견표의 가로에 적용하고, 짧은 쪽을 세로에 적용함.

표 1.3 PCB 원판별 개체량 조견표(단면)

unit : mm

PHENOL & CEM1, CEM3 (single side)

1,000×1,200
(CEM1, CEM3)

1000(-4)

QTY		1	2	3	4	5	6	7	8	9	10	11	12
	SIZE	996	496	329	246	196	162	138	121	107	96	86	79
1	1196												
2	596												
3	396												
4	296												
5	236												
6	196												
7	167												
8	146												
9	129												
10	116												
11	105												
12	96												
13	88												

(좌측 세로: 1200(-4))

1,000×1,000
(Phenol, CEM1)

1000(-4)

QTY		1	2	3	4	5	6	7	8	9	10	11	12
	SIZE	996	496	329	246	196	162	138	121	107	96	86	79
1	996												
2	496												
3	329												
4	246												
5	196												
6	162												
7	138												
8	121												
9	107												
10	96												
11	86												
12	79												
13	72												

(좌측 세로: 1000(-4))

915×1,220
(CEM1, CEM3)

915(-4)

QTY		1	2	3	4	5	6	7	8	9	10	11	12
	SIZE	911	453	301	224	179	148	126	110	97	87	79	74
1	1216												
2	606												
3	402												
4	301												
5	240												
6	199												
7	170												
8	148												
9	131												
10	118												
11	106												
12	97												
13	89												

(좌측 세로: 1220(-4))

* 주 : 1) 단면 PCB의 경우 가로 세로 크기에 무관함.
  2) 단면 페놀 사용시 상기 1,000×1,000 조견표만 적용바람.

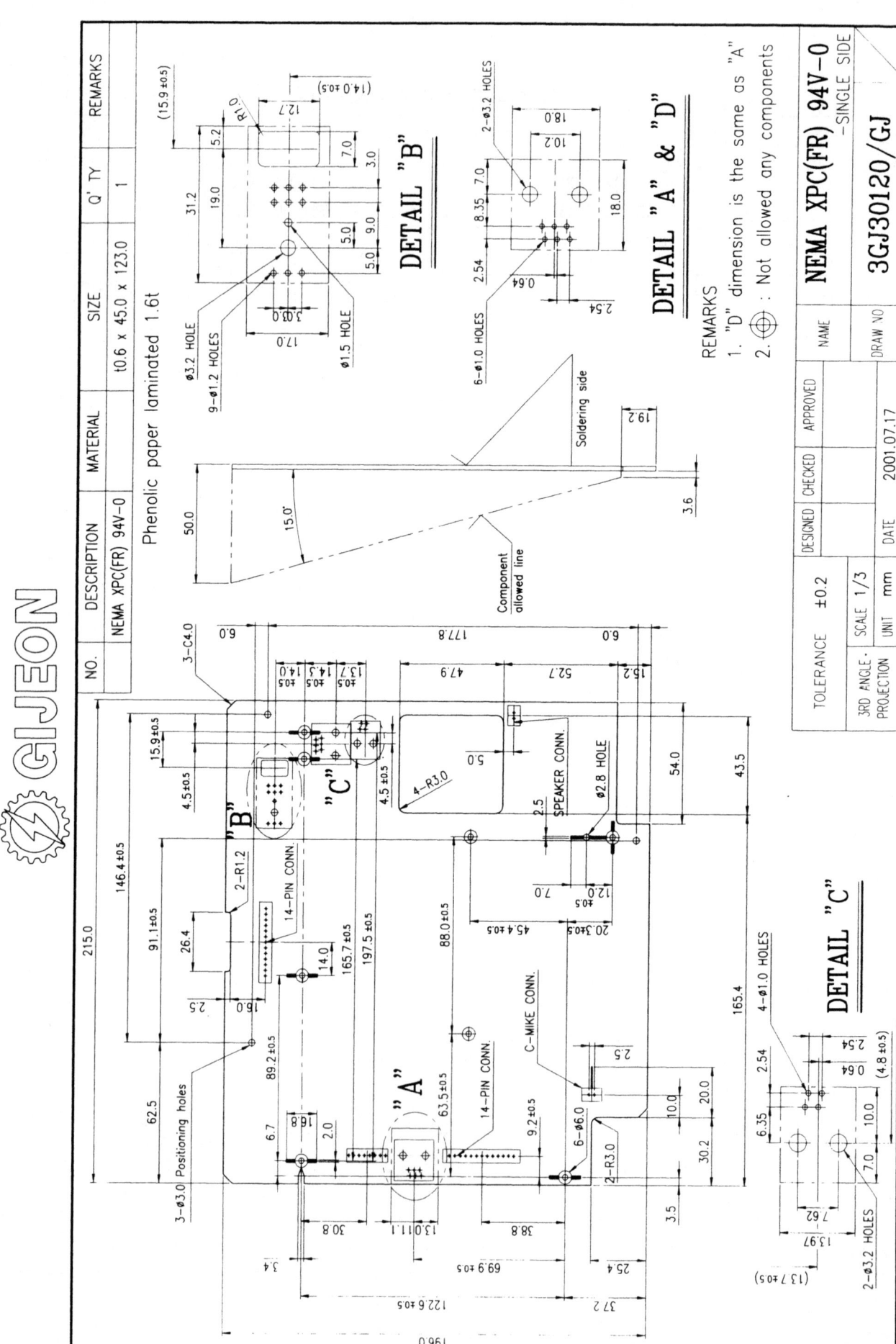

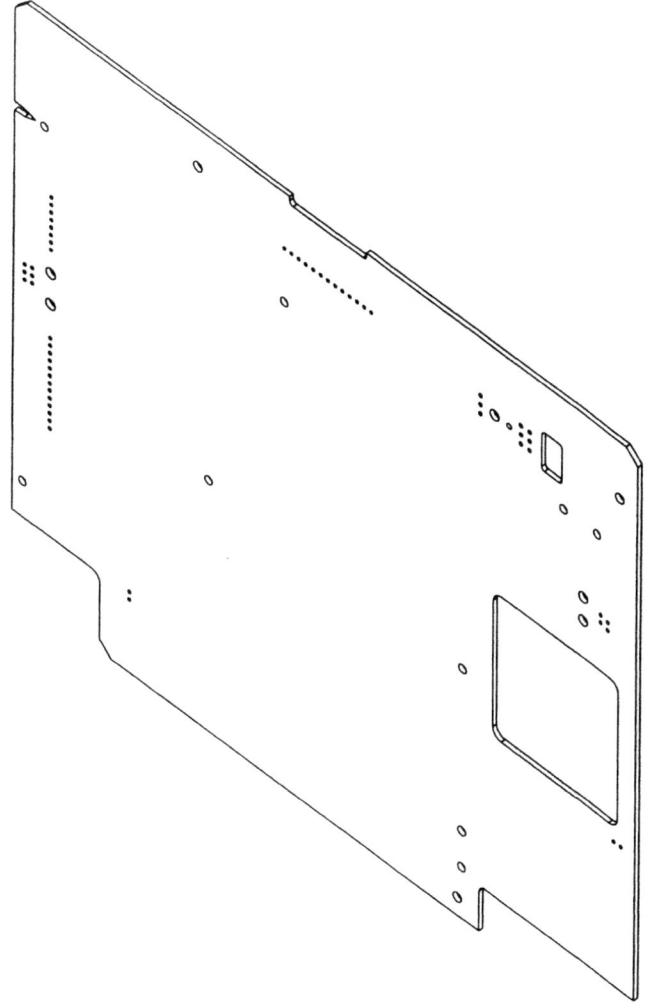

참고) 부품 3차원 입체도(등각 투상도)

그림 1.3 PCB 도면의 예

나사 고정용 구멍은 고정용 나사머리의 지름과 고정용 보스의 지름을 감안하여 부품(component)과 패턴(pattern)이 지나가지 않도록 도면에 표시한다(표 1.4).

표 1.4 나사 호칭지름에 따른 PCB 확보지름

(단위 : mm)

나사 호칭지름	D₁	D₂
M4	$\phi 4.5$	$\phi 11$
M3	$\phi 3.5$	$\phi 7$
M2.5	$\phi 2.8$	$\phi 6$
M2	$\phi 2.3$	$\phi 5$

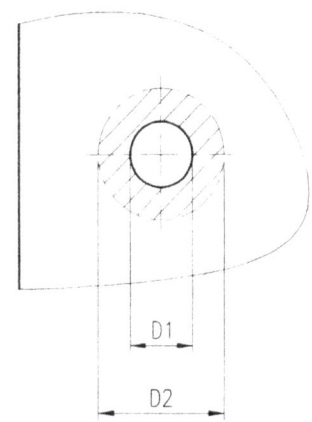

커넥터의 배선은 가능한 그 길이가 짧은 위치에 놓이도록 커넥터 위치를 도면에 표시하되 케이스 내부의 허용공간을 감안하여 최고 허용높이를 등고선식으로 PCB 도면에 표시한다. 그림 1.3은 도면의 예이다.

다음 그림 1.4는 tactile feedback(click)을 갖는 택트 스위치(tact switch)의 외형도이다.

PCB 도면을 설계할 때 회로부품을 실장하기 위한 치수는 위의 외형도를 참고로 한 그림 1.5와 같은 PCB 취부용 치수를 기준으로 하여 PCB 도면상에 취부 구멍치수를 기입한다.

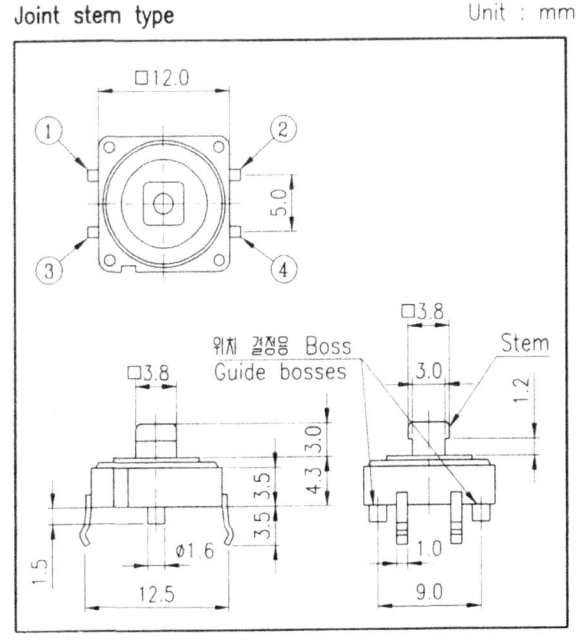

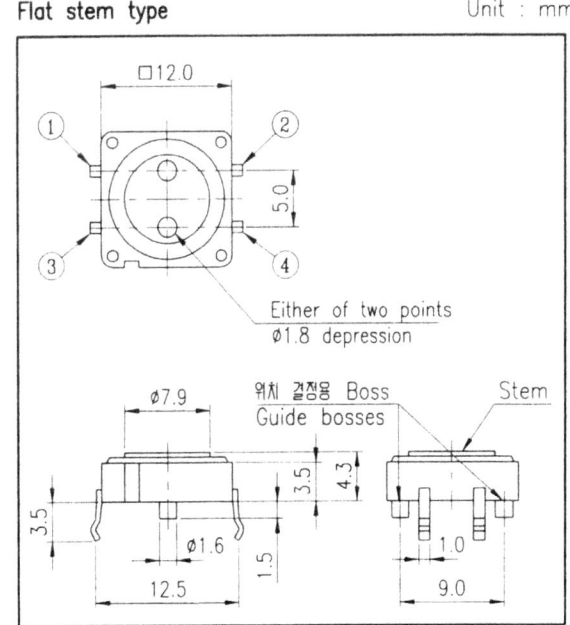

그림 1.4 택트 스위치의 외형도

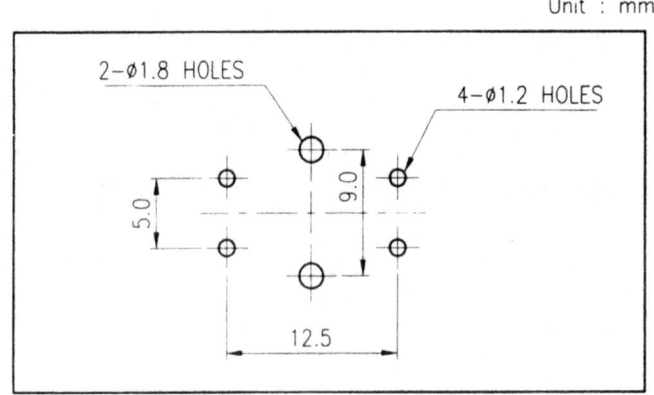

그림 1.5 PCB 취부 구멍치수도

1.2.2 PCB 재질의 특성

1) copper clad phenolic laminate

두께 0.1~0.2mm의 종이 바탕에 페놀 수지를 침투시켜 이것을 여러 장 겹쳐 가열, 압축시킨 것으로 가격은 저렴하나, 구부림 강도, 취성 등의 기계적 강도 및 전기적 특성이 열세이다. 단면 PCB재료로 많이 쓰인다. 여기에 해당하는 NEMA 등급은 XPC, XXXPC, FR-2, FR-3 등이다.

2) copper clad epoxy laminate

유리천(glass cloth) 바탕에 에폭시 수지를 침투시켜 가열 압축하여 제작되는 것으로 기계적, 전기적 특성이 우수하며, 동박의 접착성도 우수하여 양면 PCB, 다층(multi-layer) PCB 등에 사용된다.

여기에 해당하는 NEMA등급은 CEM-1, CEM-3, FR-4, G-10 등이다(G-10을 제외하고는 일반적으로 많이 사용한다).

1.2.3 PCB 관련용어

1) NEMA 규격

NEMA 규격은 미국 전기기기 제조자 협회(national electrical manufactures association)의 규격으로서 PCB에 대해 세계적으로 권위가 인정되고 있다. NEMA는 copper clad epoxy laminated의 종류를 분류하며, 현재는 ANSI(American national standard institute) 산하에 들어가 ANSI 규격으로 바뀌었으나 NEMA와 병행하여 사용되고 있다.

2) 아트웍(art work)

작성된 회로를 PCB로 제품화하기 위한 배선작업

3) 베어 PCB(bare PCB)

PCB 원판가공(etching, 도금, lettering인쇄, solder mask, "구멍" 가공 등)이 끝난 상태의 PCB(부품이 장착되기 이전 상태의 PCB)

4) SMT(Surface Mounting Technology) : 표면 실장(장착) 기술

PCB에 부품삽입용 구멍을 뚫지 않고 PCB 표면에 부품을 붙이는 기술이다. 여기에 사용되는 부품을 SMD(surface mounting device)라 하며, SMD접착방법에는 리플로우 납땜[reflow soldering(solder cream방식)]과 플로우 납땜[flow soldering(adhesive 방식)]의 2종류가 있는데, 단면 PCB의 회로면(pattern면)에 SMD를 실장시킬 때는 후자가 사용되고 양면 PCB의 부품면에 SMD를 실장시킬 때는 전자가 사용된다.

납땜에 사용되는 장비로는 리플로우 납땜에는 적외선 오븐(그림 1.6)이, 플로우 납땜에는 자외선 오븐이 사용된다.

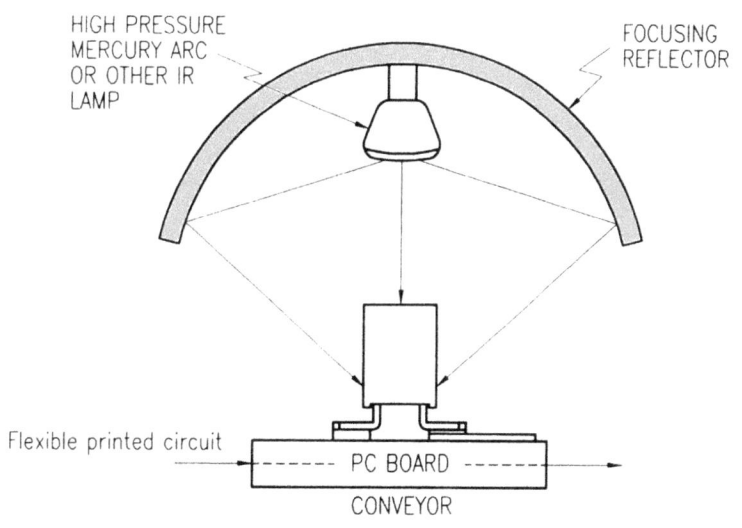

그림 1.6 적외선 오븐(infra-red oven)

5) FPC(flexible printed circuit)

FPC는 절연성과 유연성을 함께 가진 얇은 바탕 필름의 표면에 전도재료(주로 동박)로서 회로설계에 의한 배선을 형성시킨 것이다(표 1.5 참조).

표 1.5 FPC의 종류

기판 재료	기판 두께(μm)	동박두께(μm)
폴리아미드 필름	25, 50, 75	18, 35, 70
폴리에스터 필름	38, 50, 75, 100, 125	18, 35, 70
유리섬유 에폭시	100	35, 70

FPC는 주로 전선, 케이블의 대체품으로서 사용되나, 그 외에 전자부품을 실장할 수 있는 기능도 아울러 갖고 있다. 즉, PCB, 커넥터의 기능을 복합시킬 수 있다. FPC의 최대 특징은 유연성이다. 이 특성을 활용하여 자유자재로 좁은 공간에 입체적으로 고밀도 실장할 수 있고 가동부의 배선(예 : 프린터의 헤드와의 회로배선 연결), 휴대폰 폴더 내에 구성된 LCD부와의 회로배선연결 및 부품실장 등에도 활용할 수 있다.

제2장

EMI 차폐판

2.1 EMI(전자파 간섭)

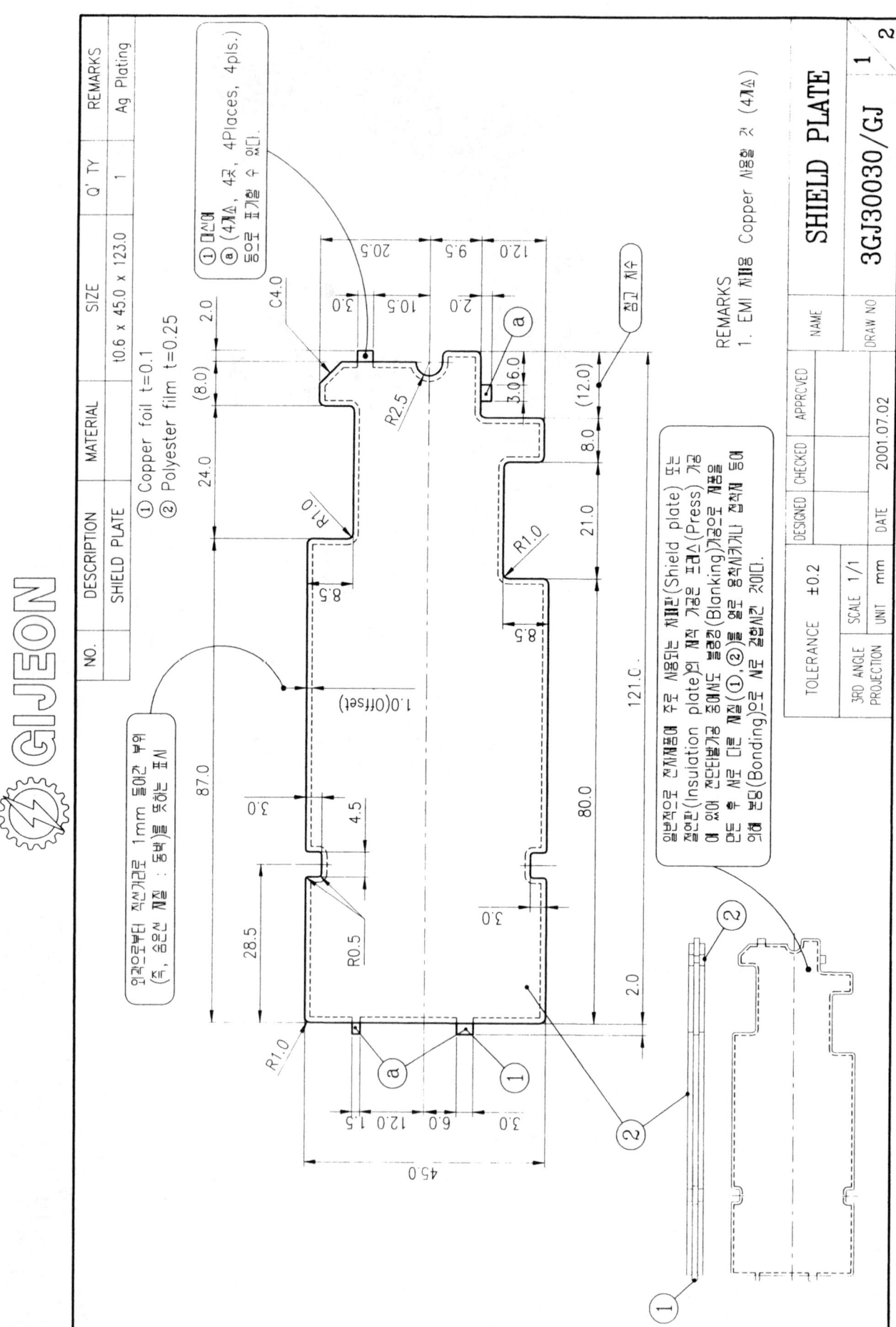

NO.	DESCRIPTION	MATERIAL	SIZE	Q'TY	REMARKS
	SHIELD PLATE	t0.6 × 45.0 × 123.0		1	Ag Plating

① Copper foil t=0.1
② Polyester film t=0.25

① 매시면
  ⓐ (4개△, 4곳, 4Places, 4pls.)
  등으로 표기할 수 있다.

참고 치수

C4.0

R2.5

3.06.0

(8.0)

2.0

24.0

R1.0

8.5

8.5

R1.0

87.0

3.0

4.5

R0.5

28.5

121.C.

80.0

2.0

20.5

9.5

12.0

3.0

10.5

2.0

(12.0)

8.0

21.0

ⓐ

1.0(Offset)

3.0

3.0

6.0

12.0

1.5

6.0

3.0

45.0

R1.0

ⓐ

①

REMARKS
1. EMI 차폐용 Copper 사용할 것 (4개△)

와이어로부터 전자거리 1mm 동일한 부위
(또, 습은선 치를 : 등배로 못하는 표시)

일반적으로 전자제품의 주로 사용하는 차폐판(Shield plate) 또는
절연판(Insulation plate)의 재적 가공 프레스(Press) 가공
에 있어 전단블랭킹을 정밀도 블랭킹(Blanking)가공으로 제품을
만드는 후 소재 대로 피치(①,②)를 넣을 열결 용착시키거나 접착제 또는
위와 본딩(Bonding)으로 서로 결합시킨 것이다.

②

②

①

TOLERANCE ±0.2		DESIGNED	CHECKED	APPROVED	NAME
3RD ANGLE PROJECTION	SCALE 1/1				
	UNIT mm	DATE 2001.07.02		DRAW NO	

SHIELD PLATE

3GJ30030/GJ

1

2

GIJEON

GIJEON

NO.	DESCRIPTION	MATERIAL	SIZE	Q'TY	REMARKS
	SHIELD PLATE		t0.6 × 45.0 × 123.0	1	Ag Plating

① Copper foil t=0.1
② Polyester film t=0.25

정전기(ESD : Electro Static Discharge)의 침입이나 전제품 건설(EMI : Electro Magnetic Interference)의 위해
인쇄회로기판(PCB : Printed Circuit Board)에서 발생된 전자파부품의 순간을 막기 위하여 장치나 전제가 전제에 부품 ①의 동박
(Copper foil)에 위치와 동박의 끝단 4개소(①)가 인접한 기판과 접하여 접지 장치(Ground)위치를 하여 외부 빠리지거드록 제로를
선정하여다.

전기를 통하지 하는 바르드션의 수지(바금속 N금) 폴리에스테(영우은 PET렬리 사용) 필름(원금 막)으로
동박 ①의 양면을 전제거가 하련부품과 단락(Short)을 방지한다.

전도성이 좋은 동박의 끝단으로 4개소(①곳)가 인접할기기과 접지장치 접지(Ground)위하
두, 접촉(Contact)되어 접지기 또는 전제기의 센드 미르 전제적용로 차폐
(Shield)과 한다.

REMARKS
1. EMI 차폐용 Copper 사용할 것 (4개소)

차폐판(Shield plate)또로 절연피이리로 한다.

SHIELD PLATE

3GJ30030/GJ

TOLERANCE	±0.2	DESIGNED	CHECKED	APPROVED	NAME
3RD ANGLE PROJECTION	SCALE 1/1				
	UNIT mm	DATE	2001.07.02	DRAW NO	

2
2

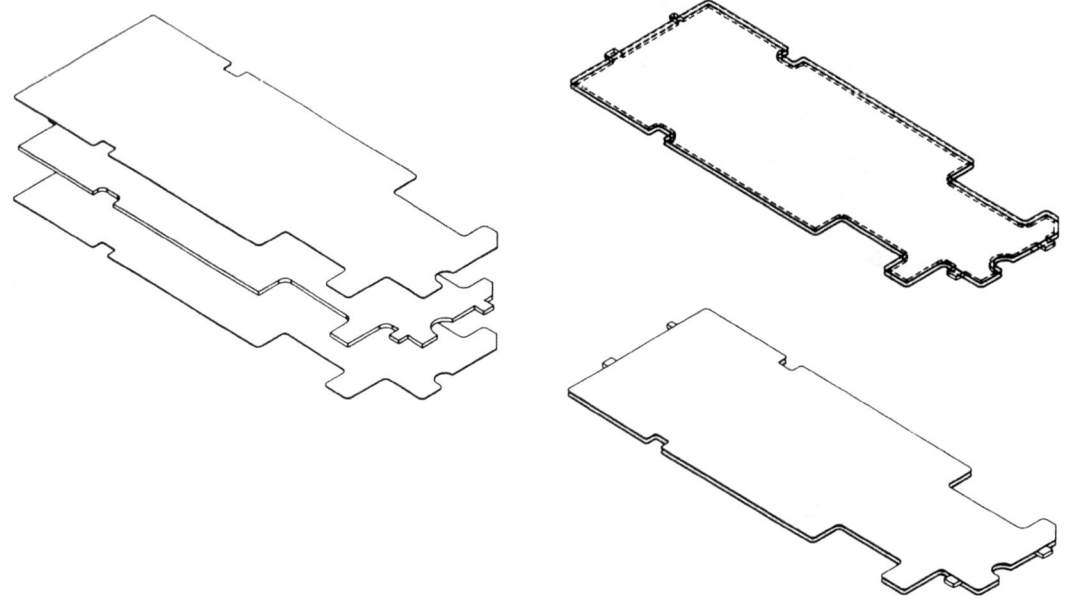

참고) 부품 3차원 입체도(등각 투상도)

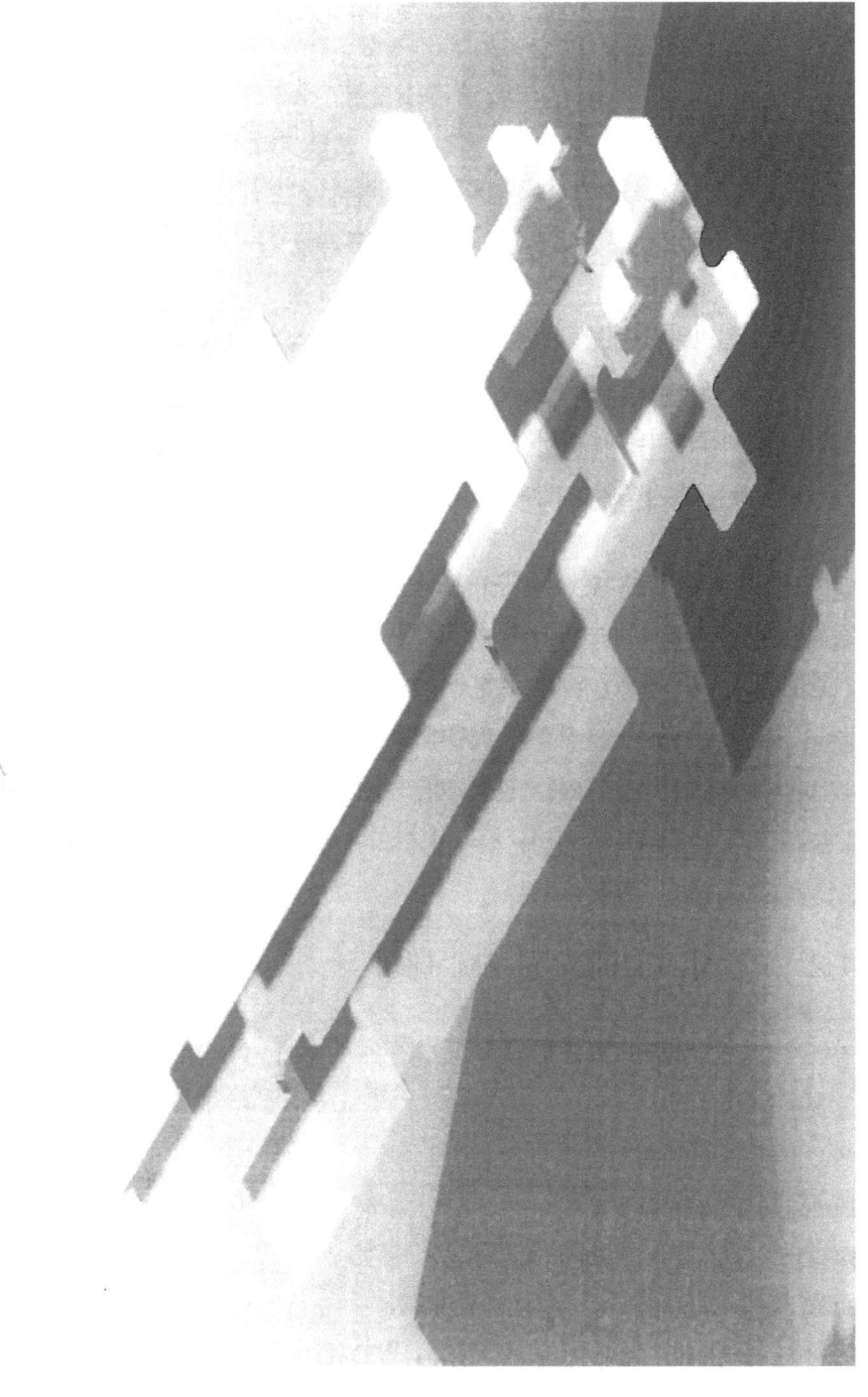

그림 2.1 EMI 차폐판

2.1 EMI(전자파 간섭)

2.1.1 서론

현대 문명사회에서 전기·전자 기술의 발달로 인해 전자파에너지를 동작수단으로 하는 기기가 다양화되고, 그 사용이 급격히 증가하고 있다. 이들 기기상호간의 전자계 간섭현상(EMI : electromagnetic interference)은 고전적 의미의 공해(대기 및 수질오염, 소음 등)와는 다른 차원의 심각한 공해(전자파 공해)로 인식되고 있다. 전자파 간섭현상의 흔한 예를 보면 다음과 같다.

① 가전에서 전자레인지 혹은 형광등을 켤 때 TV 화면이나 오디오 음질에 잡음이 발생한다.

② PC에서 방출되는 전자파가 산업용 로봇의 컨트롤러에 간섭을 일으켜 주변작업자나 기기가 로봇으로부터 피해를 받는다.

③ 무선송신설비의 안테나로부터 방출된 전자파 노이즈(noise)가 교통신호제어기, 엔진 제어장치, 화재경보기 등에 오동작의 원인을 제공한다.

④ TV 게임기로부터의 누설전자파로 인해 열차무선교신이 지장을 받는다. 이와 같은 전자계 간섭현상에 의해서 불특정 다수의 예상치 못한 현상이 나타날 수 있다.

따라서 EMI 현상을 해소하기 위하여 구미선진국에서는 이미 국방산업(MILSTD)에서는 물론 민수산업에 이르기까지 저감대책에 많은 연구를 하고 있다. 이러한 움직임은 각종 국제위원회(CISPR, IEEE) 및 각국의 표준기관(FCC, FTZ, 정보통신부, 우정성, 통상성)을 통하여 규격화되고 있으며 자국의 수입 전자기기 제품에 대해서 각종 안전규격을 적용하고 있다. 수출중심인 우리나라로서는 이러한 규정의 적용으로 인하여 현재 심각한 수출제재를 받고 있는 실정이다. 이에 대응하기 위해서 예전의 체신부 주관하에 "전자파 공해방지 기본계획"을 수립하고, 산하의 "전파연구소"에서 국내 전파관련법을 제정·고시하기에 이르고 있다.

2.1.2 도전성 도료에 의한 EMI 대책

전자장치, 특히 컴퓨터 기기가 급속한 발전을 이루어, 디지털 기술을 이용한 고도의 전자장치가 많은 분야로 진출해 있다.

이들은 기능의 고속화처리를 지향하므로 장치 내에서 고속 IC가 사용되고, 그들의 고주파 성분이 방사성 장해전파되어서 환경에 영향을 미친다. 또 소형, 경량화, 양산화, 원가절감의 필요성에서 기기의 몸체는 금속에서 플라스틱 제품으로 바뀌어져 갔다.

그러나 플라스틱은 전파에 대해서 투과성이고, 또한 이들의 광체는 모든 구조는 아니다. 그러므로 장치 내에서 발생한 방사성 장해 전파가 장치외부로 새는 동시에 외부에서 장해 전파를 받아서 내부회로에 영향을 주어 잘못 동작을 일으키는 전자파 장해가 클로즈업되고 있다.

그림 2.2에 방해 전파 규격의 비교를 표시한다.

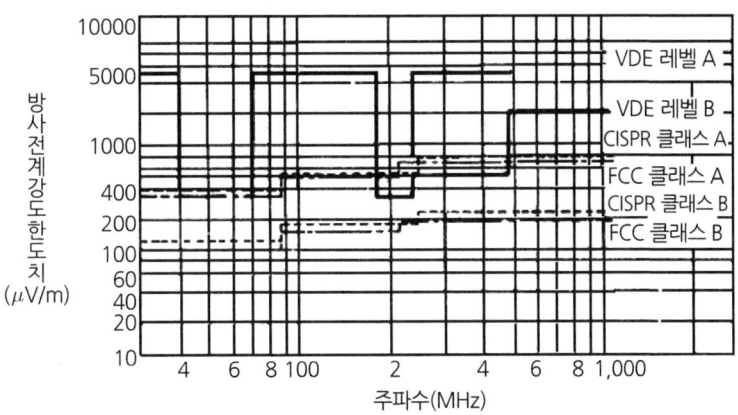

그림 2.2 방해전파 규격의 비교

그 중에서 전자기기의 각종 차폐 대책이 실시됐는데, 대책의 한 방법으로 도전성 도료를 도장하는 방법이 있다. 여기서는 도전성 도료에 대해서 설명한다.

1) 차폐 방법과 그 특징

플라스틱 하우징(housing : 보통 주요 케이스, 덮개를 의미한다)을 실드하는 방법으로 도전성 도료를 칠하는 방법, 용사, 진공증착, 스퍼터링, 금속휠 붙이기, 금망, 도금, 도전성 플라스틱에 의한 성형 등 여러 가지 방법이 있다.

어느 실드 방법이 좋은가는 실드효과와 신뢰성, 재료가공, 설비비를 합친 토털 코스트가 작업성 및 양산성, 밀착성 소재에 대한 적용성 등에서 판단하여 정해야 한다. 표 2.1에 실드 방법과 그 특징을 표시한다. 미국에서 EMI 차폐 기술의 비율은 표 2.2와 같다고 하는데, 앞으로는 아연용사의 비율이 내려가고, 도료와 도전성 플라스틱의 비율이 높아질 것이 예상된다.

표 2.1 차폐 방법과 그 특성

차폐의 종류	차폐 방법	장 점	단 점
도전성 도료	금속카본 등을 도전필터로 하고, 각종 합성수지와 혼합한 도료로 스프레이 등으로 도포한다.	복잡한 형상에 도포 가능. 설비비용 적음. 많이 생산. 각종 합성수지에 가능.	벗겨질 위험성이 있다. 균일한 도막을 만들기 어렵다.
	1. 은계 → 2. 니켈계 → 3. 카본계 → 4. 동계 → 5. 은·동 복합계 →	도전성 양(良) 도전성과 가격균형 저가격 도전성과 가격균형 도전성 양(良)	고가 도전성 나쁨 산화하기 쉬움 고가(은계보다 저렴)
용 사	금속을 아크의 열로 순간적으로 용융시킴과 동시 고압 공기로 무상으로 해서 플라스틱에 넣는다.	도전성 양(良)	밀착성에 문제 용사장치 고가 아연은 독성이 있다.

차폐의 종류	차폐 방법	장 점	단 점
진공증착	진공용기 중에서 알루미늄 등의 저비용 금속을 증발시켜 플라스틱 면에 박막을 형성한다.	도전성 양(良)	용기의 사이즈로 제품의 크기가 제한된다. 언더 코트가 필요.
스퍼터링	진공용기 중에서 아르곤 이온을 금속에 고에너지로 충돌시켜 나온 금속으로 박막을 형성한다.		설비 비용 많음
금속휠붙임	접착제를 한쪽 면에 도포한 금속휠을 목적장소에 붙인다.	도전성 양(良) 부분이 벗겨지지 않는다. 필요에 따라 사이즈 가능.	복잡형상은 붙이기 어렵다. 손질이 많아진다.
환원법	염화은을 플라스틱 표면에 도포하고, 금속은을 석출한다.	도전성 양(良) 설비 비용 적음	공정 복잡 마스킹(masking) 곤란
수지도금	ABS 등의 도금 가능한 플라스틱에 도금한다.	도전성 양(良) 부분적으로 벗겨지지 않음.	적용재료에 제한 있음. 설비 비용 많음. 특수 기술 요함. 공해대책 필요.
도전성 플라스틱	플라스틱에 도전필터를 이겨서 넣은 것으로 만든다.	만든 것과 실드 일체 가격 낮음.	
금망	금망을 부착한다.		메쉬(mesh)가 크면 실드성 저하.

표 2.2 미국에서의 EMI 차폐의 방법

차폐 방법	1980년	1981년
금속아연용사	65%	35~40%
도전성도료	30%	50~60%
도금	5%	5%
기타	0.3%	2%

　도료의 이점으로서는 대규모의 설비는 필요하지 않고, 컴프레서, 스프레이어, 스프레이 부스는 범용인 도료설비로 충분하다. 각종 합성수지에 도장도 된다. 또 하우징의 형상이나 크기에 그렇게 제약을 받지 않고, 복잡한 형상에도 도장되고 양산성에도 대응되는 특징이 있다.

2) 차폐 효과

　실드란, 전자파의 에너지를 흡수하거나 반사시키거나 해서, 외부로 그 에너지가 전해지는 것을 막는다. 그 정도는 데시벨(dB)로 표시되며, 그 효과는 다음 식에 의해 표시된다.

$$SE = 20\log(E_i/E_t) \qquad (1)$$

　　SE　: 실드 효과
　　E_i　: 입사전계 강도(V/m)

E_t : 전송전계 강도(V/m)

그리고 SE의 값에는 다음과 같은 실드 효과의 표준이 있다.

① 0~10dB   : 거의 실드 효과는 없다.

② 10~30dB   : 최소한의 실드 효과

③ 30~60dB   : 평균

④ 60~90dB   : 평균 이상

⑤ 90dB 이상   : 최고 레벨의 실드 효과

또 체적 저항률에서 SE를 구하면 다음 식과 같이 된다.

$$SE = R + A \qquad\qquad\qquad\qquad (2)$$
$$R = 50 + 10\log\left(\rho_B \cdot f\right)^{-1}$$
$$A = 1.7t\left(f \cdot \rho_B\right)^{1/2}$$

ρ_B : 체적저항률(Ωcm)

f : 주파수(MHz)

t : 두께(cm)

식 (2)에서 보는 바와 같이, 실드 효과의 저항 의존성은 명백하며, 그 값이 작을수록 실드 효과에 유리하다.

3) 도전성 도료의 종류

도료의 바인더로서 아크릴계, 우레탄계, 에폭시계에 은, 동, 니켈 및 탄소의 도전성 필터를 혼합한 여러 가지 종류의 것이 있다.

(1) 은계 도료

은 부분을 도전 필터로서, 각종 바인더를 조합한 것으로 도전성은 가장 우수한데, 가격이 높으므로, 민수용으로는 어렵다.

(2) 동계 도료

동 부분을 도전 필터로서, 각종 바인더로 조합한 것이다. 도전성은 10^{-3}Ωcm로 니켈계와 같은 정도인데, 동 부분은 산화되기 쉽고 산화방지를 해야 하며, 아직 일반적으로는 보급되어 있지 않다.

(3) 니켈계 도료

니켈 부분을 도전 필터로서, 각종 바인더를 조합한 것이다. 니켈 부분은 동보다 가격이 높은데 산화가 되지 않으며 환경시험에서도 비교적 안정되어 있으며, 고주파 대역에서 실드 효과가 좋은 등, FCC(Federal Communications Commission : 미국 연방통신위원회) 규제의 주파수 대역에는 적당해서, 일반으로 널리 사용되고 있다.

(4) 탄소계 도료

탄소 또는 흑연 도전 필터로서, 각종 바인더를 조합한 것이다. 가격이 낮고 경제적인데 도전성이 충분하지 않으므로, 차폐 효과는 기대되지 않는다.

4) 플라스틱 피복에 대한 UL 규격

EMI 차폐를 목적으로 한 아연용사 또는 도전성 도료의 금속 코팅에 대해서 UL(Underwriters Laboratories : 미국 안전규칙)은 플라스틱과 금속막이 충분한 밀착강도를 갖고, 장시간 사용에 있어도 벗겨져 떨어지지 않도록 되어 있다.

UL114/UL478(사무기기/컴퓨터 기기의 규격)의 회합에서, 기기의 하우징에 사용되는 금속 코팅에 대해서는, UL746C37A 브리트 · 코팅 규격에 합격한 도료를 적용하도록 제한되어, 1986년 10월부터 실시되어지고 있다.

5) 실드 효과의 측정법

재료에 대한 실드 효과 측정방법으로는 MIL 285가 있는데 저주파 영역에 대해서는 아직 확립되어 있지 않다. FCC의 규제강화에 따라, 재료의 실드 효과 측정방법도 검토되고 있다. 여기서는 재료의 실드 특성 측정으로 일반적으로 사용하고 있는 방법에 대해서 설명한다.

측정항목으로서

① 고 임피던스 전계에 대한 실드 효과
② 저 임피던스 자계에 대한 실드 효과
③ 평면파에 대한 실드 효과의 측정방법이 있다.

①과 ②의 측정방법에는 다케다 이연(理研)에 의해 개발된 방법이 있고 그림 2.3에 표시한다.

①의 측정방법은 길이 1cm의 미소전극을 시료에서 1/2cm 떨어져서 설치하고, 고주파 전압을 가해서 하는 것이다. 시료에는 전계파가 부딪쳐서 반사흡수에 의해 감쇠되어 시료 후에 나타난 신호를 마찬가지인 전계 픽업용 프로브(probe)로 검출한다. 이 값을 스펙트럼 애널라이저에 의해 해독하고 시료가 있을 때와 없을 때 전압비에서 차폐 효과를 구한다.

②의 측정방법은 그림 2.4와 같이 지름 1cm의 미소 루프 코일을 시료에서 1cm 떨어져서 설치하고, 고주파 전류를 흘려서 한다.

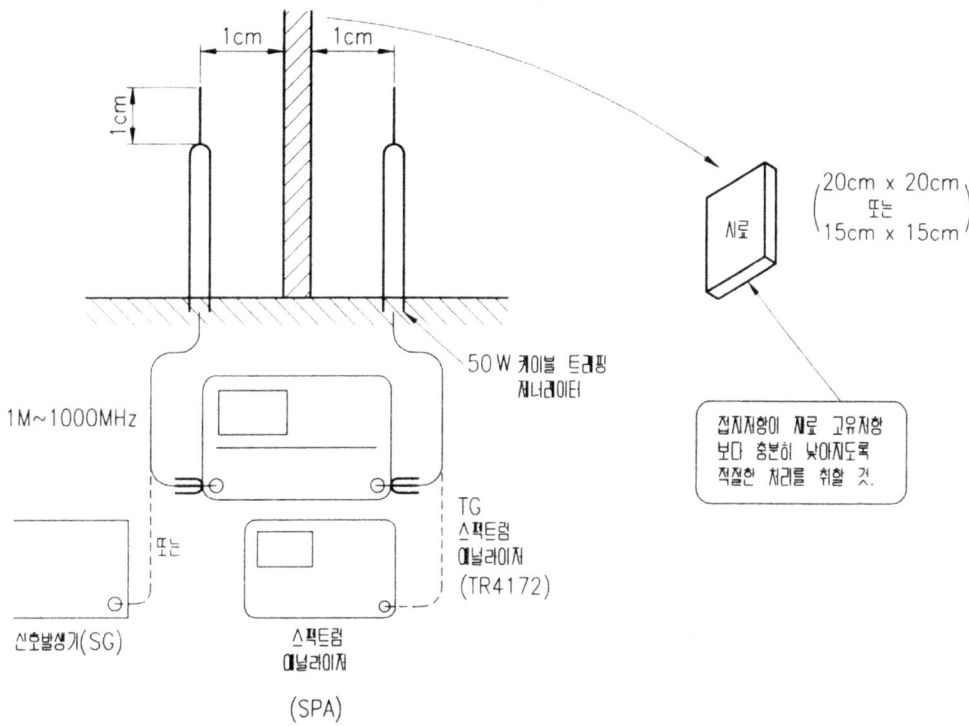

그림 2.3   고 임피던스 전계에 대한 차폐 효과의 측정도

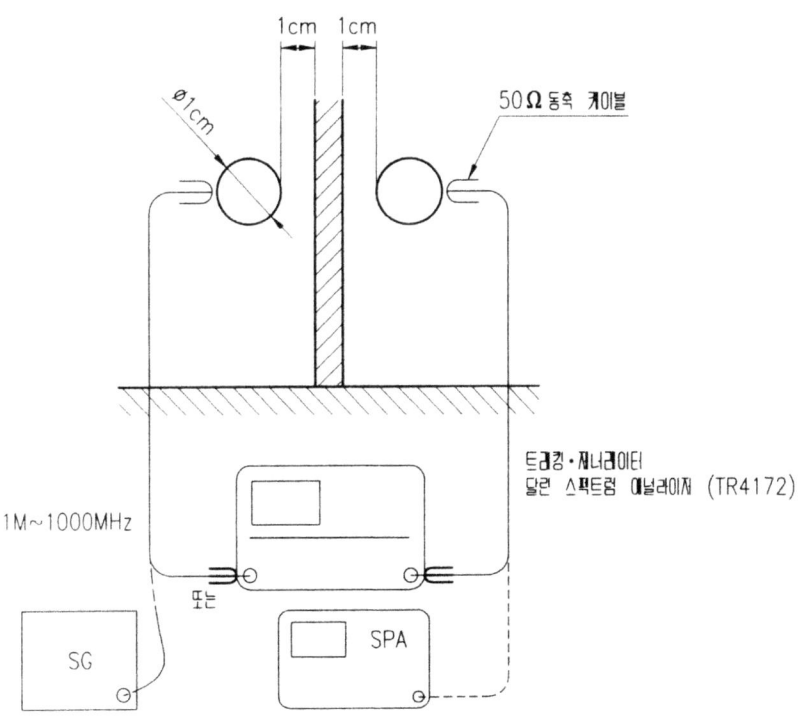

그림 2.4   저 임피던스 자계에 대한 차폐 효과의 측정도

료에 부딪친 자계파는 반사나 흡수에 의해 감쇠하고, 시료 뒤의 자계파 검지용 루프 코일로 검출되어, 스펙트럼 분광기로 해독한다. 시료의 유무에 의한 레벨차이로 차폐 효과가 측정된다.

③의 측정방법으로서, 미국의 한 연구소에 개발된 동축 전송 선로법이 있다. 이것은 원추상의 체임버에 의해 전자파를 편향시켜, 좁은 공간 내에서도 평형파에 의해 측정되도록 한 것이다(그림 2.5).

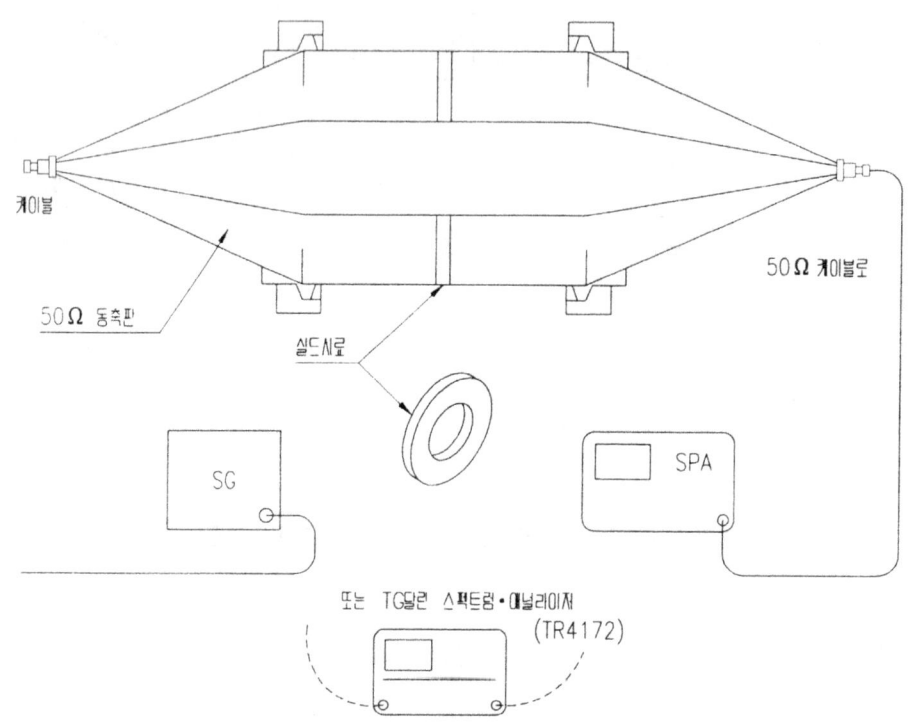

그림 2.5 미국 배텔 연구소에 의한 동축전송선로법(평면파형기에 가까운 평가)

6) 전자파 차폐 도료의 특성

실제 예로서 니켈계 도료의 특성을 도시바 케미컬 CT 240을 사용해서 설명한다. 전자파 차폐 특성은 도막의 도전성에 관계 있으며, 도전성은 칠해진 도막의 두께에도 관계가 있다. 그림 2.6에 도막두께와 표면저항의 관계를 표시한 것으로서 도막 두께 $50 \mu m$ 이상에서 거의 저항이 안정되어 있는 것을 알 수 있다.

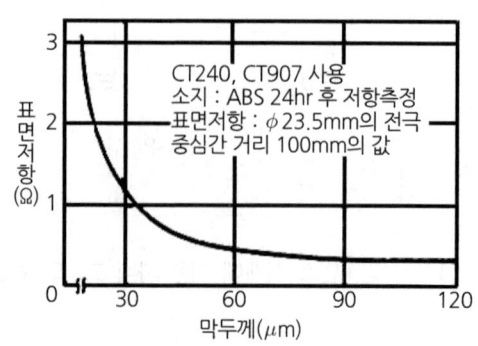

그림 2.6 도막두께와 표면저항의 관계

차폐 효과를 다케다 이연의 스펙트럼 분광기를 사용하여 측정한 결과를 그림 2.7, 그림 2.8에 표시하였다.

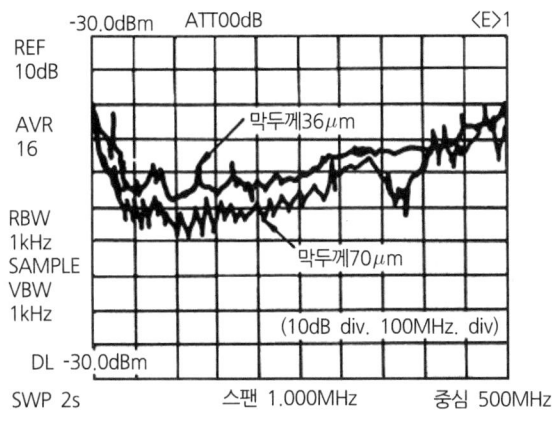

그림 2.7 CT240의 고임피던스 전계 차폐 특성

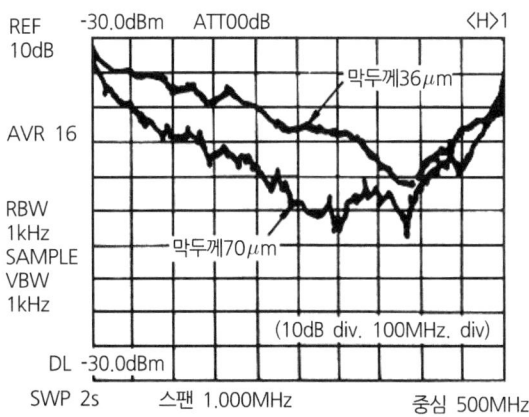

그림 2.8 CT240의 저임피던스 자계 차폐 특성

이들 그림을 보면 고임피던스 전계의 조건에서, 도막 막두께 36μm에서는 30~45dB, 70μm에서는 40~55dB의 감쇠가 있는 것을 알 수 있다. 또 저임피던스 자계의 조건에서 막 두께 36μm에서는 20~35dB, 70μm에서는 30~50dB이다. 특히 300MHz 이하의 주파수대에서는 저임피던스 자계의 감쇠는 작고, 막두께 의존성이 큰 것을 알 수 있다.

플라스틱의 경우 히트 사이클에 의해 신장과 축소를 일으킨다. 이때 칠해진 도막이 어떻게 영향되느냐를, 또 니켈의 산화에 의해서 차폐 효과가 어떻게 변화하느냐를 보기 위해 막두께 70μm의 샘플을 히트 사이클 (-20℃~65℃, 각/1hr, 5사이클) 시험한 후의 차례 효과를 측정한 결과를 그림 2.9, 그림 2.10에 표시한다.

초기에 대해서 전계, 자계의 감쇠율은 수 dB 정도 나쁘게 되었는데, 실제로 제품의 하우징에 CT240을 도장한 것을 3M법으로 기준선치로 측정한 결과 히트 사이클시험 전후에서 실드 효과에는 변화가 없었다.

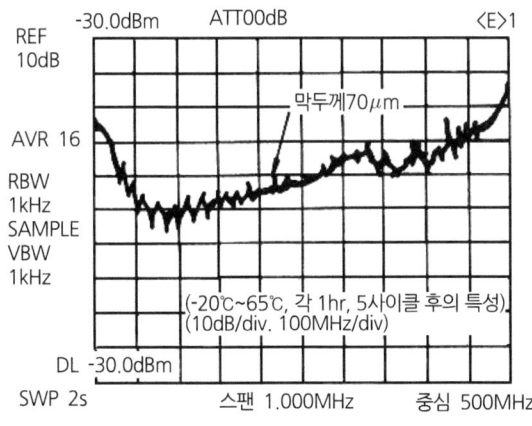

그림 2.9 CT240의 고임피던스 전계 차폐 특성

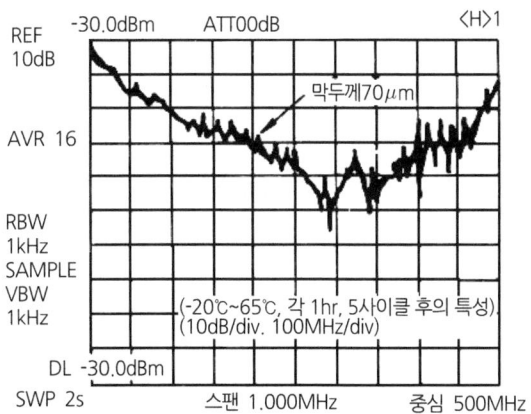

그림 2.10 CT240의 저임피던스 자계 차폐 특성

7) 사용방법

앞에서 언급한 바와 같이 니켈계 도전 도료는 니켈부분에 상온 건조형 아크릴 수지를 바인더로 한 도료가 일반적이다. 그 때문에 도막의 건조 조건은 자연 건조가 권장되고 있다. 갑자기 건조가 필요할 경우에는 수지의 특성 및 성형 변형을 고려해서 60℃ 이하의 온도로 건조하는 것이 보통이다.

CT240 경우의 건조시간과 절연저항의 관계를 그림 2.11에 표시한다.

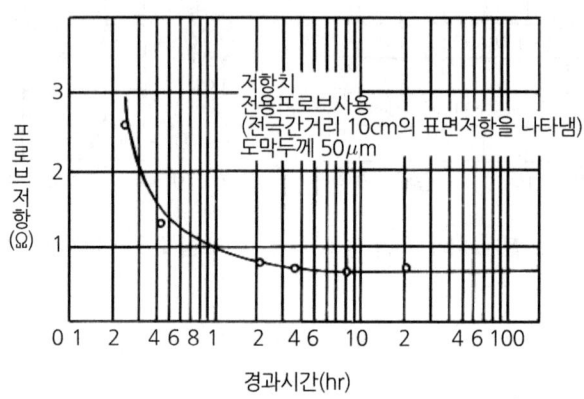

그림 2.11 도장 후 경과시간과 절연저항의 관계

여기서 보는 바와 같이 지속건조(250℃)는 3~5분 소요되나, 절연저항이 일정하게 되는 것은 거의 12시간 후이다. 표 2.3에 CT 240의 경우의 도장조건을 표시한다.

표 2.3 CT240의 도장조건

항 목	조 건
희석비	CT240 각티너 = 70~60, 30~40 (중량비)
뿜기 정도	9.5~11.5 (초) NK2 컵
뿜기 압력	2~4 (kgf/cm^2)
스프레이건 구경	1.0~1.5 (mm)
뿜기 횟수	싱글 2~3회
건조도막 두께	50~70 (μm)

(1) 도장품의 관리 방법

도장품이 일정한 차폐 효과를 갖기 위해서는 도막을 균일하게 도포해야 한다. 이를 위해서는 도료의 관리와 동시에, 자동도장 등 일정한 조건으로 도장하는 것이 바람직하다. 또 도장품을 비파괴로 도막의 두께를 측정하는 것은 곤란하므로 도장품의 정해진 개소, 수점간의 표면저항을 측정함에 의해서, 실드 효과를 관리하고 있다.

(2) 도장의 실시 예

실드 대책에 대해서는 여러 가지 방법이 있고, 도료는 PC의 키보드, 모니터, 특수 전화기 광체, 팩시밀리, 디스크, 전자악기, 계측기(pH 미터 등), 오디오, 통신기(트랜시버 등), 사무기, 의료용 기기 등 여러 가지의 전자기기용 플라스틱 하우징에 사용되고 있다.

(3) 끝으로

앞에서 디지털 기기에서 발생하는 방사 전자파 장해를 막기 위한 각종 대책 중, 도장방식의 특징에 대해서 언급하였다. 앞으로 도장방식이 발전하기 위해서는 자동화와 함께, 간이 마스킹 방법 등 개량이 필요하다.

2.1.3 설계의 예

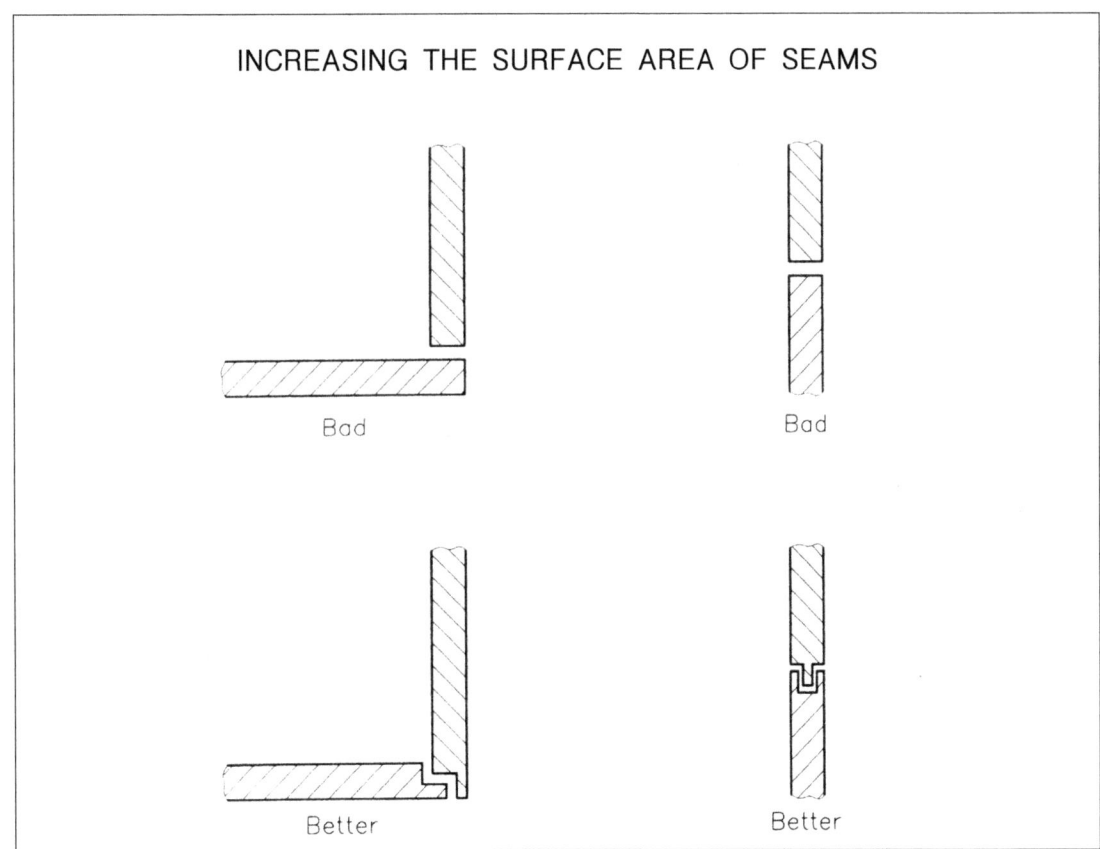

위의 예에서 나타난 바와 같이, 이음매에서의 접촉 표면적이 증가해도 전달 임피던스를 상당히 줄일 수 있다. 접촉 영역도 그 표면이 너무 매끄러우면 미시적인 접촉점들을 충분히 가질 수 없으므로 어느 정도의 표면 거칠기를 가져야 한다.

만일 이음새를 체결하기 위하여 일정한 양의 힘이 주어진다면, 표면적이 증가하면 접촉 압력이 감소하게 될 것이다. 이 경우 두 변수 간에는 균형이 이루어져야 한다.

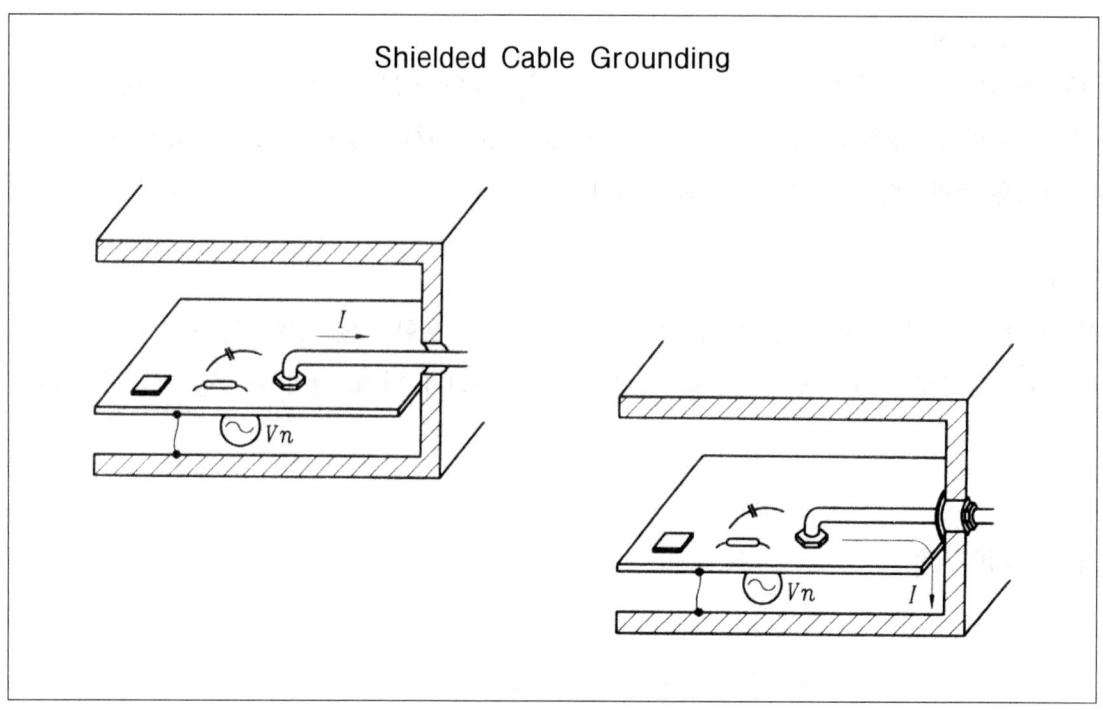

Shielded Cable Grounding

차폐의 효과를 떨어뜨리는 가장 손쉬운 방법 중의 하나는 밀폐된 공간 내의 구멍을 통하여 선로를 내어 놓은 것이다. 전력 접속이나 선로 차폐의 외피와 같이 전선이 차폐 벽을 통과하여 놓여진 경우에는 차폐막 내·외부 모두가 방사 전자계에 영향을 받을 수 있다. 차폐된 공간 외부의 전자계는 전선으로 유기되어 내부로 전도되고 결과적으로 차폐 공간 내부로 재방시할 수 있게 된다. 역으로 내부 회로에 의해 발생된 신호는 방사되거나 전선으로 직접 전도되어 차폐 벽을 통하여 외부로 전달할 수 있게 된다.

차폐 공간의 입구 지점에서 전력선과 제어선을 피드스루 캐패시터(feedthrough capacitor)나 다른 소자를 이용하여 우회하게 하면 차폐 효과의 감소를 최소화한다. 제어선의 경우의 캐패시터 용량은 신호의 대역폭에 의해 제한된다.

위 그림은 차폐된 밀폐 공간에 연결된 차폐 선로에 대한 접지가 차폐 선로의 외피를 통한 전류가 벽을 통하여 흐르는 것을 효과적으로 방지한다는 것을 보여주고 있다. 차폐 선로의 360° 전 방향으로 전기적 접속을 좋게 하기 위해서는 벌크헤드 커넥터(bulkhead connector)를 사용하여야 한다.

제3장

키 패드 고무

3.1 고무 키 패드 및 버튼의 설계

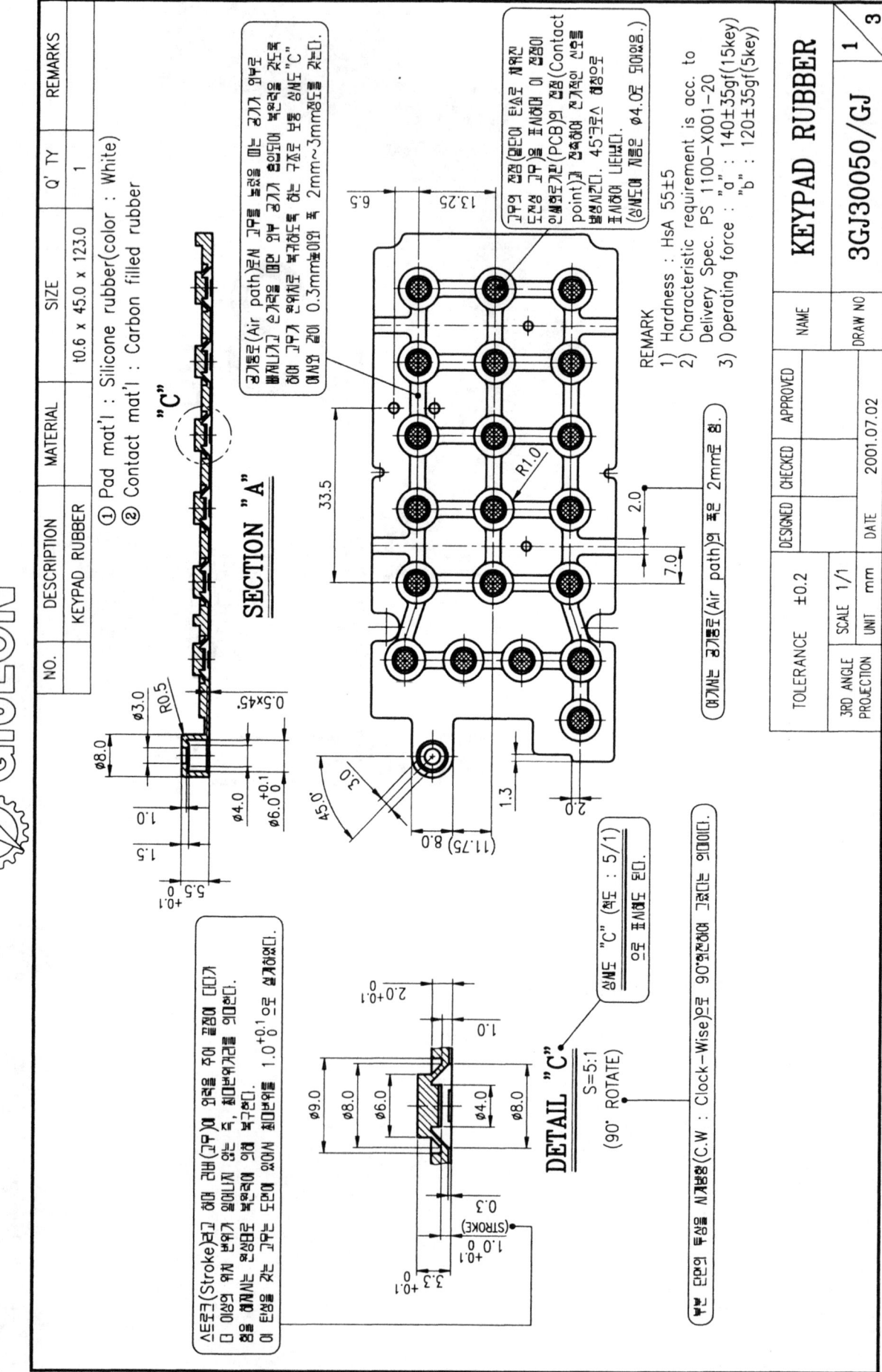

SECTION "A"

DETAIL "C"
S=5:1
(90° ROTATE)

① Pad mat'l : Silicone rubber(color : White)
② Contact mat'l : Carbon filled rubber

REMARK
1) Hardness : HsA 55±5
2) Characteristic requirement is acc. to
   Delivery Spec. PS 1100-X001-20
3) Operating force : "a" : 140±35gf(15key)
                     "b" : 120±35gf(5key)

NO.	DESCRIPTION	MATERIAL	SIZE	Q'TY	REMARKS
1	KEYPAD RUBBER		t0.6 x 45.0 x 123.0	1	

TOLERANCE ±0.2	DESIGNED	CHECKED	APPROVED	NAME	KEYPAD RUBBER
3RD ANGLE PROJECTION	SCALE	1/1		DRAW NO	3GJ30050/GJ
	UNIT	mm	DATE	2001.07.02	1

GIJEON

NO.	DESCRIPTION	MATERIAL	SIZE	Q'TY	REMARKS
	KEYPAD RUBBER		t0.6 x 45.0 x 123.0	1	

① Pad mat'l : Silicone rubber(color : White)
② Contact mat'l : Carbon filled rubber

전형의 제발은 타스값 체학진 도전성 고무라는 것임

푸드 등, 고무의 제발은 실리콘 고무이며 사용시 색상(즉, 제품색상)은 은색이라는 것임

경도(Hardness)과 힘은 물질의 외부에 부착된 전종성층을 터미너와 가셨을 때 생기는 접촉의 변형도에 따른 전체의 미소파괴 가져가 성질을 결정하는 중요 요소이다. 여기서, 경도값이 클수록 제발은 단단하다.

납품되는 제품특성의 요구조건은 회사의 스펙 PS 1100-X001-20 에 은하는 품질로 납품하려는 것임이다.

REMARK
1) Hardness : HsA 55±5
2) Characteristic requirement is acc. to Delivery Spec. PS 1100-X001-20
3) Operating force : "a" : 140±35gf(15key)
                              "b" : 120±35gf(5key)

작동력으로 여기서는 일반적으로 한 손가락으로 눌렀을 때 작용되는 힘(압력)이다.

쇼어경도(Shore hardness)를 나타내며 표기는 HsA로는 HsJ 해미 일반적으로 무색산기가 사용하는 고무(경재:Rubber)의 쇼어경도값 55~60±5 정도 N이의 것들 이다. 이 경도를 또한 투로미터경도(Durometer hardness)라고도 한다.

기타 경도의 표기는 다음과 같다.
① 브리넬 경도(Brinell hardness) : HB
② 로크웰 경도(Rockwell hardness) : HR
      HRB : 연한재의 경도시험 (B스케일)
      HRC : 굳은재의 경도시험 (C스케일)
③ 비커스 경도(Vickers hardness) : Hv

TOLERANCE	±0.2		DESIGNED	CHECKED	APPROVED	NAME	KEYPAD RUBBER
3RD ANGLE PROJECTION	SCALE	1/1				DRAW NO	3GJ30050/GJ
	UNIT	mm	DATE	2001.07.02			2 / 3

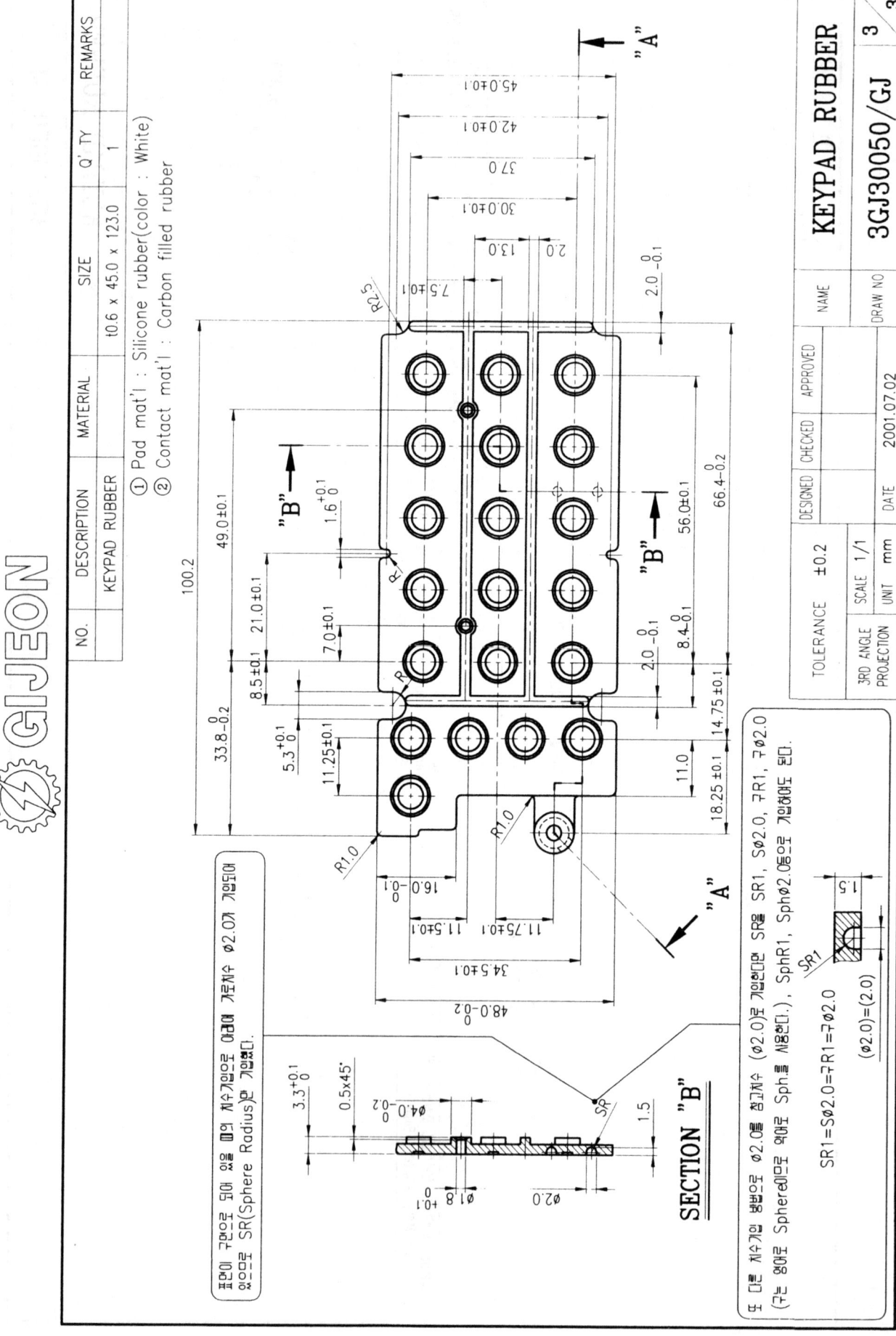

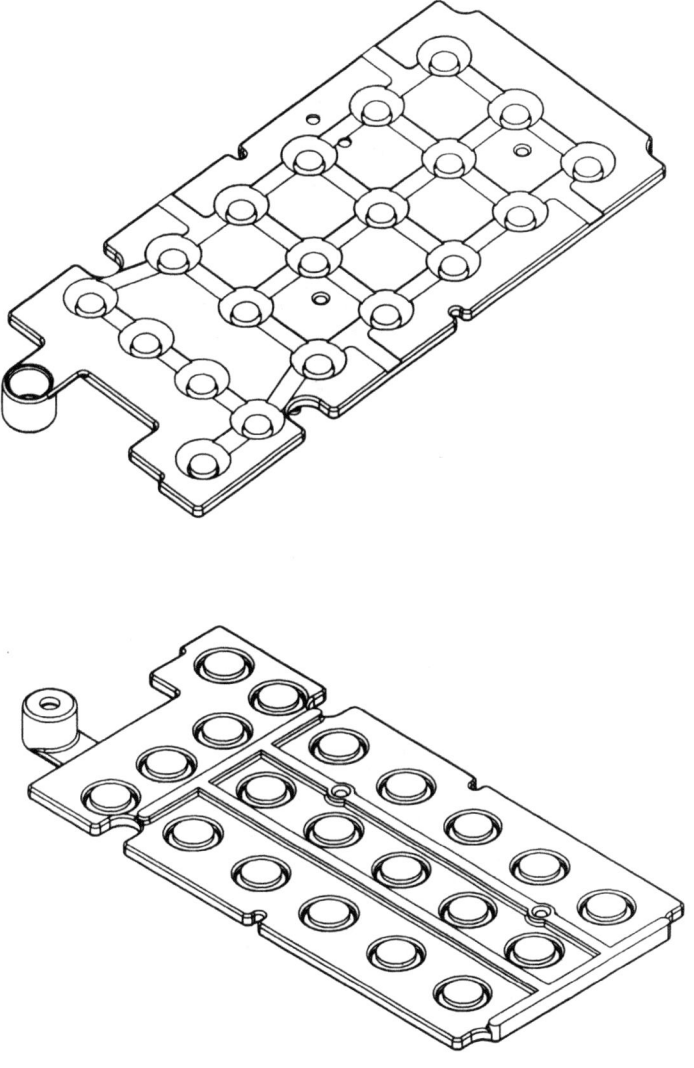

참고) 부품 3차원 입체도(등각 투상도)

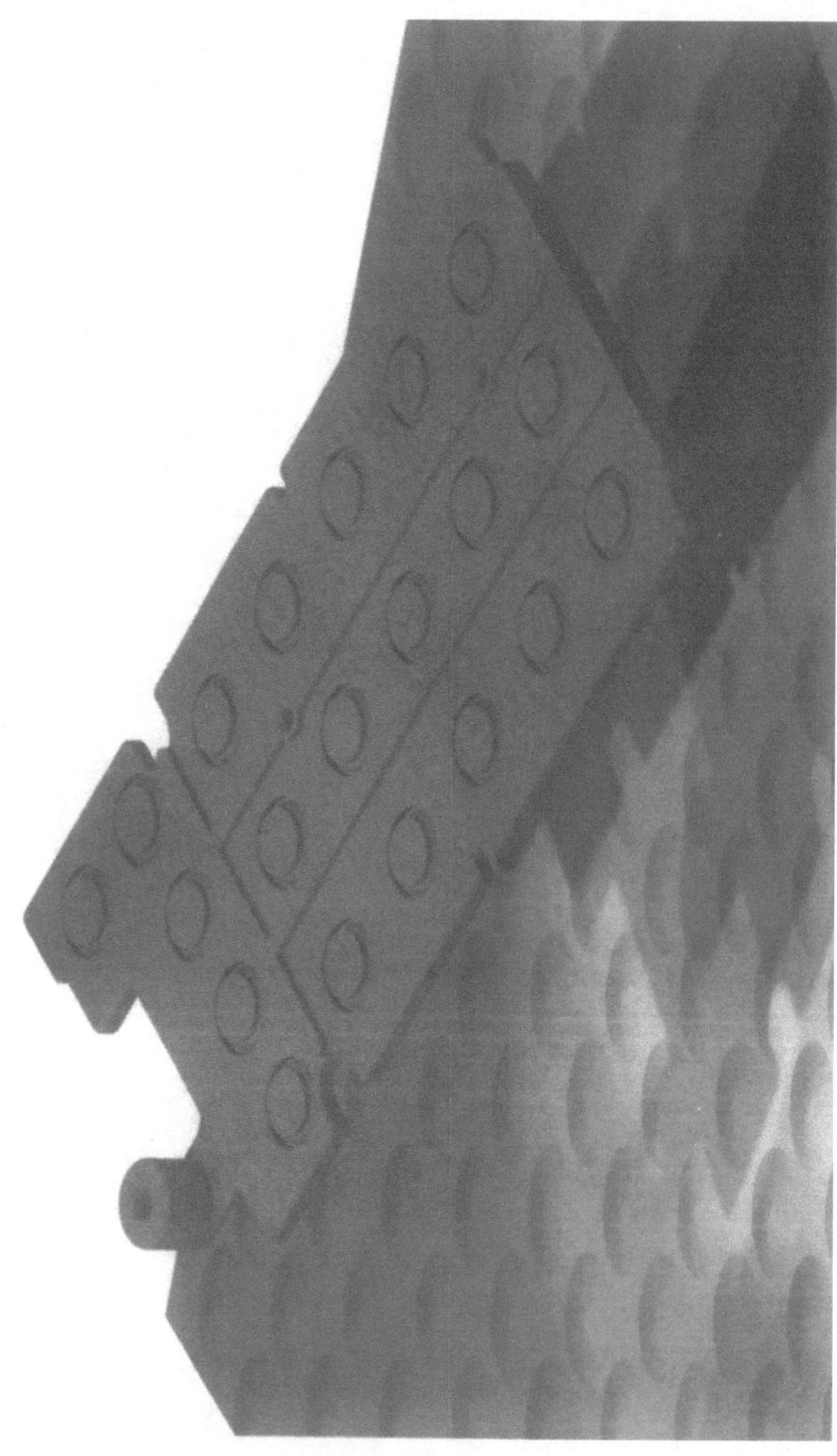

그림 3.1(a) 키 패드 고무(상면)

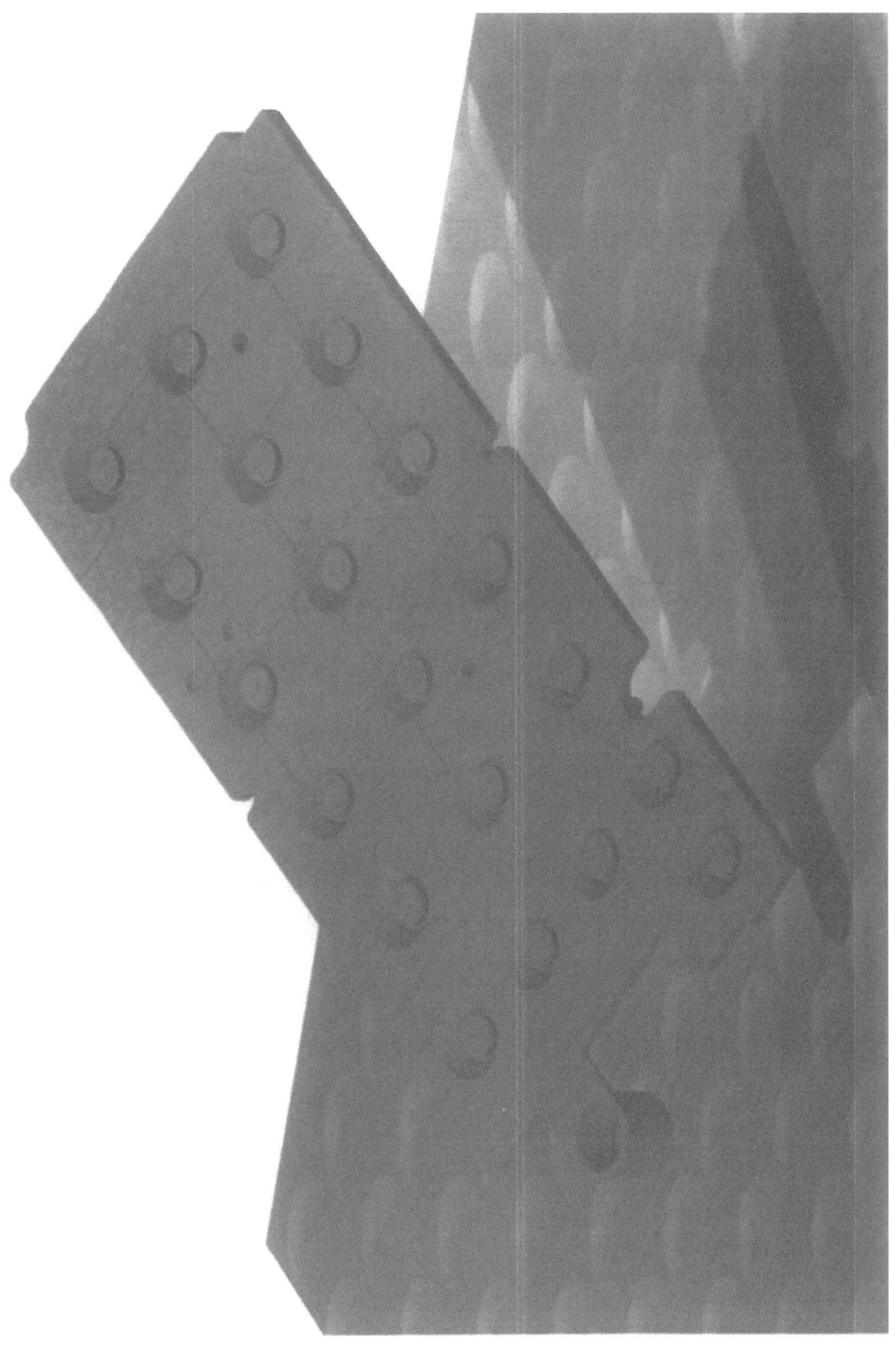

그림 3.1(b) 키 패드 고무(하면)

3.1 고무 키 패드 및 버튼의 설계

3.1.1 고무 키 패드의 설계

(1) 사용재료
실리콘 고무(silicon rubber)

(2) 작동력
① 일반적 : 140±35gr

② 소형 버튼(면적 75mm² 범위) : 120±30gr

③ 휴대폰 : 200±40gr

(3) 스트로크
1~2±0.1mm

(4) 수명
100만 회 이상

(5) 경도(HSA 또는 Durometer 경도)
50~70(insulative rubber 부위)

(6) 촉감
고무 키패드는 촉감이 좋도록 설계되어야 하며, 가장자리 부위의 형상에 따라 그 특성을 달리한다(그림 3.2 참조). 공기 통로의 목적은 키패드의 키가 눌리고 복구될 때 공기의 순환을 위한 것으로 동작을 원활하게 하기 위해 필요하다.

(7) 도전 고무
표면 저항은 100Ω 이하이어야 하며 직경은 대부분 ϕ3, ϕ4mm를 사용한다.

길이가 긴 키는 한 키 내에 2곳 또는 한 개의 타원형 도전성 고무를 사용하거나, 또는 그림 3.3과 같이 2곳 또는 4곳(크기가 큰 key의 경우)에 돌기를 세워 키의 편측을 눌렀을 때 도전 고무가 기울어지면서 PCB의 접점과의 접촉 불량을 방지한다.

(8) 키패드 설계 지침
키패드 설계시 치수 지침은 다음과 같다(그림 3.4 참조).

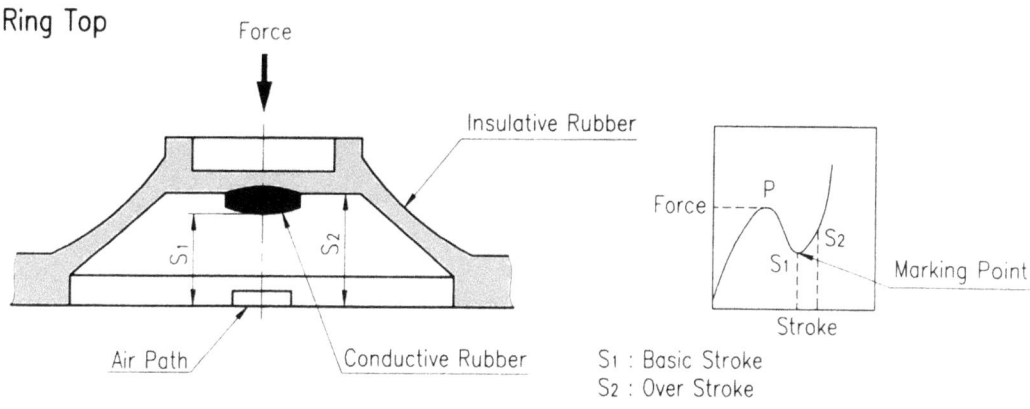

Ring Top

Force

Insulative Rubber

S_1 S_2

Air Path   Conductive Rubber

Force   P

S_1 S_2 Marking Point

Stroke

S_1 : Basic Stroke
S_2 : Over Stroke

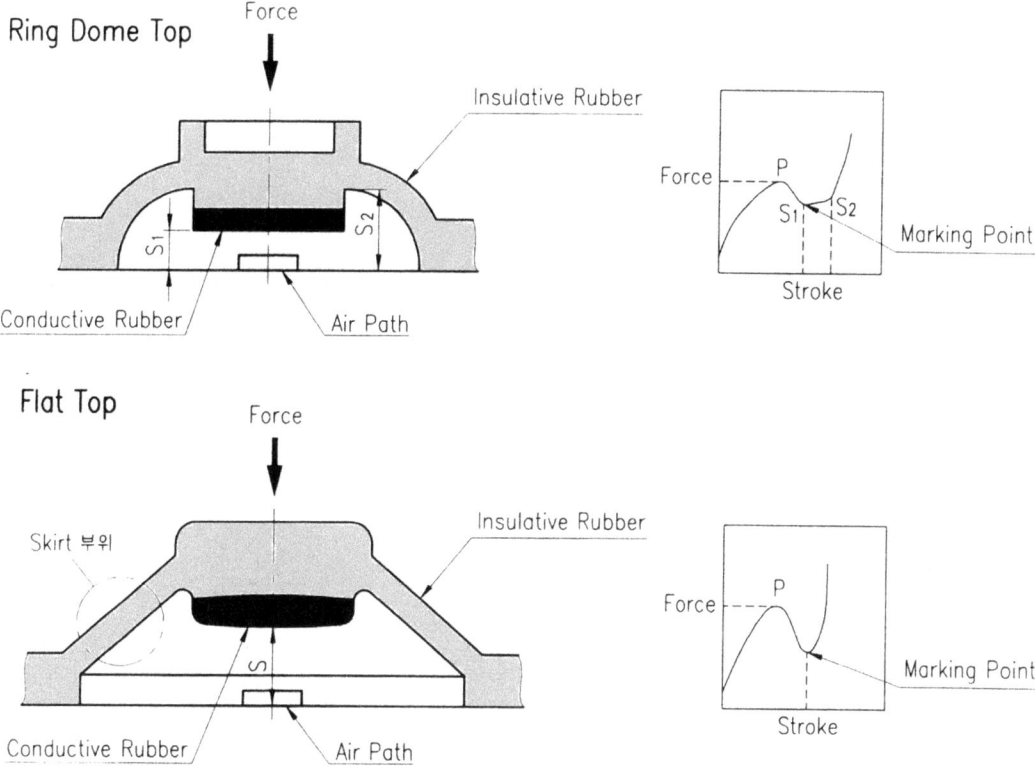

Ring Dome Top

Force

Insulative Rubber

S_1 S_2

Conductive Rubber   Air Path

Force   P

S_1 S_2 Marking Point

Stroke

Flat Top

Force

Skirt 부위

Insulative Rubber

S

Conductive Rubber   Air Path

Force   P

Marking Point

Stroke

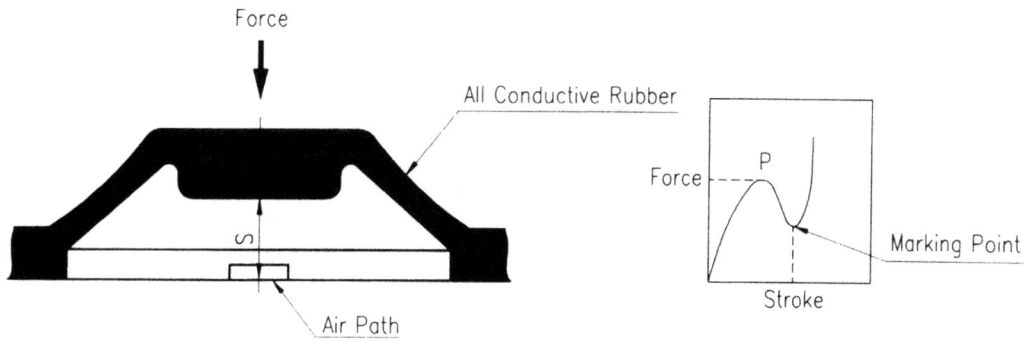

Force

All Conductive Rubber

S

Air Path

Force   P

Marking Point

Stroke

그림 3.2 가장자리 형상에 따른 작용 힘의 특성

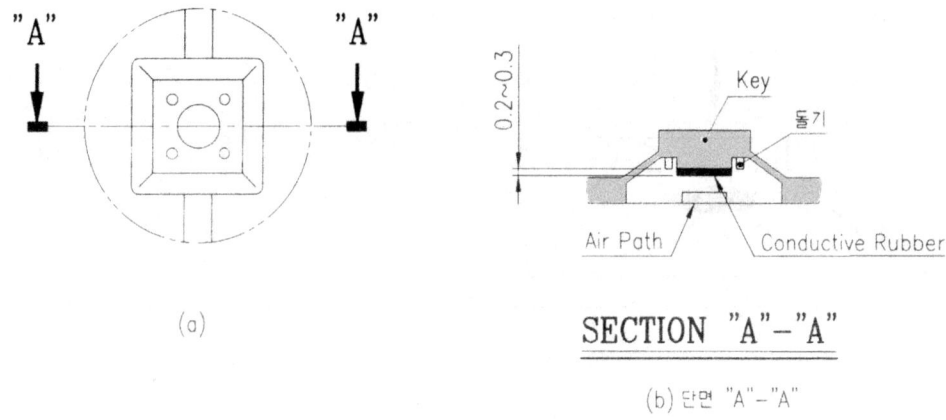

그림 3.3 키 내부의 돌기치수

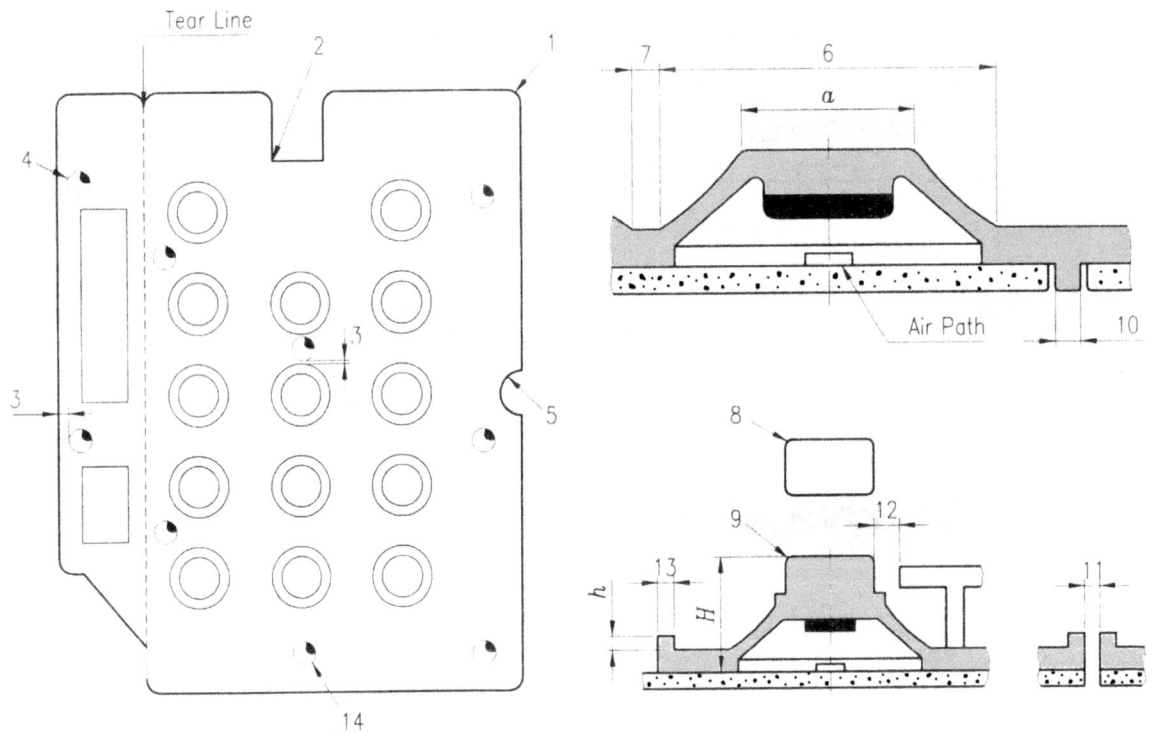

그림 3.4 고무 키 패드의 치수

〈설계 지침〉

1. 최소 곡률 직경 1.0mm
2. 최소 곡률 직경 0.5mm
3. 1.5mm 이상(통상적으로)
4. 1.5mm 이상(통상적으로)
5. 지침 1, 2 및 4를 따름
6. 약 a+2.5(또는 2.0)mm
7. 1.5mm(통상적으로)
8. H<7mm min. R0.4, 7<H<10mm min. R0.9
9. 최소치 0.2mm
10. 1.5mm 이상(통상치수)
11. 1.5mm 이상(통상치수)

12. 0.3mm(통상치수, 키 구조, 패드 크기, 가이드 구멍 위치, 베젤 디자인 등에 따라 다름)

13. >1/2h

14. 가이드 구멍은 대칭으로 위치해야 하며, 2인치 이상 떨어지면 안됨.

(9) 일반치수공차

표 3.1 참조.

표 3.1 키 패드의 제작공차

범위(mm)	공 차
10	±0.1mm
10.1 ~ 20	±0.15mm
20.1 ~ 30	±0.2mm
30.1 ~ 40	±0.3mm
40.1 ~ 50	±0.4mm
50.1 이상	±1%

(10) 정전기(ESD) 방지 키 패드 구조

그림 3.5와 같은 구조를 가지고 있다.

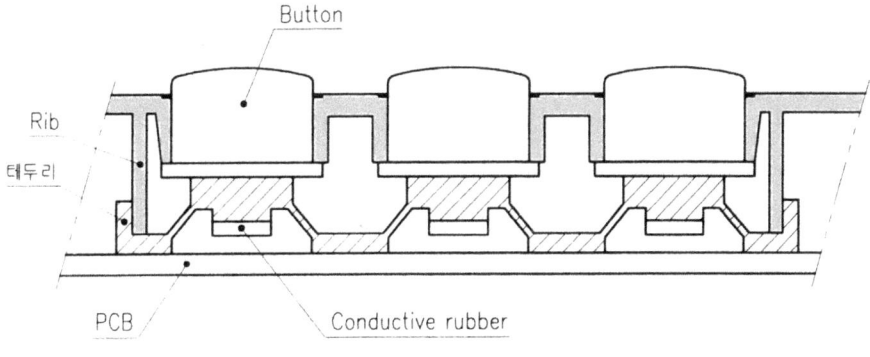

그림 3.5 ESD 방지 구조

버튼군의 주변에 사각 리브(rib)를 성형시켜 그 사각 리브를 덮도록 키패드 주변에 테두리를 형성시킨다.

3.1.2 플라스틱 버튼의 설계

(1) 플라스틱 버튼과 버튼 구멍(그림 3.6 참조)의 Gap

0.15~0.2mm (편측)

(2) 스트로크 관련 버튼(플라스틱 또는 고무)의 표면에서 돌출높이

$$높이 = S + 0.6^{+0.1}_{0} (S : 스트로크)$$

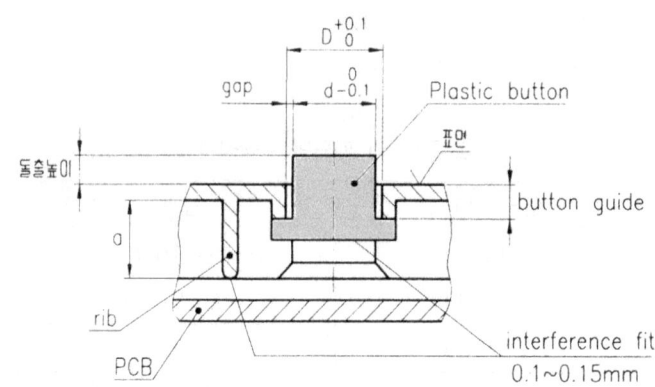

그림 3.6 버튼과 버튼 구멍 관련치수 및 고무 키 패드와의 관련치수

(3) button sticking(버튼이 눌려진 상태에서 복구하지 못하는 상태)

버튼 스티킹을 피하기 위해서는 자유상태에서 버튼의 스트로크와 관련하여 돌출높이에 주의하여 버튼의 구석을 눌렀을 때 버튼 구멍 표면 이하로 잠기지 않도록 한다(버튼 구멍 주변의 burr로 인한 버튼 스티킹 방지목적 및 조직 편리성 도모 목적).

그리고 이때 키 패드 고무의 형상이 ring top, ring dome top일 때 over stroke가 있음을 주의해야 한다.

(4) 버튼과 고무 키 패드와의 결합치수(그림 3.6 참조)

그림에서와 같이 버튼의 밑면과 고무 키 패드 윗면이 0.1~0.15mm 만큼 눌려 조립되도록 관련치수를 정하고, 키 패드를 잡아주는 하우징 리브(housing rib)도 바닥면을 0.1~0.15mm 눌려지도록 rib의 길이 또는 관련치수를 정한다(이것을 관련치수의 공차로 인해 조립 후 버튼이나 키 패드가 상하 방향으로 유동발생을 방지하기 위해서이다).

3.1.3 전면조광(全面照光) 버튼의 구조

기능의 동작표시가 필요한 버튼[예를 들어 C/T(cordless telephone)의 통화 버튼, SLT(single line telephone 등의 스피커 버튼, 키 폰의 hold 또는 국선 버튼 등]을 일부 조광 방식 또는 LED를 버튼의 외부 인접부근 실장방식에서 전면을 조광하는 방식으로 사용하는 경우가 많아졌다. 이는 제품의 새로운 분위기, 고급스런 디자인의 효과를 얻기 위한 것이다. 버튼의 전면을 조광시키기 위해서는 LED를 버튼 내의 중앙에 실장시키는 것이 효과적이며, 통상 버튼의 경우 동작의 원활성을 위해 키 패드의 접점의 위치가 중앙에 실장되었으므로 본 전면조광 버튼의 구조는 기존 버튼의 것과 달라져야 한다.

그림 3.7은 플라스틱을 사용하는 전면조광 버튼의 구조 예로서 사용되는 플라스틱 재질은 PMMA이며 은은한 빛을 내기 위해 우유빛(浮白色)을 착색시켰고, 내부의 형상은 오목형으로 하여 빛의 분산효과를 얻도록 한 것이다. LED는 버튼의 중앙에 위치하고 키패드 접점은 버튼의 가장자리에 4개를 설치한 것이다.

그림 3.8은 플라스틱 버튼을 사용하지 않고 반투명 실리콘 고무를 사용해 키 패드와 버튼을 겸한 구조이다.

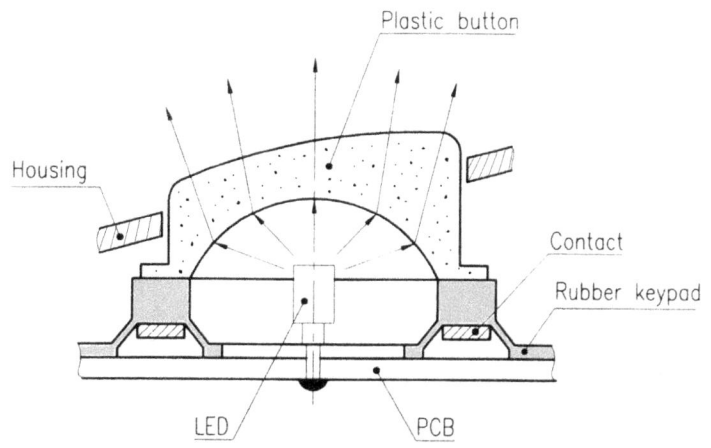

그림 3.7 플라스틱 버튼을 사용한 전면조광 버튼

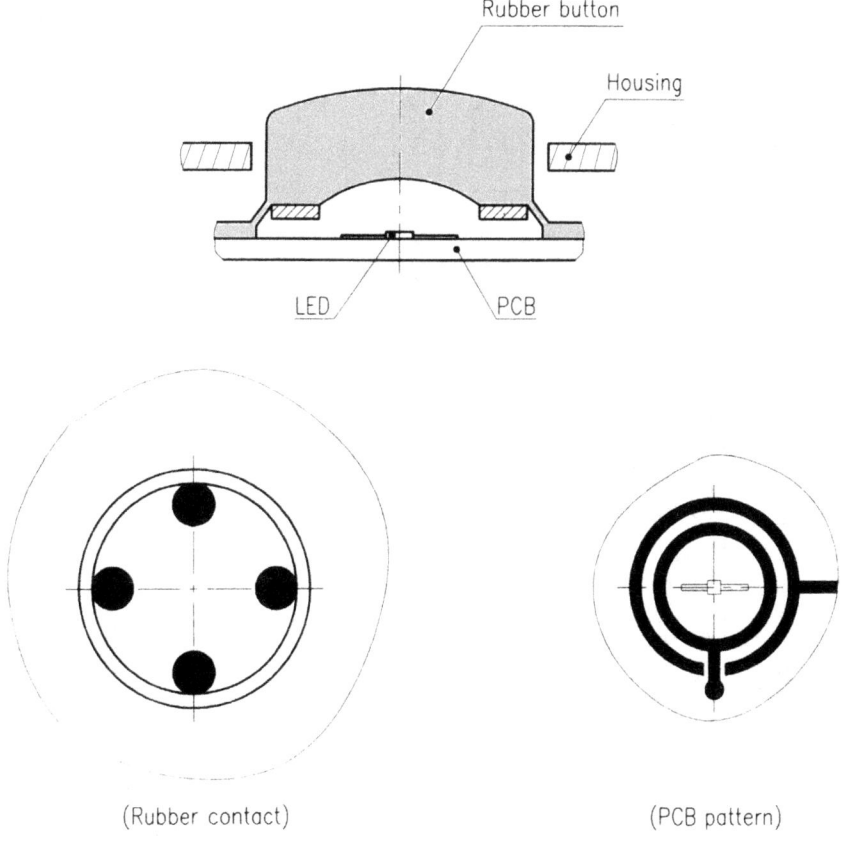

그림 3.8 고무를 사용한 전면조광 버튼

3.1.4 각종 고무의 특성과 주된 용도

◎ 매우 우수 ○ 우수
△ 우수하지 못함 × 나쁨

고무의 종류 (ASTM 약어)		천연 고무 (NR)	합성천연고무 (IR)	부틸렌 고무 (SBR)	클로로프렌고무 (CR)	나이트릴 고무 (NBR)	에틸렌 프로필렌 고무 (EPM, EPDM)	우레탄 고무 (U)	실리콘 고무 (Si)
화학구조		Polyisoprene	Polyisoprene	Butadiene styrene 공중합	Polychloroprene	Butadiene acrylonitrile 공중합	Ethylene Propylene 공중합	Polyurethane	Silicon
주된 특징		탄성이 우수하고 내마모성 등의 기계적 성질이 좋음	천연고무와 거의 동일한 성질을 가짐	천연고무보다 내마멸성, 내노성이 좋으며 가격도 쌈	내후성, 내ozone성, 내열성, 내유성 등 평균적으로 우수	내유성, 내마모성, 내노화성이 우수	내노화성, 내ozone성 극성에 대한 저항성, 전기적 성질이 우수	기계적 강도가 특히 우수	고도의 내열성과 내한성을 가짐. 전기전열성, 내약성도 우수
물리적 성질	비중	0.92	0.92~0.93	0.93~0.94	1.15~1.25	1.00~1.20	0.86~0.87	1.00~1.30	0.95~0.98
	인장강도 (Kgf/cm²)	30~300	50~200	50~200	50~250	50~250	500~200	200~450	40~100
	신율(%)	1000~100	1000~100	800~100	1000~100	800~100	800~100	800~300	800~300
	반발탄성	◎	◎	○	◎	○	○	◎	◎
	내마멸성	◎	◎	◎	○~◎	◎	○	◎	×~△
	내굴곡 균열성	◎	◎	○	○	○	○	◎	×~△
	내노화성	○	○	○	◎	◎	◎	○	◎
	최고사용온도 (℃)	120	120	120	130	130	150	150	280
용도		자동차 Tire, Hose, Belt, 공기 Spring, Mic holder, Foot 등의 일반용 및 공업용품	자동차, 항공기용 Tire 등 천연고무가 사용되는 곳에 거의 대용됨	자동차 Tire, 운동용품 및 일반용 고무 제품	전선피복, Conveyor belt, 방진용 고무 일반 공업 용고무 제품 (상품명Neoprene)	Oil seal, gasket, 내유 hose, Conveyor belt, 인쇄 roller 등의 내유제품	전선피복, Steam용 hose, Conveyor belt 등	공업용 roller, Solid tire, 고압 Packing, coupling 등의 강력한 힘이 걸리는 제품	Packing, Gasket, keypad, Oilseal, 공업용 roller, 방진고무 등이 내열, 내한 성의 용도 및 전기절연용 및 의료용 등

제4장

핸드셋 및 플런저

4.1 핸드셋의 설계기준

전화기의 핸드셋은 통화에 지장을 일으키지 않을 정도의 음량과 음질을 얻기 위한 송화기 및 수화기 등을 내장시킬 수 있는 크기가 필요하고, 수화시 음이 새지 않도록 귀와 수화구(受話口)와의 밀착성이 좋아야 하며, 송화시 음량, 음질의 확보를 위해 송화구(送話口)를 입 가까이 올 수 있는 구조이어야 한다. 또한 핸드셋은 통화시 손으로 잡고 사용하는 것이므로 사용 중 부담을 느끼지 않도록 해야 한다. 따라서 적절한 무게와 쥐기에 편리해야 하며, 적어도 핸드셋을 잡은 손가락이 뺨에 닿지 않도록 해야 하고, 송화구가 입에 접촉되지 않는 구조이어야 한다.

이들을 만족할 수 있는 대표적인 핸드셋은 미국형 K-1 핸드셋으로서 이를 응용한 핸드셋의 설계기준은 다음과 같다.

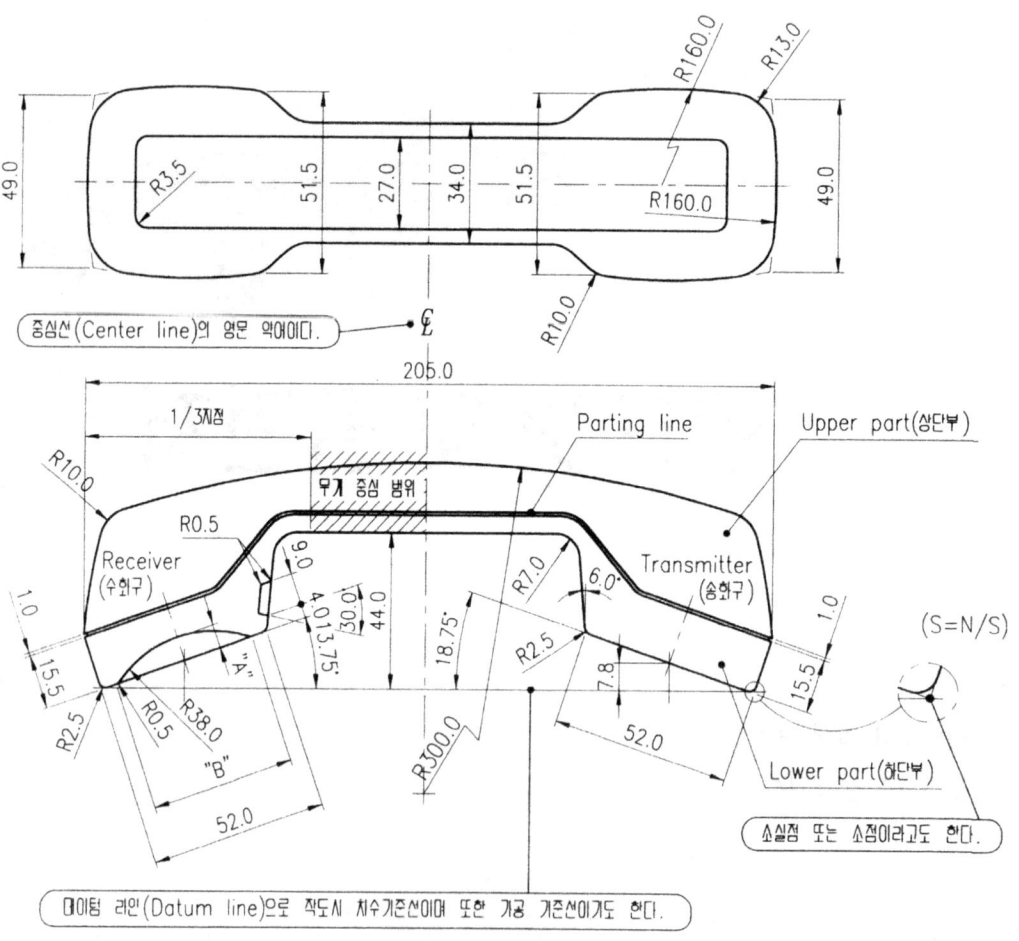

그림 4.1 핸드셋 외관도

(1) 수화구와 송화구의 중심거리 및 각도

그림 4.1을 참조한다.

(2) 무게와 중심

핸드셋의 무게는 180grf~200grf 범위로 한다(무게가 이 범위에 들어오지 않을 때는 추를 내부에 삽입할 수 있다).

무게중심은 수화구측의 끝단으로부터 전체 길이의 1/3지점에서 1/2지점 이내에 들어오도록 한다(이것은 훅으로 스위치의 확실한 동작과 전화기를 벽걸이용으로 전환사용시 유리하다).

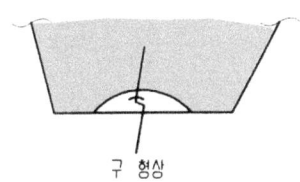

구 형상

(3) 수화구의 구조는 사용자의 귀에 완전 밀착될 수 있는 구조가 되도록 구형상으로 하고 그림 4.1에서 "A"의 치수는 3~7mm, "B"의 치수는 $\phi40$~$\phi50$mm 범위로 한다. 그 밖의 핸드셋 설계시 고려해야 할 사항으로서는,

① 수화구 및 송화구의 고정방법

핸드셋 내에 고정시 고무링 패드 등을 lower part에 삽입시켜 음이 새지 않도록 밀착될 수 있는 구조이어야 한다. upper part 등은 완전조립된 상태에서 낙하시험(높이 150cm)해도 unit들이 이탈되지 않도록 견고히 고정되어야 한다.

② 분할선

upper part와 lower part와 만나는 경계면의 간격은 0.5~1mm로 외주 전체가 일정하게 유지하여야 한다.

③ lower part에는 내부배선 처리를 위한 wire guide 구조가 있어야 한다.

㉠ A 그림 4.2의 구조 참조

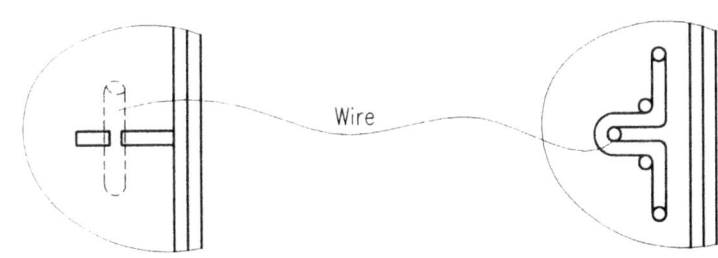

Wire

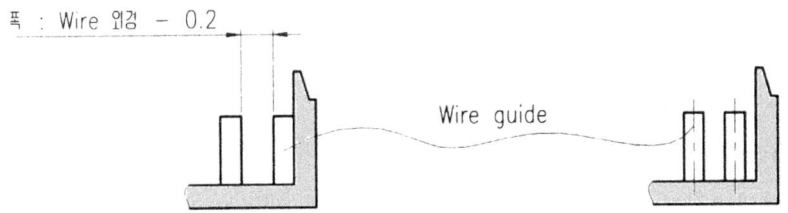

폭 : Wire 외경 - 0.2

Wire guide

그림 4.2 핸드셋 내부 배선처리를 위한 구조

그림 4.3은 NTT(일본전신전화주식회사)가 1980년 조사한 일본인의 얼굴의 형상, 손가락의 굵기 등의 데이터를 기초로 하여 정한 핸드셋 형상의 설계한계를 나타낸 것이다.

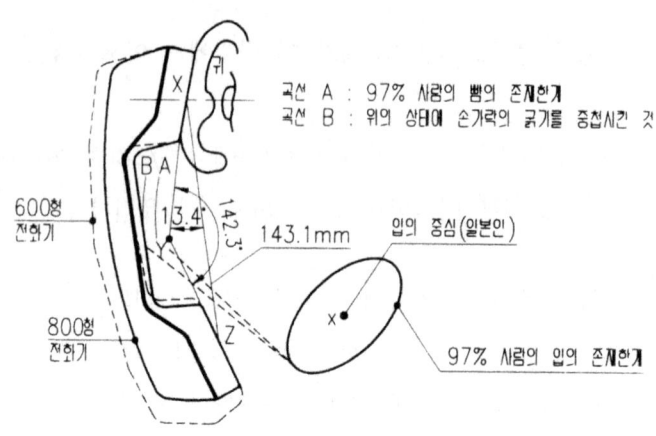

그림 4.3 NTT의 핸드셋 설계한계

4.2 플런저의 설계기준

플런저는 전화기 내에 실장되어 있는 hook 스위치를 동작시켜주는 것으로 핸드셋의 자중을 hook 스위치에 전달시켜주는 중간매개체이다. 전화기에서 플런저는 매우 중요한 역할을 하므로 설계시 세심한 주의가 필요하다.

① 스트로크

5~8mm를 유효범위로 하며, 플런저만의 실제 가능동작 스트로크는 유효범위의 전후 0.5mm 이상의 여유를 확보하여야 한다.

전기적인 동작은 플런저의 유효 stroke의 25~75% 범위 내에서 이루어지도록 한다.

② operating force(작동력)

핸드셋 무게의 30~35% 하중에서 완전 하강할 것(plunger operating force는 hook 스위치의 operating force와 직접 관련되므로 플런저 설계시 이를 고려한다).

③ 핸드셋을 역방향으로 하여 전화기의 크래들(cradle)에 안착시에도 플런저 동작(회로 접점동작)이 이상 없도록 하는 것이 좋다.

④ 하우징의 플런저 guide hole과 플런저의 틈새

• 상하운동 방식 : 0.8~1.0mm(양측합계 clearance)

• 힌지 방식 : 0.8~1.5mm(양측합계 clearance)

⑤ 동작시 가능한 마찰면적이 작도록 하는 구조이어야 하며 재료는 마찰계수가 적은 POM으로 쓸 수도 있다.

⑥ 핸드셋과 플런저와의 접촉지점은 동작초기부터 완료까지 구간에서 일정한 지점을 유지하면서 동작토록 한다.

⑦ 외부의 충격에 의해 플런저가 위치 이탈이 되어서는 안 된다.

⑧ 무접점 hook 스위치(photo-interrupter)를 사용하는 경우 플런저의 재료는 빛을 완전차단할 수 있는 것으로 사용해야 한다(PC, PE, POM같이 투명하거나 반투명재료는 사용 불가).

제5장

벽걸이용 구멍

5.1 벽걸이 구멍의 설계기준

5.1 벽걸이 구멍의 설계기준

미국 수출용 전화기(SLT, keyphone 등)는 거의 모든 경우 벽걸이용 구멍이 전화기 바닥면에 필요하다. 이를 위해서는 전화기 바닥판에 직접 구멍을 만들 수도 있고, 별도의 벽걸이용 장치를 설치하여 그 곳에 구멍을 만들 수도 있다.

구멍의 설계시 wall plate jack의 고정 스터드 간의 간격, modular jack과의 연결 관계 등을 고려해야 하며 wall plate jack에는 미국 AT&T 형식과 GTE 형식의 2종이 있으므로 두 형식에 겸용될 수 있는 구조가 되도록 해야 한다(그림 5.1). 전화기가 벽에 걸린 상태에서 좌우로 흔들리지 않도록 전화기의 바닥 좌우측에 탄성을 가진 돌기를 만들어 벽면과 밀착토록 한다.

다음의 도면은 AT&T 형의 wall plate jack과 현재 시행되고 있는 벽걸이 구멍 설계의 예이다(그림 5.2).

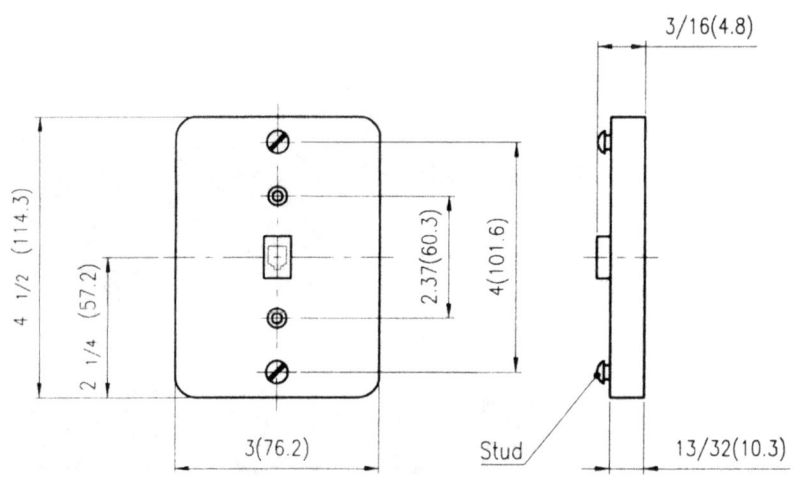

Measurements in parentheses are
millimeters : all others are inches.

그림 5.1 벽걸이 판용 잭(wall plate jack) 외관(AT&T 형)

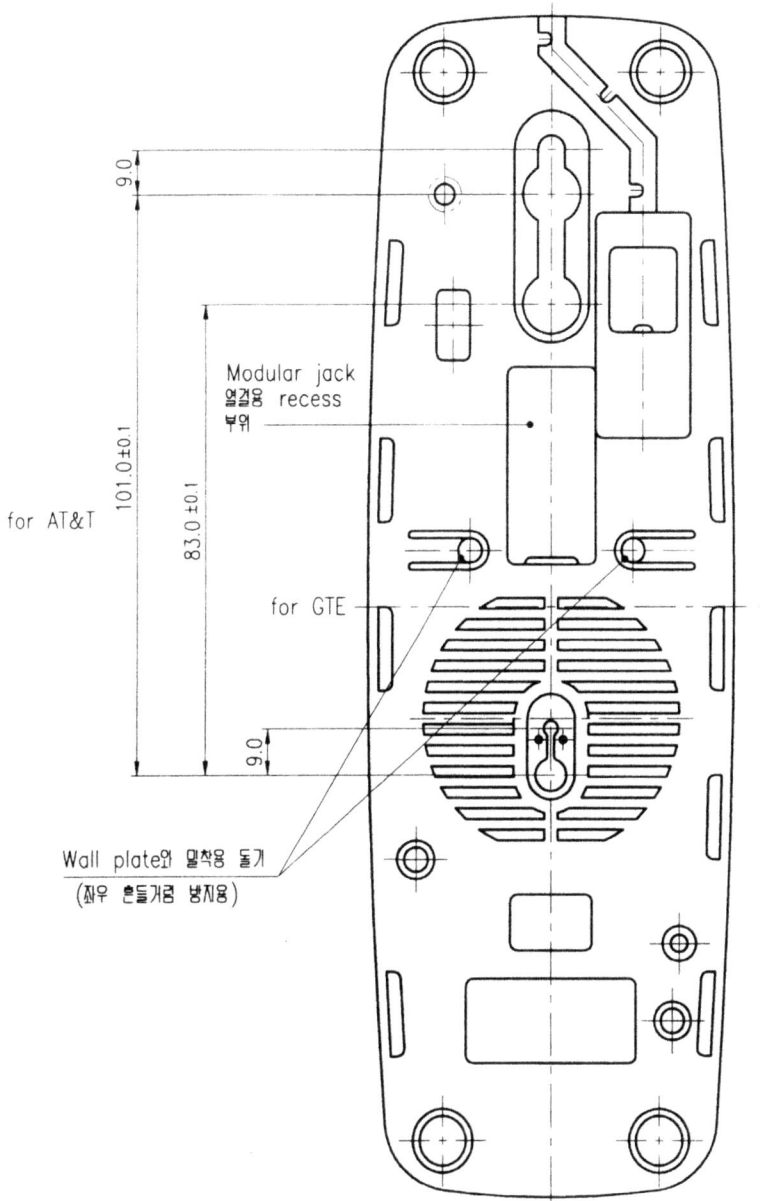

그림 5.2 전화기 밑판에 직접 벽걸이 구멍을 설치할 때의 도면

제5편

조립구상도 및 디자인의 설계 및 해설

제 1 장

조립구상도

1.1 조립구상도와 부품도면의 작성

1.1 조립구상도와 부품도면의 작성

1.1.1 조립구상도(검토도) 작성

디자인 도면과 디자인 도면으로 제작된 디자인 목업(design mock-up)을 참고로 하여 조립구상도(검토도)를 그리게 된다. 이 조립구상도는 제품으로 양산되는 모든 부품들을 조립시켜 구성해 놓은 상태의 도면이다. 이 조립구상도(組立構想圖)의 내용을 살펴보면 다음과 같다.

1) 관련 부품의 배치 및 실장(實裝)

① 각종 케이스

② 버튼, 커버, 손잡이 등의 수지물

③ PCB

④ 고무 부품류

⑤ 프레스물

⑥ 스위치, LED, LCD, C-mike 등 각종 전자부품

⑦ 자성 부품

⑧ PCB상의 부품 배치

2) 부품간의 간섭 체크 및 연결 상태 확인

① 수지물과 부품간의 간섭 체크

② 부품과 부품간의 간섭 체크

③ 기구의 동작 검토(구동시 애니메이션화하여 동작 상태 점검 및 주변과의 접촉 여부 파악)

④ 도선(lead wire), 케이블 및 컨넥터류와의 연결

⑤ 나사의 체결

3) 케이스와의 형합 및 조립상태 확인

① 수지물간의 끼워맞춤 및 공차

② 수지물과 전자부품 간의 조립

4) 외관 형상 정의

금형가공 전에 외관 형상의 정의를 명확화시킴

(5) 금형제작시의 발생 예상 문제점 체크 및 보완

① 성형성
② 조립성
③ 양산성

1.1.2 부품도면 작성

조립 구상도가 완전하게 작성된 후 각종 부품에 대한 도면 정보만을 추출하여 부품도면 작업을 수행한다.

1.1.3 도면 작업을 위한 CAD 장비

일반적인 개발과 설계 목적으로 2차원 CAD인 AutoCAD가 가장 널리 사용되며, 최근 외관 모델링 및 동시공학(concurrent engineering)용으로 3차원 CAD인 CATIA, Pro/Engineer, Unigraphics, SolidWorks, Inventor, SolidEdge 등이 주로 사용되고 있다.

1.1.4 적용 예(비디오카메라, 프린터 복합기, 디지털 카메라, 무선호출기)

그림 1.1은 비디오카메라(Camcorder, 캠코더)의 조립 구상도의 일부를 나타냈으며, 그림 1.2는 상기 조립구상도에서 품명(part name)이 배터리 커버(battery cover)인 부품도 작업을 수행한 도면이다. 그림 1.3 (1)은 3D CAD에 의한 프린터 복합기의 외관 모델링, 그림 1.3 (2)는 프린터 복합기의 조립도 모델링으로 이미지를 구체적으로 나타내고, 그림 1.3 (3)은 프린터 복합기의 분해도 모델링 작업을 수행한 도면의 예를 보여주고 있다.

그림 1.4 (1)은 IT기기의 대표적인 제품의 일종인 디지털 카메라(Digital camera)의 조립도 및 분해도의 모델링이고 그림 1.4 (2)는 디지털 카메라를 구성하고 있는 모든 부품목록을 제시한 조립구성도 및 파트리스트(partlist, 부품목록, 부품표)이다.

그림 1.5는 무선호출기(Pager, 페이저)의 조립구상도(검토도)로서, 핵심부품으로서 페이저의 대부분의 면적을 차지하고 있는 시스템 PCB와의 상관도(회로부품 위치, 크기, 치수, 높이제한 등)를 보여주고 있다.

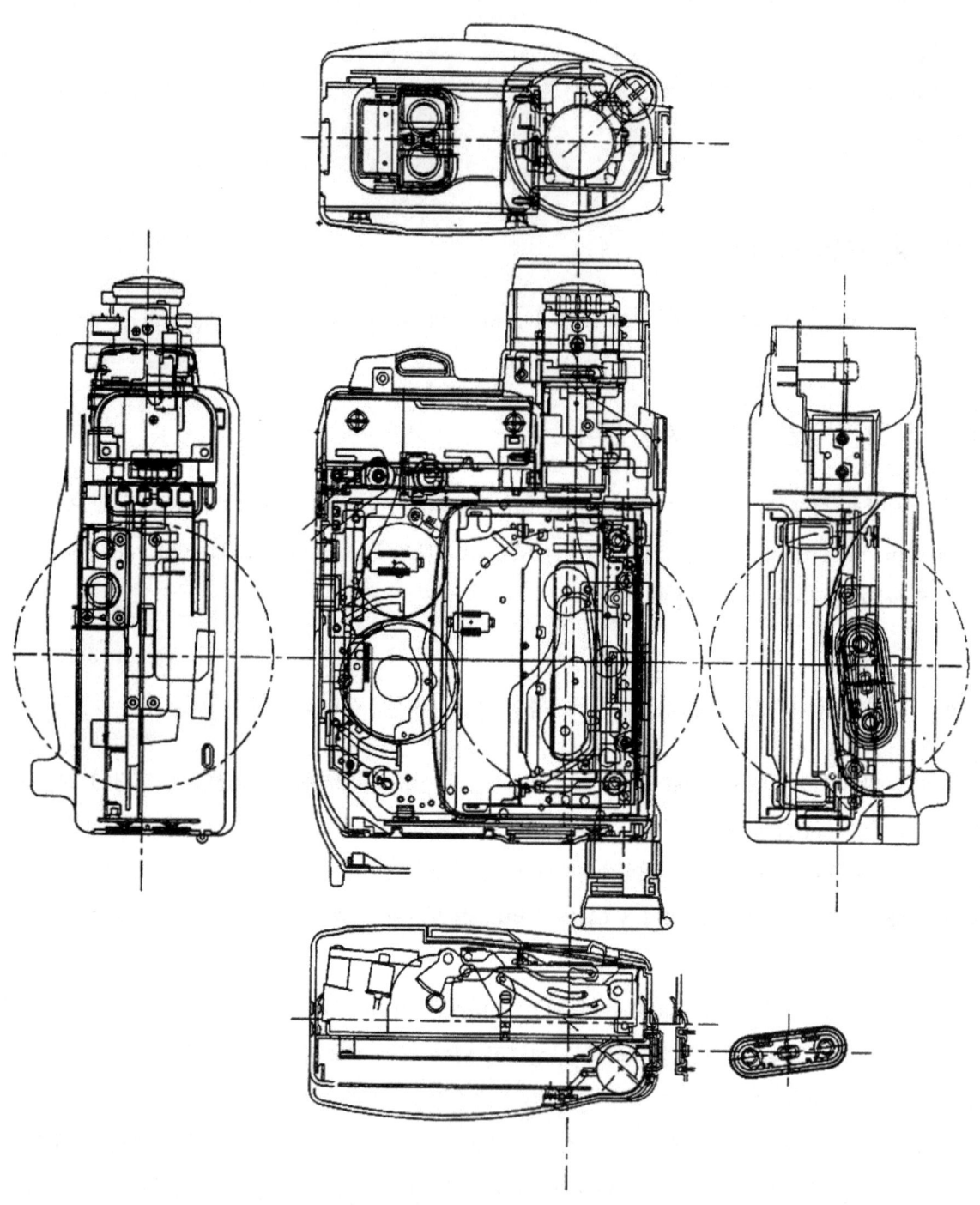

그림 1.1 캠코더(Camcorder)의 조립구상도(검토도)의 일부

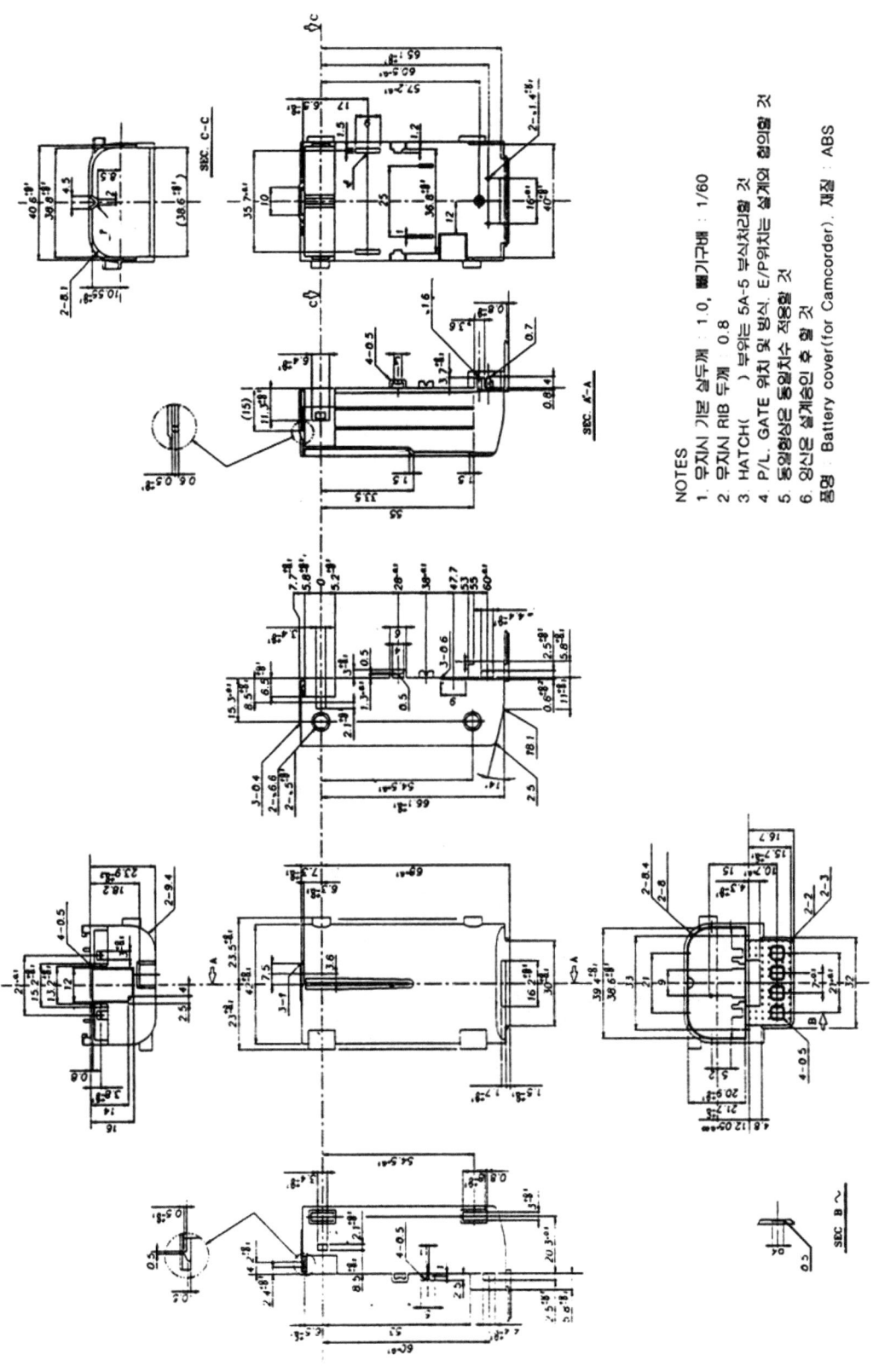

NOTES
1. 무지시 기본 살두께 : 1.0, 빼기구배 : 1/60
2. 무지시 RIB 두께   0.8
3. HATCH(   ) 부위는 5A-5 부식자리일 것
4. P/L. GATE 위치 및 방식, E/P위치는 설계와 협의할 것
5. 동결행성은 동일자수 적용할 것
6. 외신은 설계승인 후 할 것

품명 Battery cover(for Camcorder). 재질 : ABS

그림 1.2 부품도(품명 : battery cover)

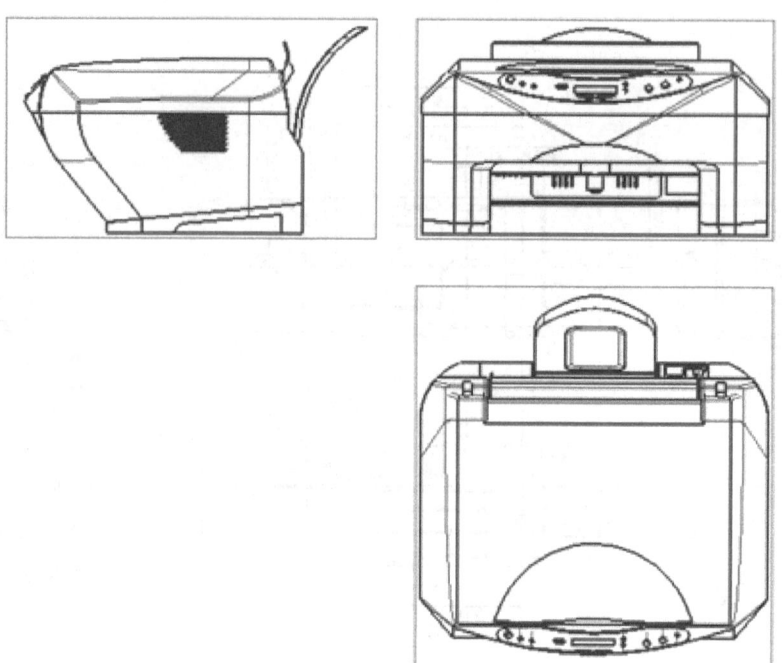

그림 1.3 (1) 프린터 복합기의 외관 모델링(Outer design modeling)

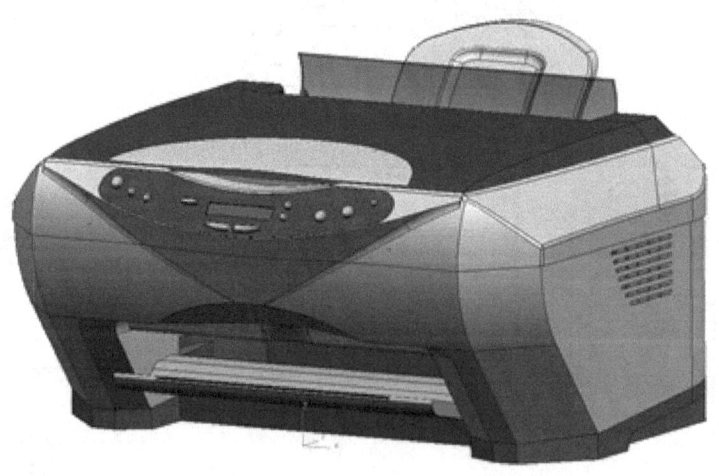

그림 1.3 (2) 프린터 복합기의 조립도 모델링(Assembly modeling)

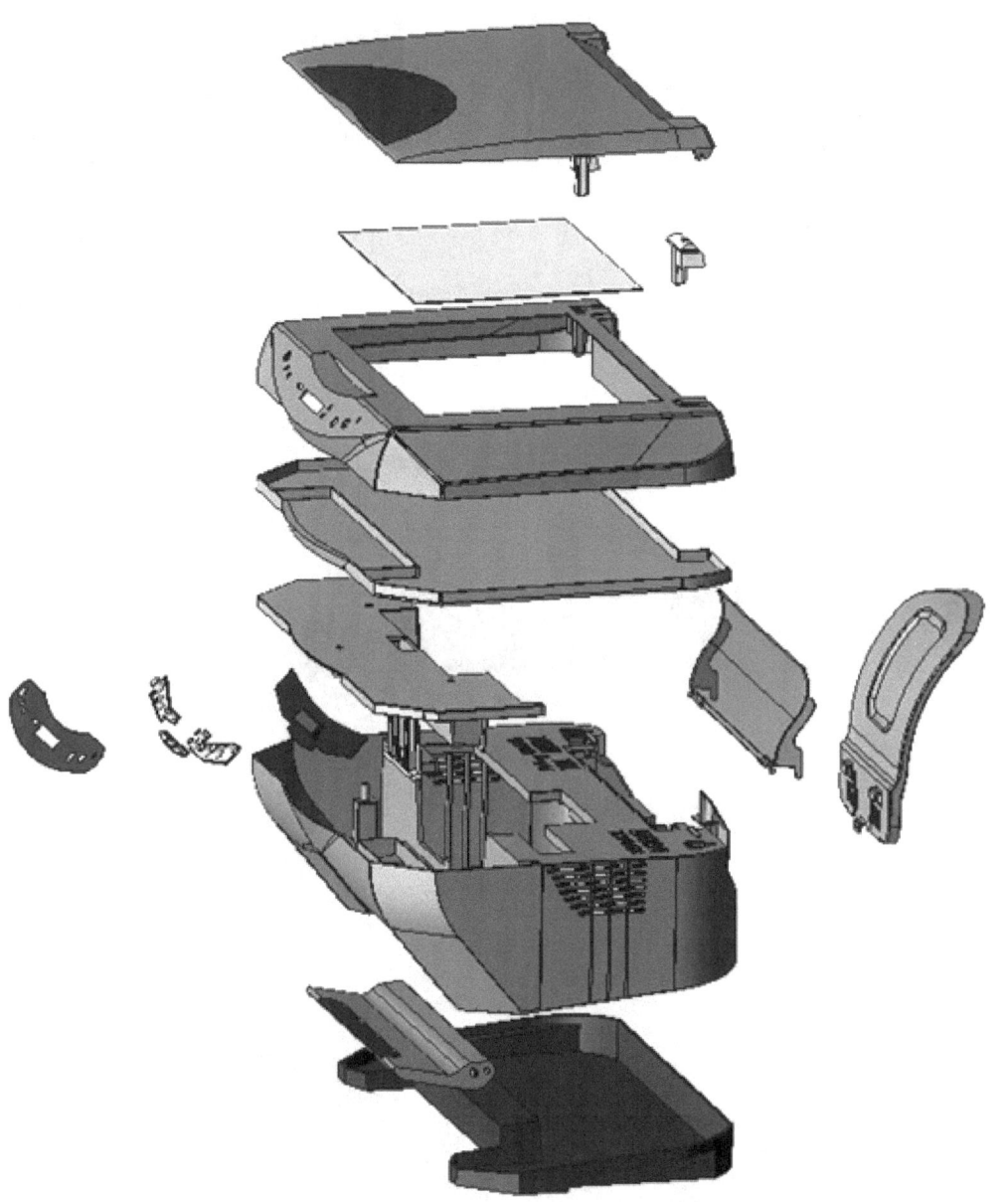

그림 1.3 (3) 프린터 복합기의 분해도 모델링(Disassembly modeling)

그림 1.4 (1) 디지털 카메라의 조립도 및 분해도 모델링

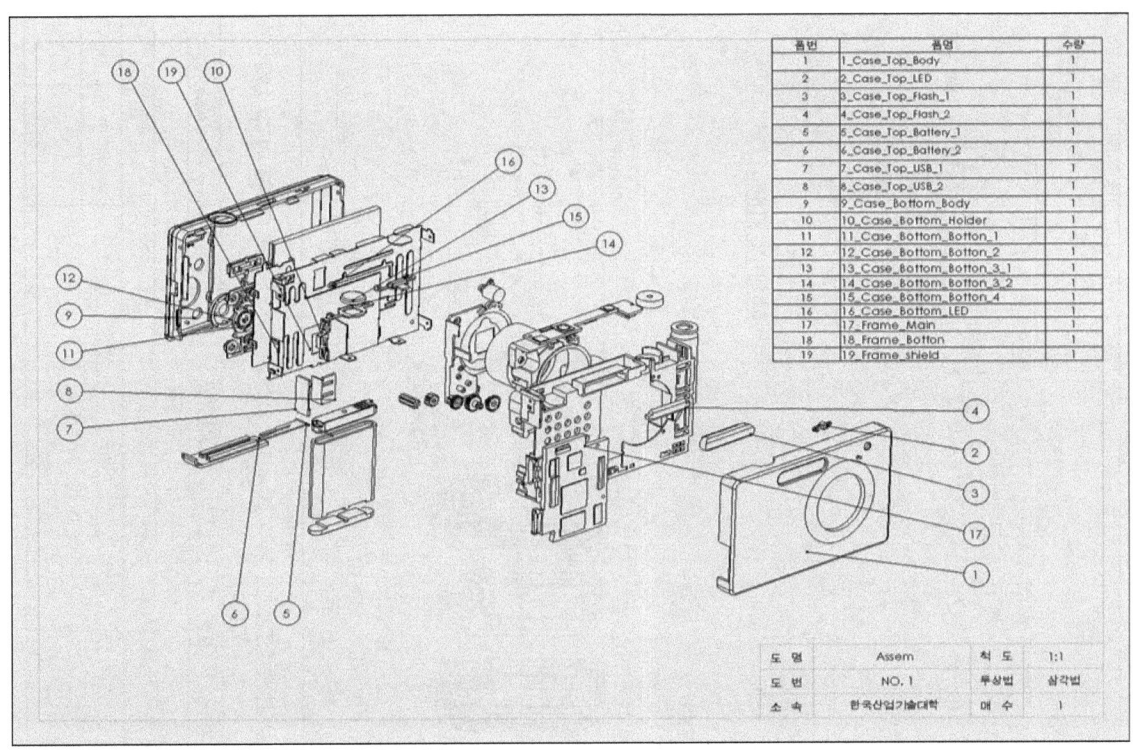

품번	품명	수량
1	1_Case_Top_Body	1
2	2_Case_Top_LED	1
3	3_Case_Top_Flash_1	1
4	4_Case_Top_Flash_2	1
5	5_Case_Top_Battery_1	1
6	6_Case_Top_Battery_2	1
7	7_Case_Top_USB_1	1
8	8_Case_Top_USB_2	1
9	9_Case_Bottom_Body	1
10	10_Case_Bottom_Holder	1
11	11_Case_Bottom_Botton_1	1
12	12_Case_Bottom_Botton_2	1
13	13_Case_Bottom_Botton_3_1	1
14	14_Case_Bottom_Botton_3_2	1
15	15_Case_Bottom_Botton_4	1
16	16_Case_Bottom_LED	1
17	17_Frame_Main	1
18	18_Frame_Botton	1
19	19_Frame_shield	1

도 명	Assem	척 도	1:1
도 번	NO. 1	투상법	삼각법
소 속	한국산업기술대학	매 수	1

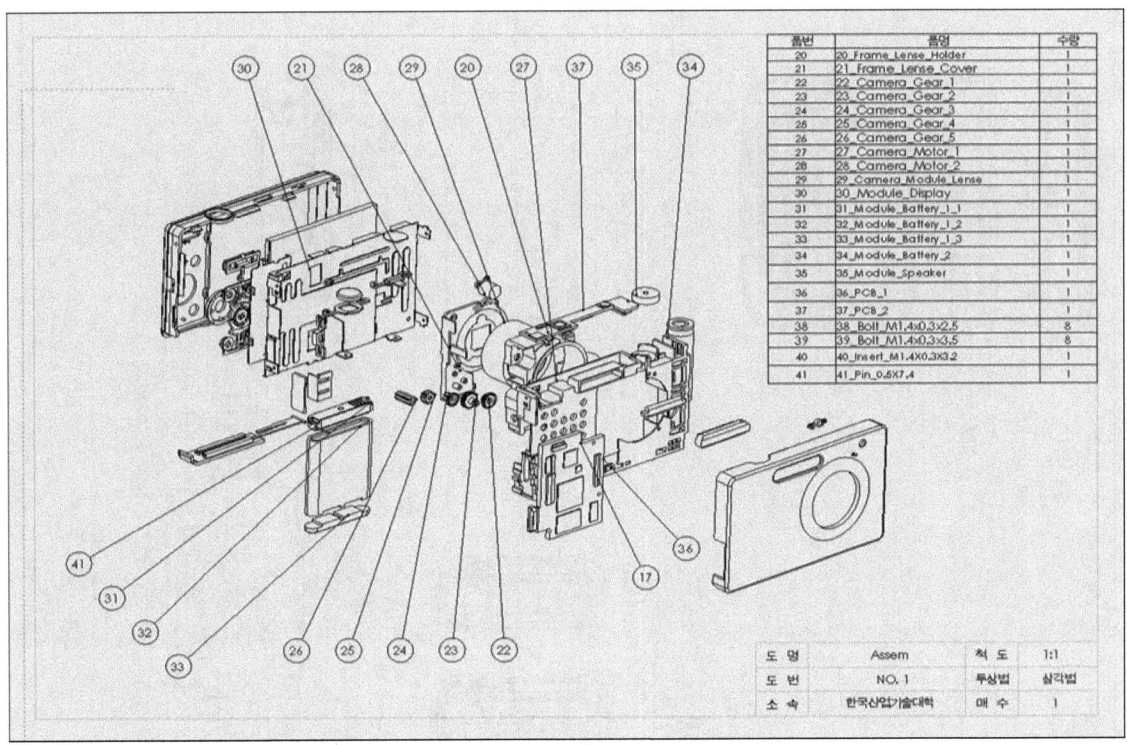

품번	품명	수량
20	20_Frame_Lense_Holder	1
21	21_Frame_Lense_Cover	1
22	22_Camera_Gear_1	1
23	23_Camera_Gear_2	1
24	24_Camera_Gear_3	1
25	25_Camera_Gear_4	1
26	26_Camera_Gear_5	1
27	27_Camera_Motor_1	1
28	28_Camera_Motor_2	1
29	29_Camera_Module_Lense	1
30	30_Module_Display	1
31	31_Module_Battery_1_1	1
32	32_Module_Battery_1_2	1
33	33_Module_Battery_1_3	1
34	34_Module_Battery_2	1
35	35_Module_Speaker	1
36	36_PCB_1	1
37	37_PCB_2	1
38	38_Bolt_M1.4x0.3x2.5	8
39	39_Bolt_M1.4x0.3x3.5	8
40	40_Insert_M1.4X0.3X3.2	1
41	41_Pin_0.5X7.4	1

도 명	Assem	척 도	1:1
도 번	NO. 1	투상법	삼각법
소 속	한국산업기술대학	매 수	1

그림 1.4 (2) 디지털 카메라의 조립구성도 및 파트리스트(Partlist)

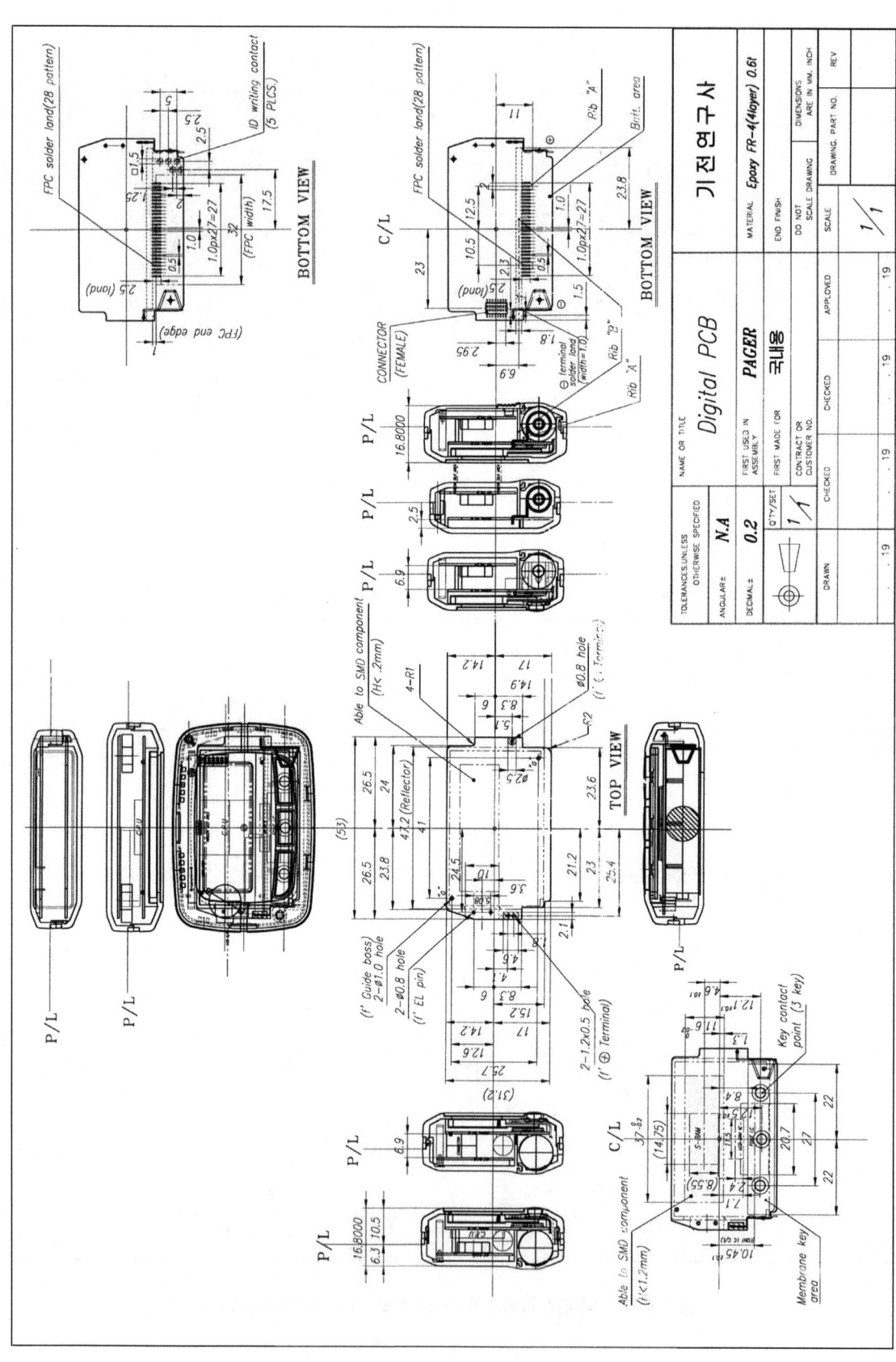

그림 1.5 무선 호출기의 조립구상도(검토도)

1.1.5 플라스틱 제품의 시제품 제작

플라스틱 제품의 설계도면이 완성되면 금형제작을 위해서는 비용과 시간이 많이 걸리므로 제작 착수 이전에 설계도면의 오류 유무 점검, 회로부품을 실장해 기능점검, 최종 외관검토 및 조립성 문제 검토 목적 등으로 반드시 시제품을 제작하여 문제점을 사전 예방한다. 이 시제품을 프로토타이프(prototype) 또는 목업(mock-up)이라 하며, 제작방법은 다음과 같다.

1) 목업의 제작

목업의 제작은 보통 자체에서 시행하지 않고 외부 목업 전문 제작업체에 맡기게 된다. 제작업체는 설계자가 제공한 설계도면을 가지고 제작하며, 사용재료는 ABS판, PMMA판, PVC 봉 등이며 곡면부는 목형(木型)을 만들어 열을 가해 성형하고, 또한 드릴, 선반, 밀링 M/C(machine) 등을 이용하여 구멍, 보스, 평면부 등의 필요형상을 제작한다. 그 외는 수공으로 제작하며 접착제 등을 이용, 조합하여 한 개의 부분을 완성한다. 이후 외관에 도장을 실시하고, 필요한 곳에 실크 스크린 인쇄도 한다. 한 모델 전화기(핸드셋 포함)의 목업 제작소요기간은 7일~10일 정도이며, 비용은 약 100만~150만 원 정도이다.

근래에는 급속조형기(rapid prototyping machine ; RP)가 개발되어 3차원의 CAD로 모델링만 되어 있으면 어떠한 복잡한 형태의 것이라도 1일 정도면 제작할 수 있다.

2) Soft-mold의 제작

시제품은 기술검토 및 외관 디자인 검토용으로 주로 제작되지만, 흔히 수출품의 경우는 고객 제출용 또는 시험 검증용으로 10여대에서 수십 대가 필요할 때가 있다. 만약 이들을 목업으로 모두 제작한다면 그 비용이 엄청나게 들게 된다. 이 비용을 절감하기 위해 수량이 많을 때에는 soft-mold 방법으로 시제품을 제작하게 된다. 제작방법은 원형(master)을 그대로 복제하는 방식을 취하므로 반드시 원형으로 쓰일 목업이 필요하다.

성형사출에서 금형에 해당하는 주형은 대개 실리콘 고무로 제작되며, 그 제작과정은 그림 1.6과 같이,

① 목업 크기에 맞춰 적당한 크기의 상자를 만든 후, 그 안에 원형을 넣고 고정시킨다.

② 겔(gel) 상태의 실리콘 고무와 경화제를 50 : 50 비율로 혼합한다.

③ 혼합과정에서 기포제거를 위해 진공 펌프와 연결하여 혼합, 교반한다.

④ 혼합, 교반된 실리콘 고무를 원형이 들어있는 상자에 주입한다.

⑤ 주입 후에도 기포제거를 위하여 진공상태를 유지한다.

⑥ 실리콘 고무가 경화된 후 상자를 제거하고, 실리콘 고무의 중간 부분을 잘라 목업을 빼냄으로써 실리콘 고무 주형이 완성된다.

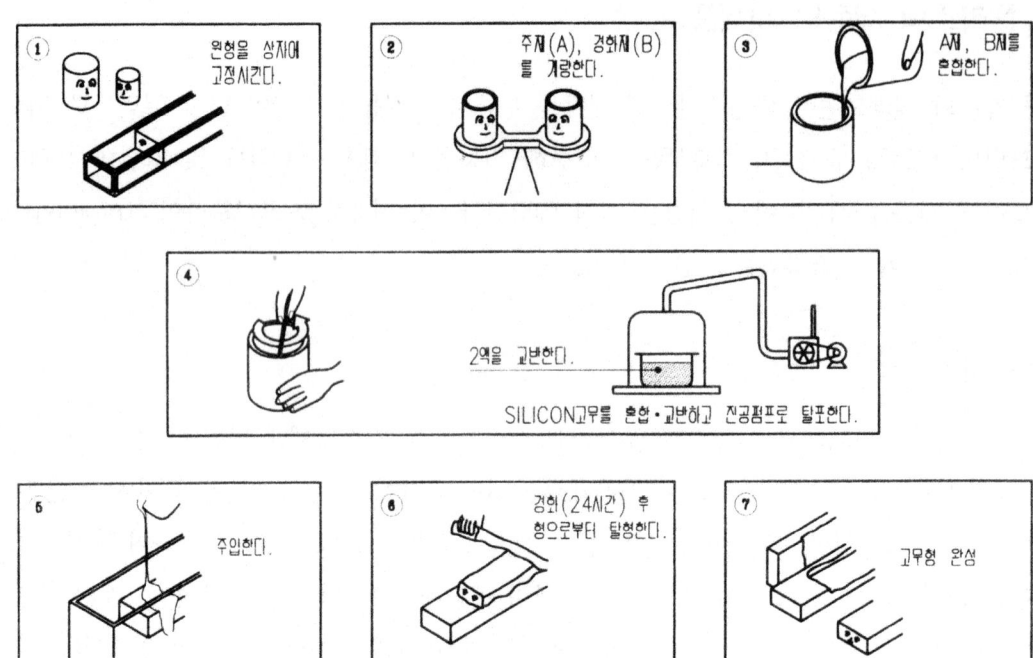

그림 1.6 실리콘 고무 주형의 제작과정

시제품은 완성된 주형(soft mold)에 수지재료(주로 ABS, 폴리우레탄 등)를 주입하여 제작하며, 그 과정은 다음과 같다.

① 겔(gel) 상태의 수지와 경화제를 50 : 50 비율로 혼합한다.

② 실리콘 고무주형에 주입할 때 기포발생을 제거하기 위해 진공주형기 내에서 혼합재료를 주입한다.

③ 혼합재료가 경화된 후 형을 진공주형기에서 꺼내 형을 분해하여 제품을 꺼낸다.

④ 형에서 나온 제품은 표면에 기포도 발생된 것도 있으며, 게이트 제거작업도 필요해, 약간의 후가공을 가해야 한다.

후가공이 완료된 제품은 외관표면에 도장 및 필요부위에 실크 스크린함으로써 제품이 완성된다. 한 개의 실리콘 고무주형에서 20~25개 정도의 제품을 제작할 수 있으며, 그 이상의 제품이 필요할 경우는 형을 더 제작해야 한다.

제작비용은 제품의 크기에 크게 영향을 받으며, 목업의 비용을 100이라 할 때, 주형 가격은 95~115 수준이고, 제품가는 20 정도이다. 예를 들어, 20개의 soft-mold를 만든다면 (95~115)+(20×20)=490~515이며, 이때 목업 비용은 20×100=2,000이 된다.

soft-mold는 제작비용을 대폭 절감할 수 있는 것이 최대 장점이고, 이음부가 없어 강도도 높다. 그러나 치수정밀도에 있어서는 주형시(注型時) 수축 등이 발생하여 목업에 비해 떨어지며, 제작시간도 목업의 2배 정도 소요된다.

제2장

디자인 도면

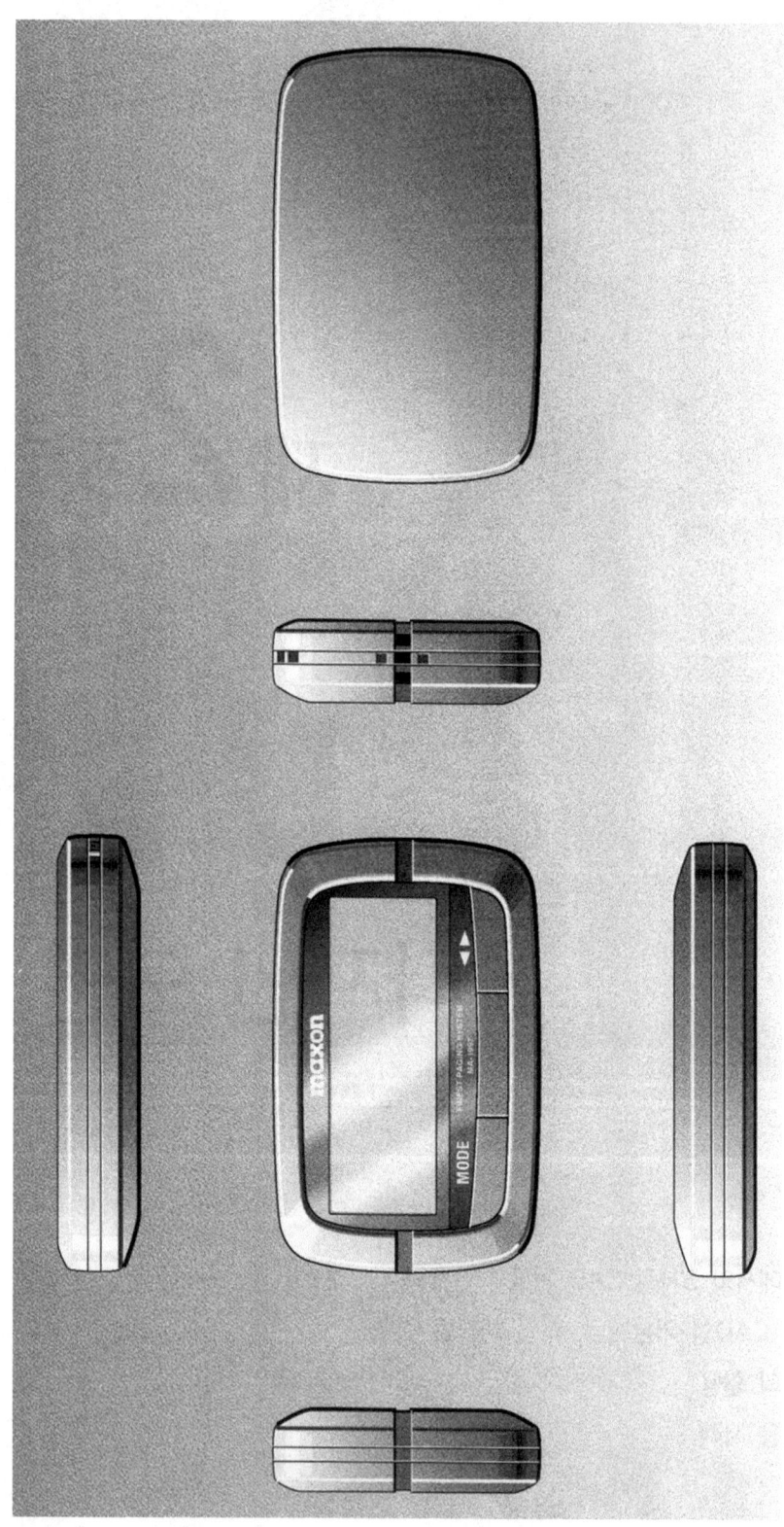

그림 2.1 무선 호출기의 렌더링 도면의 예(1)

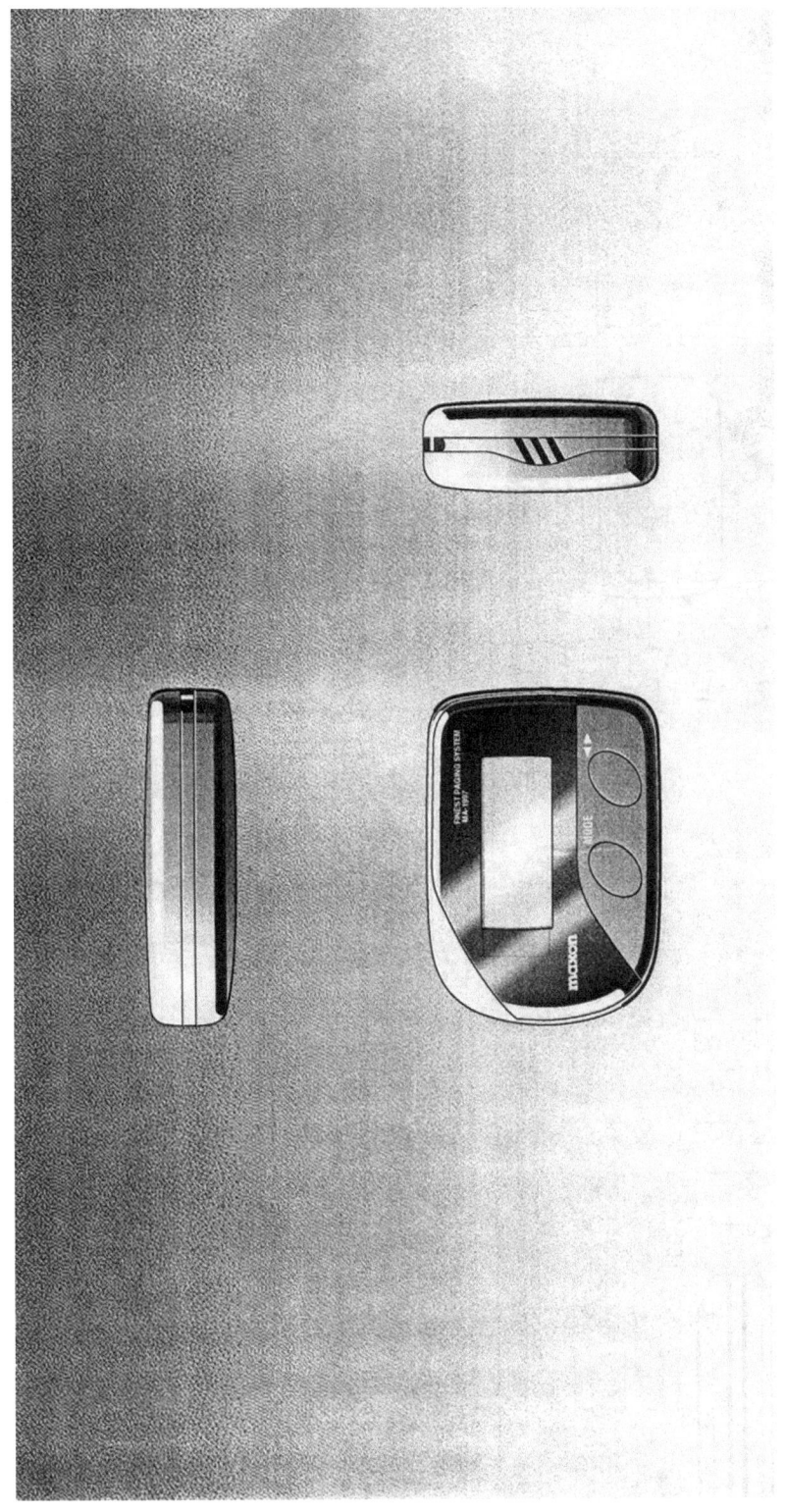

그림 2.2 무선 호출기의 렌더링 도면의 예(2)

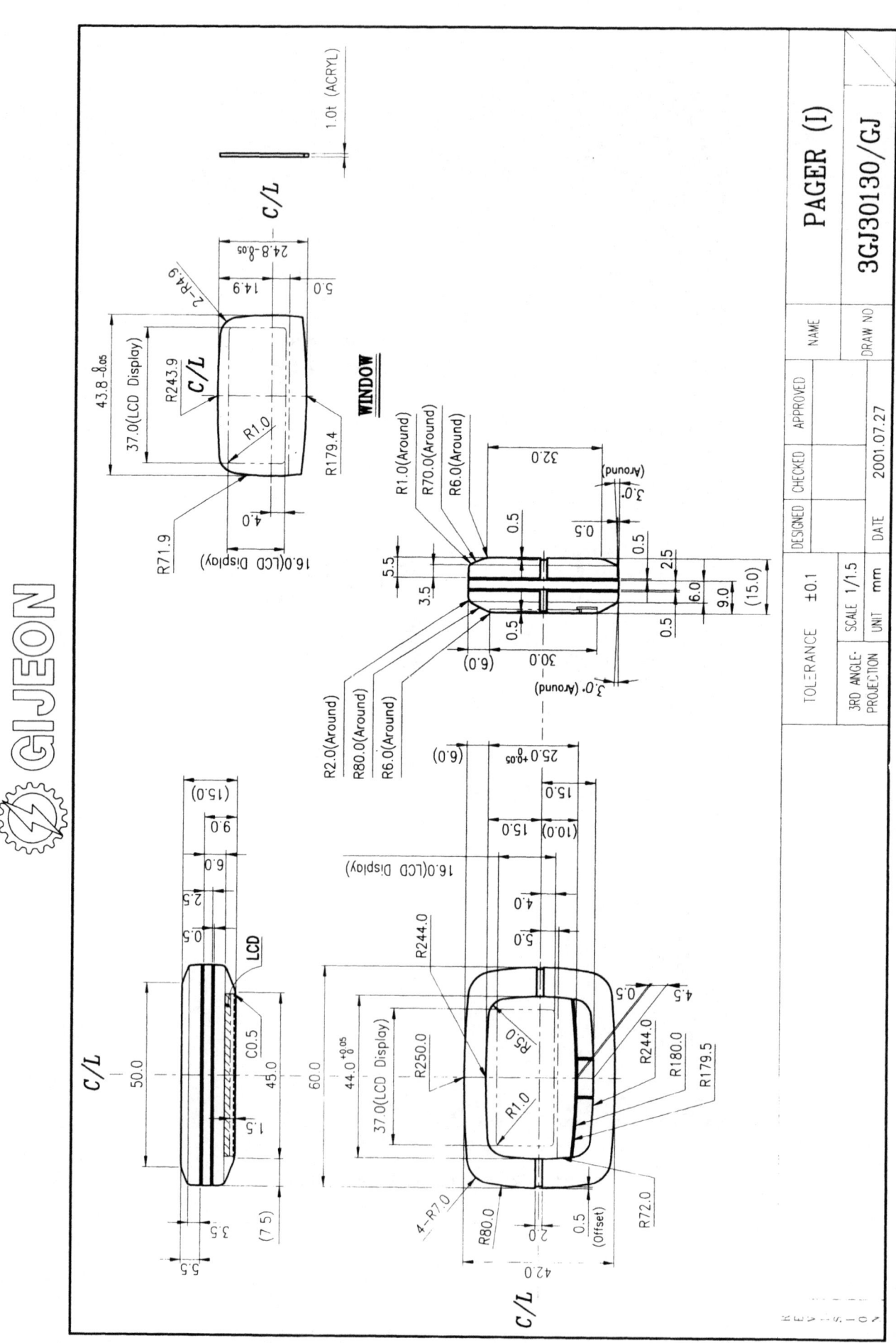

그림 2.3 무선 호출기 디자인 도면의 예

본 도면은 액정디스플레이 제품과 닮은 외부기판 외부기판(액정 전파연구소 : MOC, 한국통신 : KT)
승인용으로 제출시 제품의 외관 및 기능을 표시한 제품도(Product Drawing)이다.
또한 카다로그 제작 및 영업(Marketing), A/S(애프터 서비스)등을 준비하기 위해 대리점
등에 산하에 배포하기 위한 참고 제품도면이다.
무선호출기(삐삐)의 제품도면의 예이다.

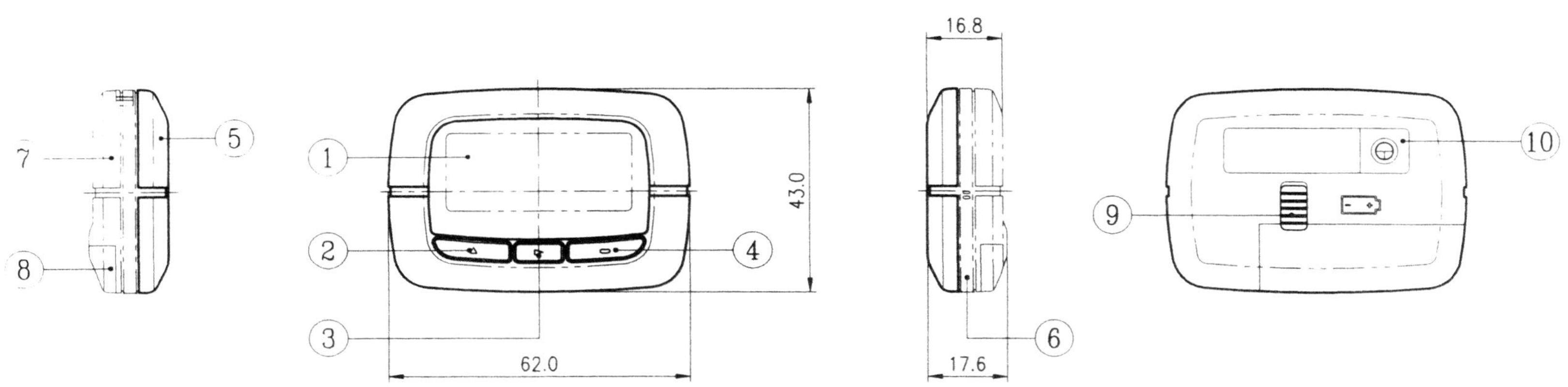

No.	PART NAME	No.	PART NAME
1	LCD 창	6	힌지 핀
2	설정 버튼	7	하부 케이스
3	개별 버튼	8	전지 덮개
4	읽기 버튼	9	LOCK 노브
5	상부 케이스	10	명칭 레벨

16.8
17.6
43.0
62.0

PAGER (II)

3GJ30140/GJ

DESIGNED	CHECKED	APPROVED	NAME

TOLERANCE ±0.1	DRAW NO
3RD ANGLE PROJECTION	DATE 2001.07.27
SCALE 1/1.5	
UNIT mm	

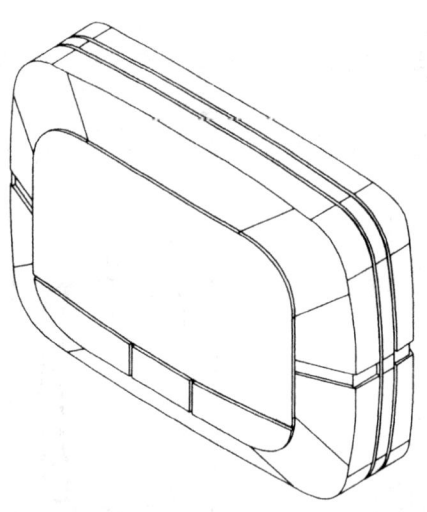

참고) 부품 3차원 입체도(등각 투상도)

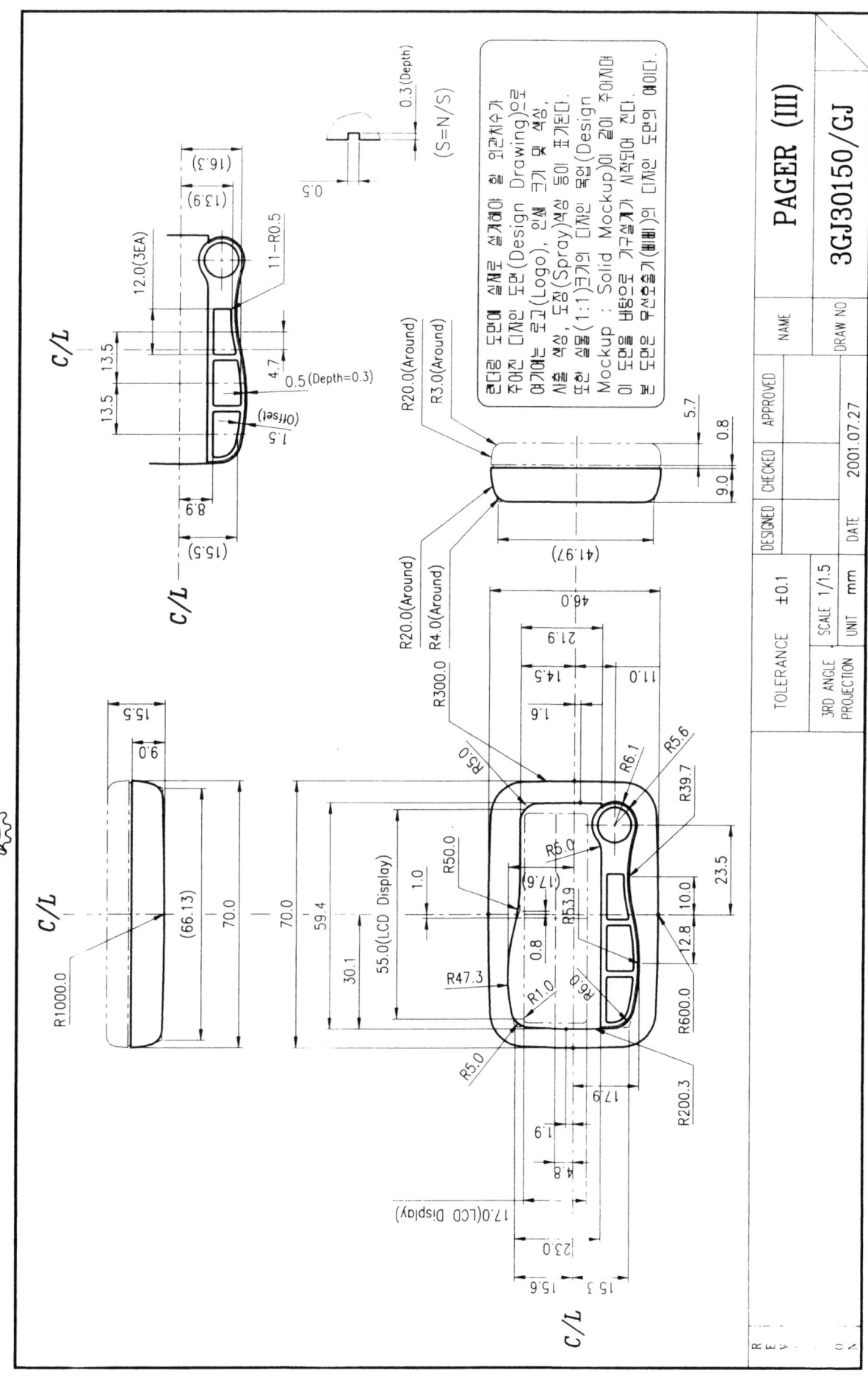

현재의 도면에 실제로 설계해야 할 인관계수가
주어진 디자인 도면 도면(Design Drawing)으로
대기에는 로고(Logo), 인쇄 크기 및 색상,
사출 색상, 도장(Spray)색상 등이 표기된다.
도면 실물(1:1)크기 디자인 목업(Design
Mockup : Solid Mockup)이이 길이 주아시에
이 도면에는 배향으로 가공설치가 시작되어 진다.
본 도면는 무선호출기(페이페)의 디자인 도면의 예이다.

0.3 (Depth)

(S=N/S)

R20.0(Around)
R3.0(Around)

5.7

0.8

9.0

(41.97)

11—R0.5

(16.3)
(13.9)

12.0(3EA)

13.5
13.5
13.5

4.7

0.5 (Depth=0.3)

1.5
(Offset)

8.9

(15.5)

C/L

C/L

R20.0(Around)
R4.0(Around)

R300.0

R50.0

46.0
21.9
14.5
1.6
1.0

R6.1
R5.6
R39.7

R50.0

(17.6)

R53.9

0.8

23.5

10.0

12.8

R47.3

R1.0

R6.0

R600.0

R5.0

R200.3

17.9

1.9

4.8

15.5
9.0

(66.13)

70.0

70.0

59.4

30.1

55.0(LCD Display)

R1000.0

C/L

17.0(LCD Display)
23.0
15.3
15.6

C/L

TOLERANCE ±0.1	DESIGNED	CHECKED	APPROVED	NAME
3RD ANGLE PROJECTION	SCALE 1/1.5		DRAW NO	
	UNIT mm	DATE 2001.07.27		

PAGER (III)

3GJ30150/GJ

GIJEON

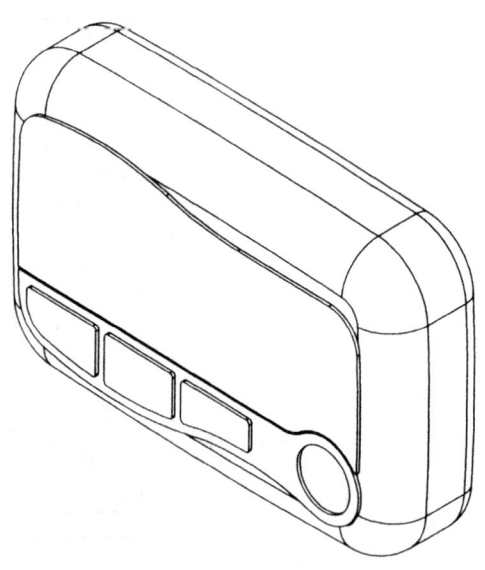

참고) 부품 3차원 입체도(등각 투상도)

그림 2.4 무선 호출기의 제품 도면의 예

2.1 디자인에서의 3차원 CAD 활용

2.1.1 배경(Background)

환경변화에 적극적으로 대처하기 위하여 제품외관의 다양한 구성요소들(형상/재질/색채/그래픽/사용환경)과의 관계검토를 위한 디자인 전용의 시스템이 필요시된다.

1) 디자인 CAD의 필요성

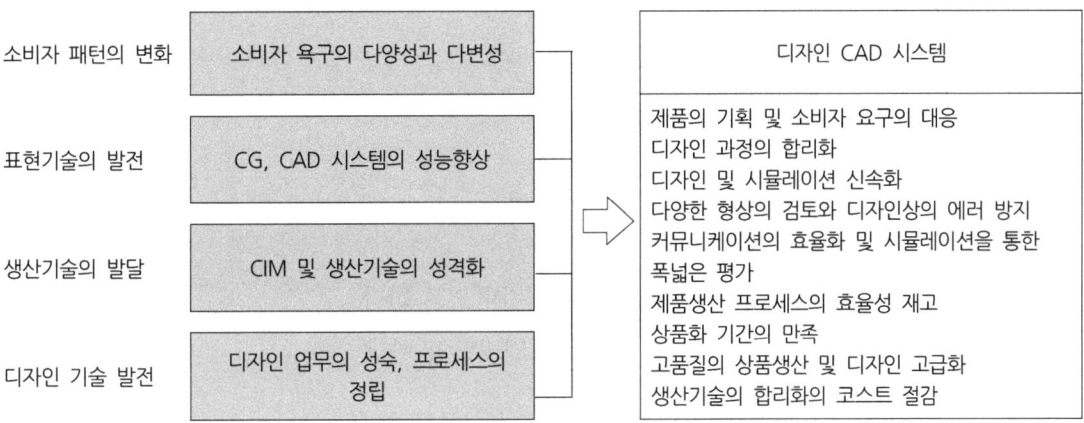

디자인의 정확하고 효율적인 제품화를 위하여 3D 형상 데이터를 설계제조 부문과 연계할 수 있는 시스템 구축이 과제로 대두된다.

2) CAD/CAM 일관화의 필요성

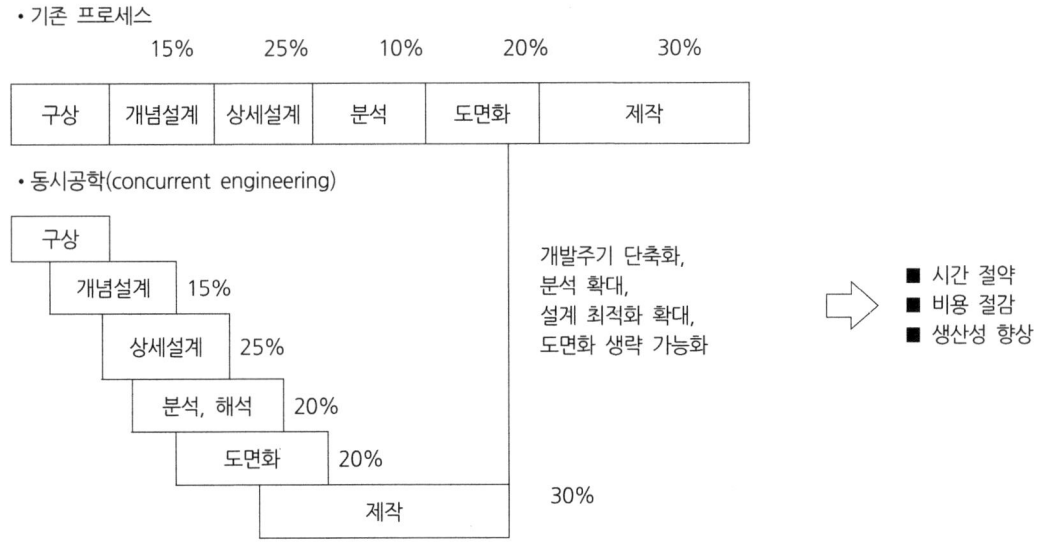

2.1.2 디자인 공정(Design Process)

디자인의 process에 3차원 CAD를 도입하여 디자인의 조기평가 체제를 구축하고 이를 설계부문과 연계하여 최적의 디자인안이 상품화될 수 있도록 process를 재정립한다.

디자인 공정

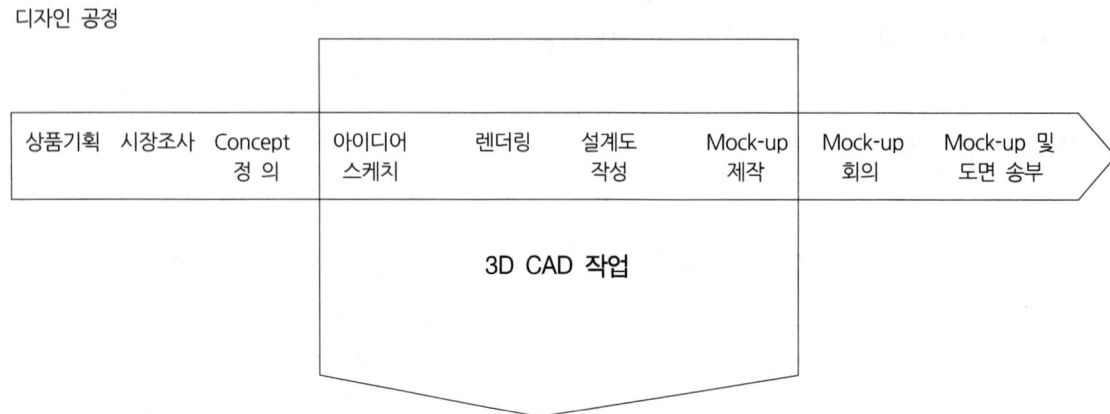

① 디자인 평가를 목업(mock-up) 의존형에서 조기평가형으로 한다.
② 스케치, 도면, mock-up 사이에 있어서 정보변환 정밀도의 향상
③ 동적 모의실험(dynamic simulation)
④ 설계/제조 부문과의 정보 네트워크 활용

3차원 CAD 작업을 통해 이미지 데이터는 디자인안의 색채/질감 등의 평가에 활용하고 모델링 데이터는 실물 가공, 설계 부문과의 데이터 공유 등에 활용한다.

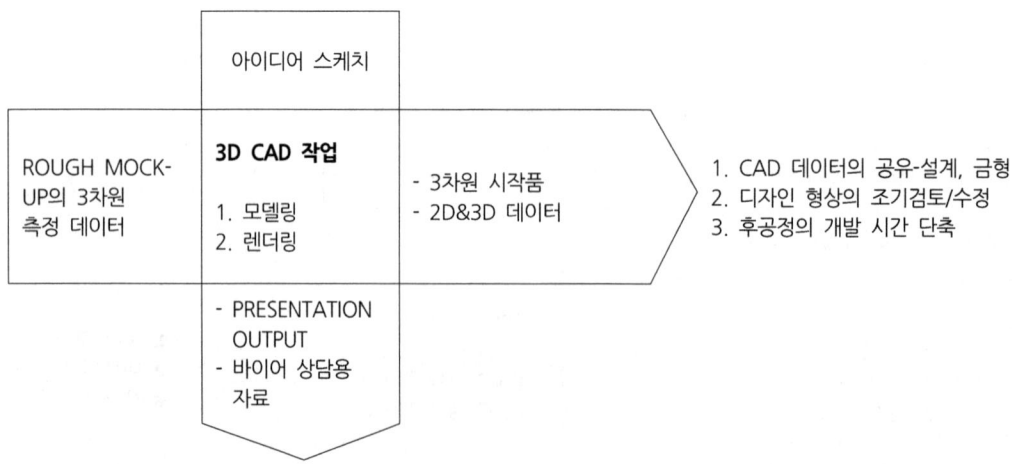

1. 디자인 안의 공유 - 설계, 금형, 상품기획, 영업 등
2. 디자인 형상의 조기평가 - 외관, 색채, 재질감 등

2.2 디자인 CAD의 기본개념, 작업과정 및 데이터의 활용

2.2.1 Alias를 이용한 작업과정

1) Alias란?

Alias 시스템은 캐나다에서 컴퓨터 그래픽용으로 개발된 디자인 전용의 3차원 모델링/렌더링 소프트웨어로 제품 디자인, 자동차 모델링, 방송광고 제작 등에 사용된다. 모델링, 렌더링, 애니메이션 모듈과 CAD 인터페이스를 위한 옵션을 가지고 있다.

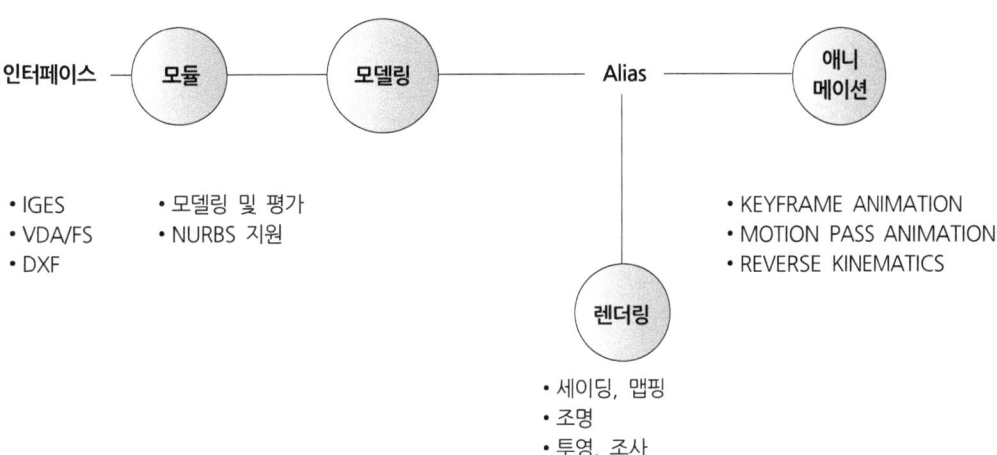

2) Alias를 이용한 작업과정

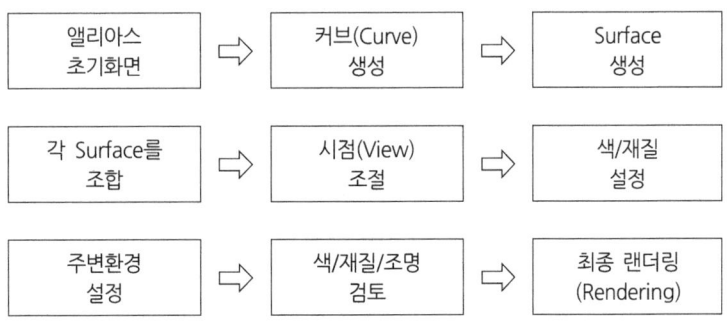

3) Alias Data의 활용

ALIAS에서 만들어진 데이터는 IGES를 이용, 3차원 CAD시스템과 공유하고, DXF를 사용하여 2차원 CAD로 변환한다. 또한 STL을 사용하여 3차원 PROTOTYPE을 제작한다.

(1) 데이터의 활용

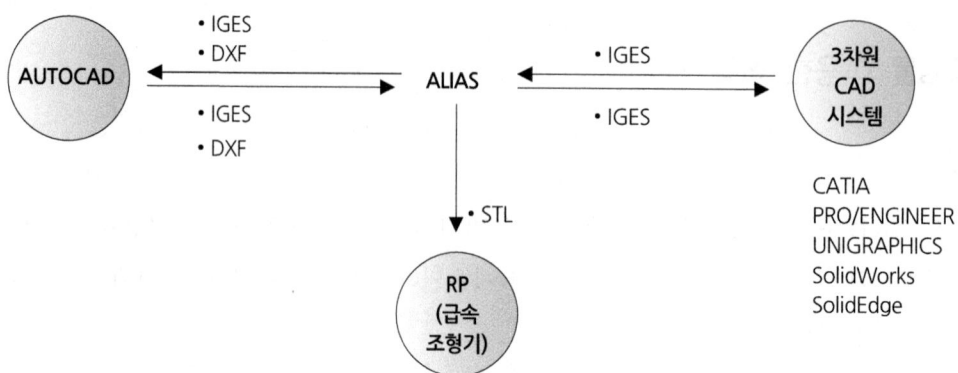

2.3 업무적용 사례

2.3.1 디자인 개발 사례

1) Alternative(전기자전거)

(1) 시안 A

(2) 시안 B

2) 풍력발전기를 활용한 광고 및 발전시스템

다음은 경남 창녕군 우포늪 생태관을 포함하는 생명길 둘레 코스에 설치한 친환경 에너지발생장치인 풍력발전기의 날개(blade)를 활용한 광고 효과이다.

그리고 풍력발전기에서 발생되는 전기에너지를 이용하는 둘레코스 곳곳에 설치된 충전시스템과 이동수단인 전기모터 구동방식인 전동킥보드를 사용하는 디자인 이미지이다.

(1) 시안 A

(2) 시안 B

(3) 시안 C

풍력발전기를 활용한 광고 및 발전시스템의 렌더링의 예

3) 스마트 전동킥보드의 디자인을 활용한 개념설계안

다음은 디자인 렌더링을 활용하여 스마트한 전동킥보드(Electric kickboard)의 주요 기능과 특징을 보여주는 개발 개념설계안(Conceptual design)의 사례를 보여준다.

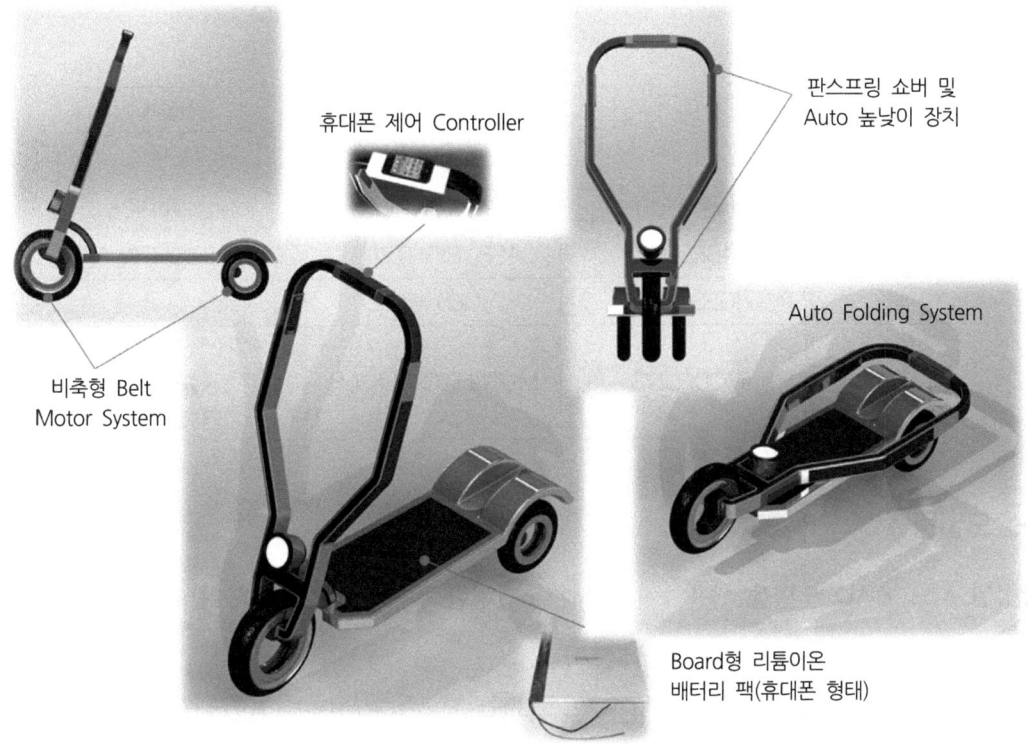

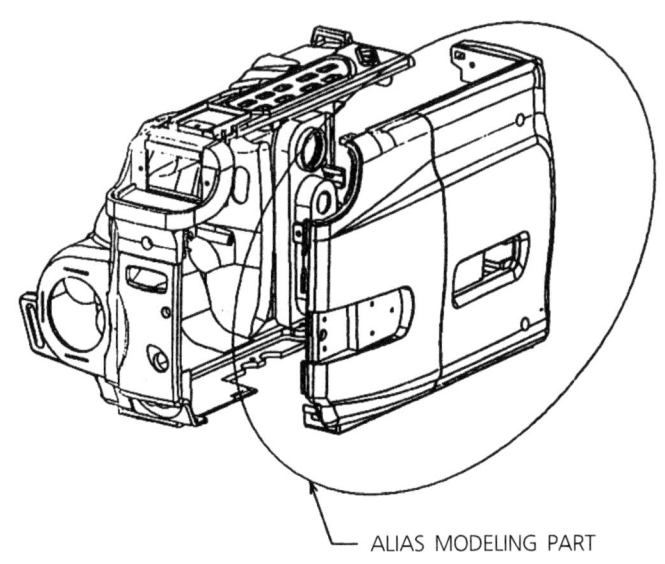

스마트 전동킥보드의 디자인 및 주요 특징을 보여주는 스토리보드(Story board)

2.3.2 3차원 CAD 활용

1) 모델 선정 및 모델링 Part의 선정

모델의 선정은 camcorder(video camera)로 하고 모델링 part는 그림에서와 같이 case, left(왼편 케이스)로 선정했음.

2) 진행절차

디자인 ⇨ 제품설계 ⇨ 금형설계

SYSTEM	ALIAS STUDIO	UNIGRAPHICS	UNIGRAPHICS
PART	CASE, LEFT	CASE, RIGHT의 5종	CASE, RIGHT의 5종
I/F	IGES V5.0	IGES V5.0	
내용	MODELING	MODELING SLA제작	ACRYL NC 가공 금형설계 금형가공

3) Alias 모델링

이미 작성된 AUTOCAD 도면을 사용하여 3차원 모델링한 뒤 IGES로 변환하여 설계부서로 이관.

|모델링 Process|

① AUTOCAD 도면변환(→DXF) : 도면요소 중 불필요한 요소들(치수, 단면도, 해칭선 등)을 삭제하고 외곽선만을 DXF로 추출하여 Alias로 넘김.

② 평면 layout 불러들인 data를 각 View에 맞게 배열 ③ 기준면 및 형태결정의 대표면 작성

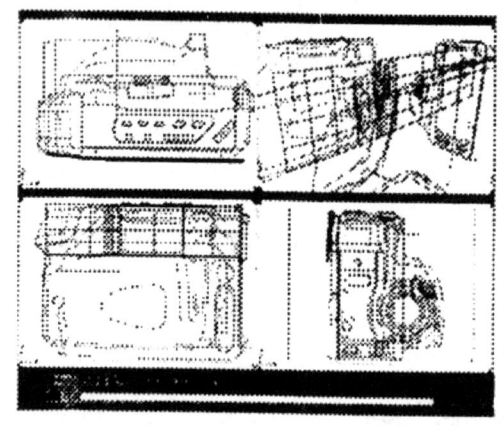
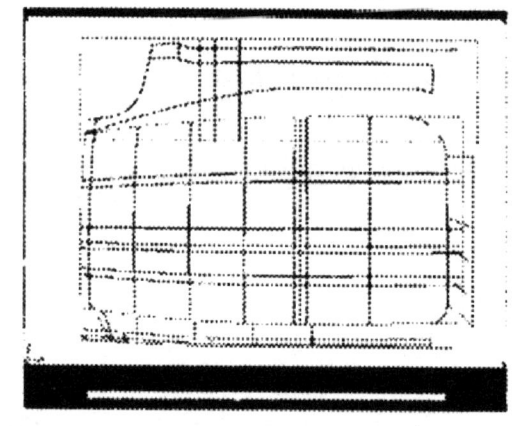

④ 각 모서리의 라운드 처리 ⑤ 몸체와 테이프 삽입덮개 분리

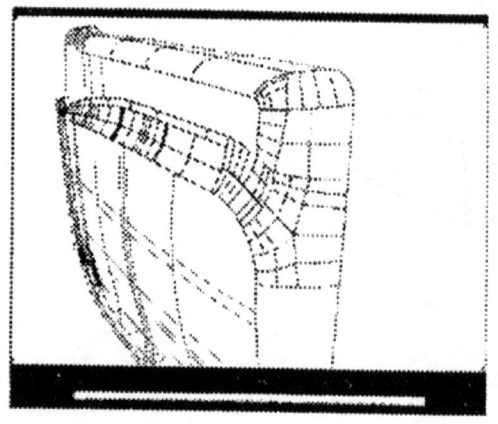
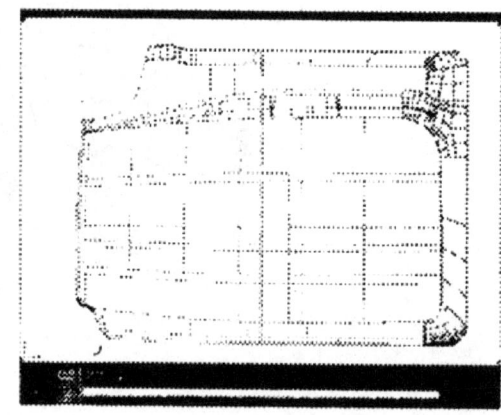

⑥ 테이프 표시창 작성

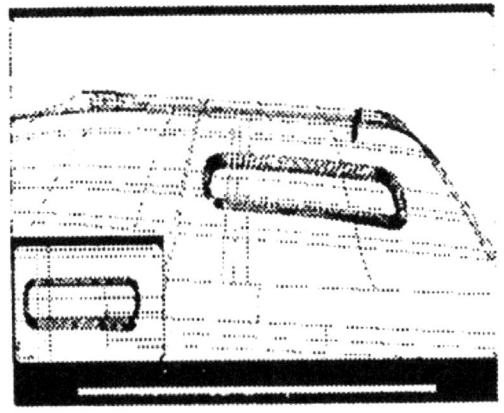

⑦ 몸체 버튼면 작성

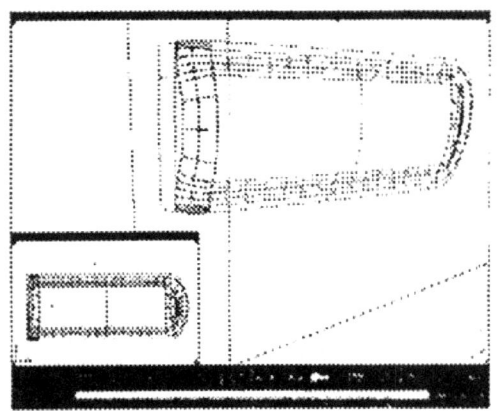

⑧ 완성된 모습

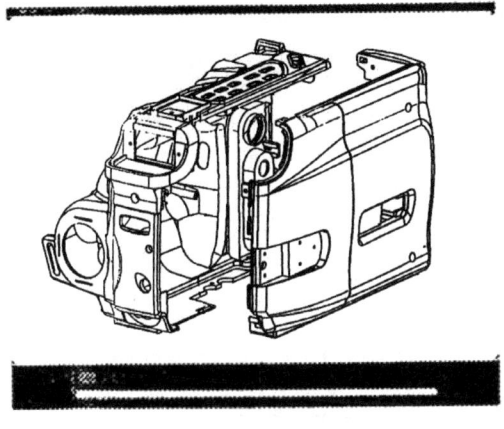

⑨ surface 평가

⑩ surface quick rendering

4) Data 변환

작성된 surface를 IGES data를 추출하여 unigraphics로 전송한다.

Translation summary of file :

/usr/a3demo/user-data/cam-if/wire/e7.iges

Alias entity	occurs	IGES entity	type	form	passed
B-Spline Surface	43	Ration. B-Spline	128	0	43
Trimmed Surface	31	Trimmed Param. Surface	144	0	31
Group	2	Associativity Instance	402	7	2

5) Unigraphics에서의 Data 변환

NUMBER OF IGES ENTITIES IN FILE

TYPE	FORM	COUNT
102	0	60
126	0	286
128	0	63
142	0	32
144	0	31
402	7	2
TOTAL =		474

NUMBER OF UNIGRAPHICS ENTITIES CREATED

GROUPS   = 30
B-SURFACES = 74

TOTAL =   104

The following entities were not converted :

DE	PD	TYPE	FORM	REASON
185	1084	402	7	Unsupported entities type/form
947	6917	402	7	Unsupported entities type/form

2 entities were not converted

총 ENTITIES 수	변환된 ENTITIES 수	변환율
474	472	99.58%

6) Unigraphics에서의 작업과정

① alias data를 unigraphics에 변환한 초기 상태

② 원점 수정

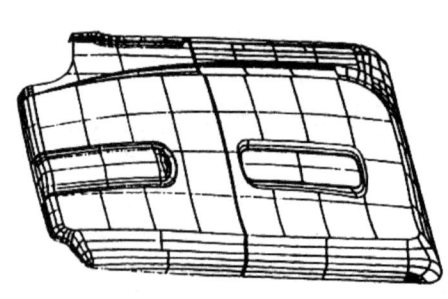

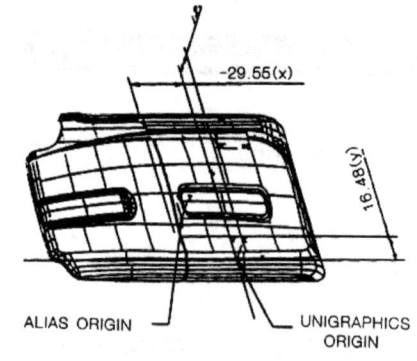

③ 치수 검토

④ 데이터 수정

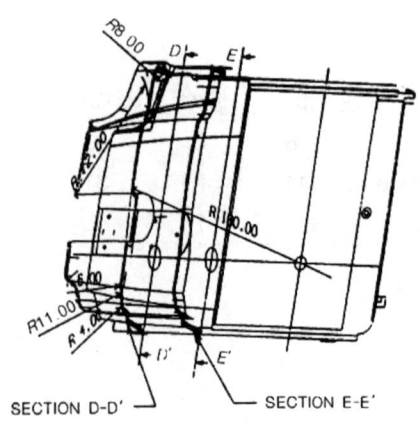

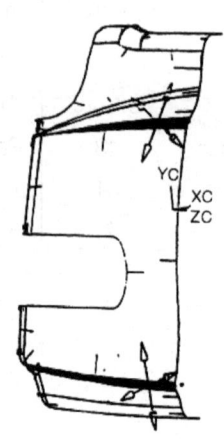

⑤ part별 분리

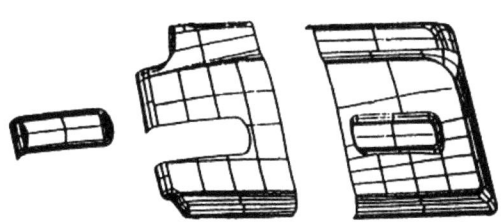

⑥ 내부구조 모델링

(곡면을 제외한 부분의 solid 모델링)

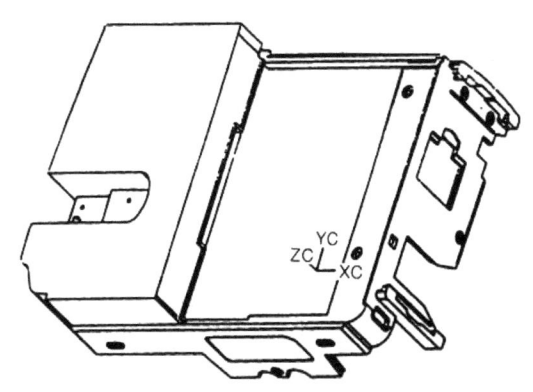

⑦ 내부구조 모델링(solid → surface로 변환)

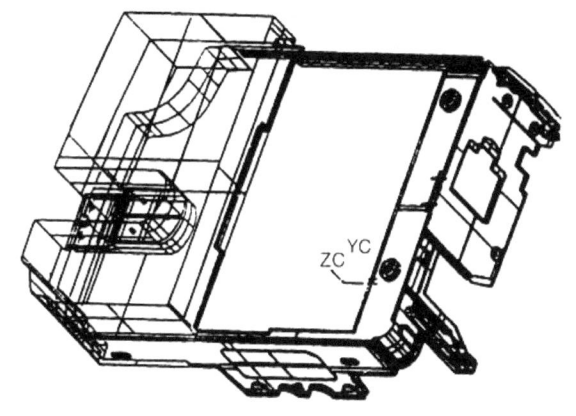

⑧ 내부구조 완성

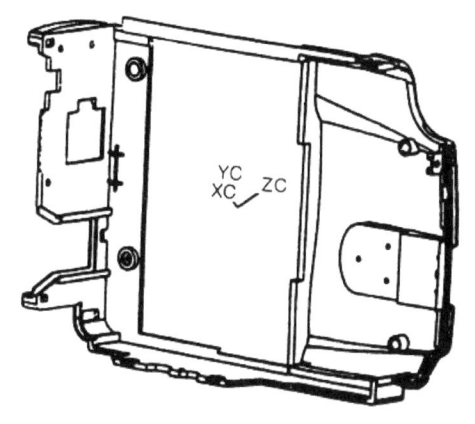

⑨ 모델링 완료

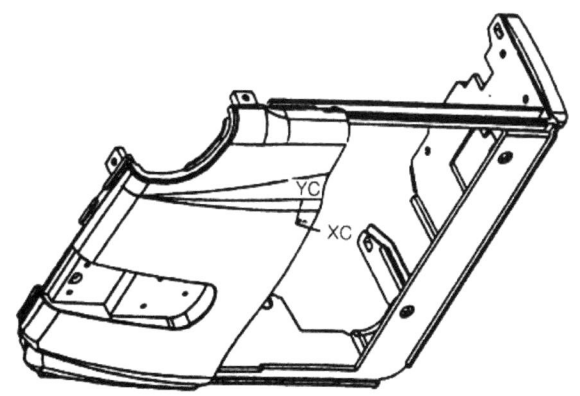

제6편

사례연구(응용) 및 해설

제 **1** 장

판스프링을 응용한 전동 모빌리티의 충격흡수 장치(서스펜션) 개발

1.1 개발의 개요

사례연구로 여기서는 전동바이크(e-bike)를 비롯한 전동 모빌리티에서 주행시 노면(지면)으로 부터의 충격을 흡수하여 탑승자의 안전을 보호해주는 충격흡수장치(서스펜션, suspension) 개발의 예를 들고자 한다. 충격흡수장치를 서스펜션 또는 줄인 말로 쇼버(shock absorber)라고 부른다.

전기에너지를 기계적인 에너지로 바꾸어 회전운동을 일으켜 동력을 얻는 전동기의 대표적인 장치가 바로 모터(motor)이다. 모터는 전기에너지를 기계 회전운동을 일으켜 바퀴를 구동시킨다. 최근에 유행하는 전기 자동차를 비롯하여 근거리 이동에 적합한 개인이동수단인 퍼스널 모빌리티(PM, Personal Mobility)의 회전 운동이 바로 모터에 의해 구동되므로 전동 모빌리티라고 하며 핵심 기구장치이다.

전동 모빌리티(electric motor driven mobility)는 전기자전거, 전동킥보드, 전동스쿠터, 전동바이크, 전동휠, 전동휠체어 등 모터를 사용하는 모든 이동수단을 총칭하여 말한다.

현재 친환경제품으로 근거리 이동수단인 전기자전거와 전동킥보드는 공유 서비스가 활발히 진행되어져 인기를 끌고 있으며, 그 밖의 전동 모빌리티(mobility) 제품이 국내뿐만 아니라 세계적으로도 상용화 및 대중화가 이루어지고 있다. 그러나 값싼 중국 제품이 국내에서만 아니라 미국을 비롯한 해외시장에서도 거의 시장의 대부분을 점유하고 있기에, 이와 경쟁에서 이기기 위해서는 오로지 차별화된 기술 개발이 필요하다. 완제품뿐만 아니라 핵심적인 모듈, 기구부품 및 요소기술의 개발이 중요하다. 그러한 요소기술 중에서 필수적인 하나가 탑승자가 주행시 주행 만족감과 더불어 주행 안전성 확보를 위하여 제품에 적합한 성능이 우수하고 가성비가 있는 효율적인 충격흡수장치가 필요하다. 전동 모빌리티 제품에는 일반석으로 서스펜션이라는 충격흡수장치를 사용하고 있으며, 이는 노면(지면)으로 부터의 충격을 잘 흡수하여 탑승자의 안전과 승차감, 편의성을 증대시키는 역할을 한다. 소형 전동 모빌리티에는 일반적으로 다음과 같은 3가지 타입의 서스펜션이 주로 사용된다.

그림 1.1은 일반적으로 널리 사용하는 스프링의 탄성과 복원력을 이용한 인장·압축 코일 스프링 방식의 서스펜션 구조이다. 이는 스프링의 탄성과 복원력을 이용한 방식이다.

그림 1.1 범용적인 인장·압축 코일 스프링 서스펜션

인장·압축 코일 스프링 방식은 구조가 단순하고 가격도 저렴하여 일반적으로 많이 사용된다. 노면으로 부터의 충격을 코일 스프링이 흡수하면 압축되어져 충격에너지를 흡수하고, 충격에너지를 흡수한 후에는 다시 원위치로 스프링이 복원되어지는 탄성을 갖는 직선왕복운동인 습동운동을 한다. 즉, 스프링의 탄성 원리

를 활용하여 충격을 흡수하며 다시 원위치로 복원되는 탄성에너지를 이용한 것이다. 이는 충격흡수의 원리도 단순하며 값싸고 조립방식도 간단하여 자전거, 오토바이, 차량 등의 모빌리티(mobility)에 주로 많이 사용된다. 이를 장착한 장치(제품)의 예는 그림 1.2와 같다.

그림 1.2　전면 포크(fork)부에 코일스프링 타입 서스펜션을 장착한 전동킥보드(e-bike)

다음 그림 1.3은 액추에이터(actuator, 구동기) 방식의 댐핑(damping, 충격에너지 감쇄)을 이용한 실린더 타입의 서스펜션이다.

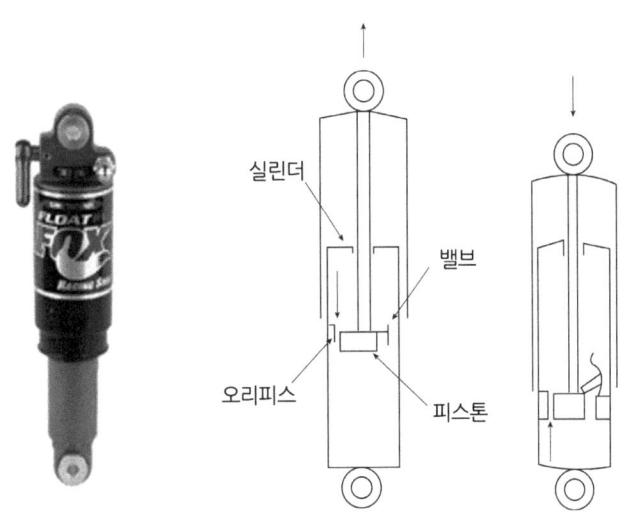

그림 1.3　액추에이터(댐퍼, damper) 방식의 서스펜션

이는 댐퍼(damper) 방식으로 노면으로 부터의 외부 충격이나 진동이 가해지면 실린더 안의 피스톤이 유압 또는 공압으로 작동하여(파스칼 원리) 충격을 감쇄시켜 흡수해주는 서스펜션이다. 댐핑에 의한 감쇄이므로 효과는 아주 좋으며, 충격흡수가 부드러우나 가격이 비싸다.

그림 1.4는 댐퍼를 이용한 전면 포크부에 장착된 서스펜션의 특허 사례이다(특허출원번호 10-2007-0026111).

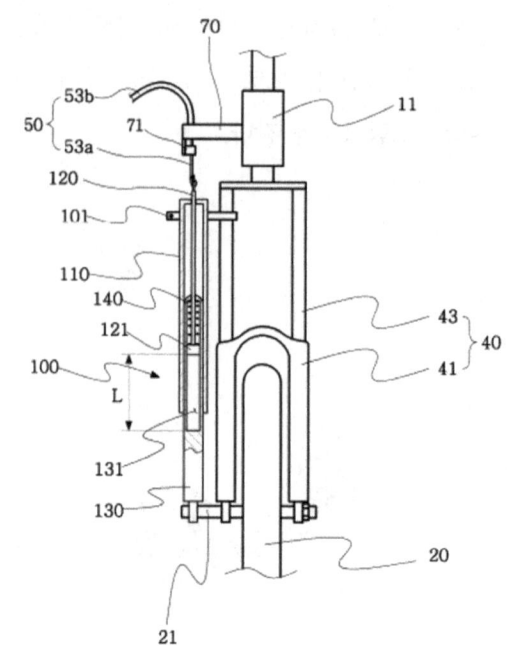

그림 1.4 액추에이터(댐퍼) 방식 서스펜션의 특허 예시

또한 대형 차량에 있어서는 그림 1.5와 같은 판스프링을 여러 겹으로 겹친 겹판스프링 또는 리프스프링 (leaf spring)을 차량 밑에 장착하고 있다. 충격흡수가 강력하므로 대형 트럭, 화물차 등에 사용된다.

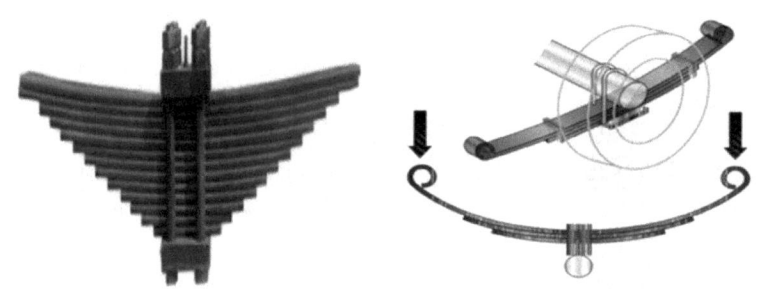

그림 1.5 겹판스프링(리프스프링)

1.2 종래기술과 차별성을 가진 판스프링 충격흡수장치 개발의 필요성

위와 같이 일반적으로 자전거를 비롯하여 개인이동수단에 많이 사용되는 압축·인장 코일 스프링 방식은 가격이 저렴하나 충격흡수의 효과가 크지는 않다. 코일의 권선수를 많이 감아서 구성시키거나 아니면 코일 의 권선수를 줄이기 위해 코일의 지름을 굵게 만들어 충격량에 의한 변형량에 비례하여 코일의 길이를 늘 려 충격흡수의 효과를 리니어(linear, 선형적)하게 증대시키려고 한다. 그러나 이는 노면 상태에 맞는 적절 한 충격량에 정밀하고, 정확하게 대응을 못하는 경우가 많다. 너무 압축력이 약해 과(오버, over) 충격에는

감당을 못하거나 또는 코일 스프링 압축력이 너무 강해 제대로 충격흡수를 하지 못하는 경우가 많다. 사용 용도에 맞는 제품에 표준형으로 적용하기가 그리 쉽지가 않다는 것이다.

그리고 액추에이터 댐퍼(damper) 방식은 충격흡수의 효과는 크지만 가격이 비싼 단점이 있다.

그리고 위의 방식 2가지 모두가 노면에서 상하방향인 y방향으로는 충격흡수가 가능하지만 앞 방향에서 가해지는(즉 x방향) 충격에는 무방비로 되어 있다. 단지, 범용적인 인장·압축 코일 스프링 서스펜션을 포크(fork)부에 경사지게 실장하여 조금이라도 x방향으로 부터의 충격에 대응할 뿐이다. 다시 말해 앞으로 부터의 수평적인 x방향의 충격흡수장치 구조는 거의 없는 상태이다. 다시 말해 혹시나 모르게 발생할 수 있는 앞으로(전방방향)부터의 충격에는 충격을 흡수할 수 없는 서스펜션 구조이다. 이를 개선·보완하기 위해 압축·인장 코일 스프링이 수직방향에서 약간 기울어진 경사 각도로 실장되어져 있거나, 댐퍼(damper) 구조도 경사방향으로 설치되어 있다. 이 원리는 경사 방향으로 설치하면 경사에 작용하는 힘을 F라 하면 벡터에 의해 F는 수직방향의 힘 Fx, 수평방향의 힘 Fy 방향으로 분산시킬 수가 있으므로(즉 F=Fx+Fy) 아래로부터 작용하는 충격과 동시에 앞에서 작용하는 충격을 부분적으로나마 흡수할 수가 있는 원리이다. 그런데 이 효과는 경사에 의한 $Fx=Fsin\theta$, $Fy=Fcos\theta$ (여기서 θ는 경사각)가 되어 원래의 F보다 힘이 작아져 효과가 작다는 단점이 있다. 그리고 여러 노면 상황에 따라(순로, 험로, 계단형의 턱, 둔덕, 요철 등) 상이하게 나타나는 충격량에 적합한 충격에너지 흡수량에 제대로 대처하지 못한다.

그리고 겹판스프링(리프스프링)은 서스펜션 자체가 너무 무거워 덤프 트럭과 화물차 등 중량이 많이 나가는 대형 모빌리티에 사용되어 사용 범위가 좁고, 개인이동수단용 모빌리티에 있어서는 비효율적이다. 이는 겹판스프링의 중간부위가 고정부가 되므로 단지 양팔보에서의 탄성에너지를 활용하여 충격을 양단 끝부분에서 흡수하는 구조이다.

1.3 개발의 내용

최근 모빌리티가 보편화되어 있다. 특히 전동바이크(e-bike)는 아스팔트, 콘크리트와 같은 포장되어 있는 순탄한 길인 순로뿐 만 아니라, 굴곡이 있고, 요철이 있는 길, 비포장도로와 같은 험한 도로인 험로를 주행하는 경우도 있다. 특히 차체 무게가 무거운 전동바이크(e-bike)에 있어서 탑승자의 안전을 위한 장치는 여러 가지가 있으나, 그 중에서도 충격을 흡수하는 서스펜션(suspension)이라 불리는 충격흡수장치의 성능 개선의 필요성이 계속 요구된다. 이러한 필요에 부응하기 위하여 주행안정성과 충격흡수의 효과를 개선하기 위하여 새로운 방식의 충격흡수장치를 고안하였다. 위와 같은 기존 방식인 코일스프링과 액츄에이터 방식인 댐퍼(damper)의 문제점을 개선하고자 하였다. 충격흡수의 효과를 증대시키고, 사이즈(size)도 작게 만들 수 있으면 충격흡수 구조 대비 성능도 우수하며, 가격도 저렴하게 할 수 있는 판상형 구조의 판스프링 충격흡수장치를 구상하고 기술성을 검토한 후 설계·개발하고 전동바이크에 실장하였다. 이 구조는 종래기술의 문제점으로 지적된 y방향으로 힘(Fy) 뿐만 아니라 x방향으로의 힘(Fx)에 의한 충격흡수의 효과도 크게 개선시킨 복합형 판스프링 서스펜션 장치이다.

이 문제를 해결하기 위하여 판상형 스프링(판스프링, plate spring)의 탄성 원리를 적용하여 노면의 충격을 최소화(충격 완화)시켜 탑승자를 보호하도록 설계하였다. 그리고 서브 어셈블리(sub-assembly, 반조립품)에 의한 일체형으로 제작하여 가격, 공정 등 생산성을 향상시켰다.

탑승자가 전동바이크에 탑승하여 주행 중에 두 손이 조향장치를 붙잡고 있는 앞바퀴 전륜부에 탑승자의 무게 하중이 쏠리므로 인체공학을 고려하여 앞바퀴부에 새로운 개발을 목표로 하는 서스펜션을 설치한 것이다. 판상형 스프링 서스펜션 메커니즘 기술은 제품의 안전성 확보와 더불어 새로운 기술의 서스펜션(suspension) 구조이다. 기존의 맥퍼슨 스트럿 방식(코일스프링 방식)이 아닌 새로운 기술의 판상형 습동 서스펜션 메커니즘을 개발하고, 충격흡수의 구조를 기존 방식을 탈피한 새로운 판상기술을 채택하여서 무게를 가볍게 하면서도, y방향으로 수직힘(Fy) 뿐만 아니라 x방향으로의 수평힘(Fx)에 의한 충격흡수의 효과를 향상시켰다. 공학적으로 최대의 충격을 흡수하는 서스펜션 메커니즘을 전동바이크(e-bike)의 하부 타이어 바퀴 구조에 탑재하여 충격흡수를 개선한 것이다. 그림 1.6은 종래기술로 기존의 타이어 바퀴와 포크(fork)부에 삽입된 코일 스프링 서스펜션이다.

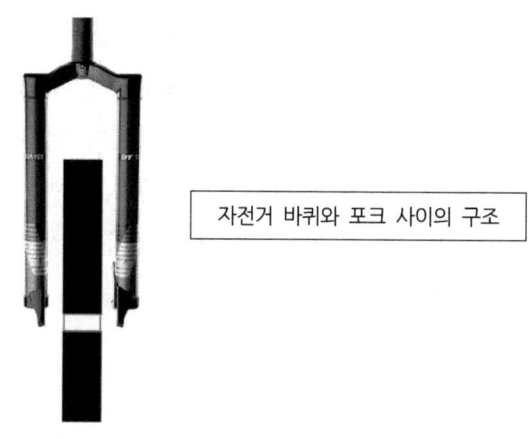

자전거 바퀴와 포크 사이의 구조

그림 1.6 기존의 타이어 바퀴와 포크(fork)부에 삽입된 코일 스프링 서스펜션

본 개발 기술은 그림 1.8과 같이 타이어 바퀴 사이에 ㄷ자형 판스프링 장치를 장착하였다. 좌·우로 꺽여진 부위의 아래는 바퀴에서 돌출된 축과 체결되도록 구멍이 파져있다. 그리고 지면으로부터 충격이 가해졌을 때 바퀴가 우선 충격을 흡수하도록 변위가 생기면 돌출된 축에 연결된 판스프링 장치의 원호 형상으로 볼록하게 엠보싱(embossing)된 텐션(tension)부위가 2차 충격을 흡수하도록 탄성운동을 하여 압축되어진다. 이때 판스프링 장치의 윗부분은 고정단이 되도록 편평한 구조로 되어 있다. 즉 이와 같이 노면으로부터 아래에서 위 방향으로 힘이 가해지면(Fy) 외팔보와 같이 판스프링 장치의 윗부분이 포크의 고정단이 되고, 판스프링 장치의 원호 형상의 텐션부위가 원호의 길이(엄밀히는 원호형상의 폭)가 작아지면서 높이가 약간 높아짐으로 주어진 충격을 흡수하는 좌굴(buckling)의 텐션으로 충격에너지를 흡수하여 노면으로부터의 충격을 줄여서 탑승자의 안전을 도모하는 것이다.

그림 1.7과 같이 일반적으로 포크(fork)부에 실장된 코일 스프링이 압축, 인장되어져 복원하는 탄성 운동을 하는 충격흡수보다 제작도 간단하고 충격흡수 효과도 더욱 크다. 그리고 조립·분해도 더욱 용이하다.

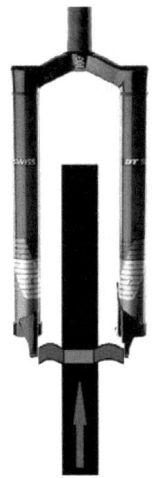

이단 판스프링을 바퀴와 포크를 연결해주는 곳에 설치한다. 지면으로부터 충격이 가해졌을 때 바퀴가 먼저 충격을 흡수하고, 2차적으로 판스프링이 충격을 완화시켜주는 구조

그림 1.7 타이어 바퀴의 포크에 실장된 판스프링 서스펜션에 노면으로부터 힘이 가해짐(Fy)

(a) 일체형 원호 판스프링(타이어 바퀴 옆면 좌·우 실장) (b) 분리형 원호 판스프링

그림 1.8 판스프링을 적용한 새로운 충격흡수장치

그림 1.8 (a)는 판스프링을 적용한 새로운 충격흡수장치 중에 타이어 바퀴 옆면 좌·우에 실장된 일체형 원호 판스프링 조립체에서 원호(arc) 형상의 텐션부위가 일체형으로 실장된 구조이다.

그림 1.8 (b)는 새로운 충격흡수장치 중에 타이어 바퀴 옆면 좌·우에 실장된 ㄱ자형으로 벤딩(bending, 꺾어진)된 부래킷(bracket)에 원호 형상의 판스프링 텐션부위가 일체형으로 실장된 구조이다. 판스프링의 왼쪽 끝단은 타이어 바퀴의 금속 케이스에 볼트로 고정이 쉽게 되도록 반원 모양으로 따져있고, 오른쪽 끝단은 용접되어져 고정되어져 있다.

그림 1.8 (a)의 일체형 원호 판스프링의 충격흡수 성능 효과를 입증하기 위하여 CAE 구조해석을 한 결과는 그림 1.9와 같다.

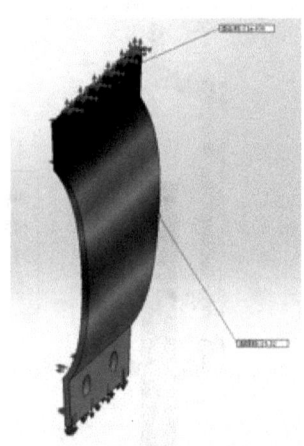

그림 1.9 CAE 구조해석을 한 결과(힘과 변위량 측정)

그리고 부가적으로 충격흡수의 효과를 더 좋게하기 위하여 그림 1.10과 같이 타이어 바퀴의 내부 휠 부분에 여러 개의 판스프링을 조립하였다. 1차적으로 타이어에 충격을 가해졌을 때에 가장 먼저 충격을 흡수하도록 하였고, 타이어의 충격 흡수에 이어 동시에 2차 충격흡수 장치인 판스프링 서스펜션 장치에서 완화된 충격을 흡수하도록 하는 2중 장치의 복합 서스펜션 구조로 만들었다.

그림 1.10은 타이어 휠에 구성된 충격흡수용 판스프링 구조이다.

그림 1.10 타이어 휠에 구성된 새로운 충격흡수용 판스프링 구조

여기에 설치된 여러 개 판스프링 구조도 충격흡수를 좋게 하기 위하여 그림 1.11과 같이 원호 모양의 곡면을 갖는 형상이다.

타이어에 실장된 원형 휠 중심부에 형성된 허브축에 원호 모양의 판스프링이 끼워져 조립된 원통형 홀더(holder)를 허브축에 끼워 넣는다. 이 홀더에 돌출된 플랜지(flange) 구멍에 여러 개의 판스프링을 끼워 넣은 후 나사로 체결하였다. 이렇게 조립된 다수 개 원호 모양 판스프링의 자유단의 끝단은 텐션(tension, 탄성을 갖는 장력)을 가지고 금속으로 된 바퀴 휠에 강제 고정되도록 컬링(curling) 형상의 구조를 형성시켰다. 원호 모양으로 형성되어진 판상 스프링으로 된 판스프링의 자유단의 끝단에 형성된 이러한 컬링 형상은 프리 텐션(pre-tension)이 이미 주어진 상태로 설계되어 있다. 즉, 타이어 바퀴를 중심으로 하여 고무 재질의 타이어 바퀴를 지탱해주는 알루미늄 재질의 휠(wheel)의 내부 반지름보다 약간 반지름을 크게 만들었다. 그러면 판스프링을 홀더에 미리 고정, 결합시켜 모듈(즉, 서브 어셈블리)로 만들어 플랜지 구멍에 끼워 결합, 고정시킬 때 컬링 형상은 탄성에 의해 알루미늄 재질 휠(wheel)의 내부 반지름 곡면에 꺾여 들어가며 고정 후에는 컬링 형상이 바깥으로 작용하고자 하는 탄성 복원력에 의하여 휠(wheel)의 안쪽 원주에는 프리 텐션에 의한 바깥으로 나가려는 원주 방향의 복원력이 작용하여 안쪽 원주에 타이트(tight)하게 바짝 밀착하게 돼 고정되어진다.

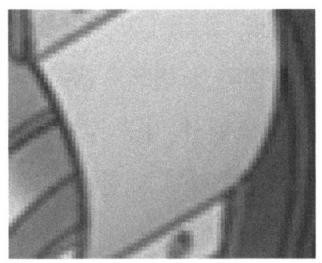

그림 1.11 원호 모양을 갖는 타이어 휠에 구성된 새로운 충격흡수용 판스프링

그리고 전동바이크(e-bike)가 노면에서의 충격흡수 뿐만 아니라 충돌시 앞부분에서의 충격에너지를 흡수하여 탑승자의 안전을 확보하도록 새로운 구조를 설계하여 앞면과 노면으로 부터의 충격을 동시에 흡수하도록 한(x-y 방향으로 부터의 충격흡수를 위한) 복합 서스펜션 장치를 구성한 것이다. 즉 이는 범용적으로 많이 사용되는 서스펜션의 작동력인 y방향으로 힘(F_y) 뿐만 아니라 x방향으로의 힘(F_x)에 의한 충격흡수의 효과를 향상시키는 새로운 서스펜션 장치 구조이다.

그림 1.12는 새로운 충격흡수장치인 복합 서스펜션 장치이다.

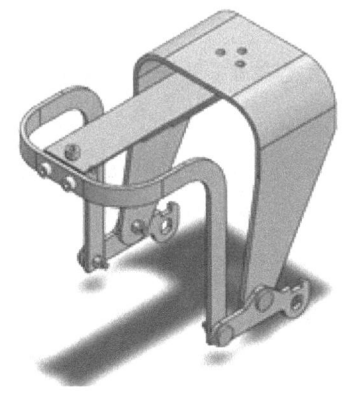

그림 1.12 새로운 복합 서스펜션 장치

지렛대 원리를 이용한 서스펜션(현가장치) 방식이다. ㄷ자형 판스프링 장치에 앞으로 돌출된 또 다른 ㄷ자형 판스프링을 덧붙였다. 그리고 중간에 일자형의 판스프링을 구성하였다. 아래 부위는 앞 방향과 아래 방향에서 외부 충격이 가해질 때에 충격량에 비례하여 서서히 회전하도록 회전 힌지(hinge)를 구성하였다. 구멍이 판에서의 축(shaft)보다 좀 더 크게 하고 안쪽에서 볼트로 조여 체결되도록 하였다. 구멍이 축보다

크므로 회전 운동이 가능하여 힌지 역할을 한다. 그리도 윗판에 설치된 판스프링은 충격흡수에 적합하도록 여러 개를 설치할 수가 있다. 즉, 노면으로부터 충격을 받으면 판스프링이 외팔보처럼 위 방향으로 처짐변형을 일으켜 충격흡수를 하고 충격을 다 흡수한 뒤에는 원위치로 복원을 하는 원리이다. 앞부분은 볼트를 사용하여 판스프링을 용접하여 고정시켰다. 앞에서 외부 충격을 받을 시 판스링은 원호 모양의 좌굴 변형을 일으켜 충격흡수를 하도록 한 후, 충격이 완화된 후에는 원상태의 평면 판스링으로 복원되는 원리이다. 지렛대 원리를 이용하여 절곡 프레임에 x-y 방향의 충격이 가해질 때도 절곡 프레임에 힘의 전달을 쉽게 유도할 수가 있어 복합적으로 충격을 흡수하여 탑승자의 안전을 향상시킨 장치이다.

판스프링의 개수 및 판스프링의 길이 조절을 통하여 변위량을 조절할 수 있는(즉, 충격흡수 에너지를 조절할 수 있는) 장점을 가지고 있다. 이는 앞면과 노면으로 부터의 충격을 동시에 흡수하도록 한 x-y 방향으로 부터의 충격흡수를 위한 새로운 복합 서스펜션 기구 장치를 구성한 것이다.

가해지는 힘 Fx와 Fy에 의한 복합계의 외부충격에 대한 충격흡수의 성능 효과를 입증하기 위하여 CAE 구조해석을 한 결과는 그림 1.13과 같다.

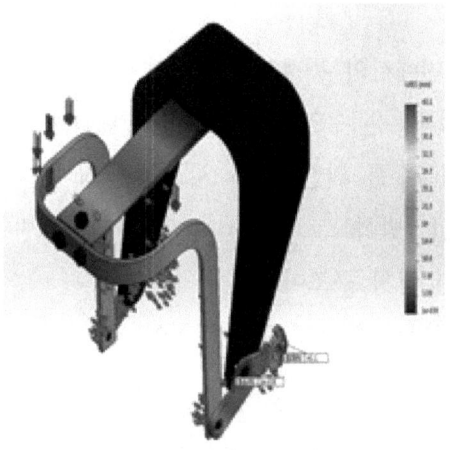

그림 1.13 복합 서스펜션 장치의 CAE 구조해석을 한 결과(힘과 변위량 측정)

위에서 자세하게 설명한 개발 기술의 두 가지 전동바이크(e-bike)용 충격흡수장치를 적용한 시제품은 다음 그림 1.14, 1.15와 같다.

그림 1.14 그림 1.8의 새로운 판스프링을 적용한 충격흡수장치를 실장한 앞 바퀴

그림 1.15 그림 1.12의 새로운 복합 서스펜션 장치를 실장한 앞 바퀴

1.4 개발 기구장치(판스프링 충격흡수장치, 서스펜션)의 특징과 장점

1. 전동바이크(e-bike)를 비롯한 모든 개인이동 모빌리티(mobility, 이동수단)에 적용되는 충격흡수장치이다. ㄷ자형 판스프링 장치와 타이어 바퀴 휠 내부에는 타이어 휠에 구성된 충격흡수용 판스프링을 바퀴를 잡아주는 스포크(spoke, 바퀴살) 대신에 여러 개의 판스프링으로 된 충격을 흡수해주는 스포크 구조를 구성해 설치하였다. 보다 충격흡수를 좋게 하기 위하여 판스프링은 원호 모양의 곡면을 갖는 형상으로 하였다.

2. 원호 모양의 판상형 스프링(판스프링) 자유단의 끝단에 형성된 컬링(curling) 형상은 프리 텐션(pre-tension)이 주어진 상태로 설계되어 있다. 즉, 타이어 바퀴를 중심으로 하여 고무 재질의 타이어 바퀴를 지탱해주는 알루미늄 재질의 휠(wheel) 내부 반지름보다 약간 반지름을 크게 만들었다. 그러면 판스프링을 홀더에 미리 고정, 결합시켜 모듈(즉, 서브 어셈블리)로 만들어 플랜지 구멍에 끼워 결합, 고정시킬 때 컬링 형상은 탄성에 의해 알루미늄 재질의 휠(wheel)에 꺾여 들어가며 고정 후에는 컬링 형상이 바깥으로 작용하고자 하는 탄성 복원력에 의하여 휠(wheel)의 안쪽 원주에 바짝 밀착하게 되어 고정되어진다. 그 만큼 충격흡수 성능의 핵심 원리인 탄성 복원력을 유지하도록 한 설계로 내구성을 증가시킨 것이다.

3. 타이어에 실장된 원형 휠의 중심부에 형성된 허브축에 원호 모양의 판스프링의 개수를 적절히 조절하도록 가변성(유연성) 있게 설치 구조를 림(rim)에 구성함으로 바퀴의 크기와 모빌리티(전동바이크 등)의 중량에 따라 충격흡수를 최적화할 수가 있는 구조이다.

4. 복합 서스펜션 장치를 구성하였다. 지렛대 원리를 이용하여 절곡 프레임(frame)에 x-y 방향으로 부터의 외력 Fx, Fy의 복합충격이 가해질 때도 절곡 프레임에 힘의 전달을 쉽게 유도할 수가 있어 복합적으로 충격을 흡수하여 탑승자의 안전을 향상시킨 장치이다.

5. ㄷ자형 판스프링 장치에 앞으로 돌출된 또 다른 ㄷ자형 판스프링을 만들었다. 그리고 중간에 일자형의 판스프링을 구성하였다. 아래 부위는 앞 방향과 아래 방향에서 외부 충격이 가해질 때에 충격에너지 흡수를 위해 힘과 비례하여 서서히 회전하도록 힌지(hinge)부를 구성하였다. 구멍이 판에서의 축보다 더 크게 하고 안쪽에서 볼트로 조여 체결되도록 하였다. 구멍이 축보다 더 크므로 회전 운동이 가능하여 힌지 역할을 한다. 원활한 회전을 위해 볼베어링을 장착할 수 있는 구조이다. 그리고 위판에 설치된 판스프링은 충격흡수에 적합하도록 여러 개를 설치할 수가 있다. 즉, 노면으로부터 충격을 받으면 판스프링이 외팔보처럼 윗 방향으로 처짐변형을 일으키며 충격흡수를 하고 충격을 다 흡수한 뒤에는 원래 위치로 복원을 하는 탄성 원리이다.

6. 판스프링의 개수 및 판스프링의 길이조절을 통하여 변위량을 조절할 수 있는(즉, 충격흡수 에너지를 조절할 수 있는) 장점을 가지고 있다.

위에서 자세히 설명한 항목들이 바로 차별성을 갖는 판스프링으로만 구성된 새로운 서스펜션 장치에 적용한 핵심기술이다.

제**2**장

판상형 스프링 충격흡수 장치의 특허출원 및 등록

전동바이크(electric motor driven bike, e-bike)는 전동킥보드(electric motor driven kickboard), 전동스쿠터, 전기자전거와 더불어 차세대 개인이동수단으로 주목받는 1인용 전동이동수단이다. 퍼스널 모빌리티(Personal Mobility, PM)라고 일반적으로 부르며, 스마트 모빌리티(smart mobility) 혹은 마이크로 모빌리티(micro mobility)라고도 한다. 여기에는 전동바이크, 전동킥보드, 전기자전거, 전동스쿠터, 전동휠(세그웨이, 나인봇) 등이 대표적인 퍼스널 모빌리티이다.

배터리 전기충전 및 동력기술이 융합된 개인이동수단으로 모터에 의하여 구동된다. 동력이 전기이기 때문에 환경 오염물질을 배출하지 않는 친환경적이고, 소음도 없다. 특히 유지비도 아주 저렴하다. 1인 가구의 확대, 근거리 이동수단, 출퇴근용, 레저용으로 용도가 확대되고 있으며 더불어 값싼 유지비용 등으로 인하여 새로운 교통수단으로 필요성이 증가하면서 더욱 주목을 받고 있다.

앞서 제1장에서 사례연구를 통해 판상형 스프링 충격흡수장치 개발에 대한 필요성과 기술 차별성 그리고 구체적 개발 내용에 대해 서술하였다. 이를 좀 더 보완하고 개량하여 특허 명세서를 작성하였고, 특허출원을 하여 특허등록도 받았다. 그 내용을 다음과 같이 자세히 기술한다.

2.1 출원번호 관련 사항

출원 일자   2019.12.20.
특기 사항   심사청구(유) 공개신청(무)
출원 번호   10-2016-0075181
심사 진행   특허등록 결정
발 명 자   이국환 외 1인
발명의 명칭   보호 가드를 구비한 전동바이크(Bumper of Mobility)

2.2 특허 명세서

2.2.1 발명의 설명

1) 발명의 명칭

보호 가드를 구비한 전동바이크(Bumper of Mobility)

2) 기술분야

본 발명은 전방 장애물과 충돌시 충격을 완화시키고, 조립이 용이하며 간단한 구조로 구성된 부래킷 및 판부를 구비한 보호 가드를 구비한 전동바이크에 관한 것이다.

3) 발명의 배경이 되는 기술

일반적으로 전동바이크는 배터리의 전기를 이용하여 모터가 구동됨에 따라 주행하는 전동 장치이며 대개 2륜, 3륜, 4륜으로 구성되어 있다.

최근 배터리 및 모터성능의 발전으로 인해 전동바이크의 보급률이 높아짐에 따라 전동바이크의 충돌 사고가 증가하고 있으며, 이러한 충돌 사고시 탑승자와 전동바이크 내측에 구성된 구동부재 및 배터리를 비롯한 충격에 약한 부품을 보호하기 위해 보호 가드가 구비된다.

상기와 같은 보호 가드의 일례로서, 하기 [문헌1]은 전동식 주행용 보드의 구동부 제어 회로장치와 구동부를 보호하며, 보드 프레임과 결합하여 브레이크가 돌출되게 하는 구동부 커버가 개시되어 있다.

또한, 하기 [문헌2]는 전동식 주행용 보드의 구동부재를 보호하는 구동부재 커버수단이 개시되어 있다.

하기 [문헌1] 및 [문헌2]를 포함한 종래기술에 개시된 보호 가드를 구비한 전동바이크는 단순히 바퀴 상측을 커버하기 때문에 전동바이크를 충격으로부터 효과적으로 보호할 수 없고, 충격이 발생하면 쉽게 파손되는 문제가 있었다.

또한, 한번 파손되면 보호 가드 전체를 교체해야 하기 때문에 경제성이 낮은 문제도 있었다.

2.2.2 선행기술문헌

1) 특허문헌

[문헌1] 한국 등록특허 10-0424779 (2004.03.16. 등록)
[문헌2] 한국 공개특허 특2002-0072994 (2002.09.19. 공개)

2) 비특허문헌

없음

2.2.3 발명의 내용

1) 해결하고자 하는 과제

본 발명은 상술한 바와 같은 종래 기술의 문제점을 해결하기 위한 것으로, 본 발명의 목적은 판스프링을 이용하여 전동바이크에 가해지는 충격을 효과적으로 보호하는 보호 가드를 구비한 전동바이크를 제공함에 있다.

본 발명의 또 다른 목적은 간단한 결합 구성으로 인해 선택적인 부품 교체가 가능한 보호 가드를 구비한 전동바이크를 제공함에 있다.

2) 과제의 해결 수단

상기 목적을 달성하기 위한 본 발명에 따른 보호 가드를 구비한 전동바이크는, 핸들을 지지하는 조향대, 상기 조향대와 결합되는 보호가드를 포함하고, 상기 보호가드는 부래킷, 상기 부래킷과 결합된 판부 및 상기 판부와 연결된 가이드부를 포함하되, 상기 판부는 전방의 충격을 흡수하고, 상기 가이드부는 상기 판부의 움직임을 제한한다.

또한, 상기 부래킷은 평면부, 상기 평면부의 양단이 서로 대향하도록 굽혀진 절곡부를 포함하고, 상기 판부는 상면이 상기 평면부의 하단과 결합되고, 일측이 상기 가이드부와 결합되고, 상기 가이드부는 상기 판부의 일측과 결합되는 전방부, 상기 전방부에서 양단이 서로 대향하도록 굽혀진 높이부를 포함한다.

또한, 상기 보호가드는 체결부를 더 포함하고, 상기 체결부는 상기 높이부와 결합되는 제1홈, 상기 높이부의 일측에 결합되는 제2홈, 상기 앞바퀴의 샤프트와 결합되는 제3홈이 마련된다.

또한, 상기 판부는 전방으로부터 충격을 받을 경우 굽혀지면서 충격을 흡수하고, 상기 가이드부는 상기 판부의 굽혀지는 것에 대응하여 상기 제1홈을 중심으로 상기 부래킷 측으로 회전한다.

2.2.4 발명의 효과

이상과 같은 본 발명에 따르면, 판스프링을 비롯한 간단한 구성으로 탑승자와 부속 부재를 충격으로부터 효과적으로 보호하여, 안전성을 향상시킬 수 있다.

또한, 본 발명은 간단한 결합 구성을 가진 판스프링과 부속 부재로 인해 분해 결합이 쉬워 부품의 교체가 용이하여, 보호 가드의 제작비용 및 교체비용을 절감할 수 있다.

2.2.5 도면의 간단한 설명

그림 1은 본 발명의 실시 예에 따른 보호 가드를 구비한 전동바이크가 구비된 전동바이크이다.
그림 2는 본 발명의 실시 예에 따른 보호 가드를 구비한 전동바이크 외관을 나타낸 사시도이다.
그림 3은 본 발명의 실시 예에 따른 보호 가드를 구비한 전동바이크 분해 사시도이다.
그림 4 (a)는 본 발명의 제1 실시 예에 따른 보호 가드를 구비한 전동바이크 측면도이고, 그림 4 (b)는 본 발명의 제1 실시 예에 따른 보호 가드를 구비한 전동바이크 사용 예시도이다.

2.2.6 발명을 실시하기 위한 구체적인 내용

이하에서는, 본 발명의 바람직한 실시 예를 첨부한 도면을 이용하여 구체적으로 설명하기로 한다.
각 도면에 제시된 동일한 참조부호는 동일한 부재를 나타낸다. 또한, 본 발명을 설명함에 있어, 관련된 공지 기능 또는 구성에 대한 구체적인 설명이 본 발명의 요지를 불필요하게 흐릴 수 있다고 판단되는 경우에는 그 상세한 설명을 생략할 것이다. 또한, 어떤 부분이 어떤 구성요소를 "포함"한다고 할 때, 이는 특별히 반대되는 기재가 없는 한 다른 구성요소를 제외하는 것이 아니라 다른 구성요소를 더 포함할 수 있는 것을 의미한다.

그림 1은 본 발명의 실시 예에 따른 보호 가드를 구비한 전동바이크가 구비된 전동바이크이고, 그림 2는 본 발명의 실시 예에 따른 보호 가드를 구비한 전동바이크 외관을 나타낸 사시도이고, 그림 3은 본 발명의 실시 예에 따른 보호 가드를 구비한 전동바이크 분해 사시도이다.

그림 1 내지 3에 도시된 바와 같이, 전동바이크(1)는 배터리(미도시) 및 구동부재(미도시)의 동력에 의해 구동되며, 주행 방향을 조종하기 위한 핸들(2)과 상기 핸들(2)의 하단에 연결되어 핸들(2)의 움직임에 대응하여 회전하는 조향대(3), 상기 조향대(3)의 일측에 연결되어 탑승자의 탑승이 가능한 주행보드(4), 상기 조향대(3)의 일단 및 바퀴(5)의 샤프트(6)와 결합되는 보호 가드(10)로 구성된다.

상기 보호 가드(10)는 상기 조향대(3)의 일단과 결합되는 부래킷(110), 상기 부래킷(110)에 결합되는 완충부(120), 상기 완충부의 전방을 거치하는 가이드부(130), 상기 가이드부(130)와 결합되는 체결부(140)로 구성된다.

상기 부래킷(110)은 노면에 대향하는 평면부(111)와 양단이 서로 대향하도록 굽혀진 절곡부(112)로 이루어진 형상으로, 윗변에서 아랫변으로 갈수록 폭이 길어지는 대략 사다리꼴의 판을 밴딩하여 가공될 수 있되, 노면에서 수직으로 전달되는 힘을 분산시키기 위해 상기 평면부(111)와 절곡부(112)의 경계는 완곡한 곡면을 가진다.

상기 평면부(111)의 너비 폭은 상기 바퀴(5)의 타이어(7) 너비 폭보다 길게 형성되어 타이어가 안정적으로 주행할 수 있도록 마련되고, 상단 평면부(111)의 중앙은 상기 조향대(3)의 일단과 고정 결합되고, 상기 절곡부(112)는 각각 일측 하부에 결합구멍이 형성되어 있다.

상기 판부(120)는 상기 타이어(7)의 외주 반지름보다 긴 장변을 가지는 대략 사각형의 판스프링이며, 상면이 상기 평면부(111)의 하단과 맞닿도록 나사 결합되면서 상기 부래킷(110)의 전방으로 돌출되는 형상이고, 상기 부래킷(110)의 전방으로 돌출된 단변은 수직으로 굽혀져 상기 가이드부(130)와 나사 결합된다.

상기 조향대(3)의 일단과 상기 판부(120), 평면부(111)는 함께 나사 체결될 수 있으나, 이에 한정하는 것은 아니며, 상기 평면부(111)를 매개로 판부(120)와 조향대(3)가 각각 나사 결합될 수도 있다.

상기 가이드부(130)는 일자형의 금속 플레이트를 굽혀 가공할 수 있으며, 상기 판부(120)의 돌출된 단변과 결합되고 상기 타이어(7)의 너비 폭보다 긴 폭으로 마련된 전방부(131)와, 상기 전방부(131)의 양단에서 상기 판부(120)의 장변과 평행한 방향으로 굽혀진 측면부(132), 상기 측면부(132)에서 노면과 수직한 방향이면서 일단이 상기 전방부(132)보다 낮게 위치되도록 굽혀진 높이부(133)로 구성되어 있다. 상기 높이부(133)의 일측 하부는 상기 체결부(140)와 힌지 결합되도록 구멍이 마련되어 있다.

상기 체결부(140)는 금속 플레이트 형상으로 상기 높이부(133)의 일측 하부와 힌지 결합되도록 마련된 제1홈(141), 상기 절곡부(112)의 일측 하부와 힌지 결합되도록 마련된 제2홈(142), 샤프트(6)와 결합되기 위해 마련된 제3홈(143)이 마련되어 있기 때문에 상기 부래킷(110)과 가이드부(130)를 안정적으로 지지할 수 있다.

다음은 본 발명의 실시 예에 따른 보호 가드를 구비한 전동바이크의 사용 예를 설명한다. 그림 4 (a)는 본 발명의 실시 예에 따른 보호 가드를 구비한 전동바이크의 측면도이고, 그림 4 (b)는 본 발명의 실시 예에 따른 보호 가드를 구비한 전동바이크의 충격에 따른 사용 예시도이다.

그림 4 (a) 및 그림 4 (b)에 도시된 바와 같이, 전방에서 충격을 받지 않을 경우, 상기 보호 가드를 구비한 전동바이크(10)의 상기 측면부(132)와 판부(120)는 대략 서로 평행하고, 상기 높이부(133)와 대략 직각이다.

전방에서 충격을 받을 경우, 상기 판부(120)가 굽혀짐에 따라 충격을 흡수한다. 상기 가이드부(130)는 상기 판부(120)의 굽혀짐에 대응하여 상기 제1홈(141)을 중심으로 상기 부래킷(110)의 전방과 가깝게 회전한다. 상기와 같은 회전이 가능함에 따라 가이드부(130)는 상기 판부(120)의 급격한 형상 변화를 방지하고 충격을 효율적으로 흡수하도록 유도한다. 상기와 같은 충격 흡수 작용으로 인해 탑승자 및 전동바이크의 내부 부재를 효과적으로 보호할 수 있다.

전방에서 충격이 제거될 경우, 상기 판부(120)는 상기 측면부(132)와 대략 평행하고, 상기 높이부(133)와 대략 직각이 된다.

상기 보호 가드(10)는 간단한 구조이며 충격을 효과적으로 보호할 수 있을 뿐만 아니라, 상기 판부(120)가 손상되거나 탄성 능력이 저하될 경우 상기 부래킷(110) 및 가이드부(130)와의 체결을 쉽게 해체함으로써 교체가 용이하며, 전동바이크(1)의 주행 속도, 사용환경에 대응하는 다양한 탄성 한도를 가진 판부(120)로 교체할 수 있고, 부래킷(110), 가이드부(130), 체결부(140) 또한 교체가 필요하면 해당 부재만 교체할 수 있다.

또한, 상기 부래킷(110)은 윗변에서 아랫변으로 갈수록 폭이 길어지는 대략 사다리꼴의 판을 밴딩하였기 때문에 상기 절곡부(112)의 상부는 상기 판부(120)에서 전달되는 충격을 지지할 수 있고, 하부는 상부보다 폭이 좁기 때문에 사용자가 상기 제3홈(143)과 샤프트(6)를 용이하게 탈부착 할 수 있다.

전술한 본 발명의 설명은 예시를 위한 것이며, 본 발명이 속하는 기술분야의 통상의 지식을 가진 자는 본 발명의 기술적 사상이나 필수적인 특징을 변경하지 않고서 다른 구체적인 형태로 쉽게 변형이 가능하다는 것을 이해할 수 있을 것이다.

2.2.7 부호의 설명

    1 : 전동바이크   5 : 바퀴   6 : 샤프트
  10 : 보호 가드   110 : 부래킷   120 : 판부
130 : 가이드부   140 : 체결부

2.2.8 (특허) 청구범위

1) 청구항 1

핸들을 지지하는 조향대,

상기 조향대와 결합되는 보호가드를 포함하고,

상기 보호가드는 부래킷, 상기 부래킷과 결합된 판부 및 상기 판부와 연결된 가이드부를 포함하되,

상기 판부는 전방의 충격을 흡수하고, 상기 가이드부는 상기 판부의 움직임을 제한하는 것을 특징으로 하는 전동바이크의 보호가드.

2) 청구항 2

제 1항에 있어서,

상기 부래킷은 평면부, 상기 평면부의 양단이 서로 대향하도록 굽혀진 절곡부를 포함하고,

상기 판부는 상면이 상기 평면부의 하단과 결합되고, 일측이 상기 가이드부와 결합되고,

상기 가이드부는 상기 판부의 일측과 결합되는 전방부, 상기 전방부에서 양단이 서로 대향하도록 굽혀진 높이부를 포함하는 것을 특징으로 하는 전동바이크의 보호가드.

3) 청구항 3

제 2항에 있어서,

상기 보호가드는 체결부를 더 포함하고,

상기 체결부는 상기 높이부와 결합되는 제1홈, 상기 높이부의 일측에 결합되는 제2홈이 마련된 것을 특징으로 하는 전동바이크의 보호가드.

4) 청구항 4

제 3항에 있어서,

상기 판부는 전방으로부터 충격을 받을 경우 굽혀지면서 충격을 흡수하고,

상기 가이드부는 상기 판부의 굽힘에 대응하여 상기 제1홈을 중심으로 상기 부래킷 측으로 회전하는 것을 특징으로 하는 전동바이크의 보호가드.

2.2.9 요약서

1) 요약

본 발명은 전동바이크의 전방을 보호하기 위해 조립이 용이하면서 간단한 구조로 구성된 부래킷 및 판부를 구비한 보호 가드를 구비한 전동바이크에 관한 것이다.

본 발명에 따른 보호 가드를 구비한 전동바이크는 핸들을 지지하는 조향대, 상기 조향대와 결합되는 보호가드를 포함하고, 상기 보호가드는 부래킷, 상기 부래킷과 결합된 판부 및 상기 판부와 연결된 가이드부를 포함하되, 상기 판부는 전방의 충격을 흡수하고, 상기 가이드부는 상기 판부의 움직임을 제한한다.

2) 대표도

그림 1

2.2.10 도면

【그림 1】

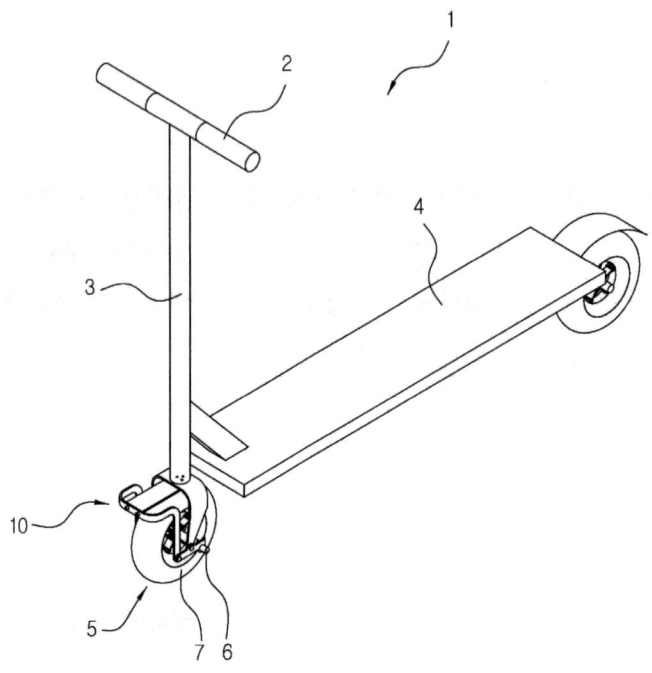

【그림 2】

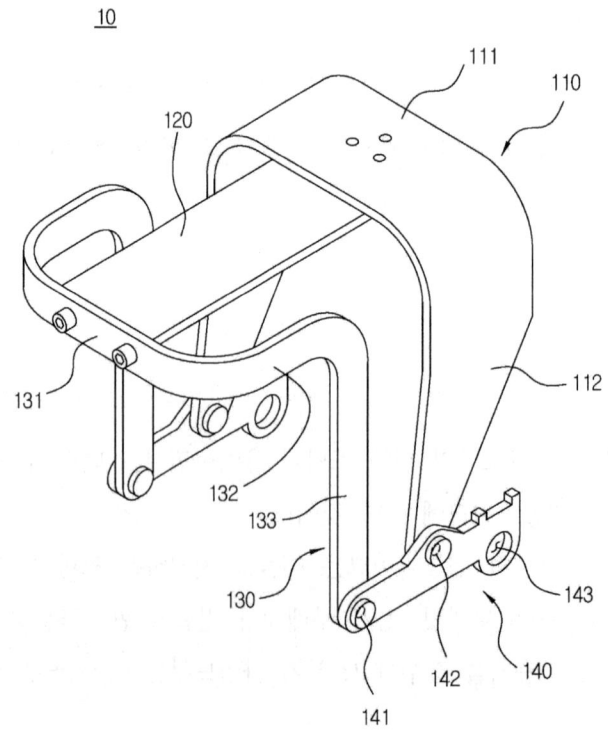

【그림 3】

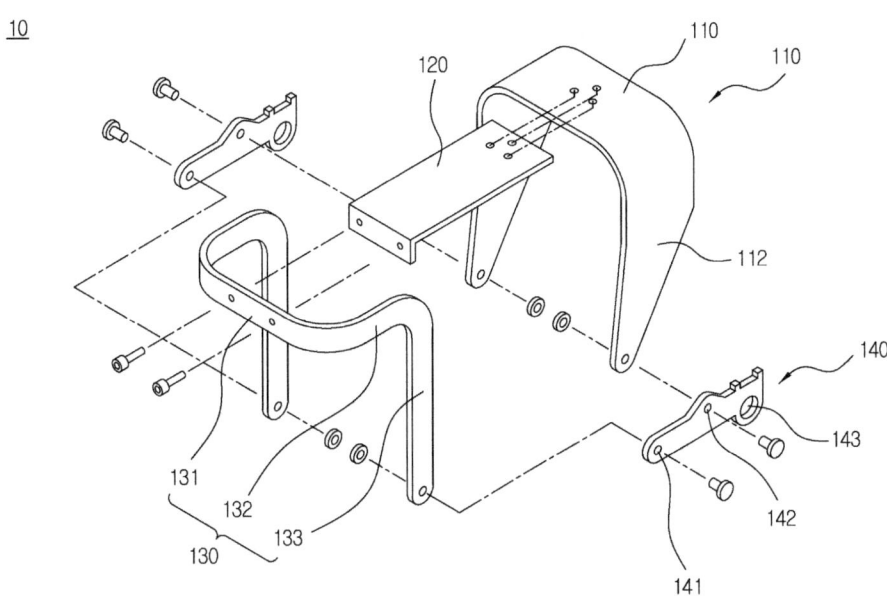

【그림 4】

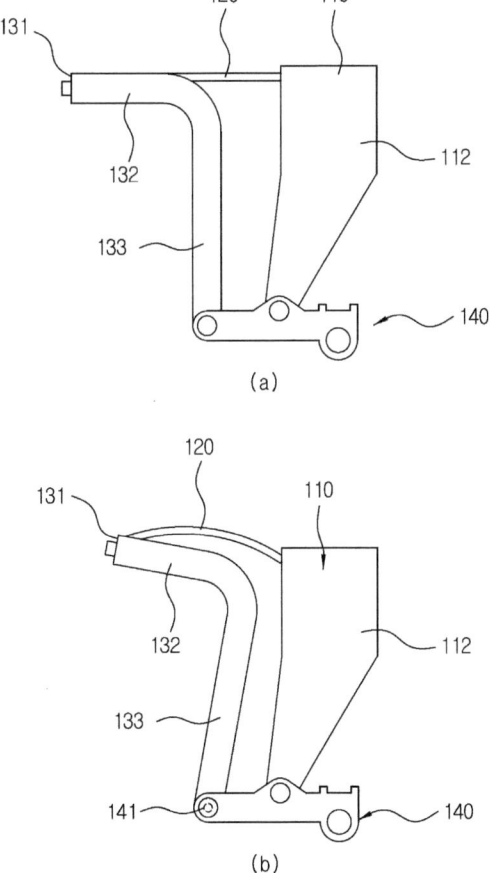

(a)

(b)

제**3**장

판스프링 충격흡수장치의
기술 및 개념설계안

3.1 개념설계(Conceptual design)

기능과 구조, 성능, 배치(layout) 등을 구현할 가능성을 사전에 검토하기 위한 공학기술의 다양한 개념적 아이디어를 발상하고 고안하여 계획안을 시각적 설계도면이나 스케치 등으로 구체화시킨 것이다. 이와 같은 방식으로 기구장치나 조립체를 만들면 개략적인 주요 기술의 구성, 구조와 작동을 이해하기 쉽고, 추후 기술 구현의 가능성도 커진다. 개념설계를 사이즈(size)와 성능과 가격에 맞게 최적화한 설계(즉 용도에 맞는 최적설계, 상세설계)를 통해 실용화하여 제품화(상용화)가 이루어진다.

향후 상세한 개발 및 설계를 통해 개발되어질 기구 및 구조에 대하여 미리 선행적으로 차별화된 아이디어와 기술 구현을 위한 원리, 기술, 구성, 구조, 동작 메커니즘, 성능 등을 디자인, 3D 모델링, 시뮬레이션, 시제품 등으로 구체화시킨 모형화된 개념의 콘셉트 설계를 말한다. 또한 기술 차별성이나 구현과 성능 검토를 위한 선행기술 개발을 의미하며 제품이나 기구, 장치, 시스템을 대량으로 생산(양산)하기 위한 상세 개발과 설계를 위해서는 반드시 선행으로 해야 할 필수적이며 중요한 단계이다. 왜냐하면 개념설계를 통해 기술의 차별성과 완성도(기술구현성), 기술의 고도화를 예측할 수가 있기 때문이다.

3.2 기구설계에 있어 개념설계의 중요성

새로운 융·복합된 산업의 발전과 더불어 다양한 제품과 기계, 장치와 시스템의 근간이 되는 기구설계(機構設計)의 필요성과 중요성이 더욱 커지고 있다. 특히 전기·전자·정보통신과 결합된 제품, 기계와 시스템에 관련된 산업은 복잡한 구조와 더불어 기계요소의 결합으로 작동원리를 구성하고 제어되며 성능으로 나타나 동작되는 것이다. 이것이 바로 각 제품, 기계와 장치와 시스템이 갖는 고유한 기능이다.

이는 예전부터 수많은 공학자와 기술자 그리고 현장에서 근무하던 실무자들의 개발, 개선, 개량으로 이루어진 결실이다. 노하우(Know-how)가 축적된 결과물이다.

어떤 기계장치이든 움직일 때의 동작 하나하나는 모두 특정하고 고유한 원리, 과학법칙과 공학의 원칙을 따르고 있다. 기계장치가 작동하는 것은 근본적으로 원리와 원칙에 의한 것이기 때문이다.

메커니즘(mechanism)이란 어떤 사물이나 물체가 어떻게 작동하는지의 원리를 이론적으로 규명하고 설명한 것으로, 기계구조에서 기계나 일단의 기계부품 내에 운동을 전달하거나 변환시키기 위해 적용하는 수단인 기술이다. 도구와 기계의 원리라고 할 수 있다. 메커니즘은 구조(structure)와 기계(machine)의 조합·결합으로 즉, '어떤 대상의 작동원리나 구조'를 뜻하는 말이다. 다시 말하자면 도구와 기계의 원리가 활용된 것이 메커니즘이다.

기계 메커니즘에서 가장 두드러진 특징은 모든 부품이 정해진 운동만을 할 수 있다는 점이다. 즉, 부품들이 정해진 방법으로만 상대운동을 할 수 있으며 이 상대운동의 특성은 대개 부품의 수와 결합방법에 달려 있다.

아무리 복잡한 기계장치라도 그 메커니즘은 간단한 기초 메커니즘의 결합으로 분석하고 해석할 수가 있다. 각 기본 메커니즘들은 움직이는 구성요소를 갖고 있다. 또한 각 기본 메커니즘들이 결합하거나 연동하여 새로운 메커니즘을 발생하며 변환시킨다.

메커니즘을 이해하려면 과학과 공학의 원리를 알고 이해해야만 한다.

움직이는 기계장치에 적용되는 역학적 원리(직선운동, 회전운동, 원운동 등), 운동과 힘의 원리, 에너지보존의 원리, 열과 유동의 원리, 전자기적 원리, 화학적 원리 등을 포함하는 전반적인 원리이다.

원리가 보이는 내용으로 기구(機構 : 어떤 목적이나 기능을 위해 구성한 사물, 물체)나 장치, 기계시스템 등의 설계와 개발을 위해서 아주 기본이 되는 기구와 장치들을 도면으로 나타낸 것이 바로 기구설계(機構設計)이다.

4차산업혁명시대에 우리가 생각지 못한 융·복합된 새로운 기술을 탑재하거나 새로운 개념의 제품, 기계장치, 시스템 등이 나타났다.

기술의 고도화로 인함이다. 그러나 그 기저에 있는 핵심기술요소(CTE, Critical Technology Element)는 변함이 없다는 것이다.

따라서 기구설계는 기구의 결합과 복합으로 이루어진 제품, 기계와 장치가 속한 전기전자와 정보통신, 반도체, 전장 등과 결합된 기계산업의 여러 분야에 적용하고 응용된다. 또한 메커니즘이 적용되는 로봇, 자동화기기, 장비 및 시스템, 설비, 자동차, 가전기기 등은 우리생활을 윤택하고 풍족하게 해주고 있다. 새로운 시대에 있어서도 기구설계가 필요한 이유이다.

3.3 판스프링 서스펜션

판재(plate, sheet로 두께 t를 갖는 재료)로 사용 목적에 알맞게 여러 가지 형상으로 가공되는 판상형 스프링을 총칭하여 판스프링이라 한다. 판스프링으로 된 서스펜션(suspension)의 특징을 살펴보자.

3.3.1 특징

① 판 형태로 된 스프링강이다.
② 진동에 대한 억제작용이 크다.
③ 다판스프링은 큰 충격을 잘 흡수하지만 무겁고 소음이 많다.

그림 3.1 판스프링

그림 3.2 다판스프링(겹판스프링)

3.3.2 장점 및 단점

1) 장점

① 구조가 단순하며 간단하다.

② 진동 억제능력이 좋다. 즉, 충격흡수력이 우수하다

③ 강성이 크다.

④ 내구성이 좋다.

2) 단점

① 작은 진동흡수가 안된다.

② 무게가 무겁고 코일 스프링 등에 비해 소음이 심하다.

③ 승차감이 나쁘다.

3.4 판스프링 기술의 분석

3.4.1 판스프링 적용 기술(1)

1) 서스펜션 시스템을 장착한 자전거

사진 3.1과 3.2는 차별화된 판스프링 서스펜션을 자전거에 장착한 사진이다. 일정한 거리를 유지한 채 배열된 두 개 이상의 판스프링 부재(member)를 연결하여 도로의 노면에서 뿐만 아니라 앞 방향에서의 충

사진 3.1 판스프링 서스펜션을 장착한 자전거   **사진 3.2** 판스프링 상세구조

격을 흡수하도록 한 자전거 서스펜션 시스템에 관한 것이다. 바퀴에 장착된 기술의 구성을 살펴보면, 노면으로 부터의 충격흡수보다 앞 방향으로 부터의 충격흡수능력이 더 좋게끔 서스펜션 기구장치가 설계되어 있다.

2) 특허기술 및 대표 도면 : PCT 및 미국 출원

앞 사진에서 보여준 자전거에 탑재된 아래 방향과 앞 방향으로 부터의 충격을 흡수하도록 한 자전거 서스펜션 시스템에 관한 핵심특허기술의 개요(요지)와 대표 도면을 그림 3.3에서 보여주고 있다.

그림 3.3 특허기술 개요(요지) : 자동차 서스펜션 시스템 용도의
탄성 부재와 탄성 부재가 결합한 바퀴 포켓

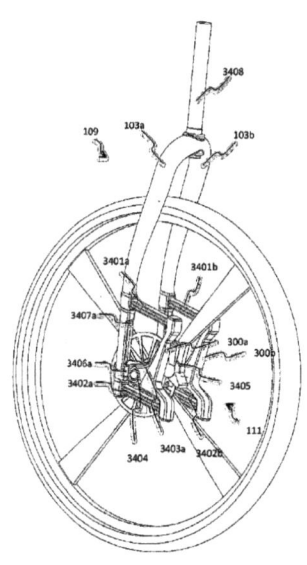

그림 3.4 대표 도면

3) 특허기술 개요(요지)

본 발명은 비 평면 방향으로 일정한 거리를 유지한 채 배열된 두 개 이상의 판스프링 부재(member)의 자전거 서스펜션 시스템에 관한 것이다.

판스프링은 충격에 반하여 저항하는 서스펜션 운동 외에 의도된 방향의 서스펜션 운동을 제공하기 위해 휘지 않는 프레임 구조와 휠 사이에 견고하게 장착되어 있다.

3.4.2 판스프링 적용 기술(2)

1) 루프형 서스펜션 바퀴(일명 루프휠, Loop wheel)를 장착한 자전거

사진 3.3에 적용된 기술은 자전거의 바퀴 포켓(pocket, 안쪽 내부) 즉, 자전거 바퀴의 허브(hub, 중심)와

스포크[spoke, 자전거 등의 바퀴에서 림(rim, 굴렁쇠)과 허브 보스(hub boss)를 연결하는 바퀴살]가 루프(loop, 둥근 테·고리) 형상으로 말려 있는 판상형 판스프링으로 기술이 구성된 서스펜션 시스템이다. 이 서스펜션 시스템도 루프 환형이 모두 충격을 흡수하는 탄성을 갖는 판스프링이기에 노면 아래 방향은 물론 앞 방향으로 부터의 충격도 흡수할 수가 있는 장점의 차별화된 서스펜션이다. 그러나 기존의 바퀴살에 비해 강도가 약하고 내구성이 떨어지는 단점도 있다.

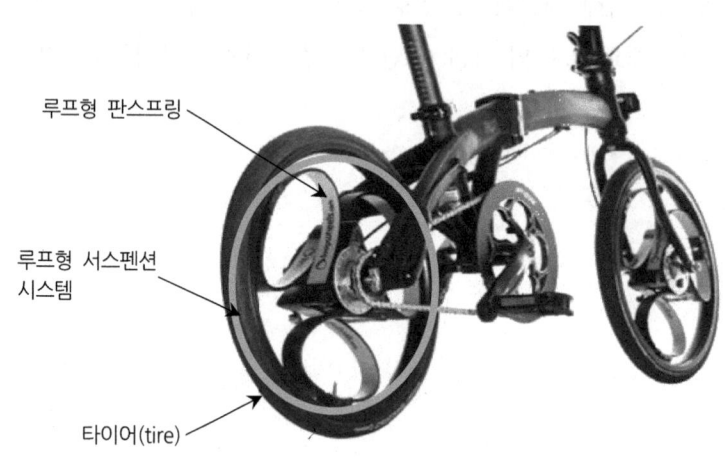

사진 3.3 루프형 서스펜션 바퀴를 장착한 자전거

2) 루프형 서스펜션 바퀴를 장착한 자전거의 주요 핵심기술

사진 3.4는 루프형 서스펜션 바퀴(루프휠)를 장착한 자전거에 집약된 핵심기술을 보여주고 있다. 루프휠 서스펜션을 장착한 자전거, 바퀴 안에 조립되어 구성된 루프휠 서스펜션 시스템은 핵심기술요소인 환형(둥근 고리형)으로 탄성을 갖는 루프형 판스프링(loop springs) 등이 핵심기술이다.

  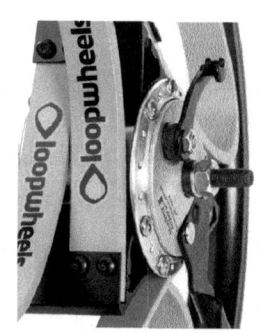

(a) 루프휠 서스펜션을 장착한 자전거 전체 모습   (b) 루프휠 서스펜션 시스템의 구조   (c) 환형 판스프링

사진 3.4 루프형 서스펜션 바퀴를 장착한 자전거의 핵심기술

3) 루프형 서스펜션 바퀴의 구성과 핵심기술의 특징

그림 3.5에서 루프형 서스펜션 바퀴(루프휠)의 구성기술을 보여주고 있다. 그리고 특징은 다음과 같다.

바퀴살이 있어야 하는 곳에 여러 개의 루프형 판스프링을 장착하여 보다 뛰어난 성능의 충격흡수 기능을 수행할 뿐만 아니라 풀 서스펜션 장착도 가능하게 하였다.

또한 아래 방향은 물론 앞 방향으로 부터의 충격도 흡수할 수가 있는 장점을 갖고 있는 차별화된 서스펜션 구조이다.

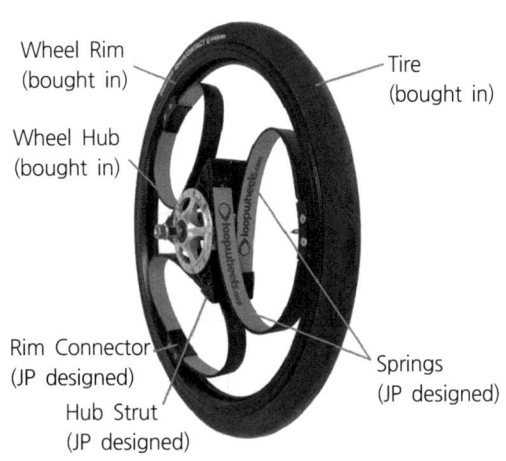

그림 3.5 영국 젤리 프로덕트(Jelly Products) 회사 제품 - 루프형 바퀴(Loop wheel)

3.4.3 루프형 서스펜션 바퀴(루프휠, Loop wheel)의 기술분석

1) 영국 젤리 프로덕트(Jelly Products) 사(社)의 판스프링을 활용한 서스펜션-루프휠(Loop wheel)

영국 젤리 프로덕트(Jelly Products) 사(社)가 개발하여 자전거에 탑재해 시판한 루프형 판스프링을 활용한 서스펜션 장치에 대한 기술분석을 하였다. 그림 3.6은 루프휠(loop wheel)이다. 이는 반제품인 모듈 형태의 바퀴(휠, wheel)이므로 제품 용도에 맞게 주문형(customizing, 커스터마이징, 맞춤형) 제작도 가능하다.

① 판스프링을 타이어 스포크(spoke, 바퀴살) 대신 장착하였다. 이는 새로운 핵심요소기술을 실장한 기구설계이다.

② 이 서스펜션의 가장 큰 장점은 한 방향의 충격만 흡수를 하는 것이 아니라 림(rim, 굴렁쇠)과 스프링의 접점 부위에서 가장 먼저 1차로 충격을 흡수한 후 2차로 스프링 탄성이 확산하여 바퀴 모두의 충격을 흡수한다는 것이다.

③ 결국 바퀴는 360도 회전하기 때문에 모든 방향의 충격을 흡수할 수 있다.

④ 이 루프휠은 자전거는 물론 휠체어 등 이동수단의 모든 바퀴에도 적응이 가능하다.

⑤ 요철이 있는 평평하지 않은 도로, 자갈길, 턱이나 둔덕이 있는 도로에 이르기까지 기존 자전거 바퀴로는 주행이 힘들었던 험로 등에 있어 열악한 주행 환경에서도 서스펜션이 훌륭하게 적응·작동하도록 고안돼 개발되어졌다.

⑤ 또한 향후 판스프링보다 무게에 있어 더욱 가벼운 카본스프링으로 설계를 하여 적용한다면 무게도 경량화 시킬 수 있다.

림(rim)과 루프형 판스프링의 접점 부위

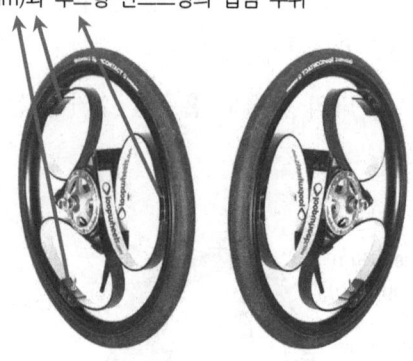

그림 3.6 루프형 서스펜션 바퀴(loop wheel)

2) 루프휠, 자전거 바퀴가 완충 역할 – 루프가 스포크 대체

서스펜션 포크(fork) 등의 특별한 완충장치 없이 바퀴 스스로 충격을 흡수하는 자전거 바퀴가 개발됐다. 젤리 프로덕트社(영국)가 지난 2013년 4월 영국 브리스톨 자전거전시회에서 공개한 '루프휠'이다.

20인치 크기의 이 바퀴는 세 개의 루프가 기존 바퀴의 스포크를 대신해 림과 허브(hub)를 연결하며, 루프의 탄성이 주행 중 충격을 흡수한다. 구조 상 제동은 허브 브레이크를 사용했다.

루프휠은 산업디자이너이자 젤리프로덕트 회사의 대표인 샘 피어스의 지난 4년간의 연구 결실이다. 피어스는 보육제품으로 2012년 아이에프디자인상(iF Product Design award)을 수상한 바 있다.

사진 3.5는 루프휠의 성능 테스트 모습이다.

사진 3.5 성능 테스트 중인 루프휠

3) 특허기술 및 대표 도면 : 미국

자전거에 탑재된 루프형 서스펜션 바퀴(루프휠) 시스템으로 360도로 회전하는 바퀴의 모든 방향으로 부터의 충격을 흡수하는 장점을 갖는 자전거 서스펜션 시스템에 관한 핵심특허기술의 개요(요지)와 대표 도면을 그림 3.7에서 보여주고 있다.

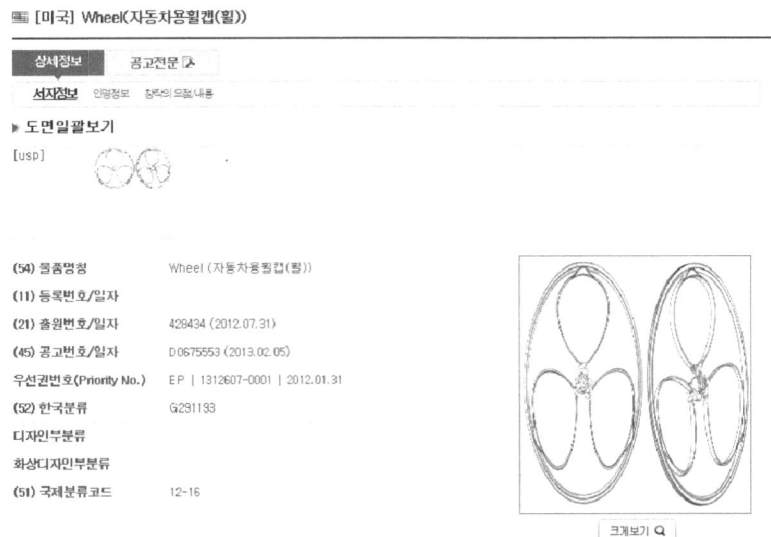

그림 3.7 특허기술 개요(요지)와 대표 도면 : 자동차용 휠

4) 특허기술 개요(요지)

림(rim, 굴렁쇠) 허브와 휠 허브에 탄력 스포크(spoke, 바퀴살)가 연결되고, 허브는 회전 축선과 다수의 스포크가 관통할 수 있는 몸체를 포함한다.

5) 루프휠 서스펜션의 허브 특허기술 개요(요지) : 영국

그림 3.8은 영국 젤리 프로덕트(Jelly Products) 회사에서 루프형 바퀴(loop wheel)와 같이 출원한 발명의 명칭 '허브와 휠(HUB AND WHEEL)'에 대한 특허기술 개요와 대표 도면이다.

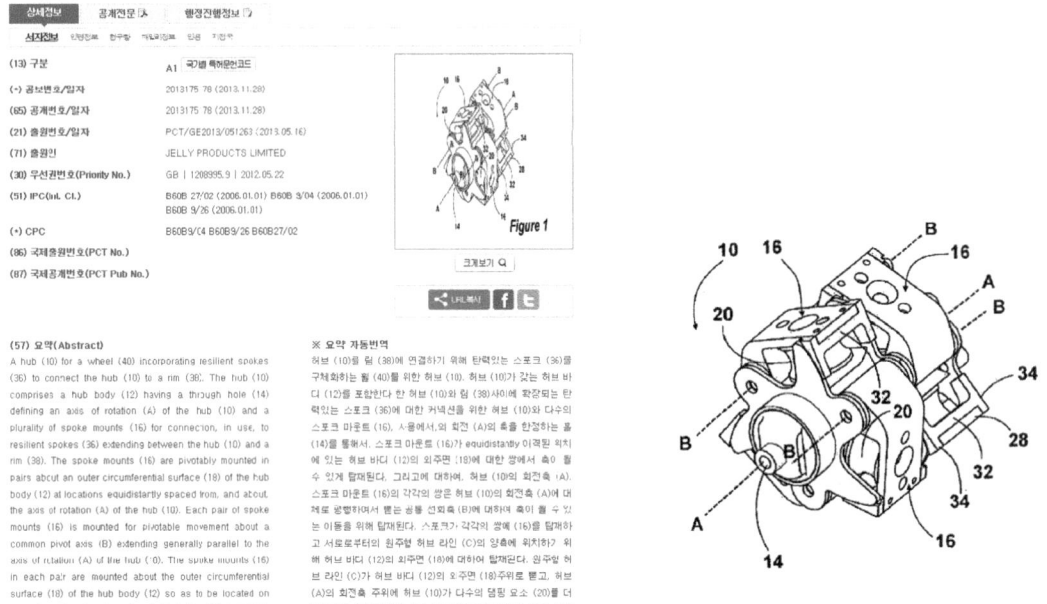

그림 3.8 특허기술 개요(요지)와 대표 도면 : 허브와 휠(HUB AND WHEEL)

3.5 개념설계안(Conceptual Design)

시장조사를 통해 다양한 제품에 적용된 혁신적 기술과 이에 대한 특허기술을 조사하여 기술의 원리와 구성, 구조 등에 대한 분석을 하였다. 이를 참고로 하여 여러 가지 새로운 개념설계안을 고안하고 설계하였다.

3.5.1 개념설계안(1)

탑승자에 가해지는 노면으로 부터의 충격과 앞 방향에서의 충격을 흡수하기 위해 1차 충격을 흡수하는 판스프링을 이용한 다양한 형상의 루프휠과 2차 충격을 흡수하는 실린더 타입의 쇼버(충격흡수장치)를 설계하였다. 또한 서스펜션 안장이 되도록 충격흡수장치를 만들었다.

그림 3.9는 새로운 충격흡수장치의 개념설계안(도면)이다.

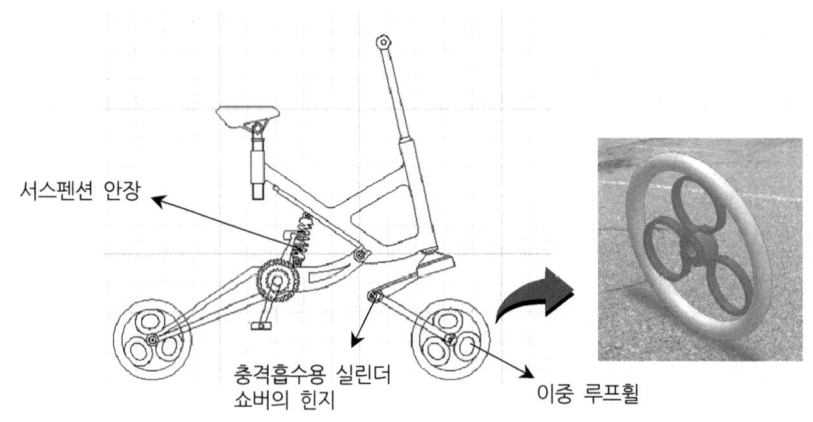

서스펜션 안장

충격흡수용 실린더
쇼버의 힌지

이중 루프휠

그림 3.9 충격흡수장치의 개념설계

1) 기존 기술의 활용

또한 다음 그림 3.10, 3.11과 같은 기존 특허기술을 참고하여 분석하고 검토하면 새로운 개선 · 개량된 기술을 고안해 낼 수가 있다.

(1) 무단변속형 체인 전동장치

발행번호 : WO 2012169796 A2

출원일자 : 2011/06/17

출원인 : 조영상

다수의 판스프링으로 상호 연결하여 체인의 장력변화에 따라 외륜체가 변위되게 함으로써 무단변속이 이루어지고 미끄럼현상 없이 큰 동력을 전달할 수 있다.

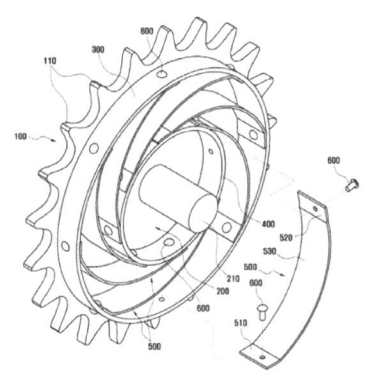

그림 3.10 무단변속형 체인 전동장치의 특허도면

(2) 충격을 흡수하는 자전거 안장

출원번호 : 10-2009-0113559

출원일자 : 2009/11/23

출원인 : 지희문

충격 발생시 반원형 판스프링이 좌우로 벌어지면서 안장이 상하로 자연스럽게 움직이며 발생된 충격을 흡수하도록 고안된 안장이다.

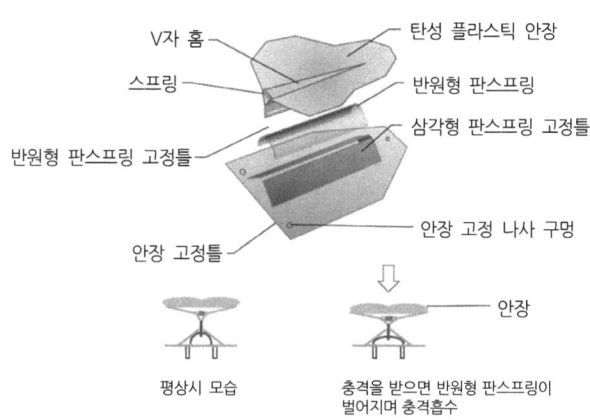

그림 3.11 충격을 흡수하는 자전거 안장의 특허도면

2) 소프트휠을 갖는 자전거

바퀴 안에 실린더 타입을 갖는 기구장치를 설치하여 충격을 흡수하도록 한 자전거이다. 이와 같은 기구장치는 실린더 타입의 액추에이터(actuator, 구동기)와 같은 원리를 가지며, 충격량에 따라 실린더의 길이가 변한다. 즉, 충격이 클수록 실린더 길이가 충격을 흡수함으로써 그 길이는 작아진다. 충격량에 따라 실린더 길이가 유연성(변위)을 가지므로 이를 소프트휠(유연한, 유동성이 있는 바퀴 : soft wheel, fluent wheel)이라 한다.

사진 3.6은 소프트휠을 장착한 자전거 사진이다.

플루언트휠 · 소프트
휠(soft wheel)

플루언트휠 · 소프트
휠(soft wheel)

사진 3.6 플루언트휠(Fluent wheel, Soft wheel)

3) 프레임 서스펜션(Frame suspension)

사진 3.7과 같이 프레임 자체를 서스펜션 구조로 설계하여 제작하였다.

프레임 서스펜션도 판상형 판재로 되어 있어 스프링과 같은 탄성을 가지므로 충격흡수를 할 수 있다. 또한 탑승자의 무게와 충격하중을 잘 분산하고 잘 지탱하도록(견디도록) 삼각형 구조를 갖는 것이 필수 형상이다.

삼각형 구조의 스프링 판재

사진 3.7 프레임 서스펜션(frame suspension)

4) 서스펜션 타이어

(1) 아크로뱃휠(Acrobat wheel)

바퀴가 스스로 충격을 흡수한다. 이스라엘 소프트휠 사(社)가 개발한 '플루언트휠(fluent wheel)'은 사진 3.8에서 보여주는 바와 같이 림과 허브에 연결된 세 개의 원통형 서스펜션이 충격을 흡수하는 원리다. 자전거의 경우 세 개의 실린더 타입 원통형 서스펜션이 기존 타이어를 지탱해주며 고정되어 있는 스포크(바퀴살)를 대체한다. 충격흡수 후 림은 자체 복원력으로 원상태로 되돌아온다. 이 플루언트휠은 자전거 주행 시 에너지 낭비를 최소화할 수 있다는 것이 특징이다. 특정 충격값 이상의 경우에만 서스펜션이 작동하기 때문이다. 이 충격값은 이용자가 임의로 설정하여 사용할 수가 있다.

〈특징〉

① 자전거와 휠체어 등에 적용
② 세 개의 서스펜션이 기존 스포크(spoke, 바퀴살)를 대체

③ 어느 도로에서든지 충격흡수 성능이 우수하다.

④ 에너지 낭비를 최소화한다.

⑤ 가격이 비싸다.

사진 3.8 이스라엘 소프트휠 회사가 개발한 플루언트휠(Fluent wheel, Soft wheel)

(2) 루프휠 1(Loopwheels 1)

서스펜션 타이어로 대표적인 또 하나의 제품이 루프휠(loop wheel)이다.

사진 3.9에서와 같이 합성고무 타이어 내부에 루프형(loop type) 둥근 고리(테) 모양의 판스프링 3개가 림과 허브에 고정·장착되어 있는 서스펜션 기구장치이다.

〈특징〉

① 여러 도로 환경에 적용(험한 도로, 자갈길, 둔덕, 턱이 있는 굴곡된 지형 등)

② 360도 충격 흡수 가능

③ 충격흡수 성능이 우수하다.

④ 승차감이 떨어진다.

⑤ 공기저항이 크다.

⑥ 가격이 비싸다.

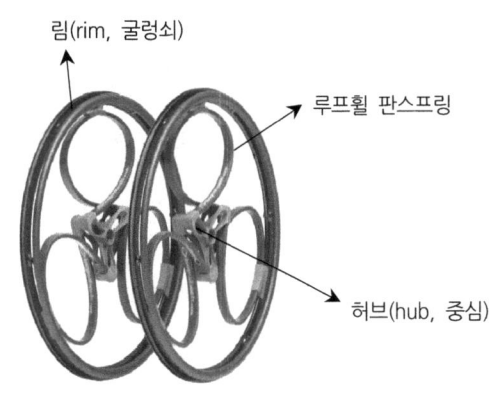

림(rim, 굴렁쇠)

루프휠 판스프링

허브(hub, 중심)

사진 3.9 영국 젤리 프로덕트(Jelly Products) 회사의 루프형 바퀴(Loop wheel) (1)

(3) 루프휠 2(Loopwheels 2)

서스펜션 타이어로 대표적인 또 하나의 제품이 루프휠(loop wheel)이다. 여기서는 사진 3.10과 같이 판스프링 형상을 바꿔 설계하고 제작하였다.

합성고무 타이어 내부에 원호(arc)로 된 판스프링 4개가 림과 허브에 고정·장착되어 있는 서스펜션 기구 장치이다.

〈특징〉

① 여러 도로 환경에 적용(험한 도로, 자갈길, 둔덕, 턱이 있는 굴곡된 지형 등)

② 360도 충격 흡수

③ 충격흡수 성능이 우수하다.

④ 승차감이 떨어진다.

⑤ 무게가 무거우면 판스프링의 변형이 일어날 수 있다.

사진 3.10 영국 젤리 프로덕트(Jelly Products) 회사의 루프형 바퀴(Loop wheel) (2)

3.5.2 개념설계안(2)

외부로 부터 가해지는 충격에 대응하는 복원력을 갖고 있는 것이 판스프링의 특징이자 장점이다. 그리고 판스프링 길이(l, length), 두께(t, thickness)와 폭(w, width)을 조절함으로 충격의 크기에 충분히 대응할 수 있다. 따라서 길이, 두께, 폭의 변수와 더불어 판스프링의 형태(형상으로 구조를 의미)를 용도와 기능에 맞게 변경하여 설계하면(구조설계) 제품에 적합한 성능을 갖는 차별화된 다양한 충격흡수장치(서스펜션)를 개발할 수가 있다.

그림 3.12 루프휠을 복합적으로 적용한 충격흡수장치(서스펜션)를 갖는 자전거

여러 형태를 갖는 판상형 스프링(판스프링)의 기본 원리를 이용한 탄성을 갖는 여러 기술을 응용하여 그림 3.12와 같은 개념설계안을 고안하고 설계하였다. 앞바퀴는 원호형 루프휠을 적용했고, 뒷바퀴는 휠 허브를 중심으로 극좌표로 어레이(polar array, 배열)된 원형(둥근 모양) 루프휠을 복합적으로 적용한 설계이다.

1) 작동원리

앞에서 설명한 세 개의 실린더 타입 원통형 서스펜션이 충격을 흡수하는 원리를 갖는 플루언트휠(fluent wheel)이다. 충격을 흡수하는 작동원리는 그림 3.13과 같다.

턱이나 계단, 둔덕 등에서의 낙하 충격시, 실린더의 길이가 줄어져 충격을 흡수한 후에 실린더 길이를 충격이 가해지는 반대방향으로 밀어 늘어나게 하여 즉 반작용을 하여 충격에 대응한다.

기본적인 휠이 유동적이며 충격을 받는 순간 세 개의 실린더 형식의 휠대가 각각 유동하여 충격을 완화시킨다.

충격시   정상주행 상태로 회복

노면

그림 3.13 플루언트휠(fluent wheel)이 충격을 받는 순간의 작동원리 - 충격흡수장치 메커니즘(기구장치)

2) 특허검색 및 기술조사

그림 3.14는 앞에서 설명한 이스라엘 소프트휠 사(社)가 개발한 '플루언트휠(fluent wheel)'에 대한 핵심 특허기술의 초록으로 개요(요지)와 대표 도면을 보여주고 있다. 2012년 미국에 출원되고 2014년에 공개된 공개특허로 발명의 명칭은 '선택적 휠 서스펜션 시스템'이다.

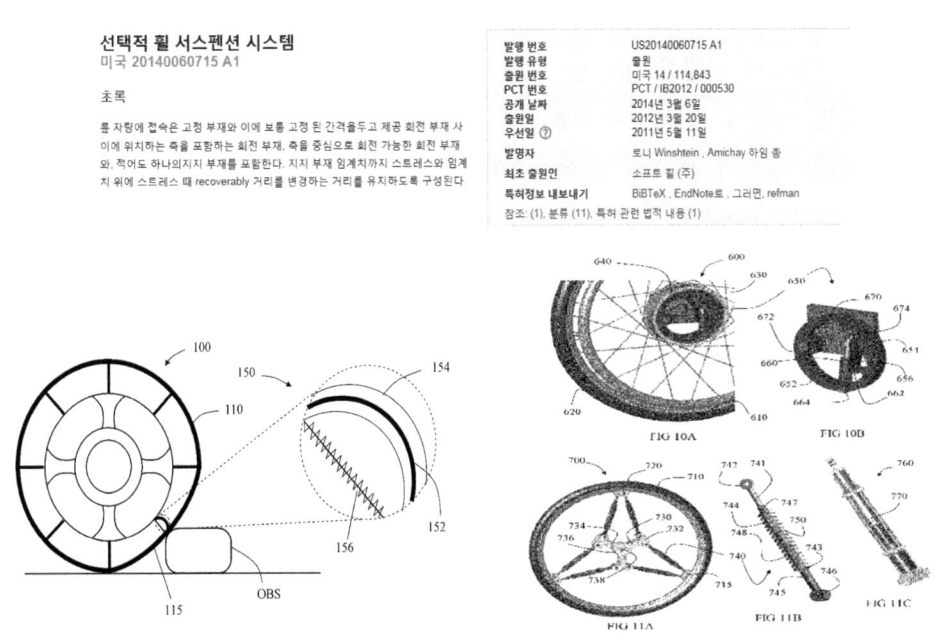

그림 3.14 플루언트휠(fluent wheel)의 특허기술 개요(요지)와 대표 도면

3) 판스프링 사례연구 – 벨라스틱 자전거

판스프링으로만 충격을 흡수하는 고전 자전거(vintage, 빈티지, 연대가 오래된 자전거)를 소개한다.

1925년 프랑스 비알형제가 개발하고 제작한 비알 벨라스틱(VIALLE Velastic)이다. 벨로(자전거)와 스티크(탄성있는)의 합성어로 탄성을 갖고 충격을 흡수하는 자전거란 의미이다. 사진 3.11에서 보는 바와 같이 자전거 프레임 자체와 안장까지도 판스프링에 의해 충격흡수를 할 수 있게 고안되었다. 심지어 안장의 높이까지도 판스링의 휨에 따라 조절할 수 있도록 설계되어 있다.

 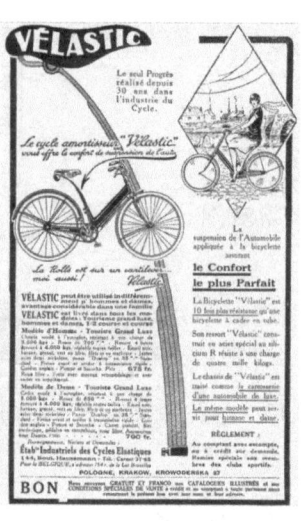

(a) 벨라스틱 자전거 - 비알형제(프랑스) (b) 벨라스틱 자전거 홍보 기사

사진 3.11 프랑스 비알형제가 개발한 판스프링 충격흡수 자전거 - 벨라스틱(Velastic)

4) 리프스프링형 자전거 프레임 특허검색 – 중국 특허

그림 3.15의 특허는 판스프링을 이용하여 자전거 프레임을 개발한 특허 내용 및 핵심 기술을 보여주는 초록과 대표 도면이다. 앞에서 설명한 1925년 프랑스 비알형제가 개발한 벨라스틱(Velastic) 자전거와 유사한 원리를 가진다. 단지, 자전거 차체가 충격흡수를 더 잘하도록 메인 프레임과 안장을 연결하는 이중으로 된 서브 판스프링 프레임 구조일 뿐이다. 특허의 명칭도 여러 개의 판스프링을 중첩하였다는 의미로 '리프스프링형(leaf spring type) 자전거 프레임'인 듯하다.

리프 스프링 형 자전거 프레임
CN 2,550,244 Y

초록

실용 신안은 자전거 스탠드. 간단한 구조와 회사와 실제 사용이 특허 자전거를 하나의 특립에 관한 것이다. 단순한 스탠드 시트 하단과 상기 고정 플레이트의 후방 에지가 낮은 밑단 노치 구비되는 고정판과지지로드가 제공된다. 슬리버 형 판 스프링 또는 도용 와이어 스프링은 상기 고정 플레이트로부터 분리하여지지로드와 중첩되고, 슬리버 형상의 상부 단부 판 스프링 또는 와이어는 도용 스프링 밀지지로드에 의해 직렬로 접속되어 리벳의 하단부 동안 리프 스프링은 상자 형 강철 와이어에 의해지지로드의 중간 부에 접속되고, 망원 모드에서 이동되다 수있다. 리프 스프링 또는 스틸 와이어 스프링 도롭하면 단단히 향상지지로드를 클램트 강한 축압을 갖고, 자전거 서 정지하고지지로드가 해제 될 때 미끄러 져 있지 않은 경우, 따라서지지로드는 안정적이다.

발행 번호	그리고 CN2550244
발행 유형	승인
출원 번호	CN 01264933
공개 날짜	2003년 5월 14일
출원일	2001년 10월 15일
우선일 ⑦	2001년 10월 15일
발명자	투징
신청자	투징
특허정보 내보내기	BiBTeX, EndNote로, 그리면, refman
분류 (1). 특허 관련 법적 내용 (2)	
외부 링크: SIPO, Espacenet	

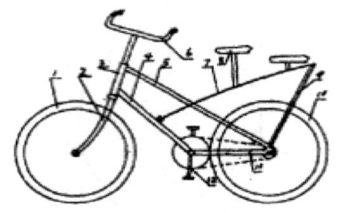

그림 3.15 특허기술 개요(요지)와 대표 도면 - 리프스프링형(leaf spring type) 자전거 프레임

5) 판스프링 관련 특허의 분석 – 무단변속형 체인 전동장치

원호 모양의 판스프링이 허브를 중심으로 나선형으로 구성된 다수 개 판스프링을 갖는 '무단변속형 체인 전동장치'에 대한 특허기술의 초록(개요, 요지)을 그림 3.16과 같이 도시한다. 특허 발명의 명칭은 '무단변속형 체인 전동장치'이다. 해외에 PCT 출원이 되어 있다.

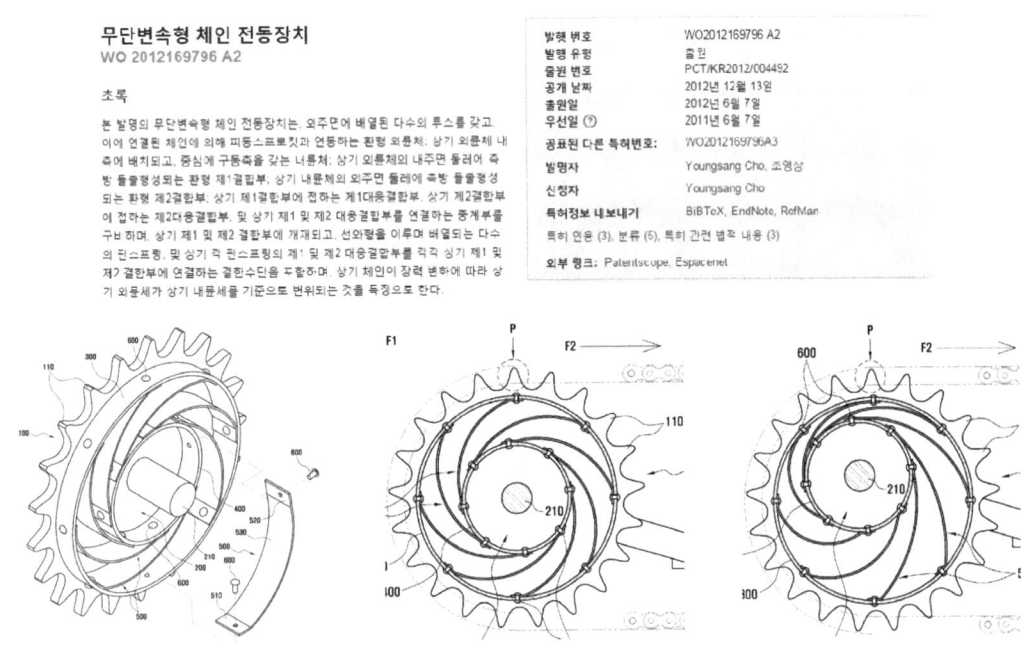

그림 3.16 특허기술 초록과 대표 도면 - 무단변속형 체인 전동장치

6) 관련 특허와 유사한 기술이 적용된 자전거

사진 3.12는 앞에서 설명한 바퀴 허브를 중심으로 나선형으로 구성된 다수 개의 원호 모양의 판스프링을 갖는 특허기술 '무단변속형 체인 전동장치'와 유사한 판스프링 서스펜션을 앞바퀴에 장착하여 출시된 자전거의 실물 사진이다.

사진 3.12 '무단변속형 체인 전동장치'와 유사한 기술의 서스펜션을 장착한 자전거(앞바퀴)

3.5.3 개념설계안(3)

앞에서 설명한 제품과 탑재 기술, 특허 등을 검토·분석하고 비교한 후 다양한 충격흡수용 판스프링을 응용하여 그림 3.17과 같은 새로운 판스프링 충격흡수장치를 탑재한 자전거에 대한 고안을 하였다.

기술과 구조를 알기쉽게 3D 모델링으로 개념설계를 하였다.

원호형 판스프링 서스펜션(앞바퀴)

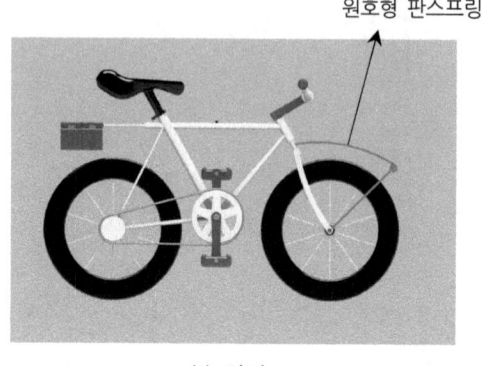 

(a) 정면도   (b) 입체도

그림 3.17 새로운 판스프링 충격흡수장치를 갖는 자전거에 대한 개념설계

3.5.4 개념설계안(4)

앞 1장과 2장에서 자세히 설명한 특허실시 예에서 채택한 개념설계안(도면)이다.

자전거 바퀴와 포크(fork)부에 판스프링 충격흡수장치를 설치하는 개념으로 충격을 흡수하는 고안을 하였다. 우선 충격흡수가 바퀴로 부터 시작하고 2차로 포크에 전달되므로 우선적으로 바퀴로 부터의 충격을 흡수하는 것이 가장 효과적이라고 판단하여 바퀴와 포크부에 판스프링을 복합적으로 설치하여 충격흡수기술을 확장하고 완성도를 높였다. 이 개념설계안의 기술을 바탕으로 새롭고 구체적인 상세기술을 설계하였다. 그림 3.18은 일반적인 바퀴와 포크의 구조이다. 앞에서 본 도면으로 정면도이다.

1) 일반적인 바퀴와 포크의 구조

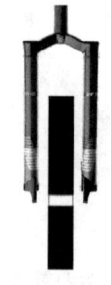

자전거 바퀴와
포크(fork) 사이의 구조

그림 3.18 일반적인 바퀴와 포크의 구조

2) 새로운 충격흡수장치의 고안

바퀴가 1차로 외부 충격을 흡수한다. 바퀴와 포크 사이에 판스프링으로 된 충격흡수장치(서스펜션)를 새로운 고안을 통해 추가로 설치하여 충격흡수 효과를 높인다.

그리고 충격흡수장치는 노면으로 부터의 충격과 앞 방향으로 부터의 충격흡수도 가능하도록 복합화된 충격흡수장치에 대한 요소기술을 구성하여 설계한다. 그림 3.19는 새로운 복합 판스프링 충격흡수장치의 설치 개념도(기술구성도, 구조도)이다.

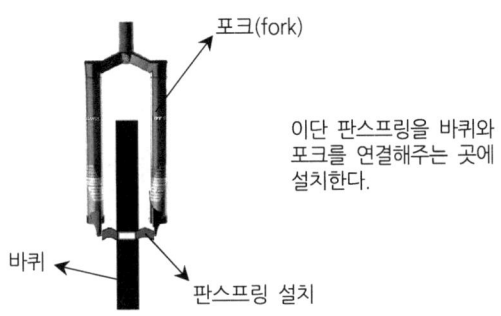

그림 3.19 새로운 복합 판스프링 충격흡수장치의 설치 개념도

3) 새로운 충격흡수장치의 동작원리

그림 3.20은 아래 방향으로 부터의 즉 노면으로 부터의 충격을 흡수하는 새로운 복합 판스프링 충격흡수장치의 기술구성 개념도이다.

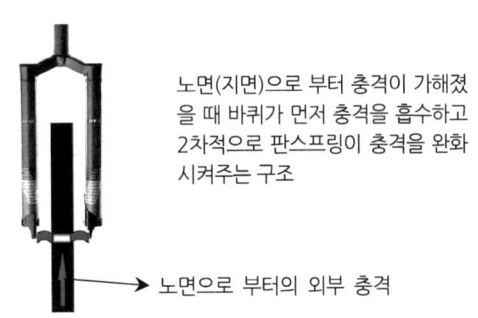

그림 3.20 새로운 복합 판스프링 충격흡수장치의 설치 개념도 - 아래 방향으로 부터의 충격

3.5.5 개념설계안(5)

다음 그림 3.21에서 설명하는 서스펜션 타이어는 기계장치의 결합 구조에서 충격을 흡수하는 기계요소로 일반적으로 널리 사용하고 있는 판재로 된 접시스프링(coned disc spring)을 활용한 충격흡수장치를 고안해 3D 모델링으로 설계하였다. 바퀴 좌우로 2개의 접시스프링이 림(rim, 굴렁쇠)과 고정된다. 앞바퀴와 뒷바퀴 모두에 서스펜션을 장착한 개념설계도면이다.

그림 3.21 접시스프링을 활용한 새로운 충격흡수장치(서스펜션)의 설치 개념도

그림 3.22 (a)는 충격을 흡수하는 접시스프링의 동작 원리를 보여주는 구조이고, (b)는 접시스프링형 서스펜션 타이어의 조립구성도이다. 타이어의 림(rim, 굴렁쇠) 양쪽으로 탄성과 복원력을 가지는 접시스프링이 고정·장착된 서스펜션 구조이다.

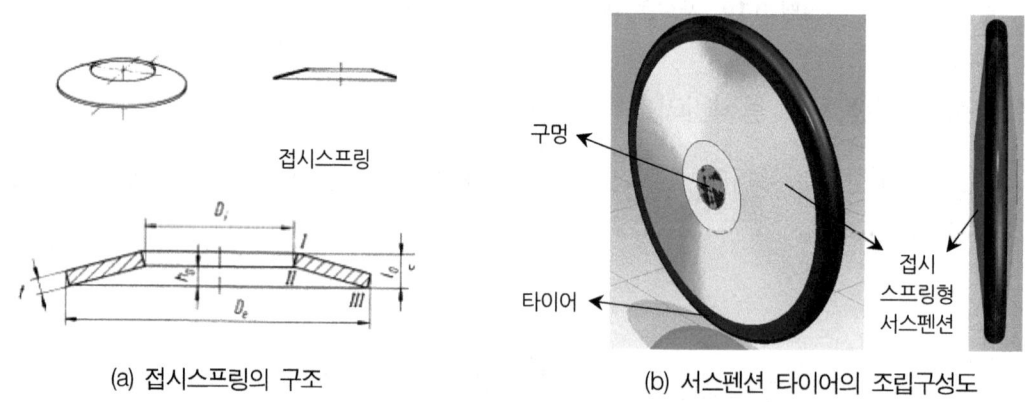

(a) 접시스프링의 구조   (b) 서스펜션 타이어의 조립구성도

그림 3.22 접시스프링을 활용한 새로운 충격흡수장치(서스펜션)의 원리와 바퀴 개념도

참고
문헌

1. 이국환, "최신 제품설계(Advanced Product Design)", 기전연구사, 2017.
2. 이국환, "4차 산업혁명의 핵심소재, 플라스틱 미래산업에 답하다", 기전연구사, 2019.
3. 이국환 외 공저, "설계사례 중심의 기구설계", 기전연구사, 2003.
4. 이국환, "전자제품 기구설계 강의자료", 2018~2019.
5. 이국환, "기계시스템응용설계 강의자료", 2020.
6. 이국환, "최신 기계도면 보는 법", 기전연구사, 2018.
7. 이국환, "메커니즘 사전", 기전연구사, 2020.
8. 이국환 외 공저, "3차원 CAD SolidWorks를 활용한 해석(CAE)", 기전연구사, 2009.
9. 이국환 외 공저, "설계사례중심의 3차원 CAD SolidWorks 2015", 기전연구사, 2015.
10. 이국환 외 공저, "AutoCAD 2021", 기전연구사, 2021.
11. 이국환 외 공저, "제품개발과 기술사업화 전략", 한티미디어, 2009.
12. 이국환, "교육 • 강연 • 세미나 자료 등", 2019.
13. 이국환, "연구개발 및 기술이전 자료, 논문 등", 2020.
14. 이국환, "동시공학기술(Concurrent Engineering & Technology", 기전연구사, 2001. (문화관광부 선정 2001년 과학기술분야 우수학술도서)
15. 이국환, "미래창조를 위한 창의성", 카오스북, 2013. (문화체육관광부 선정 2014년 과학기술분야 우수학술도서)

찾아보기

【영문】

저자
소개

이 국 환(李國煥)

한양대학교 정밀기계공학과와 동대학원을 졸업한 후 한국산업기술대학교에서 기계시스템응용설계 관련 박사학위를 받았다. 35년 이상 대우자동차 연구소, LG전자 중앙연구소, 대학교에서 기계·시스템 및 부품·소재, 전자·정보통신, 환경·에너지, 의료기기 산업 등에서 아주 다양한 융·복합기술 분야의 첨단 R&D, 제품개발 및 프로젝트를 수행하였다.

주요 내역은 다음과 같다.

- LG전자 특허발명왕 2년(1992년~1993년) 연속 수상(회사 최초)
- LG그룹 연구개발 우수상 수상(1996년) – 국내 최초 및 세계 최소형·최경량 PDA(개인휴대정보단말기) 개발로 1996년 한국전자전시회 국무총리상 수상
- 문화관광부선정 과학기술분야 우수학술도서 저술상 3회 수상(1998년, 2001년, 2014년) – 국내 최다
- 2021년 제39회 한국과학기술도서상 출판대상 수상(과학기술정보통신부장관상) – "이국환 교수와 함께하는 스마트폰 개발과 설계기술" 시리즈 총 3권
- "중소기업을 위한 지식재산관리 매뉴얼" 자문 및 감수위원(특허청, 대한변리사회)
- LG전자, 삼성전자, 에이스안테나, 만도 등 다수 기업(BM발굴, 개발 및 현업문제해결 컨설팅, 특강)과 현대·기아 차세대 자동차 연구소(창의적 문제해결 방법론 교육)
- 삼성전기에서 제품개발 및 설계 직무교육
- 정부출연연구기관, 한국산업단지공단, 중소기업진흥공단, 한국생산성본부, 지자체, 대학교 등에서 창의적 제품개발, 신사업발굴, R&D전략 및 기술사업화(R&BD), 창의적 문제해결 방법론 등 교육 및 강의
- 첨단 제품 및 시스템 관련 미국특허(2건), 중국특허(2건) 및 국내특허 20여개 보유

현재 한국산업기술대학교에서 기계시스템응용설계, 창의적 공학설계, ICT 제품설계·개발 등과 더불어 대학원에서 기술사업화 및 R&D전략, 특허기반의 제품·시스템개발 및 기술사업화(IP-R&D, R&BD), 기술경영(MOT) 등을 가르치고 있으며, 정부 R&D 개발 사업화 과제 선정 및 평가위원장 등 다수 역할을 수행하고 있다.

또한, 다양한 융·복합기술 분야에서 창의적이며 혁신적인 특허·지식재산권(PM : Personal Mobility, 전동개인이동수단 관련 다수의 국내 및 미국특허등록, 중국특허등록, 해외특허 PCT 출원)을 보유하고 있으며 이를 활용한 글로벌 혁신적, 창의적이며 차별화된 첨단 제품과 시스템 개발에도 열정을 쏟고 있다. 다음과 같은 전문 분야에서도 활발한 활동을 하고 있다.

- 창의적 문제해결의 방법론 및 창의적 개념설계안의 도출·구체화
- 특허기술의 사업화(Open innovation), 특허분석 및 회피설계
- 제품개발과 기술사업화 전략, 사업아이템 발굴 및 BM(비즈니스 모델) 전략수립
- 제품·시스템설계 및 개발공학, 동시공학적 개발(CAD/CAE/CAM), 원가절감(VE) 및 생산성(Q.C.D) 향상
- 기술예측, R&D 평가 등

저서로는 〈스마트폰 부품목록과 설계도면〉, 〈스마트폰 개발전략(Development Strategy of Smart Phone)〉, 〈스마트폰 개발과 설계기술〉, 〈최신 제품설계(Advanced Product Design) - ICT 및 융·복합 제품개발을 위한〉, 〈4차 산업혁명의 핵심소재, 플라스틱 미래산업에 답하다〉, 〈최신 기계도면 보는 법〉, 〈메커니즘 사전〉, 〈제품설계·개발공학〉, 〈제품개발과 기술사업화 전략〉, 〈동시공학기술(Concurrent Engineering & Technology)〉, 〈설계사례 중심의 기구설계〉, 〈2차원 CAD AutoCAD 2020, 2019, 2018, 2017, 2016, 2015, 2014 등〉, 〈3차원 CAD SolidWorks 2015, 2013, 2011 등〉, 〈SolidWorks를 활용한 해석·CAE〉, 〈3차원 CAD Pro-ENGINEER Wildfire 2.0 등〉, 〈기계도면의 이해 Ⅰ·Ⅱ〉, 〈2D 드로잉 및 3D 모델링 도면 사례집〉, 〈미래창조를 위한 창의성〉, 〈알파고 시대, 신인류 인재 육성 프로젝트〉 등 제품설계 및 개발, R&D, 기술사업화, CAD/CAE, 특허, 창의성, 창의적인 혁신제품의 개발전략 분야 등 상품기획, 제품설계 및 생산에 이르는 전분야·전주기에 걸친 총 61권의 관련 저서가 출간되어 있다.

설계 사례 중심의
기구설계 (개정증보판)

2003년 8월 21일 초판 발행
2021년 8월 30일 개정증보판 제1발행
2025년 2월 25일 개정증보판 제2발행

저 자 이 국 환
발행인 나 영 찬

발행처 **기전연구사** ─────────

경기도 하남시 하남대로 947 하남테크노밸리U1센터
B동 1406-1호
전 화 : 02)2235-0791/2238-7744/2234-9703
FAX : 02)2252-4559
등 록 : 1974. 5. 13. 제5-12호

정가 28,000원